中国科学院中国孢子植物志编辑委员会　编辑

中　国　真　菌　志

第四十六卷

黑 痣 菌 属

张中义　张　陶　主编

中国科学院知识创新工程重大项目
国家自然科学基金重大项目
（国家自然科学基金委员会　中国科学院　国家科学技术部　资助）

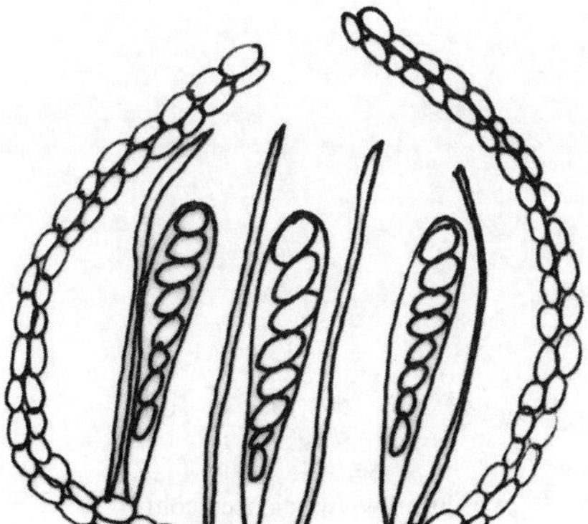

科 学 出 版 社
北　京

内 容 简 介

《中国真菌志》是在生物系统学原理与方法指导下对中国菌物进行系统分类的研究成果。黑痣菌属真菌，是植物病原菌，是重要的经济真菌。本卷记述了我国黑痣菌属109个种和种下单元，附录了28个未研究的种。线条图116幅，图版6面，其中，彩照24幅、黑白照12幅。并附有寄主植物各科、属上菌物目录、参考文献、寄主植物汉名和学名及菌物汉名和学名索引。

本书可供菌物学、植物病理学、微生物学、植物保护学等学科的科研人员、大专院校师生和生产部门相关人员使用及参考。

图书在版编目(CIP)数据

中国真菌志. 第46卷，黑痣菌属／张中义，张陶主编. —北京：科学出版社，2014.10

(中国孢子植物志)

ISBN 978-7-03-042067-1

Ⅰ. ①中… Ⅱ. ①张… ②张… Ⅲ. ①真菌志–中国 ②黑痣菌属–真菌志–中国 Ⅳ. ①Q949.32

中国版本图书馆CIP数据核字(2014)第227385号

责任编辑：韩学哲 贺窑青／责任校对：刘亚琦

责任印制：肖 兴／封面设计：槐寿明

科学出版社 出版

北京东黄城根北街16号

邮政编码：100717

http://www.sciencep.com

中国科学院印刷厂 印刷

科学出版社发行 各地新华书店经销

*

2014年10月第 一 版 开本：787×1092 1/16

2014年10月第一次印刷 印张：16 1/4 插页：4

字数：385 000

定价：98.00元

(如有印装质量问题，我社负责调换)

CONSILIO FLORARUM CRYPTOGAMARUM SINICARUM
ACADEMIAE SINICAE EDITA

FLORA FUNGORUM SINICORUM

VOL. 46

PHYLLACHORA

REDACTORES PRINCIPALES

Zhang Zhongyi   Zhang Tao

A Major Project of the Knowledge Innovation Program of the Chinese Academy of Sciences
A Major Project of the National Natural Science Foundation of China
(Supported by the National Natural Science Foundation of China, the Chinese Academy of Sciences, and the Ministry of Science and Technology of China)

Science Press
Beijing

黑痣菌属

本 卷 著 者

张中义　李晓玲　陈海如　刘云龙　罗　琼
何永宏　崔　瑛　宫飞燕　马　艳　和春英
（云南农业大学）

曾显雄　（台湾大学）
罗赫荣　（湖南农业科学院）
张　陶　弓力伟　（中华全国供销合作总社昆明食用菌研究所）
孙广宇　张　荣　（西北农林科技大学）
刘　娜　（河南工业大学）
秦　芸　（四川农业大学）
张　宏　（云南省林木种苗站）
鲁海菊　（红河学院）

PHYLLACHORA

AUCTORES

Zhang Zhongyi　Li Xiaoling　Chen Hairu　Liu Yunlong　Luo Qiong
He Yonghong　Cui Ying　Gong Feiyan　Ma Yan　He Chunying
(*Universitas Agriculturae Yunnanica*)

Tzean S.S. (Ceng Xianxiong)
(*Universitas Taiwanica*)

Luo Herong
(*Academia Agriculturae Hunanica*)

Zhang Tao　Gong Liwei
(*Institutum Scientiarum Fungorum Edulium Kunmingense*)

Sun Guangyu　Zhang Rong
(*Universitas Agriculturae et Sylvae Boreo-occidentalis*)

Liu Na
(*Universitas Industrialis Henanica*)

Qin Yun
(*Universitas Agriculturae Sichuanica*)

Zhang Hong
(*Seminarium Arborum Yunnanicum*)

Lu Haiju
(*Collegium Hongheense*)

中国孢子植物志第五届编委名单

（2007 年 5 月）

序

中国孢子植物志是非维管束孢子植物志，分《中国海藻志》、《中国淡水藻志》、《中国真菌志》、《中国地衣志》及《中国苔藓志》五部分。中国孢子植物志是在系统生物学原理与方法的指导下对中国孢子植物进行考察、收集和分类的研究成果；是生物多样性研究的主要内容；是物种保护的重要依据，对人类活动与环境甚至全球变化都有不可分割的联系。

中国孢子植物志是我国孢子植物物种数量、形态特征、生理生化性状、地理分布及其与人类关系等方面的综合信息库；是我国生物资源开发利用、科学研究与教学的重要参考文献。

我国气候条件复杂，山河纵横，湖泊星布，海域辽阔，陆生和水生孢子植物资源极其丰富。中国孢子植物分类工作的发展和中国孢子植物志的陆续出版，必将为我国开发利用孢子植物资源和促进学科发展发挥积极作用。

随着科学技术的进步，我国孢子植物分类工作在广度和深度方面将有更大的发展，对于这部著作也将不断补充、修订和提高。

中国科学院中国孢子植物志编辑委员会

1984 年 10 月 · 北京

中国孢子植物志总序

中国孢子植物志是由《中国海藻志》、《中国淡水藻志》、《中国真菌志》、《中国地衣志》及《中国苔藓志》所组成。至于维管束孢子植物蕨类未被包括在中国孢子植物志之内，是因为它早先已被纳入《中国植物志》计划之内。为了将上述未被纳入《中国植物志》计划之内的藻类、真菌、地衣及苔藓植物纳入中国生物志计划之内，出席1972年中国科学院计划工作会议的孢子植物学工作者提出筹建"中国孢子植物志编辑委员会"的倡议。该倡议经中国科学院领导批准后，"中国孢子植物志编辑委员会"的筹建工作随之启动，并于1973年在广州召开的《中国植物志》、《中国动物志》和中国孢子植物志工作会议上正式成立。自那时起，中国孢子植物志一直在"中国孢子植物志编辑委员会"统一主持下编辑出版。

孢子植物在系统演化上虽然并非单一的自然类群，但是，这并不妨碍在全国统一组织和协调下进行孢子植物志的编写和出版。

随着科学技术的飞速发展，人们关于真菌的知识日益深入的今天，黏菌与卵菌已被从真菌界中分出，分别归隶于原生动物界和管毛生物界。但是，长期以来，由于它们一直被当作真菌由国内外真菌学家进行研究；而且，在"中国孢子植物志编辑委员会"成立时已将黏菌与卵菌纳入中国孢子植物志之一的《中国真菌志》计划之内并陆续出版，因此，沿用包括黏菌与卵菌在内的《中国真菌志》广义名称是必要的。

自"中国孢子植物志编辑委员会"于1973年成立以后，作为"三志"的组成部分，中国孢子植物志的编研工作由中国科学院资助；自1982年起，国家自然科学基金委员会参与部分资助；自1993年以来，作为国家自然科学基金委员会重大项目，在国家基金委资助下，中国科学院及科技部参与部分资助，中国孢子植物志的编辑出版工作不断取得重要进展。

中国孢子植物志是记述我国孢子植物物种的形态、解剖、生态、地理分布及其与人类关系等方面的大型系列著作，是我国孢子植物物种多样性的重要研究成果，是我国孢子植物资源的综合信息库，是我国生物资源开发利用、科学研究与教学的重要参考文献。

我国气候条件复杂，山河纵横，湖泊星布，海域辽阔，陆生与水生孢子植物物种多样性极其丰富。中国孢子植物志的陆续出版，必将为我国孢子植物资源的开发利用，为我国孢子植物科学的发展发挥积极作用。

中国科学院中国孢子植物志编辑委员会
主编　曾呈奎
2000年3月　北京

Foreword of the Cryptogamic Flora of China

Cryptogamic Flora of China is composed of *Flora Algarum Marinarum Sinicarum*, *Flora Algarum Sinicarum Aquae Dulcis*, *Flora Fungorum Sinicorum*, *Flora Lichenum Sinicorum*, and *Flora Bryophytorum Sinicorum*, edited and published under the direction of the Editorial Committee of the Cryptogamic Flora of China, Chinese Academy of Sciences (CAS). It also serves as a comprehensive information bank of Chinese cryptogamic resources.

Cryptogams are not a single natural group from a phylogenetic point of view which, however, does not present an obstacle to the editing and publication of the Cryptogamic Flora of China by a coordinated, nationwide organization.The Cryptogamic Flora of China is restricted to non-vascular cryptogams including the bryophytes, algae, fungi, and lichens.The ferns, a group of vascular cryptogams, were earlier included in the plan of *Flora of China*, and are not taken into consideration here.In order to bring the above groups into the plan of Fauna and Flora of China, some leading scientists on cryptogams, who were attending a working meeting of CAS in Beijing in July 1972, proposed to establish the Editorial Committee of the Cryptogamic Flora of China.The proposal was approved later by the CAS.The committee was formally established in the working conference of Fauna and Flora of China, including cryptogams, held by CAS in Guangzhou in March 1973.

Although myxomycetes and oomycetes do not belong to the Kingdom of Fungi in modern treatments, they have long been studied by mycologists. *Flora Fungorum Sinicorum* volumes including myxomycetes and oomycetes have been published, retaining for *Flora Fungorum Sinicorum* the traditional meaning of the term fungi.

Since the establishment of the editorial committee in 1973, compilation of Cryptogamic Flora of China and related studies have been supported financially by the CAS.The National Natural Science Foundation of China has taken an important part of the financial support since 1982.Under the direction of the committee, progress has been made in compilation and study of Cryptogamic Flora of China by organizing and coordinating the main research institutions and universities all over the country.Since 1993, study and compilation of the Chinese fauna, flora, and cryptogamic flora have become one of the key state projects of the National Natural Science Foundation with the combined support of the CAS and the National Science and Technology Ministry.

Cryptogamic Flora of China derives its results from the investigations, collections, and classification of Chinese cryptogams by using theories and methods of systematic and evolutionary biology as its guide.It is the summary of study on species diversity of cryptogams and provides important data for species protection.It is closely connected with human activities, environmental changes and even global changes.Cryptogamic Flora of China is a comprehensive information bank concerning morphology, anatomy, physiology, biochemistry, ecology, and phytogeographical distribution.It includes a series of special monographs for using the biological resources in China, for scientific research, and for teaching.

China has complicated weather conditions, with a crisscross network of mountains and rivers, lakes of all sizes, and an extensive sea area.China is rich in terrestrial and aquatic cryptogamic resources.The development of taxonomic studies of cryptogams and the publication of Cryptogamic Flora of China in concert will play an active role in exploration and utilization of the cryptogamic resources of China and in promoting the development of cryptogamic studies in China.

C. K. Tseng
Editor-in-Chief
The Editorial Committee of the Cryptogamic Flora of China
Chinese Academy of Sciences
March, 2000 in Beijing

《中国真菌志》序

《中国真菌志》是在系统生物学原理和方法指导下，对中国真菌，即真菌界的子囊菌、担子菌、壶菌及接合菌四个门以及不属于真菌界的卵菌等三个门和黏菌及其类似的菌类生物进行搜集、考察和研究的成果。本志所谓“真菌”系广义概念，涵盖上述三大菌类生物(地衣型真菌除外)，即当今所称“菌物”。

中国先民认识并利用真菌作为生活、生产资料，历史悠久，经验丰富，诸如酒、醋、酱、红曲、豆豉、豆腐乳、豆瓣酱等的酿制，蘑菇、木耳、茭白作食用，茯苓、虫草、灵芝等作药用，在制革、纺织、造纸工业中应用真菌进行发酵，以及利用具有抗癌作用和促进碳素循环的真菌，充分显示其经济价值和生态效益。此外，真菌又是多种植物和人畜病害的病原菌，危害甚大。因此，对真菌物种的形态特征、多样性、生理生化、亲缘关系、区系组成、地理分布、生态环境以及经济价值等进行研究和描述，非常必要。这是一项重要的基础科学研究，也是利用益菌、控制害菌、化害为利、变废为宝的应用科学的源泉和先导。

中国是具有悠久历史的文明古国，从远古到明代的4500年间，科学技术一直处于世界前沿，真菌学也不例外。酒是真菌的代谢产物，中国酒文化博大精深、源远流长，有六七千年历史。约在公元300年的晋代，江统在其《酒诰》诗中说：“酒之所兴，肇自上皇。或云仪狄，又曰杜康。有饭不尽，委之空桑。郁结成味，久蓄气芳。本出于此，不由奇方。”作者精辟地总结了我国酿酒历史和自然发酵方法，比之意大利学者雷蒂(Radi，1860)提出微生物自然发酵法的学说约早1500年。在仰韶文化时期(5000~3000 B. C.)，我国先民已懂得采食蘑菇。中国历代古籍中均有食用菇蕈的记载，如宋代陈仁玉在其《菌谱》(1245年)中记述浙江台州产鹅膏菌、松蕈等11种，并对其形态、生态、品级和食用方法等作了论述和分类，是中国第一部地方性食用蕈菌志。先民用真菌作药材也是一大创造，中国最早的药典《神农本草经》(成书于102~200 A. D.)所载365种药物中，有茯苓、雷丸、桑耳等10余种药用真菌的形态、色泽、性味和疗效的叙述。明代李时珍在《本草纲目》(1578)中，记载“三菌”、“五蕈”、“六芝”、“七耳”以及羊肚菜、桑黄、鸡纵、雪蚕等30多种药用真菌。李氏将菌、蕈、芝、耳集为一类论述，在当时尚无显微镜帮助的情况下，其认识颇为精深。该籍的真菌学知识，足可代表中国古代真菌学水平，堪与同时代欧洲人(如C. Clusius，1529~1609)的水平比拟而无逊色。

15世纪以后，居世界领先地位的中国科学技术，逐渐落后。从18世纪中叶到20世纪40年代，外国传教士、旅行家、科学工作者、外交官、军官、教师以及负有特殊任务者，纷纷来华考察，搜集资料，采集标本，研究鉴定，发表论文或专辑。如法国传教士西博特(P. M. Cibot)1759年首先来到中国，一住就是25年，对中国的植物(含真菌)写过不少文章，1775年他发表的五棱散尾菌(*Lysurus mokusin*)，是用现代科学方法研究发表的第一个中国真菌。继而，俄国的波塔宁(G. N. Potanin，1876)、意大利的吉拉迪(P. Giraldii，1890)、奥地利的汉德尔–马泽蒂(H. Handel Mazzetti，1913)、美国的梅里尔(E. D. Merrill，1916)、瑞典的史密斯(H. Smith，1921)等共27人次来我国采集标本。研究发表中国真菌论著114篇册，作者多达60余人次，报道中国真菌2040种，其中含10新属、361新种。东邻日本自1894年以来，特别是1937年以后，大批人员涌到中国，调查真菌资源及植物病害，采集标本，鉴定发表。据初步统计，发表论著172篇册，作者67人次以上，共报道中国真菌约6000种(有重复)，其中含17新属、1130新种。其代表人物在华北有三宅市郎(1908)，东北有三浦道哉(1918)，台湾有泽田兼吉(1912)；此外，还有斋藤贤道、伊藤诚哉、平冢直秀、山本和太郎、逸见武雄等数十人。

国人用现代科学方法研究中国真菌始于20世纪初，最初工作多侧重于植物病害和工业发酵，纯真菌学研究较少。在一二十年代便有不少研究报告和学术论文发表在中外各种刊物上，如胡先骕1915年的“菌类鉴别法”，章祖纯1916年的“北京附近发生最盛之植物病害调查表”以及钱穟孙(1918)、邹钟琳(1919)、戴芳澜(1920)、李寅恭(1921)、朱凤美(1924)、孙豫寿(1925)、俞大绂(1926)、魏嵒寿(1928)等的论文。三四十年代有陈鸿康、邓叔群、魏景超、凌立、周宗璜、欧世璜、方心芳、王云章、裘维蕃等发表的论文，为数甚多。他们中有的人终生或大半生都从事中国真菌学的科教工作，如戴芳澜(1893~1973)著“江苏真菌名录”(1927)、“中国真菌杂记”(1932~1946)、《中国已知真菌名录》(1936，1937)、《中国真菌总汇》(1979)和《真菌的形态和分类》(1987)等，他发表的“三角枫上白粉菌一新种”(1930)，是国人用现代科学方法研究、发表的第一个中国真菌新种。邓叔群(1902~1970)著“南京真菌记载”(1932~1933)、“中国真菌续志”(1936~1938)、《中国高等真菌志》(1939)和《中国的真菌》(1963，1996)等，堪称《中国真菌志》的先导。上述学者以及其他许多真菌学工作者，为《中国真菌志》研编的起步奠定了基础。

在20世纪后半叶，特别是改革开放以来的20多年，中国真菌学有了迅猛的发展，如各类真菌学课程的开设，各级学位研究生的招收和培养，专业机构和学会的建立，专业刊物的创办和出版，地区真菌志的问世等，使真菌学人才辈出，为《中国真菌志》的研编输送了新鲜血液。1973年中国科学院广州“三志”会议决定，《中国真菌志》的研编正式启动，1987年由郑儒永、余永年等编辑出版了《中国真菌志》第1卷《白粉菌目》，至2000年已出版14卷。自第2卷开始实行主编负责制，2.《银耳目和花耳目》(刘波主编，1992)；3.《多孔菌科》(赵继鼎，1998)；4.《小煤炱目Ⅰ》(胡炎兴，1996)；5.《曲霉属及其相关有性型》(齐祖同，1997)；6.《霜霉目》(余永年，1998)；7.《层腹菌目》(刘波，1998)；8.《核盘菌科和地舌菌科》(庄文颖，1998)；9.《假尾孢属》(刘锡琎、郭英兰，1998)；10.《锈菌目Ⅰ》(王云章、庄剑云，1998)；11.《小煤炱目Ⅱ》(胡炎兴，1999)；12.《黑粉菌科》(郭林，2000)；13.《虫霉目》(李增智，2000)；14.《灵芝科》(赵继鼎、张小青，2000)。盛世出巨著，在国家“科教兴国”英明政策的指引下，《中国真菌志》的研编和出版，定将为中华灿烂文化做出新贡献。

余永年
庄文颖 谨识

中国科学院微生物研究所
中国 · 北京 · 中关村
公元2002年09月15日

Foreword of Flora Fungorum Sinicorum

Flora Fungorum Sinicorum summarizes the achievements of Chinese mycologists based on principles and methods of systematic biology in intensive studies on the organisms studied by mycologists, which include non-lichenized fungi of the Kingdom Fungi, some organisms of the Chromista, such as oomycetes etc., and some of the Protozoa, such as slime molds.In this series of volumes, results from extensive collections, field investigations, and taxonomic treatments reveal the fungal diversity of China.

Our Chinese ancestors were very experienced in the application of fungi in their daily life and production. Fungi have long been used in China as food, such as edible mushrooms, including jelly fungi, and the hypertrophic stems of water bamboo infected with *Ustilago esculenta*; as medicines, like *Cordyceps sinensis* (caterpillar fungus), *Poria cocos* (China root), and *Ganoderma* spp. (lingzhi); and in the fermentation industry, for example, manufacturing liquors, vinegar, soy-sauce, *Monascus*, fermented soya beans, fermented bean curd, and thick broad-bean sauce. Fungal fermentation is also applied in the tannery, paperma-king, and textile industries. The anti-cancer compounds produced by fungi and functions of saprophytic fungi in accelerating the carbon-cycle in nature are of economic value and ecological benefits to human beings. On the other hand, fungal pathogens of plants, animals and human cause a huge amount of damage each year. In order to utilize the beneficial fungi and to control the harmful ones, to turn the harmfulness into advantage, and to convert wastes into valuables, it is necessary to understand the morphology, diversity, physiology, biochemistry, relationship, geographical distribution, ecological environment, and economic value of different groups of fungi. *Flora Fungorum Sinicorum* plays an important role from precursor to fountainhead for the applied sciences.

China is a country with an ancient civilization of long standing. In the 4500 years from remote antiquity to the Ming Dynasty, her science and technology as well as knowledge of fungi stood in the leading position of the world. Wine is a metabolite of fungi. The Wine Culture history in China goes back 6000 to 7000 years ago, which has a distant source and a long stream of extensive knowledge and profound scholarship. In the Jin Dynasty (*ca.* 300 A.D.), JIANG Tong, the famous writer, gave a vivid account of the Chinese fermentation history and methods of wine processing in one of his poems entitled *Drinking Games* (Jiu Gao), 1500 years earlier than the theory of microbial fermentation in natural conditions raised by the Italian scholar, Radi (1860). During the period of the Yangshao Culture (5000—3000 B. C.), our Chinese ancestors knew how to eat mushrooms. There were a great number of records of edible mushrooms in Chinese ancient books. For example, back to the Song Dynasty, CHEN Ren-Yu (1245) published the *Mushroom Menu* (Jun Pu) in which he listed 11 species of edible fungi including *Amanita* sp. and *Tricholoma matsutake* from Taizhou, Zhejiang Province, and described in detail their morphology, habitats, taxonomy, taste, and way of cooking. This was the first local flora of the Chinese edible mushrooms. Fungi used as medicines originated in ancient China. The earliest Chinese pharmacopocia, *Shen-Nong Materia Medica* (Shen Nong Ben Cao Jing), was published in 102—200 A. D. Among the 365 medicines recorded, more than 10 fungi, such as *Poria cocos* and *Polyporus mylittae*, were included. Their fruitbody shape, color, taste, and medical functions were provided. The great pharmacist of Ming Dynasty, LI Shi-Zhen (1578) published his eminent work *Compendium Materia Medica* (Ben Cao Gang Mu) in which more than thirty fungal species were accepted as medicines, including *Aecidium mori*, *Cordyceps sinensis*, *Morchella* spp., *Termitomyces* sp., etc. Before the invention of microscope, he managed to bring fungi of different classes together, which demonstrated his intelligence and profound knowledge of biology.

After the 15th century, development of science and technology in China slowed down. From middle of the 18th century to the 1940's, foreign missionaries, tourists, scientists, diplomats, officers, and other professional workers visited China. They collected specimens of plants and fungi, carried out taxonomic studies, and published papers, exsi ccatae, and monographs based on Chinese materials. The French missionary, P. M. Cibot, came to China in 1759 and stayed for 25 years to investigate plants including fungi in different regions of China. Many papers were written by him. *Lysurus mokusin*, identified with modern techniques and published in 1775, was probably the first Chinese fungal record by these visitors. Subsequently, around 27 man-times of foreigners attended field excursions in China, such as G. N. Potanin from Russia in 1876, P. Giraldii from Italy in 1890, H. Handel-Mazzetti from Austria in 1913, E. D. Merrill from the United States in 1916, and H. Smith from Sweden in 1921. Based on examinations of the Chinese collections obtained, 2040 species including 10 new genera and 361 new species were reported or described in 114 papers and books. Since 1894, especially after 1937, many Japanese entered China. They investigated the fungal resources and plant diseases, collected specimens, and published their identification results. According to incomplete information, some 6000 fungal names (with synonyms) including 17 new genera and 1130 new species appeared in 172 publications. The main workers were I. Miyake in the Northern China, M. Miura in the Northeast, K. Sawada in Taiwan, as well as K. Saito, S. Ito, N. Hiratsuka, W. Yamamoto, T. Hemmi, etc.

Research by Chinese mycologists started at the turn of the 20th century when plant diseases and fungal fermentation were emphasized with very little systematic work. Scientific papers or experimental reports were published in domestic and international journals during the 1910's to 1920's. The best-known are "Identification of the fungi" by H. H. Hu in 1915, "Plant disease report from Peking and the adjacent regions" by C. S. Chang in 1916, and papers by S. S. Chian (1918), C. L. Chou (1919), F. L. Tai (1920), Y. G. Li (1921), V. M. Chu (1924), Y. S. Sun (1925), T. F. Yu (1926), and N. S. Wei (1928). Mycologists who were active at the 1930's to 1940's are H. K. Chen, S. C. Teng, C. T. Wei, L. Ling, C. H. Chow, S. H. Ou, S. F. Fang, Y. C. Wang, W. F. Chiu, and others.Some of them dedicated their lifetime to research and teaching in mycology. Prof. F. L. Tai (1893—1973) is one of them, whose representative works were "List of fungi from Jiangsu"(1927), "Notes on Chinese fungi"(1932—1946), *A List of Fungi Hitherto Known from China* (1936, 1937), *Sylloge Fungorum Sinicorum* (1979), *Morphology and Taxonomy of the Fungi* (1987), etc. His paper entitled "A new species of *Uncinula* on *Acer trifidum* Hook. & Arn."was the first new species described by a Chinese mycologist. Prof. S. C. Teng (1902—1970) is also an eminent teacher. He published "Notes on fungi from Nanking" in 1932—1933, "Notes on Chinese fungi" in 1936—1938, *A Contribution to Our Knowledge of the Higher Fungi of China* in 1939, and *Fungi of China* in 1963 and 1996. Work done by the above-mentioned scholars lays a foundation for our current project on *Flora Fungorum Sinicorum.*

In 1973, an important meeting organized by the Chinese Academy of Sciences was held in Guangzhou (Canton) and a decision was made, uniting the related scientists from all over China to initiate the long term project "Fauna, Flora, and Cryptogamic Flora of China". Work on *Flora Fungorum Sinicorum* thus started. Significant progress has been made in development of Chinese mycology since 1978. Many mycological institutions were founded in different areas of the country. The Mycological Society of China was established, the journals *Acta Mycological Sinica* and *Mycosystema* were published as well as local floras of the economically important fungi. A young generation in field of mycology grew up through postgraduate training programs in the graduate schools. The first volume of Chinese Mycoflora on the Erysiphales (edited by R. Y. Zheng & Y. N. Yu, 1987) appeared. Up to now, 14 volumes have been published: Tremellales and Dacrymycetales edited by B. Liu (1992), Polyporaceae by J. D. Zhao (1998), Meliolales Part I (Y. X. Hu, 1996), *Aspergillus* and its related teleomorphs (Z. T. Qi, 1997), Peronosporales (Y. N. Yu, 1998), Sclerotiniaceae and Geoglossaceae (W. Y. Zhuang, 1998), *Pseudocercospora* (X. J. Liu & Y. L. Guo, 1998), Uredinales Part I (Y. C. Wang & J. Y. Zhuang, 1998), Meliolales Part II (Y. X. Hu, 1999), Ustilaginaceae (L. Guo, 2000), Entomophthorales (Z. Z. Li, 2000), and Ganodermataceae (J. D. Zhao & X. Q. Zhang, 2000). We eagerly await the coming volumes and expect the completion of Flora *Fungorum Sinicorum* which will reflect the flourishing of Chinese culture.

Y. N. Yu and W. Y. Zhuang
Institute of Microbiology, CAS, Beijing
September 15, 2002

致　谢

本卷册的撰志研究工作，得到余永年、李建义教授的悉心指导和具体帮助；殷恭毅教授义赠自藏书刊；郑儒永院士帮助查找疑难文献；庄文颖院士认真审稿；庄剑云教授审稿，仔细修改拉丁文，细心指正错误，提出宝贵修改意见；郭林、谢文瑞同意引用黑痣菌新种；张天宇、郭英兰、李玉、徐同、赵光材、戚佩坤、李明远、康振生、黄丽丽、朱明琦、姚一健、赖传雅、张能唐、贺运春、刘二明、白金凯、宋斌、黄云、王晓鸣、姜子德、孔华忠教授提供珍贵标本和著作文献；吴征镒、韩树金、耿伯介、李文忠、李信先生鉴定寄主植物标本，特此致以诚挚的感谢！

感谢以各种方式帮助和支持我们工作的段永嘉、葛起新、李德葆、谢联辉、刘波、臧穆、刘培贵、张克勤、刘杏忠、李泰辉、沈亚恒、沈崇尧、李怀芳、叶华智、彭炜、谭永久、叶鹏盛、韦继光、高智谋、朱文华、刘世怡、盛世法、周彤燊、陈玉惠、曹若彬、楼兵干、吕国忠、周茂繁、张志铭、陈育新、罗宽、谢益书、王金生、许志刚、朱之堉、陈巽桢、吕佩珂、吴畏、朱拙安、刘美因、王端礼、姜瑞波、刘晓娟、曾令凑、刘绍基、邓先明、旺姆、李春杰、姜成林、施发涛、吴自强、严位中、杨家鸾、李军林、黄雅志、杨雄飞、裴汝康、邹贻俊、陈秀蓉、王淑琴、张立新、张云霞、陆宁、张伟、张建国、习平根、李彦、郑肖兰、崔唱华、郑服从、黄翠流、罗春玉、毕可可、余雄涛和梁国彬。

感谢台湾同行的热情帮助，尤其是提供专著文献和标本，他(她)们是孙守恭、简秋源、谢文瑞、吕理燊、杨秀珠、黄振文、吴聲华、袁国芳、张和喜、苏鸿基、林长平、陈隆钟、张雅君、吴美丽、蔡竹固、陈啓桢、傅春旭、胡寳元。

国外同行为我们提供文献和专著的有日本四方英四部(E. Shikato)博士、松岛崇博士(T. Matsushima)，德国 U. Braun 博士，韩国池亨镇博士(H. J. Jee)，印度 Kamal 教授，澳大利亚李华(H. Li)博士，美国李如惠(R. H. Li)博士。

中国科学院菌物标本馆的孙述霄、吕鸿梅、魏铁铮提供标本目录和方便使用标本。云南农业大学的朱有勇、李正跃、叶敏、李强、陶玫、王云月、李成云、喻盛甫、张世光、唐嘉义、何月秋、罗文富、李炎、王家和、孔宝华、黄琼、李凡、胡先奇、杨艳丽、李作森、吴国星、王海宁、汤东生、范黎明、陈兴全、吴德喜提供条件，支持工作。

参加和协助本卷册工作的还有：范静华、兰建强、赵雁、何摹涵、曾千春、王晓东、滕学琼、曲倩、杨海艳、于海英、曹文广、荆宇、段君文、柏帆、李燕、蒋贵阳、霍鸣、王蓉。

说　明

1. 本卷是对中国黑痣菌属的研究总结。全卷分为五个部分：通论、专论、附录、参考文献及索引。

2. 通论部分论述了黑痣菌属的经济重要性、形态和结构、分类历史和现状以及本卷作者的分类观点。

3. 专论部分报道了中国黑痣菌属的109种(含变种)，包括正名、异名及其文献引证、形态描述、讨论和分种检索表。各种和变种按学名字母顺序排列，按学名字母顺序排列寄主名单，每种均有标本的引证。未经本卷作者研究过但已有学者报道的寄主和分布亦附录于后供参考；世界分布列举包括中国在内的各个国家或地区的名称；每个种和变种显微图均用描绘器绘制，少数种有彩色照片。少数国内已报道但本卷作者未获得标本进行研究的种，则将原资料的主要内容附后供参考。

4. 附有寄主在植物各科、属、种上的黑痣菌菌物目录。

5. 参考文献按作者姓氏的字母顺序排列。中国作者按汉语拼音字母顺序排列，其他非英语国家作者按拉丁化后的字母顺序排列。中国及其他各国作者的姓名、文献题目或书名、期刊名称或出版社(处)，除在括号内附汉语拼音或拉丁化的姓名外，均按发表时所用语种列出。

6. 索引部分包括：①寄主植物汉名索引；②菌物汉名索引；③寄主植物学名索引；④菌物学名索引。均按拼音字母顺序排列。

7. 黑痣菌属的菌物汉名主要参照科学出版社出版的《真菌名词及名称》(1986年，第二次印刷)和《孢子植物名词及名称》(1990年，科学出版社)。寄主的学名及汉名主要根据《中国高等植物科属检索表》(1979年，科学出版社)、《新编拉汉英植物名称》(1996年，航空工业出版社)、《拉汉英种子植物名称》(1983年，科学出版社)和《中国植物志拉丁名索引(1959—1982)》(科学出版社)。在黑痣菌菌物的汉名中，有些是新拟的名称。

8. 专论部分分类单位的形态描述和数据均是根据对我国材料的直接研究和测量所得。本卷作者未研究过的种，其描述、数据、绘图等均根据原作者的报道，并加注出处。

9. 本卷共有插图116幅，图版6面，其中，症状彩照24幅、黑白照12幅。除通论的部分图引自文献外，绝大部分为本卷作者根据标本所作的显微绘图和彩照。

10. 国内分布以我国直辖市和各行政省、自治区的县、市或山为单位，按《中华人民共和国行政区划简册》(1984)中出现的顺序排列，以“;”号区分，同一区不同县、市、山以“,”号区分。

11. 每个种或变种均有标本引注。所涉及的标本室(馆)的代号为：HMAS 中国科学院菌物标本馆；HMUABO(原 HFNWAU)西北农林科技大学真菌标本室；NTUPPE 台湾大学植物病虫害系标本室；NCHUPP 台湾中兴大学植物病理系标本室；HSFC 西南林业大学植病标本室；MHYAU 云南农业大学真菌标本室。

12. 世界分布是从文献资料整理而成，各国名称按汉字笔画顺序排列。

13. 讨论的主要内容为该分类单位的历史渊源、与近似分类单位的区分及经济意义等。

14. 本卷附有寄主植物各科属种上的黑痣菌属的菌物目录，括号内的菌物名称为文献记载但无标本为据者。

15. 本卷于 2011 年 11 月交稿出版社，当年新单元无登记号要求，特此注明。因此本卷发表的 24 个新单元时间均为 2014 年(2011 年)。

目　　录

绪　言

本卷是国家科学技术委员会、国家自然科学基金委员会、中国科学院资助课题，是分类研究工作的总结。

黑痣菌属(*Phyllachora*)广泛分布于世界各地，主要分布于热带和亚热带地区植物上，主要感染禾本科、豆科、桑科、莎草科等植物，是一种重要的植物病原真菌和寄生菌，它在植物叶面产生黑痣斑点，导致叶子枯萎凋谢；在园林观赏植物上普遍发生，降低观赏价值；感染许多牧草，降低经济价值。

黑痣菌属由 Nitschke ex Fuckel 于 1870 年建立，禾黑痣菌[*Phyllachora graminis* (Pers.: Fr.) Fuckel]为模式种。我们主要采用 Orton(1924~1944 年)—Parbery(1964~1978 年)—Cannon(1996~1999 年)系统进行描述和鉴定，对少数种的处理有自己的见解。

研究材料由作者近 15 年来采自云南、贵州、四川、陕西、宁夏、西藏、内蒙古、江苏、浙江、北京、重庆、广东、广西、海南、江西、安徽、河南、湖南、湖北等地，并有中国科学院菌物标本馆、台湾大学、台湾中兴大学、西北农林科技大学、四川农业大学、西南林业大学等单位提供的标本。

书中报道了我国黑痣菌属的 109 个种和种下单元，其中新种和新变种 24 个、中国新记录种 34 个、已知种和变种 46 个、订正错误鉴定的种 5 个。未研究标本但国内有记载的 28 种作附录供参考。这些真菌按种的特征描述，提供了分种检索表。黑白线条图 116 幅，彩色照片和黑白照片 6 面。书后附有寄主植物各科、属上菌物目录，参考文献，寄主和菌物汉名、学名索引。

本卷册是在中国科学院孢子植物志编委会和云南农业大学的领导下，在中国科学院微生物所真菌地衣系统学开放研究实验室、云南农业大学科研处和植物保护学院、云南省植物病理重点实验室的支持及鼓励下完成撰写工作的。余永年教授和李建义教授给予悉心指导和具体帮助，殷恭毅教授义赠私藏的真菌学和植物病理学国际性期刊，段永嘉教授、葛起新教授和许多同行给予鼓励与支持，促使我们完成任务，特此致以最诚挚的感谢！

通 论

黑痣菌属(*Phyllachora*)真菌是一种重要的植物病原菌，广泛分布于世界各地，主要感染禾本科、豆科、桑科、莎草科等植物，它会在植物叶面产生黑痣斑点，看上去极像生于人体的黑痣，故名黑痣菌。一直以来黑痣菌属被认为不会引起严重损害而不被重视，但它在刚竹属植物上普遍发生，同时它还是许多牧草的病原菌，危害性值得注意。黑痣菌属的重要病菌有：胡枝子黑痣病菌(*Phyllachora lespedezae*)、菩提树黑痣病菌(*P. repens*)、黄檀黑痣病菌(*P. dalbergiicola*)、刚竹黑痣病菌(*P. orbicula*)和*P. phyllostachydis*、禾黑痣病菌(*P. graminis*)和*P. graminicola*、鸭嘴草黑痣病菌(*P. ischaemi*)、蟋蟀草黑痣病菌(*P. eleusines*)等，它能为其他病原菌侵染寄主提供侵染途径，可造成巨大的经济损失。

一、经济重要性

黑痣菌属所致的病害是一类常见的植物病害，它的寄主广泛，为坏死斑点性的局部侵染性病害，而非系统性侵染，一般不侵染寄主的根部，可侵染寄主的叶、茎、苞叶等地上部分。它在园林观赏植物上普遍发生，降低了其观赏价值，同时感染许多牧草，降低其经济价值。被侵染的寄主的光合作用能力降低，造成寄主提早落叶。

黑痣菌无病斑，或产生黄色至褐色、一面或两面可见的不规则形状病斑，病害发展缓慢，寄主死亡率低，较易防治，但在某些年份和地区可造成严重损失。

黑痣菌与寄主关系密切，寄主感病后通常不死亡，至少在病菌子实体成熟以前不死亡。寄生于叶的黑痣菌属的种，通常不能在坏死的组织中看到，偶然在一个不健康的死亡组织中发现菌体，这表明黑痣菌的种受到某种重寄生菌(hyperparasite)的侵染。

黑痣菌属在世界广泛分布，对其的研究至今已有130多年的历史，自1870年建立黑痣菌属以来，国际农业与生物科学中心数据库(CABI)记录了1497个种的名称，目前已知广布种500个，分布于亚洲、欧洲、非洲、大洋洲、北美洲、南美洲、太平洋、北冰洋、大西洋的80多个国家，寄生在121科的植物上。由于黑痣菌没有统一的划分标准，在国内外的报道中出现大量重复种，实际形态学上存在有差异的种较现在报道的种少。

模式种：禾黑痣菌 *Phyllachora graminis*(Pers.) Fuckel。

最早由Nitschke(1867)描述黑痣菌属及其模式种禾黑痣菌。发表在Fuckel所著的《真菌学札记》(*Symbolae Mycologicae*)中，故黑痣菌属写成*Phyllachora* Nitschke ex Fuckel。

黑痣菌的寄主广泛，寄生于禾本科(Gramineae)、豆科(Leguminosae)、蔷薇科(Rosaceae)、山龙眼科(Proteaceae)、古柯科(Erythroxylaceae)、萝藦科(Asclepiadaceae)、桃金娘科(Mytaceae)、含羞草科(Mimosaceae)、樟科(Lauraceae)、番荔枝科(Annonaceae)、桑科(Moraceae)、野牡丹科(Melastomataceae)、莎草科(Cyperaceae)、锦葵科(Malvaceae)、越橘科(Vacciniaceae)、伞形科(Umbelliferae)、茶科(Theaceae)、棕榈科(Palmae)、紫金牛科(Myrsinaceae)、忍冬科(Caprifoliaceae)、大风子科(Flacourtiaceae)、苏木科

(Caesalpiniaceae)、蚌壳蕨科(Dicksoniaceae)等121科，危害上千种寄主，其中以危害禾本科植物最为常见。被侵染寄主的光合作用能力降低，造成寄主提早落叶；普遍寄生于牧草，给畜牧业造成巨大的经济损失；为害玉米、高粱、豆类等作物和竹、草坪、菩提树、黄檀等园林植物。另外，还为害不少的药用植物和花卉，如当归等。

从1870年到现在的一百多年，国外学者对黑痣菌属进行了大量研究，如澳大利亚的Hyde和Pearce(1993)、Pearce和Hyde(1993，1994a，1994b，1995a，1995b，1996，2006)、Pearce等(1995)，印度的Anahosur(1969)、Ananthanarayanan(1964a，1964b)、Hosagoudar(1989)、Hosagoudar等(1993)、Kamal等(1978)、Ramakrishana和Sundaram(1954)、Seshadri(1965，1966，1968，1969)，南非的Doidge(1942)，孟加拉国的Kar和Gupta(1980)，巴西的Bentes等(2003)，美国的Orton(1944)等。尤其是Parbery(1963a，1963b，1967，1971，1973)、Parbery和Langdon(1964)、Cannon(1991，1996)、Cannon和Evans(1999)等对黑痣菌属的种类及分布进行了详细的研究。黑痣菌属的研究内容也包括分类学研究、生活史研究及其与寄主植物的专化性(Parlevliet 1986)。中国对黑痣菌属系统的研究还比较少(罗赫荣1984；张中义等2005；秦芸等2005；李黎珠和谢文瑞1991)，而从研究的结果来看，黑痣菌属在中国广泛分布，尤以热带和亚热带地区的种类为多，寄生于多种植物上，对牧草的危害巨大。因此，了解它在中国的分布及种类，对于认识生物多样性以及对于该菌的防治都有重要的理论意义和实际意义。

同其他黑痣菌科的成员一样，黑痣菌属主要分布于热带和亚热带地区。国内分布于云南、四川、广西、广东、海南、台湾、福建、浙江、江苏、湖南、湖北、江西、北京、陕西、安徽、河北、吉林、新疆、内蒙古等省(自治区、直辖市)。

世界分布：中国、缅甸、越南、马来西亚、日本、印度、菲律宾、印度尼西亚、澳大利亚、加拿大、美国、墨西哥、阿根廷以及欧洲、非洲、南美洲、大洋洲等83个国家和地区。

二、形态与分类

黑痣菌属可侵染寄主植物的叶、茎、苞叶等地上部分，造成寄主植物提早落叶。

黑痣菌所致的症状可分为无病斑和坏死斑两种类型。前者在病部不形成病斑，无病状，有病征，仅显现黑痣状的菌点，或外围有晕环；后者有病状和病征，在病部产生黄色至褐色、一面或两面不规则形状的坏死病斑，病斑上再显现为黑痣状的斑点。

菌体：菌丝细胞内生长。子座散生、聚生或在病斑内聚生，叶面、叶背或穿透寄主两面生，呈圆形、椭圆形、纺锤形至不规则形，黑色，有光泽。子囊壳表皮下或叶肉生，呈球形或广椭圆形至不规则形。子囊壳的底部和侧壁上着生子囊与侧丝。子囊单层壁，无色，圆柱形、囊状、棍棒形，有的子囊外面被一层黏质外壳包围，其内含8个或4个圆形、卵形、椭圆形、纺锤形，无色或淡黄色，单胞、光滑或偶有斑点的孢子。孢子单行、双行或不规则排列。侧丝无色。子囊孢子成熟后从子囊壳孔口释放，随风雨传播进行侵染。

黑痣菌分种的主要特征与评价

盾片：盾片(clypeus)是子囊壳孔口(ostiole)周围的子座状组织。盾片在寄主细胞内先于或与性孢子器及子囊壳同时发育，由紧密的直径2~8μm的黑色菌丝构成子座性质的结构。因为仅限于表皮细胞，表皮细胞的深度决定了盾片的厚度。盾片的变黑程度取决于周围的环境和叶斑的成熟度(Parbery and Langdon 1964；Cannon 1991)，可能是用于防止紫外线辐射(Durrell and Shield 1960)。盾片黑色，有光泽或无光泽，散生或聚生，在叶片的表面扁平状，或突出于叶面。盾片周围可有黄色晕圈，但边缘无暗色线圈；通过放大镜可以观察到黑痣斑中的针眼状小孔口，这些小孔也就是孢子弹射的出口。盾片的数目、位置、排列与接种体侵入的起点强度和侵染位置有关。它的形状、大小受寄主的发育状态和组织结构影响，不是由真菌的种决定的。因此，盾片在寄主上的部位、发生场所和分布、排列特征等没有划分种的使用价值，它不作为稳定的分种标准。

无性型与有性型之间的关系：Cannon(1991)和Parbery(1973)认为，黑痣菌分生孢子器产生在子囊果旁边。从分生孢子器壁上产生圆柱形的产孢细胞，着生丝状、透明、无隔的分生孢子。Kananaski Ⅱ提出：真菌种的划分应以全型真菌的概念为依据，即有性型(teleomorph)和无性型(anamorph)之间的联系，Kananaski Ⅱ的看法在专题研究不完全菌类问题的第二次国际讨论会上得到了承认。对于全型已知的种，用有性型和无性型之间的联系是可靠且正确的，黑痣菌属种有部分种无无性型，或无性型还未发现，暂时还应以有性型的形态学分类为宜。

子囊壳：一个菌体中产生的一个或多个子囊壳(perithecium)，它与菌体大小有关。成熟的子囊壳在不受限制的条件下一般呈近球形，孔口处常成锥形颈，它的形态受寄主的维管束组织影响最大，因而不能作为分种特征。

侧丝：子囊壳内具侧丝(paraphysis)，侧丝通常丝状，长于子囊，长短、宽窄大都相同，且在有些种内有分枝与否、顶端形状不同(变细、变圆或膨大)等差别，这些差别无分类学价值。

缘丝：缘丝(periphysis)生长在子囊壳孔口的周围，可能是帮助孢子的弹射。比侧丝短，薄壁，透明，无隔。但是在一些标本中观察不到缘丝。无分类学价值。

子囊：黑痣菌的子囊(ascus)单层壁在发育早期非常厚，随着子囊孢子的形成和发育而变薄，围绕顶端环状加厚。研究表明，子囊的形状、宽度和长度是比较稳定的特征。

子囊孢子：子囊孢子(ascospore)主要有球形、卵形、椭圆形、矩圆形、泪滴形等形状，种内变化不大。子囊孢子的形状和大小一直是稳定的分种特征。

性孢子器：黑痣菌的性孢子器(spermogonium)一般在幼嫩的菌体中出现。有的种没有性孢子器，可能是因为没有发现。性孢子梗(spermatiophore)的形状、大小一般比较稳定，不受寄主的影响，是重要的分类学特征，特别是在子囊时期较难区别的种之间，有时结合性孢子梗特征就很容易区分。性孢子(spermatium)通常向基部渐粗，着生处稍窄，顶端渐尖，变化非常大，但它的形状、大小没有任何分类学价值。

分子生物学测定DNA同源性和亲缘关系等分类依据

现代分子生物学用于真菌分类可能还不十分成熟和完善，或许还存在一定的不足，但在一定程度上从分子角度可揭示细胞核内部差异，有一定的参考性。在Silva-Wanderlei等(2003)及Berbee和Taylor(1992)等的文献中都阐述了分子生物学对黑痣菌DNA的同源性和分类的有效性，表明分子生物学特征对黑痣菌属尤其对较相似的疑难区分种是必不可少的辅助特征，它也代表了分类学将来发展的方向之一。

本卷对黑痣菌属种的划分依据和问题与处理

黑痣菌属种的划分依据主要为子囊孢子、子囊的形状和大小，以及分生孢子梗形态。在以形态为主的基础上综合考虑寄主的专化性。现代分子生物学也提供必不可少的辅助手段。但其所致症状、菌丝体、子囊壳、侧丝等宜以记录，以供查考。

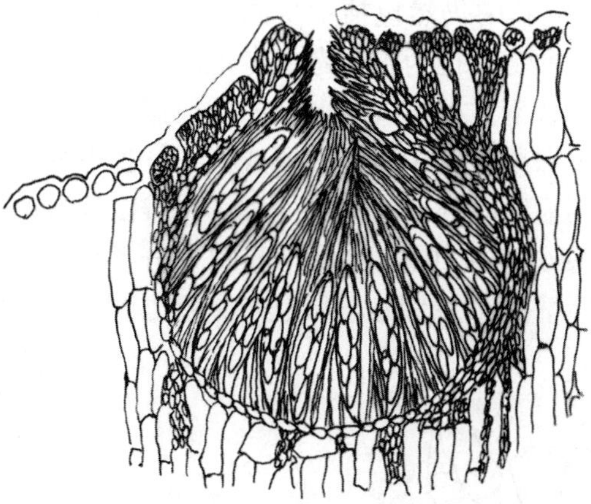

图 1　鲁黑痣菌 *Phyllachora rouxii*：子囊壳、子囊、侧丝、子囊孢子和分生孢子体（仿 Müller 1962）

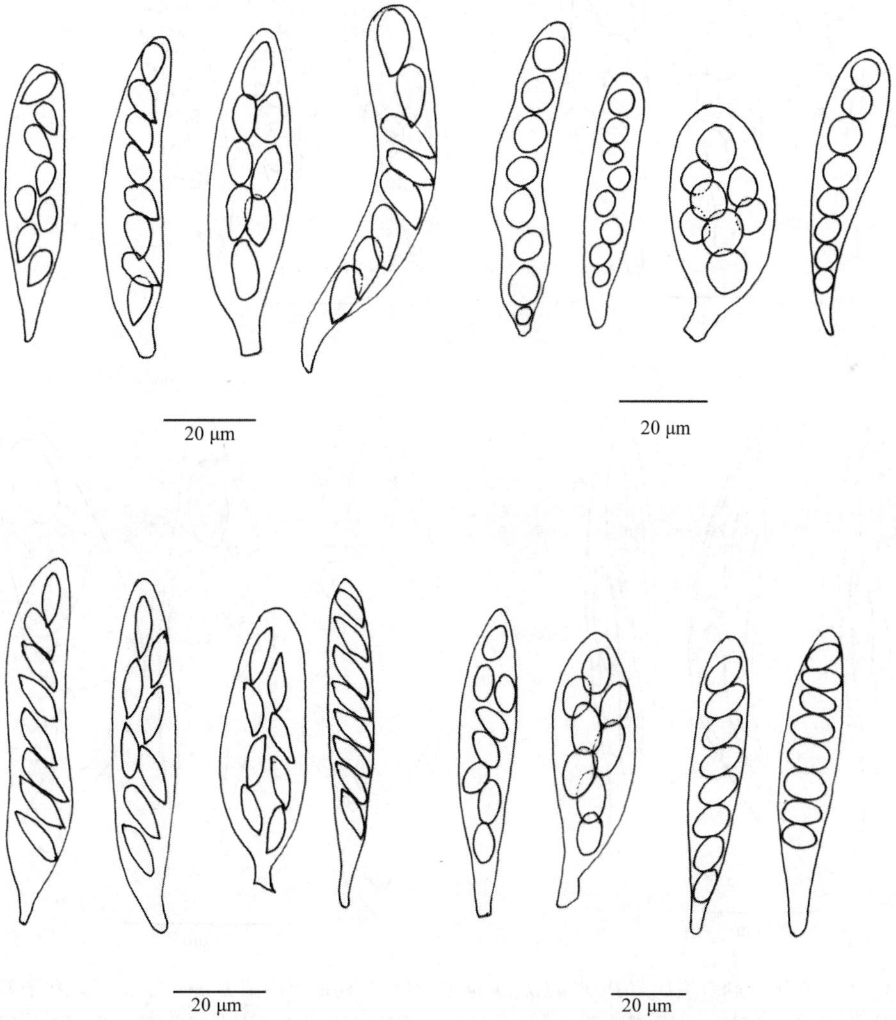

图 2　从上至下　隆迪黑痣菌 *Phyllachora lundiae*：子囊和子囊孢子（仿 Chardón 1946）；菜豆黑痣菌 *P. phaseoli*；雷公莲生黑痣菌 *P. amyridicola*（仿 Seaver 1928）；巴纳黑痣菌 *P. panamensis*（仿 Chardón 1946）

Index Fungorum 数据库中记载了黑痣菌属共计 1497 种（截至 2009 年 4 月），排除同物异名，剩 1011 种，但其中仍然包括不少同物异名，针对这一问题，我们将采取：①鉴定菌种以自然标本的形态特征为主，考虑专性活体寄生性的特点，寄主植物一般不跨科，或不跨亚科（族）。②寄主植物同属者，如仅根据不同寄主区别的种下单位，予以合并；凡被合并的名称，保留其异名地位以便查找。③种下的亚种、变种、变型、除形态特征和体积大小差异明显者除外，均按②处理。④难以区分的种群或大种，拟用电子显微镜扫描比较细微结构或试用 PCR 予以区分。以上分类初步意见将在研究中不断补充和完善，以便反映其实际情况，并为编志和生产应用提供基础依据。

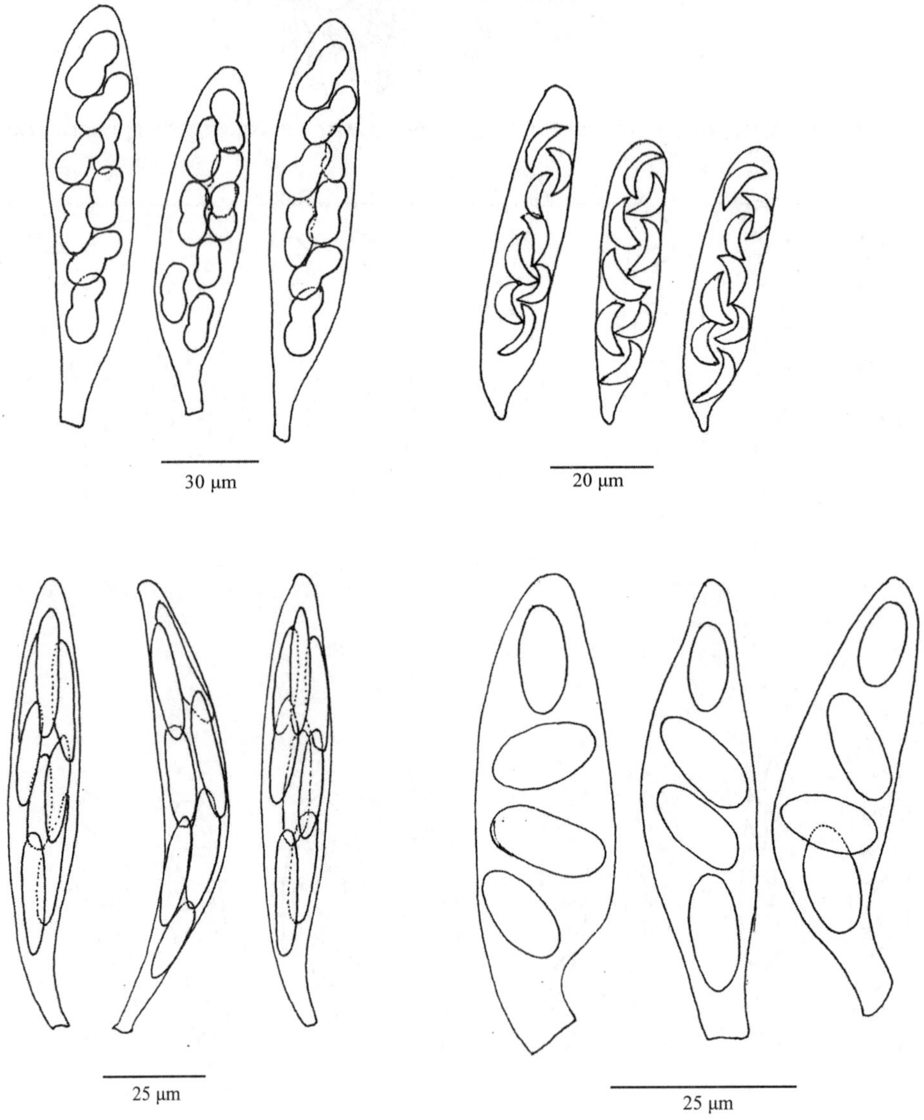

图 3　从上至下　勒普黑痣菌 *Phyllachora leptoderridis*；杨梅黑痣菌 *P. myrciae*：子囊和子囊孢子（仿 Seshadri 1969）；蓝蒙黑痣菌 *P. lamprothea*；胡枝子黑痣菌 *P. lespedezae*（仿 Cannon 1991）

三、黑痣菌属的研究简史

1. 黑痣菌属的研究历史

黑痣菌属的名称最初是在腊叶标本的标签纸上出现的，即画眉草黑痣菌(*Phyllachora agrostis* Fuckel)。Fuckel 在 1870 年描述了该属的 18 个种，以禾黑痣菌 *Phyllachora graminis*(Pers.) Fuckel 为模式种(Fuckel 1870)。

19 世纪后期黑痣菌属作为一个属被广泛接受。1876 年 Saccardo 接受黑痣菌属、疣口座壳属(*Mazzantia* Mont.)和疔座霉属(*Polystigma* DC.)作为座囊菌目(Dothideales)淡色无隔孢子组(Section Hyalosporae)的成员(Saccardo 1876)。1883 年 Saccardo 把 *Bagnisiella*、*Kullhemia*、*Eurachora* 归入淡色无隔孢子组中(Saccardo 1883)，154 个种收录在黑痣菌属中，其中 88 个种没有子囊孢子特征的描述(Cannon 1991)。黑痣菌属在当时还没有明确的定义，可用来指任何寄生在叶或茎上，有明显子座发育的真菌。所以这个属在开始时并没有分类学上确定的概念。根据寄主植物的不同，到 1926 年，Saccardo 所著的 *Sylloge Fungorum* 一书中包括了 600 多个分类单位(Saccardo 1926)。后来，分类学家将其中的很多种作为异名处理。

1885 年 Cooke 采用了一个宽泛的黑痣菌属概念，把黑痣菌属分为两个亚属：疣口座壳亚属和真黑痣菌亚属(Cooke 1885)。但是其他真菌学家并没有接受这种观点。

1915 年，Theissen 和 Sydow 出版关于座囊菌目的著作，这个分类系统基本与 Saccardo 的观点相似，即座囊菌目分为 4 个科：Polystomellaceae、Dothideaeceae、Phyllachoraceae 和 Montagnellaceae。黑痣菌科的特征是真菌埋生在寄主细胞的角质层或表层下，有一个黑色覆盖层。黑痣菌科根据真菌组织包埋的位置分为 3 个亚科：Trabutiineae、Scirrhiineae 和 Phyllachoraineae。Trabutiineae 埋生在角质层和表皮细胞中，Scirrhiineae 埋生在表皮细胞和栅栏组织中，Phyllachoraineae 埋生在叶肉组织中。

19 世纪 20 年代，分类学家认识到根据包埋的深度作为划分标准是不可信的。1924 年 Petrak 对座囊菌目的分类及黑痣菌属在此目中的地位做了一个详细的回顾，不仅指出黑痣菌属及其相近的属不属于座囊菌目，而且指出 *Phyllachora* 和 *Polystigma* 有很多相似之处(Petrak 1924)。Chardón(1921，1932)和 Chardón 等(1940)及其他分类学家继续采用 Theissen 和 Sydow 的分类观点，描述了很多新种。

1942 年，Doidge 研究南非的黑痣菌属及相关类群，接受了 72 个分类单元。

1944 年，Orton 做了大量北美洲禾本科上黑痣菌属的工作，发现了 46 个新种，主要是根据子囊孢子的排列以及孢子的形状和大小进行区分的，而且也涉及了无性型。

1967 年，以前 *Phyllachora* 种的划分基本上都是在以寄主种的专化性概念指导下进行的。例如，Theissen 和 Sydow(1915)所列的 85 个禾生黑痣菌，Doidge(1942)记载的南非种等。

Parbery(1967，1971)主要根据 Chardón、Miller 和 Müller(1940)、Orton(1944a)和 Parbery(1963a)试用形态标准划分 *Phyllachora* 种的成功和失败经验，经过研究分析，找到一些稳定的形态特征，并用这些形态特征校订和整理世界范围内已记载的禾生

Phyllachora 种，把 278 个分类单元缩减成 95 个可接受的单元和 21 个存疑种，并提供分种的索引和寄主的索引(Parbery 1967，1971)。

Barr(1983)提出了黑痣菌目(Phyllachorales)的概念，并把它归于 Edaphomycetidae。Cannon(1988)提出黑痣菌目可能和间座菌目(Diaporthales)很相近，建议将 2 目合并。

Cannon(1991)认为相似种之间的形态差别主要是由于它们之间的基因差异以及寄主的生理生化特性不同。由于缺乏接种实验，他把这些差别放在亚种的水平上。

Cannon(1997)讨论了黑痣菌科的生物多样性，通过统计分析推测出全世界的黑痣菌科的种类大概有 157 800 种。

2. 黑痣菌属种级分类学中存在的问题

黑痣菌属是一个世界广布的分类类群,对它的研究至今已有 130 多年的历史,自 1870 建立以来,2009 年《真菌索引》报道 1497 种。目前已知广布种 500 多种(Kirk *et al.*, 2001)。但是作为实际存在的形态学实体的种则较现有种名少，出现了大量形态特征相同而寄生专化性有差异的问题。其发生的原因有 3 个。

其一，过去所用划分种的形态学特征不稳定，或变异性比较大，因而产生许多异名(synonym)。

其二，过去认为黑痣菌是专性活体寄生菌，过分强调对寄主的专化性，因而完全根据寄主来命名，忽视寄主之间在分类学上和生理学上存在的内在联系和差别。

其三，完全忽视真菌专化寄生性的特征，在区分种时，完全不考虑真菌对寄主的寄生选择性特征。

后两个原因都是由于对黑痣菌属的寄生性特点不加分析造成的。

3. 黑痣菌属种级分类学研究历史

1967 年以前，黑痣菌属种的划分基本上都是在寄主种的专化性概念指导下进行的。例如，Theissen 和 Sydow(1915)所列的 85 个禾生黑痣菌，Doidge(1942)记载的南非种等。

Parbery(1967，1971)主要根据 Chardón、Miller 和 Müller(1940)、Orton(1944a)及 Parbery(1963a)试用形态标准划分黑痣菌属种的成功和失败经验，经过研究分析，找到一些稳定的形态特征，并用这些形态特征校订和整理了世界范围内已记载的禾生黑痣菌属种，把 278 个分类单元缩减成 95 个可接受的单元和 21 个存疑种，并提供了分种的索引和寄主的索引。

Cannon(1991)认为相似种之间的形态差别，主要是由于它们之间的基因差异以及寄主的生理生化特性不同。由于缺乏接种实验，他把这些差别放在亚种的水平上。

1984 年，罗赫荣和李建义根据 Parbery(1967)提出的种的划分原则，采取以自然形态为主，适当考虑寄主的专化性和无性态的综合形态鉴定方法，鉴定和整理 1973~1982 年采自陕西、云南、华中、华南各地的禾生黑痣菌近 400 份标本，鉴定出 32 个种，其中已知种 19 个、新种 6 个、新变种 3 个、可疑名(nom. dubium)4 个(罗赫荣 1984)。

病原真菌种的划分应该以形态学特征为主要标准。这是研究黑粉菌(smuts)分类的

Fischer 和 Shaw（1953）50 多年前就已经认识到了的问题。在以形态为主的基础上综合考虑寄主专化性，即种与种之间应有形态上的区别，同时一个种以不跨越一个寄主科为其最大的寄主范围。

4. 现代黑痣菌属种级研究

缺乏明显的形态区分特征和在性状同源性决定中存在的问题，促进了分子技术在分类中的发展，用分子技术无疑是检测形态学分类标准的一种有效方法。根据真菌分类学把核苷序列 DNA 分子片段进行比较正在被研究。

5. 黑痣菌属的分类地位

在《菌物字典》第九版（Kirk *et al*., 2001）中，黑痣菌属隶属于真菌界 Fungi 子囊菌门 Ascomycota 子囊菌纲 Ascomycetes 座囊菌亚纲 Dothideomycetidae 座囊菌目 Dothdeales 座囊菌科 Dothideaceae。Kirk 和 Cannon（2001）将其归入真菌界 Fungi 子囊菌门 Ascomycota 粪壳菌纲 Sordariomycetes 黑痣菌目 Phyllachorales 黑痣菌科 Phyllachoraceae。根据《菌物字典》第十版记载（Kirk *et al*., 2008），全世界黑痣菌属包括大约 944 种，分布广泛，以热带和亚热带地区为多。

追溯分类系统演变过程发现，子囊菌纲和粪壳菌纲的主要区别在于前者具有子座和子囊盘、子囊壳或闭囊壳，后者子座只产生子囊壳；座囊菌目与黑痣菌目的主要区别是前者子囊全圆柱形、厚壁、有孔口、无顶环结构，后者子囊部分圆柱形、薄壁、有孔口、有顶环结构；座囊菌科和黑痣菌科的主要区别于前者子囊孢子多胞，后者单胞。

6. 我们采用的黑痣菌属分类系统

Nitschke ex Fuckel（1870）—Orton（1944）—Parbery（1964， 1973）—Cannon（1996，1999）。

专　论

黑痣菌属 **Phyllachora** Nitschke ex Fuckel

Jahrb. Nassauischen Naturk. 23–24: 216, 1870; Doidge, Bothalia 4: 421, 1942; Orton, Mycologia 36: 18, 1944; Parbery, Aust. J. Bot. 11: 117, 1963; 15: 271, 1973; Cannon, Myc. Res. 100: 1409, 1995; 103(5): 577, 1999.

模式种：*Phyllachora graminis* (Pers.: Fr.) Fuckel (*Sphaeria graminis* Pers.: Fr.)

黑痣菌属(Phyllachora)的概述

黑痣菌属(Phyllachora)是一种常见的植物病原真菌，是活体营养型真菌，广泛分布于世界各地，主要分布在热带和亚热带地区；它在植物叶面产生黑痣斑点，看上去极像生于人体的黑痣，故名为黑痣菌。

黑痣菌属真菌的寄主范围非常广泛，寄主植物达121科，危害上千种寄主，主要寄主植物有禾本科、豆科、桑科、桃金娘科、樟科及莎草科等。目前已发现的有1011个记录种，500多个广布种；它们属于真菌界(Fungi)子囊菌门(Ascomycota)粪壳菌纲(Sordariomycetes)粪壳亚纲(Sordariomycetidae)黑痣菌目(Phyllachorales)黑痣菌科(Phyllachoraceae)(Kirk & Cannon 2008)。

一、形 态 特 征

黑痣菌属的症状特点：黑痣菌侵染寄主植物的叶、茎、苞叶和蒴果等地上部分，主要为叶寄生菌，引起黑色肿胀斑点，造成寄主提早落叶。其症状可分为两个类型。其一，无病斑。病部仅显现病症，黑痣状肿胀斑点，外围寄主组织不褪色，或外围组织褪绿，变黄色、灰白色或褐色晕环，黑色晕圈。其二，有病斑。病状呈小形的坏死斑点，病斑黄色、褐色至灰色，近圆形至椭圆形、不规则形状病斑，外围具深褐色的边沿线圈，中部为黑痣斑点。黑痣斑点以叶面为主，叶背较少，黑色，有光泽或无光泽。通过放大镜可以观察到黑痣斑中的针眼状小孔口，这些小孔也就是孢子弹射的出口。

黑痣菌的菌丝体埋生，在寄主细胞内生长，形成淡色或暗色的子座和黑色的盾片，盾片由小型有色素的细胞组成，在寄主近角质层、表皮层或近表皮处生；子座散生、聚生或在病斑内聚生，叶面、叶背或穿透寄主两面生，呈圆形、椭圆形、纺锤形至不规则形状，黑色，有光泽。子囊壳由子座围绕和盾片覆盖，在表皮下或叶肉生，呈球形、圆锥形或广椭圆形至不规则形，具扁平壁，孔口由极小的色素细胞环绕；子囊壳的底部和侧壁上着生子囊与侧丝。子囊单层壁，无色，圆柱形、囊状、棍棒形，子囊外面常被一层黏质外壳包围，其内含 8 个或 4 个孢子。子囊孢子单行、双行或不规则排列，球形、卵形、椭圆形、纺锤形，无色或淡黄色，单胞，光滑或偶有纹饰，缺淀粉结构。侧丝丝状，无色。子囊孢子成熟后从子囊壳孔口释放，随风雨传播进行侵染。

黑痣菌属的种是活体营养型真菌，菌体通常在寄主的叶组织内生长，表面产生微小、不同形状、黑褐色、很薄的黑痣斑点的盾片，它们不同于其他的活体营养型真菌；菌丝同内生菌根的真菌一样在寄主细胞内生长，而不是像白粉菌、锈菌那样在细胞间生长；由于有活体营养的特性，所以，许多真菌学家试图人工培养这类真菌，但到目前还没有获得成功。

黑痣菌属的种与寄主关系密切，寄主感病后通常不死亡，至少在病菌子实体成熟以前不死亡。且寄生于叶的黑痣菌属的种，通常不能在坏死的组织中看到，偶然在一个不健康的死亡组织中发现菌体，这表明黑痣菌的种受到某种重寄生菌(hyperparasite)的侵染。

1. 黑痣菌属的分类特征

有的叶斑是指寄主植物叶子表面的黑色区域，即黑痣状肿胀斑点，极少数黑痣菌的黑斑发生在植物的茎上。有时候，*Phyllachora* 属引起植物叶子变色。叶斑散生或聚生，在叶子的表面呈扁平状，或突出于叶面。叶斑变黑的程度取决于周围的环境和叶斑的成熟度，可能是用于防止紫外线辐射。

菌体：菌体(colony)在寄主上的部位、发生场所和分布、排列特征等没有划分种的使用价值。

盾片：黑痣菌属的盾片(clypeus)没有区分种的价值。

子囊壳：子囊壳(perithecium)由子座围绕并被盾片覆盖，一个菌体中产生一个或多个子囊壳，子囊壳的形状和大小多变，如果不受其他子囊壳挤压的影响，则形状常近圆球形。孔口处常成锥形颈，乳状突起，它的形态受寄主维管束组织的影响最大，因而不能作为分种特征。子囊壳通常开口在叶子的一面，也有一些子囊壳的开口在叶子的两面。黑痣菌属的特征是子囊壳的开口面和黑斑的主要发育面是相同的，如果相反，则为另外一个属，即 *Retroa*。子囊壳的上壁通常由黑色的物质组成，侧壁或者下壁由薄壁细胞组成。有些黑痣菌缺少下壁。

侧丝和缘丝：子囊壳内具侧丝(paraphysis)，侧丝通常丝状，黑痣菌属大多数种都有侧丝。侧丝中的两个特征可能在分类中有用，一个特征是分隔情况，另一个特征是侧丝顶端的形态。有些侧丝有分隔，有些侧丝无分隔，还有些侧丝底部有分枝。侧丝的顶端有些是渐尖的，有些是圆的，有些是膨大的。黑痣菌属的侧丝是薄壁，相对较宽，有时能达到 3 μm，顶端逐渐变细，在基部有时会分叉。侧丝略长于子囊，但有些侧丝则显著长于子囊。不同黑痣菌之间的侧丝没有大的区别，形态相似，在分类上意义不大。

缘丝：缘丝(periphysis)生长在子囊壳孔口的周围，可能是帮助孢子的弹射。比侧丝短，薄壁、透明、无隔。但是在一些标本中可能观察不到缘丝。无分类学价值。

子囊：黑痣菌的子囊(ascus)单层壁，子囊的形状和大小及子囊有无柄都是分类的重要特征。有些黑痣菌不成熟子囊的壁很厚，成熟时会较薄。有些子囊在整个生长时期壁都比较薄。子囊柄的长度被认为在界定种时是有用的。研究表明，子囊的形状和宽度、长度是比较稳定的特征。

在很多情况下，子囊充分成熟时，基部会消解。不太成熟的子囊顶端结构容易观察，破裂子囊的顶端和完整的子囊不同。新鲜标本的子囊壁比较容易观察。子囊的顶端通常是圆的或者稍尖，中凹的顶环和顶端环状加厚。很多黑痣菌科的成员没有顶端结构。如果有顶端结构，通常是无色的，而且在碘液中不变色。黑痣菌属的子囊绝大多数 8 个孢子，少数种类的子囊是 4 个孢子，如豆科植物上的 *Phyllachora lactea*、*P. lespedezae* 和 *P. dolichogena* subsp. *atromaculans*(Cannon 1991)。

子囊孢子：子囊孢子(ascospore)的形态、大小和排列方式在黑痣菌分类中很重要。子囊孢子大多数透明、薄壁、光滑并且无隔。黑痣菌属的孢子通常是光滑的，但是有时在高度放大时会显得粗糙，这可能是由于胶状鞘的降解。子囊孢子形状多样，有伸长形、近圆形、卵圆形、椭圆形、纺锤形、矩圆形、泪滴形等，光滑或有黏性鞘，形状对称或不对称。有些种的子囊孢子形状多变，子囊孢子的形状和大小一直是稳定的分种特征。

子囊孢子的纹饰、颜色和有无隔膜可用来区别黑痣菌科内的不同属。例如，黑痣菌科中的 *Parberya* 子囊孢子是金褐色的有刺孢子；*Rehmiodothis* 的子囊孢子是双胞，一个细胞比另一个大；*Ophiodothella* 的丝状孢子明显区别于黑痣菌属的子囊孢子。

附着胞：附着胞(appressorium)是孢子萌发时产生的。Parbery(1963a)认为附着胞的形态在禾本科上的黑痣菌分类中是有用的特征。我们观察到种间的附着胞差异不明显。

性孢子器：黑痣菌的性孢子器(spermogonium)一般在幼嫩的菌体中出现。有的种没有性孢子器，可能是因为没有发现。性孢子梗的形状、大小一般比较稳定，不受寄主的影响，是重要的分类学特征，特别在子囊时期较难区别的种之间，有时结合性孢子梗特征就很容易分开。性孢子通常向基部渐粗，着生处稍窄，顶端渐尖，变化非常大，它的形状、大小没有任何分类学价值。

无性型：无性型(anamorph)在黑痣菌属中的意义是最近才发现的，它在区别黑痣菌属及相似的属中很有意义。黑痣菌属的无性型是壳线孢属(*Linochora*)。

Cannon(1991)和 Parbery(1971)认为，黑痣菌分生孢子器产生在子囊果旁边。从分生孢子器壁上产生圆柱形的产孢细胞，着生丝状、透明、无隔的分生孢子。对全型已知的种，用有性型和无性型之间的联系是可靠且正确的；黑痣菌属种有部分种无无性型，或无性型还未发现，暂时还应以有性型的形态学分类为宜。

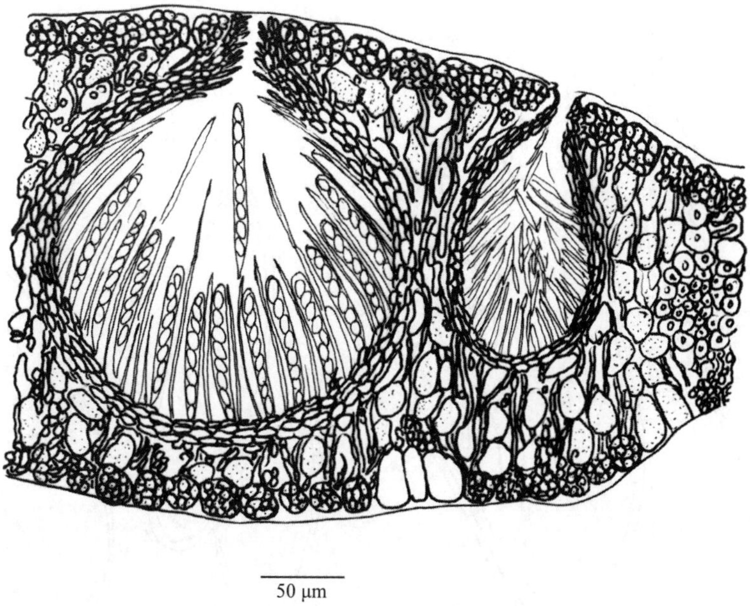

图 4　禾黑痣菌 *Phyllachora graminis*：子囊壳、子囊、侧丝、子囊孢子和分生孢子体（仿 Arx 1987）

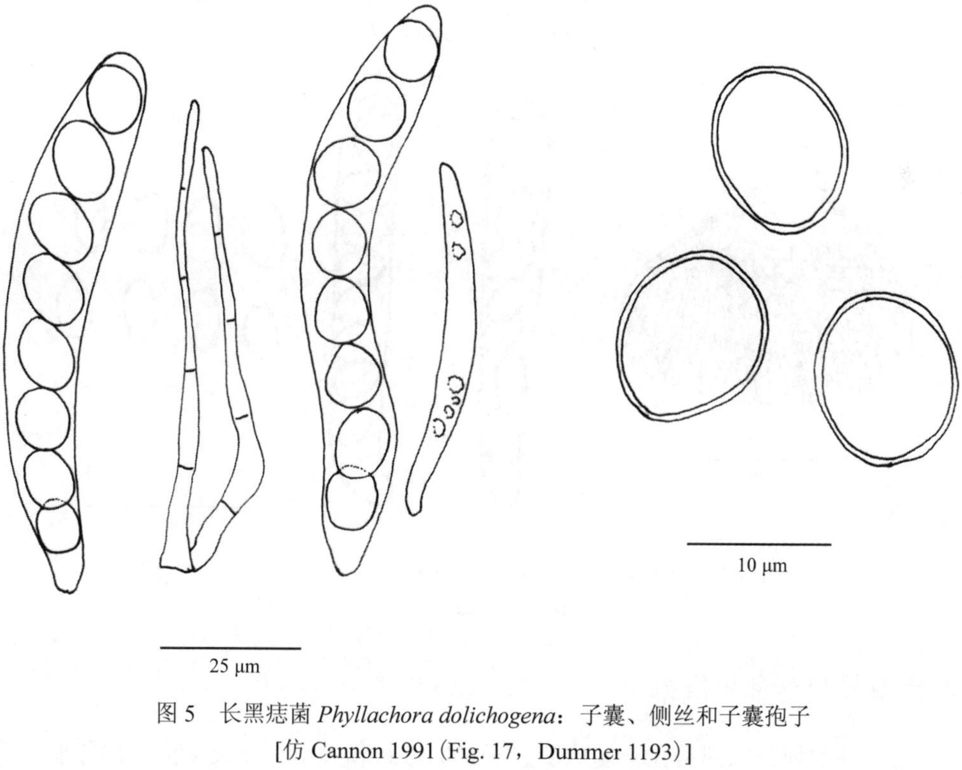

图 5　长黑痣菌 *Phyllachora dolichogena*：子囊、侧丝和子囊孢子 [仿 Cannon 1991（Fig. 17，Dummer 1193）]

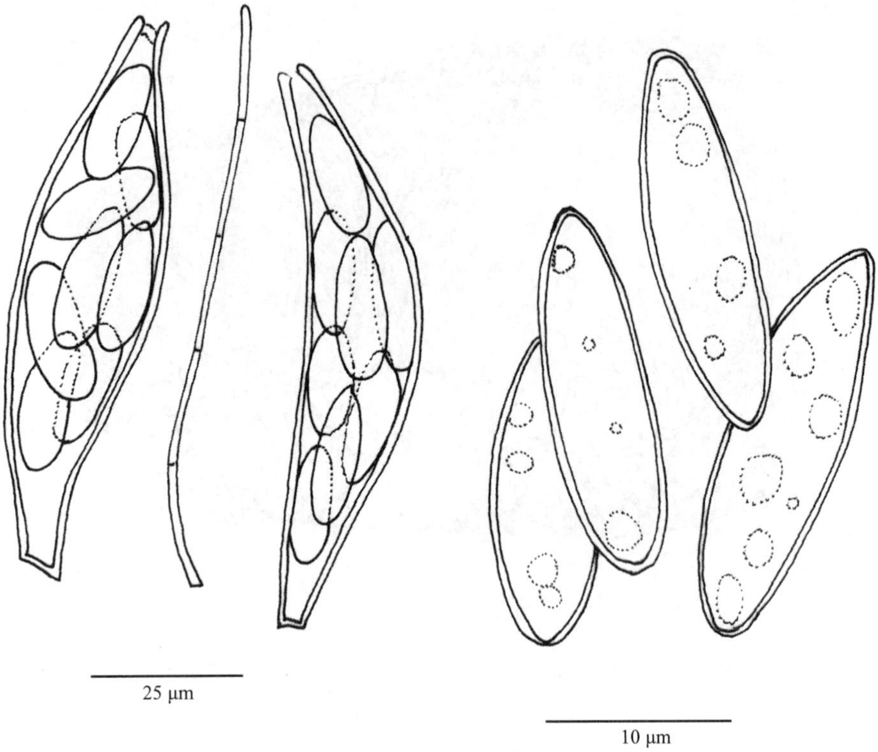

图 6　羊蹄甲黑痣菌 *Phyllachora bauhiniae*：子囊、侧丝和子囊孢子
（仿 Theissen and Sydow 1915）

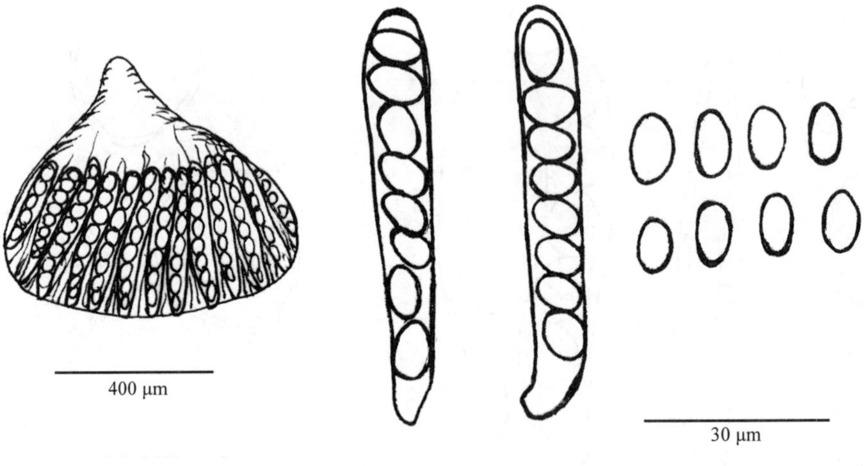

图 7　刺榕黑痣菌 *Phyllachora fici-asperrimae*：子囊壳、子囊和子囊孢子
（仿 Anahosur 1969）

2. 黑痣菌属划分种的依据

黑痣菌种的划分原则是在子囊孢子、子囊的形状和大小，以及性孢子梗等形态学特征的基础上，结合对寄主的寄生专化性等综合性状为标准。现代分子生物学也是必不可

少的辅助特征。但对其所致症状、菌丝体、子囊壳、侧丝等宜以记录，以供查考。

3. 种级分类中"形态特征和寄生专化性关系"问题与处理

据 Index Fungorum 数据库记载，*Phyllachora* 属共计 1497 种(截至 2009 年 4 月)，排除异名和近似属，剩余 1011 种，其中仍然包括不少同物异名，针对这一问题，我们将采取以下方法：①鉴定种以自然标本的形态特征为主，考虑专性活体寄生性的特点，寄主植物一般不跨科或亚科(族)；②寄主植物同属者，如仅根据不同寄主区别的种下单位，予以合并；凡被合并的名称，保留其异名地位以便查找；③种下的亚种、变种、变型，除形态特征和体积大小差异明显者除外，均按②处理；④难于区分的种群或大种，拟用电子显微镜扫描比较细微结构或试用核苷酸保守(ITS)序列予以区分。

4. 分子生物学测定 DNA 同源性和亲缘关系等分类依据

缺乏明显的形态区分特征和在性状同源性决定中存在的问题，促进了分类分子技术的发展，用分子技术无疑是检测形态学分类标准的一种有效方法。根据真菌经典分类学，用分子技术手段，ITS 序列比对正在被研究。但是应用于黑痣菌科分类学的核糖体 ITS 序列到目前只获得两个种，以及它的活体营养特性，即它不能在培养基上生长使得分子分类方法在应用上存在困难。我们认为现用的分子生物学方法还不十分成熟和完善，存在一定的不足，应用不同的分子生物学方法有可能得到不同的结果，因此，完全依靠分子生物学方法解决分类问题是不实际的。现代分子生物学技术用于真菌分类可能还不十分成熟和完善，或许还存在一定的不足，但在一定程度上从分子角度揭示了细胞核内部差异，有一定的可参考性，Silva-Wanderlei 等(2003)及 Berbee 和 Taylor(1992)等都阐述了分子生物学对黑痣菌 DNA 的同源性和分类的有效性，其对黑痣菌属，尤其对较相似的疑难种的区分是必不可少的辅助特征，它也代表了分类学将来发展的方向之一。

二、我国黑痣菌属的研究概况

黑痣菌属由 Nitschke 和 Fuckel 于 1870 年建立命名，至今已报道了 1497 个记录种的名称(CABI bioscience database，2009 年 4 月)。自 19 世纪末期以来，中外学者对中国黑痣菌属的资源、形态学、分类学、病原学等方面开展了大量的工作。

1. 外国学者对我国黑痣菌属的早期工作

我国有关黑痣菌最早的记载是 Kalchbrenner 和 Thümen(1881)报道的采自中国内蒙古的当归黑痣菌 *Phyllachora angelicae*(Fr.) Fuckel，寄生于伞形科 Umbelliferae。

Baccarini(1905)发表了 Giraldi 在秦岭所采的一部分真菌，其中报道扁圆黑痣菌 *Phyllachora melanoplaca*(Desm.) Sacc. 寄生于陕西的铃兰属 *Convallaria* sp.(百合科)。冠果忍冬黑痣菌 *P. xylostei*(Fr.) Fuckel 寄生于陕西的冠果忍冬 *Lonicera stephanocarpa* Franch.。

Miyake(1912)报道，禾黑痣菌*P. graminis*(Pers.) Fuckel 寄生于湖北的芒 *Miscanthus sinensis* Anders.；薏苡黑痣菌 *P. coicis* P. Henn. 寄生于广州的薏苡 *Coix lachryma-jobi* L.。

Reinking(1919)报道，狗牙根黑痣菌 *P. cynodontis*(Sacc.) Niessl 和 *P. andropogonis* P. Karst. & Har. 寄生于台湾的狗牙根 *Cynodon dactylon*(L.) Pers.。

Sydow 和 Sydow(1919)记录 Reinking 于 1919 年 5~6 月在广东和广西所采的真菌标本的一部分共 33 种，其中报道广州黑痣菌一新种 *P. cantonensis* Syd. 寄生于广州的潺槁树 *Litsea glutinosa*(Lour.) C.B. Syd.。

Saccardo(1921)报道 Reinking 于 1919 年在广东和广西所采的真菌以及 Skvortzow 于 1918 年在福建所采的真菌共 60 种，其中中国黑痣菌一新种*P. sinensis* Sacc. 寄生于福建的簕竹属 *Bambusa* sp.。

Sydow(1922)鉴定 E. D.Merril 在广州和罗浮山以及 C. W. Howard 在广州所采的真菌标本 34 种，其中狼尾草黑痣菌新种 *P. pennisetina* Syd. 寄生于广东的狼尾草 *Pennisetum alopecuroides*(L.) Spreng.。

Sawada(1919，1928，1931，1943a，1943b，1944，1959)在《台湾产菌类调查报告》中报道了黑痣菌 25 个新种，其中 1939~1944 年的新种无拉丁文描述，应为无效名称(nom. inval.)，如 *Phyllachora arundinis* Sawada(1944)、*P. fici-septicae* Sawada(1942)、*P. graminicola* Sawada(1944)、*P. indocalami* Sawada(1943)、*P. marisci-sieberiani* Sawada(1943)、*P. melastomae-candidae* Sawada(1942)、*P. panici-proliferi* Sawada (1944)、*P. syntherismae* Sawada(1944)、*P. pachinensis* Sawada(1943)，他还报道了台湾的多种黑痣菌。

Miura(三浦道哉)(1930)报道东北真菌 490 种，其中禾黑痣菌 *P. graminis*(Pers.) Fuckel 寄生于辽宁的橘草 *Cymbopogon goeringii*(Steud.) A. Camus 和黑龙江的金色狗尾草 *Setaria lutescens*(Weigel) F. T. Hubb。

Keissler 和 Lohwag(1937)报道，禾黑痣菌 *P. graminis*(Pers.) Fuckel 寄生于德氏异燕麦 *Helictotrichon delavayi*(Hack.) Henr.(省份不详)和线形草沙蚕 *Tripogon filiformis* Ness (省份不详)。

Petrak(1947)报道了河北、四川、山西等地采集的黑痣菌。其中，黑痣菌新种画眉草黑痣菌 *P. eragrostis* Petr. 寄生于广东的知风草 *Eragrostis ferruginea*(Thunb.) Beauv，变叶榕黑痣菌 *P. fici-variolosae* Petr. 寄生于广东的变叶榕 *Ficus variolosa* Indl.。

Petrak(1955)报道由 Reinking 和 Howard 在前岭南大学内所采的真菌 9 种，其中，一新种广东黑痣菌 *P. kwantungensis* Petr. 寄生于广东的铺地黍 *Panicum repens* L.。

2. 中国学者对中国黑痣菌属的早期工作

邹钟琳(1922)报道了南京的植物病原真菌 160 种，其中白井黑痣菌 *P. shiraiana* Syd. 寄生于江苏的簕竹属 *Bambusa* sp.：江苏。

朱凤美(1927)报道了其在河北、山东、江西、安徽、河南、浙江、江苏 7 省所采的植物病原真菌 245 种，其中，禾黑痣菌 *P. graminis*(Pers.) Fuckel 寄生于浙江的芒 *Miscanthus sinensis* Anders.，雀麦黑痣菌 *P. bromi* Fuckel 寄生于江苏的雀麦属 *Bromus* sp.。

涂治(1932)记载了广州及其附近 14 种经济作物的 48 种病害，其中，须芒草黑痣菌

P. andropogonis Karst. & Har. 寄生于广东的须芒草属 *Andropogon* sp.，狗牙根黑痣菌 *P. cynodotis*(Sacc.) Niessl 寄生于广东的狗牙根 *Cynodon dactylon*(L.) Pers.，白井黑痣菌 *P. shiraiana* Syd.寄生于广东的刺竹属 *Bambusa* sp.。

王启虞(1935)记载了经济植物病害 93 种，其中，刚竹黑痣菌 *P. phyllostachydis* Hara 寄生于浙江的刚竹属 *Phyllostachys* sp.。

戴芳澜(1936~1937)从 1880~1935 年所发表的 175 篇文章中，将中国真菌编成名录，共 2606 种，其中甜根子草黑痣菌 *P. sacchari-spontaei* Syd.寄生于广东的甜根子草 *Saccharum spotaneum* L.,中国黑痣菌 *P. sinensis* Sacc.寄生于广东的多刺簕竹 *Ischurochloa spinosa*(Roxb.) Buse 和吊丝球竹 *Sinocalamus beecheyanus*(Munro) McClure。

王清和(1940~1947)在福建工作时采集和鉴定了栽培植物病害名录 314 种，其中，圆黑痣菌 *P. orbicular* Rehm 寄生于福建的刚竹属 *Phyllostachys* sp.。

朱健人(1941)在 1939 年到西康调查，采集了真菌和植病标本千余号，报告植物病害约 500 种、病原真菌 274 种，其中，芒黑痣菌 *P. miscanthi* Syd.寄生于四川的芒属 *Miscanthus* sp.。

魏景超和黄淑伟(1941)报道了 1924~1937 年在国内各地采集的标本，共藏标本 609 种，其中，禾黑痣菌 *Phyllachora graminis*(Pers.) Fuck 寄生于江苏、江西的纤毛鹅观草 *Roegneria ciliaris*(Trin.) Nevski，芒黑痣菌 *P. miscanthi* Syd.寄生于江西的芒 *Miscanthus sinensis* Anders.，白井黑痣菌 *P. shiraiana* Syd.寄生于浙江的青篱竹属 *Arundinaria* sp.。

裘维蕃(1941)在"福建经济植物病害志"一文中记载圆黑痣菌 *Phyllachora orbicular* Rehm 寄生于福建的刚竹属 *Phyllostachys* sp.。

葛起新(1942)在"贵州湄潭附近竹类病害之调查及鉴定"一文中记载白井黑痣菌 *P. shiraiana* Syd.寄生于贵州的簕竹属 *Bambusa* sp.。

凌立(1948)报道，狗牙根黑痣菌 *Phyllachora cynodotis*(Sacc.) Niessl 寄生于四川的狗牙根 *Cynodon dactylon*(L.) Pers.，禾黑痣菌 *P. graminis*(Pers.) Fuckel 寄生于四川的鹅观草 *Roegneria semicostata*(Nees) Kitag.，甘蔗黑痣菌 *P. sacchari* P. Henn.寄生于四川的斑茅 *Saccharum arundinaceum* Retz.，狼尾草黑痣菌 *P. pennisetina* Syd.寄生于四川的狼尾草 *Pennisetum alopecuroides*(L.) Spreng.，芒黑痣菌 *P. miscanthi* Syd.寄生于四川的芒 *Miscanthus* sinensis Anders.。

林亮东和黎毓干(1949)1939~1940 年在云南(澄江、路南、呈贡、宜良、昆明)调查农作物病害，经鉴定黑痣菌属有 162 种，其中，高粱黑痣菌 *Phyllachora sorghi* Hoehn. 寄生于广东的高粱 *Sorghum vulgaris* Pers.，甜根子草黑痣菌 *P. sacchari-spontanei* Syd.寄生于云南的甜根子草 *Saccharum officinatum* L.。

王鸣歧(1950)在"河南植物病害名录"一文中报道禾黑痣菌 *Phyllachora graminis*(Pers.) Fuckel 寄生于河南的禾本科 Gramineae 植物。

刘经芬和方中达(1956)在"南京牧草试栽中病害的观察"一文中报道禾黑痣菌 *P. graminis*(Pers.) Fuckel 寄生于江苏的冰草 *Agropyron cristatum*(L.) Gaern. 和疏花鹅观草 *Agropyron pauciflorum*(Schwein) Hitche。

邓叔群(1963)在《中国的真菌》一书中报道中国黑痣菌 *Phyllachora sinensis* Sacc.

寄生于江苏、浙江、湖南、广东、云南的簕竹属 *Bambusa* sp.，水黄皮黑痣菌 *P. pongamiae*(Berk. & Br.) Petch 寄生于广东的水黄皮 *Pongamia pinnata*(L.) Merr.，圆黑痣菌 *P. orbicila* Rehm 寄生于云南的刺竹属 *Bambusa* sp.，芒黑痣菌 *P. miscanthi* Syd.寄生于福建、广东、广西的芒属 *Miscanthus* sp.，禾黑痣菌 *P. graminis*(Pers.) Fuckel 寄生于河北、江苏、浙江、安徽、江西、湖南、广东、广西、云南的禾本科 Gramineae，狗牙根黑痣菌 *P. cynodontis*(Sacc.) Niessl 寄生于浙江、福建的狗牙根 *Cynodon dactylon*(L.) Pers.，黄檀生黑痣菌 *P. dalbergiicola* Henn.寄生于江苏、浙江的黄檀 *Dalbergia hupeana* Hance，无花果黑痣菌 *P. ficuum* Niessl 寄生于广东的无花果属 *Ficus* sp.，小幕草黑痣菌 *P. leptotheca* Theiss et Syd.寄生于福建、湖南的莠竹属 *Microstegium* spp.，中国黑痣菌 *P. sinensis* Sacc. 寄生于江苏、浙江、江西、湖南、广东、云南的簕竹属 *Bambusa* spp.。

张翰文等(1960)在"新疆经济植物病害名录"一文中，报道禾黑痣菌 *Phyllachora. graminis*(Pers.) Fuckel 寄生于新疆的短毛羊草 *Elymus multicaulis*(Kor. et Kir.) Nevski。

广西壮族自治区农业厅、广西壮族自治区农业科学院、广西农学院(1964)报道，高粱黑痣菌 *Phyllachoa sorghi* Hoehn.寄生于广西的高粱 *Sorghum vulgaris* Pers.。

刘波(1965)在"吉林省栽培植物真菌病害志"一文中报道，禾黑痣菌 *Phyllachora graminis*(Pers.) Fuckel 寄生于福建的虎尾草 *Chloria virgata* Swartz.，中国黑痣菌 *P. sinensis* Sacc.寄生于福建的簕竹属 *Bambusa* sp.。

戚佩坤等(1966)在"吉林省栽培植物真菌病害志"一文中报道，禾黑痣菌 *Phyllachora graminis*(Pers.) Fuckel 寄生于吉林的披碱草 *Clinelymus dahuricus*(Turcz.) Nevski。

3. 1979 年后我国黑痣菌属的工作

戴芳澜(1979)在《中国真菌总汇》中全面总结了中国的黑痣菌属，报道黑痣菌属66种。

罗赫荣(1984)在《中国黑痣菌属禾草生种和种的划分标准研究》中详细描述了 32 个种，其中包括 9 个新记录种、6 个新种，但是这些新种都没有公开发表。

蔡云鹏(1991)在《台湾植物病害名录》中报道了黑痣菌属 47 种。

王也珍等(1999)编辑出版的《台湾真菌名录》中收录台湾地区报道的黑痣菌 46 种，除早期 Sawada 报道的黑痣菌外，还包括近年来台湾报道的新种 1 个、新记录种 4 个。

黄天章等(1992)报道了寄生在广东冬青 *Ilex kwangtungensis* Merr.上的冬青黑痣菌 *Phyllachora aquifotia* T. Z. Huang & W. S. Guo 新种及分布在福建的其他 9 个黑痣菌。

刘娜和郭林(2006)及刘娜(2007)报道 2 个新种和 4 个新记录种。

张能唐和张健如(1988)在"中国园林植物病害名录"一文中报道了黑痣菌属 7 种。

孙树权等(1991)在"山西经济植物真菌病害志"中报道了黑痣菌属 2 种。

任玮(1993)在"云南森林病害"中报道了黑痣菌属 4 种。

戚佩坤(1994)在"广东省栽培药用植物病害志"中报道了黑痣菌属 1 种。

康振生等(1995)在"植物病原真菌超微形态"一文中报道黑痣菌属 1 种。

谢焕儒等(2002)在"台湾森林常见病害彩色图鉴(二)"中报道黑痣菌属 2 种。

庄文颖(2001)在《中国热带高等真菌》中报道黑痣菌属 9 种。

去除重复、未发表和裸名，我国现已报道黑痣菌属 67 种(截至 2007 年)。

4. 我们编志以来对黑痣菌的工作

曾显雄在 2002 年同意合作编志，提供台湾大学(NUT-PPE)保存的黑痣菌标本；有关 Sawada 描述的 8 个新种(nom. inval.)：*Phyllachora arundinis*、*P. erianthi*、*P. fici-beechyanae*、*P. fici-pumilae*、*P. fici-septicae*、*P. imperaticola*、*P. melastomae-candidate*、*P. syntherismae*，我们将增加拉丁文描述，在本卷中发表，予以承认。

罗赫荣在 2005 年同意参加编志，他描述的 32 个黑痣菌种中有 6 个新种：*Phyllachora chlordis-virgatae*、*P. ellipsoidea*、*P. emeishaniana*、*P. hekouensis*、*P. lushanensis*、*P. nanningensis*，在本卷中发表。

张中义等(2004，2005a，2005b，2006)报道了 36 个，其中有 2 个新种：砖子苗黑痣菌 *Phyllachora marisci-sieberiani*、多育黍黑痣菌 *P. panici-proliferae*，国内新记录种 3 个，订正种 5 个。

李晓玲(2006)在硕士学位论文中报道了 38 个黑痣菌种(变种和型种)，其中包括 1 个新种 *Phyllachora graminicola*、1 个新变种 *Phyllachora graminis* var. *ellipticta*，国内新记录种 5 个，即 *Phyllachora americana*、*P. bambusina*、*P. maydis*、*P. cyperina*、*P. oxyspora*。

刘娜(2007)在博士学位论文中报道了 38 个，其中包括新种 2 个、国内新记录种 9 个。新种，如 *Phyllachora tengchongensis*、*P. yunnanensis*；国内新记录种，如 *P.africana*、*P. anthistiriae*、*P. americana*、*P. ehrhartae*、*P. fimbristylidicola*、*P. lute-omaculata*、*P. paspalicola*、*P. puncta*、*P. vulgata*.

宫飞燕(2008)在硕士学位论文中报道了 23 个黑痣菌种，其中包括 1 个新种 *Phyllachora themediicola*，国内新记录种 4 个，即 *P. bambusae*、*P. eriochloae* var. *eriochloae*、*P. platyelliptica*、*P. fallax*。

鲁海菊(2009)在博士学位论文中报道了 60 个黑痣菌种，其中包括新种和新变种 7 个、国内新记录种 12 个。新种和新变种，如 *Phyllachora capillipediicola*、*P. caricis-jaluensis*、*P. coiciicola*、*P. fici-beechyanae*、*P. ischaemi* var. *microsteglii*、*P. leptochloaticola*、*P. miscanthicola*。

罗琼、马艳、和春英、何慕涵参加编志，其中包括 1 个新种 *Phyllachora enteropogonis*、1 个新变种 *P. arthraxonis* var. *constricta*、国内新记录种 6 个。

孙广宇、张荣在 2007 年同意合作编志，其中包括 2 个新种 *Phyllachora imperaticola*、*P. leptocholocola* 和新变种 *P. setariicoal* var. *sacco-clavata*，并提供了 HMUABO 的标本，安排研究生调查当地黑痣菌，并对黑痣菌进行分子鉴定，已有初步结果。

综上所述，本卷中报道了我国黑痣菌属 109 个种和种下单元，其中新种和种下单元 26 个，中国新记录种 34 个，为世界真菌界增加了 26 个新单元，为我国黑痣菌属增加 60 个新单元，为研究与防治提供基础理论。另外，未研究过的标本，国内有记载的黑痣菌 28 种，作附录供参考。

黑痣菌属 *Phyllachora* 分种检索表

1. 寄生在双子叶植物…………………………………………………………………………………… 2

1. 寄生在单子叶植物…………………………………………………………………………………… 24

  2. 生于伞形科植物…………………………………………………………（当归黑痣菌 ***P. angelicae***）

  2. 生于冬青科植物…………………………………………………………（冬青黑痣菌 ***P. aquifotia***）

3. 生于桑科植物 …………………………………………………………………………………………… 4

3. 生于豆科植物 …………………………………………………………………………………………… 11

  4. 生于斜叶榕 ………………………………………………………………… 盾状黑痣菌 ***P. aspidea***

  4. 生于桑科垂叶榕…………………………………………………………（班纳黑痣菌 ***P. banahaensis***）

5. 生于榕属，孢子椭圆形 …………………………………………………… 巴特勒黑痣菌 ***P. butleri***

5. 生于榕属，孢子卵圆形 …………………………………………………… 卡马尔黑痣菌 ***P. kamalii***

5. 生于对叶榕…………………………………………………………………（群丛黑痣菌 ***P.catervaria***）

  6. 生于拓属 …………………………………………………………………………（柘黑痣菌 ***P. cudrani***）

  6. 生于天仙果 ………………………………………………………… 天仙果黑痣菌 ***P. fici-beechyanae***

7. 生于薜荔………………………………………………………………………… 薜荔黑痣菌 ***P. fici-pumilae***

7. 生于腐榕………………………………………………………………………… 腐榕黑痣菌 ***P. fici-septicae***

  8. 生于变叶榕 ………………………………………………………… 变叶榕黑痣菌 ***P. fici-variolosae***

  8. 生于雀榕 ……………………………………………………………（雀榕黑痣菌 ***P. fici-wightianae***）

9. 生于无花果………………………………………………………………… 无花果黑痣菌 ***P. ficuum***

9. 生于鸡桑………………………………………………………………………（桑生黑痣菌 ***P. moricola***）

  10. 生于菩提树，子囊孢子椭圆形，卵圆形 …………………………… 卡氏黑痣菌 ***P. kaernbachii***

  10. 生于菩提树，子囊孢子卵圆形……………………………………………… 匍匐黑痣菌 ***P. repens***

11. 生于豆科科植物 ………………………………………………………………………………………… 11

11. 生于樟科植物 …………………………………………………………………………………………… 16

  12. 生于龙须藤 ……………………………… 羊蹄甲黑痣菌原变种 ***P.bauhiniae*** var. ***bauhiniae***

  12. 生于崖豆藤 ………………………………………………………………… 相邻黑痣菌 ***P. contigua***

13. 生于菜豆、豇豆 ……………………（扁豆黑痣菌菜豆亚种 ***P.dolichogena*** **subsp.** ***phaseolina***）

13. 生于山黄芪……………………………………………………………………（山黧豆黑痣菌 ***P. lathyri***）

  14. 生于胡枝子、鸡眼草……………………………………………………… 胡枝子黑痣菌 ***P. lespedezae***

  14. 生于黄檀 ……………………………… 斑点黑痣菌黄檀生亚种 ***P. puncta*** **subsp.** ***dalbergiicola***

15. 生于水黄皮 ……………………………… 雅浦黑痣菌水黄皮亚种 ***P. yapensis*** **subsp.** ***pongamiae***

15. 生于美丽胡枝………………………………………………………………… 云南黑痣菌 ***P. yunnanensis***

  16. 生于樟科潺槁树…………………………………………………………（广州黑痣菌 ***P. cantonensis***）

  16. 生于木姜子 ……………………………………………………………（月桂黑痣菌 ***P. laurinearum***）

17. 生于樟属 ………………………………………………………………………… 樟黑痣菌 ***P. cinnamomi***

17. 生于山茶科植物 ………………………………………………………………………………………… 18

  18. 生于尾尖叶柃…………………………………………………………………（柃黑痣菌 ***P. euryae***）

  18. 生于木荷 …………………………………………………………………… 木荷黑痣菌 ***P. schimae***

19. 生于芸香科，山小橘 ··（山小橘黑痣菌 ***P. glycosmidis***）
19. 生于杜鹃花科，深红越橘 ···（日本黑痣菌 ***P. japonica***）
20. 生于百合科，铃兰 ···（扁圆黑痣菌 ***P. melanoplaca***）
20. 生于野牡丹科，野牡丹 ··野牡丹黑痣菌 ***P. melastomatis-candidi***
21. 生于锦葵科，黄槿 ··小黑痣菌 ***P. minuta***
21. 生于大风子科，箣柊 ··（箣柊黑痣菌 ***P. scolopiae***）
22. 生于忍冬科，冠果忍冬 ···（冠果忍冬黑痣菌 ***P. xylostei***）
22. 不生于忍冬科 ·· 23
23. 生于莎草科植物 ··· 24
23. 生于禾本科植物 ··· 27
24. 生于鸭绿薹 ···鸭绿薹黑痣菌 ***P. caricis-jaluensis***
24. 生于莎草 ···莎草黑痣菌 ***P. cyperina***
25. 生于两歧飘拂草，子囊孢子纺锤形或窄椭圆形 ··································飘拂草生黑痣菌 ***P. fimbristylidicola***
25. 生于两歧飘拂草，子囊孢子长椭圆形 ·····································（飘拂草黑痣菌 ***P. fimbristylidis***）
26. 生于砖子苗 ···砖子苗黑痣菌 ***P. marisci-sieberiani***
26. 不生于莎草科植物 ··· 27
27. 生于禾本科植物 ··· 28
27. 生于禾亚科植物 ··· 64
28. 生于野古草，子囊孢子尖卵圆形、或泪滴形 ···································尖锐黑痣菌 ***P. acutispora***
28. 生于旱茅，子囊孢子椭圆形、或卵圆形 ···非洲黑痣菌 ***P. africana***
29. 生于细柄草，子囊孢子大多椭圆形、卵圆形 ·····································美洲黑痣菌 ***P. americana***
29. 生于拂子茅，子囊孢子宽椭圆形、近球形 ···································喜沙黑痣菌 ***P. ammophilae***
30. 生于须芒草，子囊孢子长圆形至椭圆形 ··································（须芒草黑痣菌 ***P. andropogonis***）
30. 生于竹节草，孢子椭圆形 ··（竹节草黑痣菌 ***P. andropogonis-aciculatis***）
31. 生于剪股颖、赖草，孢子椭圆形 ···安氏黑痣菌 ***P. anthistiriae***
31. 生于荩草，孢子椭圆形或卵圆形 ···荩草黑痣菌 ***P. arthraxonis***
32. 生于茅叶荩草，孢子圆筒形至矩圆形，赤道缢缩 ···
··荩草黑痣菌缢缩变种 ***P. arthraxonis*** var. ***constricta***
32. 生于雀麦，孢子近球形 ··雀麦黑痣菌原变种 ***P. bromi*** var. ***bromi***
33. 生于芦苇，孢子长圆形、圆柱形 ··雀麦黑痣菌劳埃德变种 ***P. bromi*** var. ***lloydii***
33. 生于硬秆子草，孢子圆柱形、长圆形，中部有 1~2 处缢缩 ·······细柄草生黑痣菌 ***P. capillipediicola***
34. 生于酸模芒、淡竹叶，孢子卵圆形 ···酸模芒黑痣菌 ***P. centothecae***
34. 生于虎尾草，子囊孢子椭圆形，性孢子梗圆柱形 ·························虎尾草黑痣菌 ***P. chloridis-virgatae***
35. 生于薏苡，子囊孢子近球形 ··薏苡生黑痣菌 ***P. coicicola***
35. 生于薏苡，子囊孢子卵圆形 ··薏苡黑痣菌 ***P. coicis***
36. 生于薏苡，子囊孢子椭圆形 ··库尔格黑痣菌 ***P. coorgiana***
36. 生于狗牙根，孢子卵圆形至卵形 ···狗牙根黑痣菌 ***P. cynodontis***
37. 生于马唐，孢子椭圆形 ···马唐生黑痣菌 ***P. digitariicola***
37. 生于雁茅、蔗茅，孢子卵形、卵圆形 ··雁茅黑痣菌 ***P. dimeriae***

38. 生于早熟禾、荩草，孢子近球形、椭圆形……………………沙地牧草黑痣菌 *P. ehrhartae*
38. 生于蟋蟀草、画眉草等，孢子椭圆形、卵圆形、近圆形……………………蟋蟀草黑痣菌 *P. eleusines*
39. 生于野青茅，孢子椭圆形或近似纺锤形……………………椭圆孢黑痣菌 *P. ellipsoidea*
39. 生于芒，孢子阔椭圆形至卵形……………………峨眉山黑痣菌 *P. emeishaniana*
40. 生于肠须草，孢子纺锤形至椭圆形……………………肠须草黑痣菌 *P. enteropogonis*
40. 生于牛筋草，孢子矩圆形、椭圆形至卵形……………………画眉草黑痣菌 *P. eragrostidis*
41. 生于蔗茅，孢子椭圆形、卵圆形……………………蔗茅黑痣菌 *P. erianthi*
41. 生于画眉草，孢子卵圆形或泪滴形……………………野黍黑痣菌原变种 *P. eriochloae* var. *eriochloae*
42. 生于禾本科一种，孢子卵圆形……………………野黍黑痣菌哥伦比亚变种 *P. eriochloae* var. *colombiensis*
42. 生于竹节草、旱茅，孢子卵圆形或宽椭圆形……………………迷惑黑痣菌 *P. fallax*
43. 生于冰草、野古草、披碱草、鹅观草等，孢子椭圆形，两端圆……………………禾生黑痣菌 *P. graminicola*
43. 生于白草、大油芒、冰草等，孢子椭圆形至卵形……禾黑痣菌椭圆孢变种 *P. graminis* var. *elliptica*
44. 生于冰草、剪股颖、赖草、须芒草、野古草等，孢子卵形至卵圆形、截卵圆形……………………………………禾黑痣菌原变种 *P. graminis* var. *graminis*
44. 生于狗牙根，孢子椭圆形、近圆形……………………禾黑痣菌狗牙根生变种 *P. graminis* var. *cynodonticola*
45. 生于滇西黍，孢子椭圆形，卵圆形至近球形……………………禾黑痣菌黍生变种 *P. graminis* var. *panicicola*
45. 生于白茅，孢子椭圆形或长椭圆形……………………白茅生黑痣菌 *P. imperaticola*
46. 生于鸭嘴草、茅叶荩草、细柄草等，孢子多为卵形、卵圆形……………………鸭嘴草黑痣菌 *P. ischaemi*
46. 生于莠竹，孢子卵圆形、亚球形、椭圆形…鸭嘴草黑痣菌莠竹变种 *P. ischaemi* var. *microstegii*
47. 生于千金子，孢子椭圆形，偶有近球形、卵圆形……………………千金子生黑痣菌 *P. leptochloicola*
47. 生于莠竹，孢子椭圆形、近圆形……………………小幕草黑痣菌 *P. leptotheca*
48. 生于须芒草、虎尾草、肠须草等，孢子椭圆形、卵圆形……………………黄斑黑痣菌 *P. luteomaculata*
48. 生于孔颖草、硬秆子草，孢子椭圆形，两端圆……………………玉蜀黍黑痣菌 *P. maydis*
49. 生于芒属，孢子椭圆形、卵形、矩形……………………芒黑痣菌 *P. miscanthi*
49. 生于芒属，孢子纺锤形，淡褐色……………………芒生黑痣菌 *P. miscanthicola*
50. 生于芒属，孢子矩形，中部稍缢缩……………………矩圆孢黑痣菌 *P. oblongospora*
50. 生于球米草，孢子卵圆形两端钝圆，椭圆形……………………(球米草黑痣菌 *P. oplismeni*)
51. 生于野古草，孢子卵形、椭圆形至矩圆形、椭圆形……………………落芒草黑痣菌 *P. oryzopsidis*
51. 生于白茅，孢子棍棒状，下部针状渐尖……………………尖孢黑痣菌 *P. oxyspora*
52. 生于多育黍，孢子广椭圆形或椭圆形……………………多育黍黑痣菌 *P. panici-proliferae*
52. 生于大麦、黑麦草、小麦，孢子椭圆形……………………黍黑痣菌 *P. panici*
53. 生于雀稗，孢子卵形、宽椭圆形或亚球形……………………雀稗生黑痣菌 *P. paspalicola*
53. 生于狼尾草，孢子阔椭圆形或亚球形……………………狼尾草黑痣菌 *P. pennisetina*
54. 生于金发草，孢子椭圆形或卵圆形……………………金发草黑痣菌 *P. pogonatheri*
54. 生于黄背草，孢子半椭圆形或微狭椭圆形……………………宽椭圆黑痣菌 *P. platyelliptica*
55. 生于黍属，孢子椭圆形……………………斑点黑痣菌 *P. puncta*
55. 生于假俭草、马陆草，孢子卵形、卵圆形，罕四孢子……………………宽孢黑痣菌 *P. quadrospora*
56. 生于硬质早熟禾，孢子大多卵圆形，偶椭圆形……………………斯科纳黑痣菌 *P. scanica*
56. 生于斑茅、高粱，孢子椭圆形至卵圆形……………………甘蔗黑痣菌 *P. sacchari*

57. 生于甘蔗属，甜根子草，孢子纺锤形……………………………甜根子草黑痣菌 ***P. sacchari-spontanei***
57. 生于狗尾草、须芒草，孢子椭圆形至卵形……………………………狗尾草生黑痣菌 ***P. setariicola***
58. 生于皱叶狗尾草，子囊棍棒形，孢子多为椭圆形……………………………………………狗尾草生黑痣菌棒囊变种 ***P. setariicola*** var. ***sacco-clavata***
58. 生于弓果黍、隐子草，孢子椭圆形或近纺锤形，孢子呈"S"形………窄孢黑痣菌 ***P. stenospora***
59. 生于毛马唐，孢子长椭圆形或椭圆形……………………………马唐黑痣菌 ***P. syntherismatis***
59. 生于碱草、羊茅、针茅，孢子卵形、椭圆形、腊肠形、肾形、半椭圆形…野生黑痣菌 ***P. sylvatica***
60. 生于五节芒，孢子窄椭圆形，长方形一端尖，尖卵形………………腾冲黑痣菌 ***P. tengchogensis***
60. 生于菅属，孢子纺锤形……………………………………菅生黑痣菌 ***P. themediicola***
61. 生于乱子草，孢子椭圆形或卵形……………………………………普通黑痣菌 ***P. vulgata***
61. 生于金黄绒毛草、野黍茅，孢子椭圆形……………………（金黄绒毛草黑痣菌 ***P. holci-fulvi***）
62. 生于柳叶箬，孢子纺锤形，两端急尖……………………………（柳叶箬黑痣菌 ***P. isachnes***）
62. 生于铺地黍，孢子球形或广椭圆形……………………………（广东黑痣菌 ***P. kwantungensis***）
63. 生于竹叶草，孢子长椭圆形不相等……………………………（极小黑痣菌 ***P. minutissima***）
63. 生于小柳叶箬，孢子近纺锤形……………………………………（巫微黑痣菌 ***P. urvilleana***）
64. 生于禾亚科赤竹，4 孢子椭圆形至长圆形……………………………（四孢黑痣菌 ***P. tetraspora***）
64. 生于禾亚科大箭竹等，孢子卵形……………………………………印支黑痣菌 ***P. tonkinensis***
65. 生于青篱竹、方竹，孢子长卵圆形……………………………………提扬黑痣菌 ***P. tjangkorreh***
65. 生于箭竹、刚竹、苦竹等，孢子椭圆形至纺锤形，两端略尖或卵形………白井黑痣菌 ***P. shiraiana***
66. 生于箣竹(刚竹)、龙竹，孢子近纺锤形、椭圆形……………………中国黑痣菌 ***P. sinensis***
66. 生于刚竹(箣竹)，孢子多为椭圆形或阔椭圆形………………刚竹黑痣菌 ***P. phyllostachydis***
67. 生于米筛竹，孢子长椭圆，一端稍尖的卵圆形……………………米筛竹黑痣菌 ***P. pachinensis***
67. 生于青篱竹、箣竹等，孢子矩圆形、长圆形、纺锤形…………………………圆黑痣菌 ***P. orbicula***
68. 生于撑篙竹、粉丹竹，孢子椭圆形或近纺锤形………………………南宁黑痣菌 ***P. nanningensis***
68. 生于竹叶，孢子椭圆形、长卵圆形……………………………………大子座黑痣菌 ***P. megastroma***
69. 生于箣竹属，孢子长卵形……………………………………………斑污黑痣菌 ***P. maculans***
69. 生于冷箭竹，箣竹属，孢子椭圆形、长椭圆形、长卵形…………马拉巴尔黑痣菌 ***P. malabarensis***
70. 生于龟甲竹，四孢子，长椭圆形……………………………………庐山黑痣菌 ***P. lushanensis***
70. 生于孝顺竹，孢子椭圆形至纺锤形……………………………………孝顺竹黑痣菌 ***P. lelebae***
71. 生于玉山竹、唐竹等，孢子卵形一端尖头，长椭圆形…………………玉山竹黑痣菌 ***P. yushaniae***
71. 生于箬竹，孢子卵圆形(或近乎舟形)至纺锤形……………………………河口黑痣菌 ***P. hekouensis***
72. 生于桂竹、箣竹，孢子卵形、椭圆形………………禾黑痣菌箣竹变型 ***P. graminis*** **f.** ***bambusae***
72. 生于青篱竹，孢子椭圆形至纺锤形……………………………………（超群黑痣菌 ***P. eximia***）
73. 生于龙竹，孢子宽椭圆形，中腰缢缩……………………………………牡竹黑痣菌 ***P. dendrocalami***
73. 生于方竹，孢子长椭圆形………………………………………方竹黑痣菌 ***P. chimonobambusae***
74. 生于芦竹，孢子长椭圆形……………………………………………芦竹黑痣菌 ***P. arundinis***
74. 生于箣竹，孢子椭圆形或罕有近球形……………………………………箣竹黑痣菌 ***P. bambusae***
75. 生于箣竹，孢子椭圆形，两端钝圆，具两油球……………………………竹黑痣菌 ***P. bambusina***
75. 生于球米草属、稷属，孢子椭圆形、卵形……………………………博纳利亚黑痣菌 ***P. bonariensis***

三、黑痣菌属 *Phyllachora* 的分种描述

尖锐黑痣菌　图 8

Phyllachora acutispora Speg., Revista Argent. Hist. Nat. 1: 414, 1891; Saccardo's Syll. Fung. IX: 273, 1891; XI: 373, 1895; XII: 545, 1897; Parbery, Aust. J. Bot. 15: 289, 1967; Luo, Studies on Graminicolous Species and their Divisional Criteria of *Phyllachora* Nke. in Fuckel in China p.16, 1984; Gabel, Mycotaxon 70: 480, 1999; Li, Study of Taxonomy of *Phyllachora* Nitschke ex Fuckel in China p.33, 2006; Lu, Diversity of *Phyllachora* from China p.22, 2009.

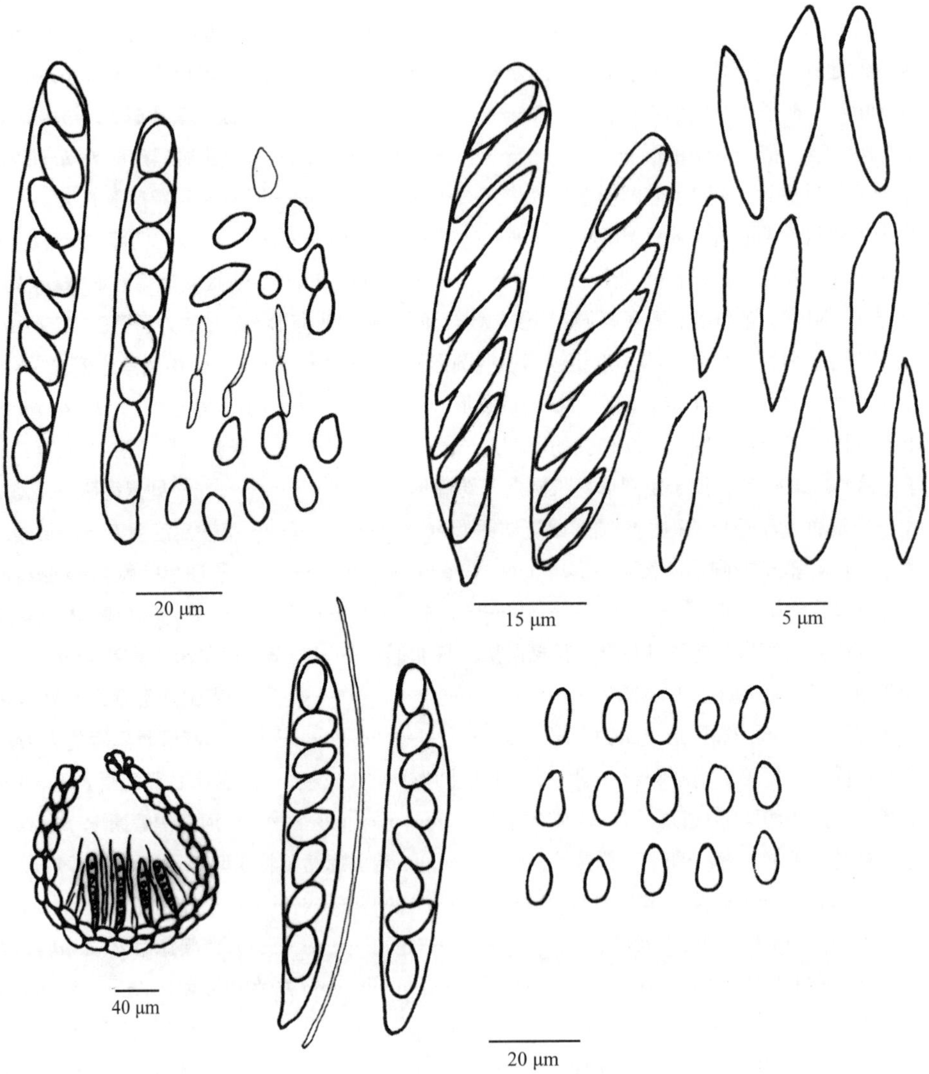

图 8　尖锐黑痣菌 *Phyllachora acutispora*：子囊壳、子囊、侧丝、子囊孢子、性孢子梗和性孢子
（从上至下 HMUABO 54434，51452，HMAS 04520）

黑痣斑(子座)叶面生，黑色，不隆起，0.1~1 mm。子囊壳叶肉生，137.5~200×112.5~112.5 μm。8 孢子子囊圆柱形，中部略加宽，有一短柄或无柄，无色，37.5~101×10.3~16(平均 79×14)μm；侧丝多，高出子囊，端部膨大成卵圆形或否。子囊孢子多双列，罕单列，端渐尖卵圆形或成泪滴形，尖细的一端总是朝子囊的基部，纺锤形、卵形，无色，7.1~20×5.1~7.5(平均 13.5×6.4)μm。性孢子梗圆柱形，但端部和基部常稍细，不分枝或二歧分枝、三歧分枝，无色，7.5~14.5×1.8~3.5 μm。性孢子丝状，端部渐细，多呈弧形弯曲，11~19.5×1~1.5 μm。

刺芒野古草 *Arundinella setosa* Trin. 广西：桂林(HMUABO 51452，51486，51497，51500)；海南：儋县(HMUABO 54434)；福建：厦门(HMUABO 52852)。

毛杆野古草 *Arundinella hirta*(Thunb.)C. Tanaka 福建：福州郊区(HMUABO 41806)；浙江：天目山(HMUABO 44549)。

大油芒 *Spodiopogon sibiricus* Trin. 北京：妙峰山(HMAS 04520)。

世界分布：中国，巴拉圭，哥伦比亚，波多黎各，美国，澳大利亚。

Spegazzini(1891)报道，盾片叶两面生，散生，盾片外围寄主组织褪绿变黄色或灰白色，纺锤形，黑色，有光泽，0.1~0.5×0.2~1.5 mm。子囊壳埋生，近球形，2~3 个聚生，具孔口，122~255×102~112 μm。子囊 90×8 μm；子囊孢子柠檬形近纺锤形，15~18×5~6 μm，无色。该种的主要鉴别特征是子囊孢子顶端渐尖卵圆形或泪滴形。与野古草属(*Arundinella*)上的另一个种，拟落芒草属黑痣菌(*P. oryzopsidis* Theiss. & Syd.)的区别在于后者的子囊孢子为狭卵形。

寄生在拟甘蔗金发草(*Pogonatherum saccharoideum*)上的金发草黑痣菌(*P. pogonatheri* Syd.)和寄生在 *Anthephorae hermaphrodita* 上的 *P. anthephorae* 的形态描述(Parbery 1967)与 *P. acutispora* 的形态描述极相似。前者的子囊孢子略呈阔卵圆形，顶端常具细尖，卵圆形至椭圆形的极少；后者的子囊孢子卵圆形，具钝尖(有时稍呈喙状)，呈卵形至椭圆形，容易与本种混淆，应注意。

非洲黑痣菌　图 9

Phyllachora africana Parbery, Aust. J. Bot. 19: 211, 1971; Liu, Taxonomy of Phyllachora in China p.27, 2007.

黑痣病斑，叶两面散生，长椭圆形，微突出于叶面，1~3×0.3~1 mm，黑色，有光泽。子囊壳 170~425×100~175 μm，叶肉组织内生，椭圆形，颈部穿透寄主表皮，子囊壳底部较平，子囊生于子囊壳底部和侧壁。上壁最厚处达 55 μm，侧壁最厚处达 20 μm 和下壁最厚处达 15 μm。子囊 100~140×9~12.5 μm，8 个孢子，棍棒状，短柄，单囊壁，有顶环结构。侧丝无隔，长于子囊，顶端稍尖。子囊孢子单列，10~17×5~9 μm，椭圆形或卵圆形，单胞，无色，平滑，无胶质鞘。

旱茅 *Eremopogon delavayi*(Hack.)A. Camus 云南：腾冲(HMAS 171988)。

世界分布：中国，肯尼亚。

本菌为中国新记录。Parbery(1971)描述特征：子囊 120~140×9~11 μm。子囊孢子单列，卵圆形，10.5~17×5.5~8.5 μm。我们研究的标本与其相同。

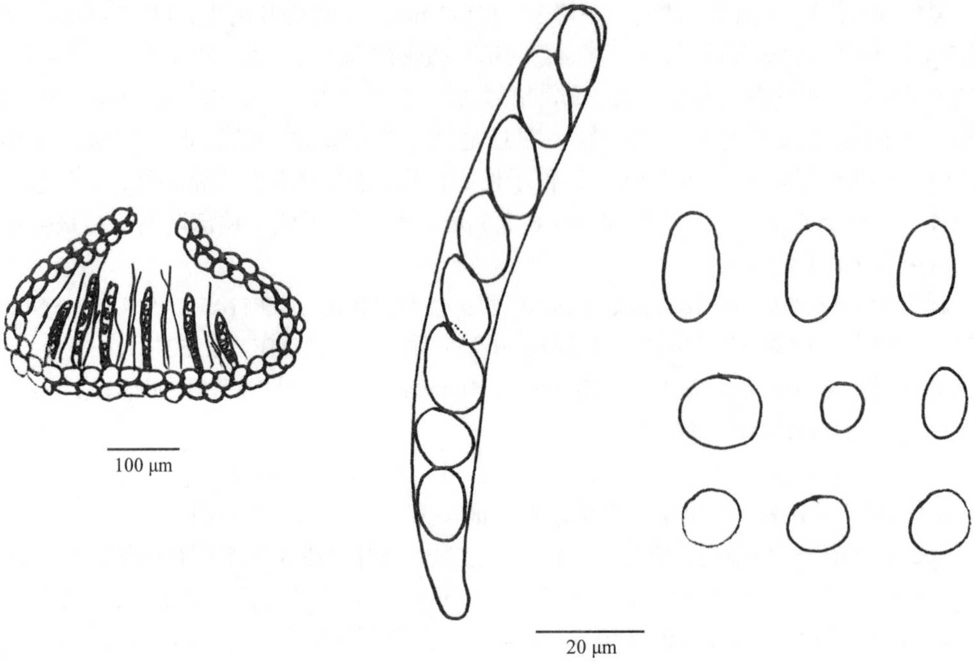

图 9　非洲黑痣菌 *Phyllachora africana*：子囊壳、子囊和子囊孢子（HMAS 171988）

美洲黑痣菌　图 10

Phyllachora americana Parbery, Aust. J. Bot. 15: 290, 1967; Na Liu & L. Gu, Mycotaxon 100: 253, 2007; Li, Study of Taxonomy of *Phyllachora* Nitschke ex Fuckel in China p. 15, 2006; Zhao *et al*., Edible Fungi of China Vol. 27（Suppl.）: 53, 2008; Gong, Diversity of Species of *Phyllachora* in China p. 33, 2008; Lu, Diversity of *Phyllachora* from China p.23, 2009.

病斑纺锤形，灰白色，边缘褐色；子座叶两面散生，罕聚生，近圆形、椭圆形、纺锤形、条形，扁平，凸起，0.2~1.7×1.0~2.0 mm 或 1~4 mm，黑色发亮，多腔室，有时可达 8~10 个腔室，小孔不明。子囊壳椭圆形、偏球形、叶肉层埋生，125~425×111~184 μm。侧丝无色，有隔，末端变细，发育良好。子囊位于子囊壳壁的底部和侧壁生，上壁最厚处达 45 μm，下壁最厚处达 25 μm，侧壁最厚处达 20 μm。壳壁由薄壁细胞组成。侧丝丝状，多，无隔，长于或低于子囊，宽 2.1~2.6 μm，壁薄，不分枝。子囊 64~105×8.4~15 μm，内含 8 个孢子，棍棒形、圆柱形，顶端钝圆，具顶环，短柄，成熟的壁薄，单层壁。子囊孢子斜单列，单列至不规则双列，9.5~17.5×5.1~8 μm，大多椭圆形、卵圆形，偶卵形、矩圆形或圆形具油滴，单胞，无色，平滑，缺乏胶质鞘。

硬秆子草 *Capillipedium assimile*（Stend.）A. Camus 云南：云县大朝山（MHYAU 13228），昆明金殿（MHYAU 13250）。

细柄草 *Capillipedium parviflorum*（R. Br.）Stapf 云南：腾冲（HMAS 169553），昆明黑龙潭（MHYAU 13319），龙陵龙江（MHYAU 13304）。

香茅属 *Cymbopogon* sp. 云南：大理苍山（MHYAU 013951），宾川（MHYAU 013953）。

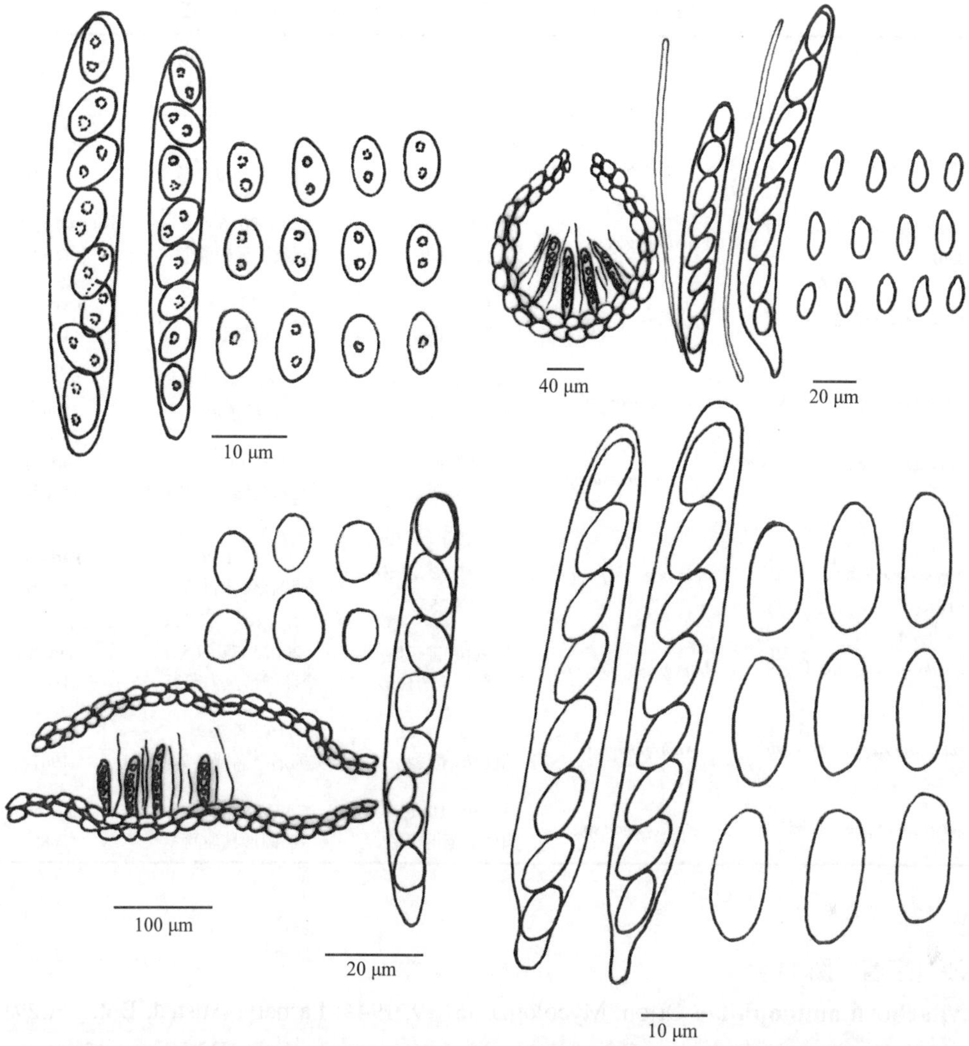

图 10 美洲黑痣菌 *Phyllachora americana*：子囊壳、子囊、侧丝和子囊孢子
（从上至下 MHYAU 13228，HMUABO 10236，HMAS 169553，MHYAU 013951）

禾本科 Gramineae 陕西：宁陆县（HMUABO 40309）；云南：昆明（HFNWAU 10236），易门（HMYAU 12871），大理苍山（MHYAU 013945）。

世界分布：中国；美国，大洋洲，美洲。

本菌为中国新记录。细柄草 *Capillipedium parviflorum* 上黑痣菌标本采于云南省。以前仅报道鸭嘴草黑痣菌 *Phyllachora ischaemi* 在细柄草 *Capillipedium parviflorum* 上，子囊孢子赤道区常有轻微缢缩（Parbery 1967，Pearce and Hyde 2006）。我们采集的美洲黑痣菌 *Phyllachora americana* 标本，子囊孢子较小，但中央不缢缩（表 1）。

Parbery（1967）描述：8 孢子子囊圆柱状，短柄，95~125×15~19 μm。子囊孢子椭圆形，偶尔窄卵圆形，12~17×6~8 μm。我们观察的标本与其相符合，故命名为此种。原 HMUABO 标本定为 *Phyllachora graminis* Fuckel（1870），其子囊孢子卵形、卵圆形，8~12×4~5 μm，与此鉴定标本不符，特此订正。

表 1 须芒草属 *Andropogon* 植物上所记载的黑痣菌形态比较

黑痣菌种名	寄主	子囊大小及形状 (μm)	子囊孢子大小及形状 (μm)	参考文献
P. americana Parbery (1967)	*Andropogon* sp.	95~125×15~19 圆柱形至窄椭圆形	12~17×6~8 椭圆形偶卵圆形	Parbery (1967)
P. andropogonis P. Karst. & Har. (1890)	*Andropogon* sp.	100×20 长圆柱形	16~20×6~8 矩圆形至椭圆形	Karsten 和 Hara (1890)
P. fallax Sacc. (1876)	*Andropogon* sp.	70~80×8~9 圆柱形至棍棒形	12~14×6~8 矩圆形	Saccardo (1876)
P. fusispora Chardón (1940)	*Andropogon* sp.	100~130×17~25 圆柱形至棍棒形	23~27×6~7 长纺锤形	Parbery (1967)
P. ischaemi Syd. & P. Syd. (1915)	*Andropogon assimillis*	67~98×8~12 圆柱形至袋状	10~21×5~9 卵形至卵圆形，偶椭圆形	Parbery (1967)
P. luteomaculata (Schwein.) Orton (1918)	*Andropogon soparius*	含孢子部分 45~50×12~15 棍棒形，长柄 20~25	8~15×5~6 卵圆形，偶卵形	Parbery (1967)
P. quadrospora Tehon (1919)	*Andropogon bicornis*	75~110×15~20 窄椭圆形至圆柱形	20~26×7.9~9.5 窄卵圆形至尖卵形	Orton (1944)
P. rostellispora Parbery (1967)	*Andropogon* sp.	75~95×10~12 椭圆形至袋状	16~18×7~9 尖卵形至椭圆形具喙	Parbery (1967)
P. setariicola Speg. (1885)	*Andeopogon* sp.	90~95×10~12 圆柱形至棍棒形	13~15×6~6.5 椭圆形具油滴	Spegazzini (1885)

喜沙黑痣菌　图 11

Phyllachora ammophilae Orton, Mycologia 36: 39, 1944; Parbery, Aust. J. Bot. 15: 291, 1967; Luo, Studiea on Graminicolous Species and their Divisional Criteria of *Phyllachora* Nke. in Fuckel in China p. 18, 1984; Liu, Taxonomy of *Phyllachora* in China p. 29, 2007; Lu, Diversity of *Phyllachora* from China p. 25, 2009.

Phyllachora calamagrostidis Sawada, Bull. Govt. Forest Exp. Stn. Meguro Tokyo, 53: 159, 1952.

子座叶面生，但多数明显在叶上面生，散生，聚生，沿叶脉延长，呈线形，微突出于叶面，盾片周围寄主组织多褪绿变黄，圆形，不规则形，黑色，有光泽，(0.2~) 1.0~5.0×0.2~1.3 mm，淡黑褐色。子实体由多数子囊果组成；子囊壳埋生，近球形，2 个聚生，有孔口，153~350×122~185 μm。8 孢子子囊圆柱形，顶端稍尖，(67~) 72~96 (111) ×10~11 (13) μm，薄壁，有顶环，短柄，柄长 18.0 μm。子囊孢子单列，宽椭圆形、卵形，近椭圆形者极少或卵圆形，中部略缢缩，孢子中部有一个折光点，单胞，无色，平滑，无胶质鞘，(8~) 10~15×5~10 μm。侧丝丝状，长于子囊，宽 2.6 μm。

华高拂子茅 *Calamagrostis sinelatior* Keng f. (=华高野青茅 *Deyeuxia sinelatior* Keng ex P. C. Kuo) 陕西：周至 (HMUABO 5743)。

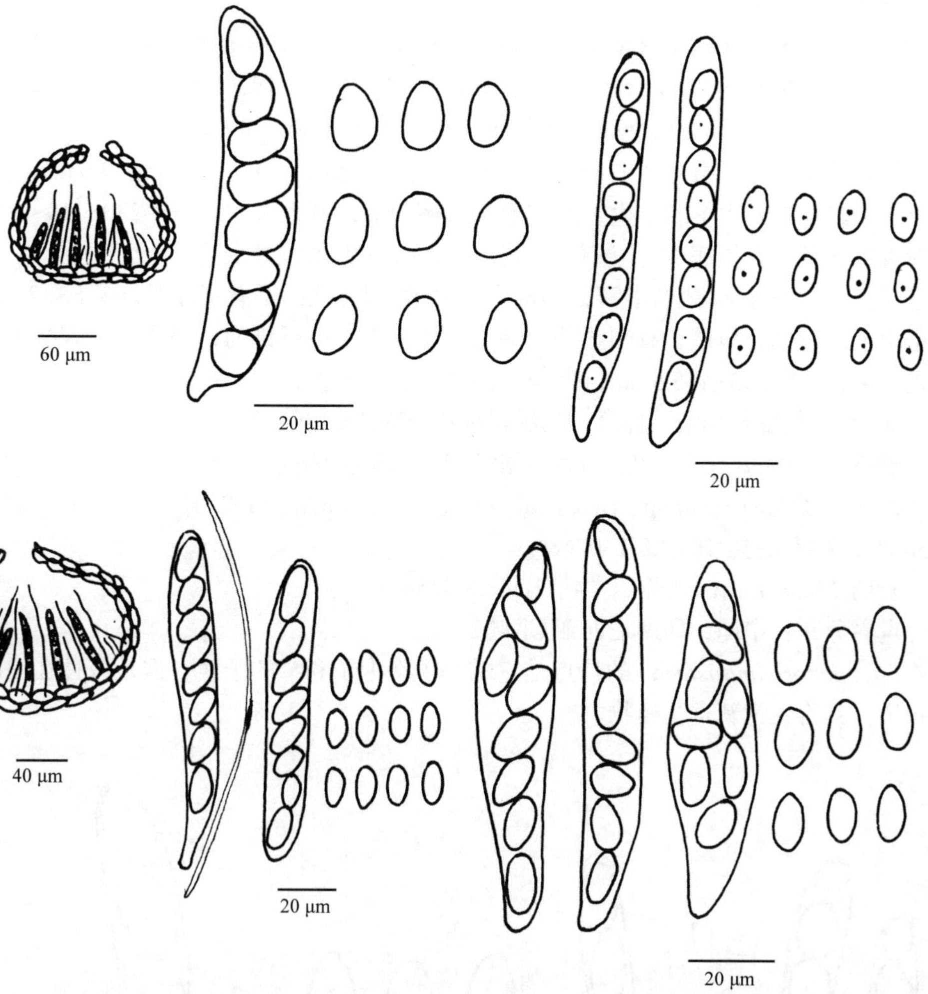

图 11　喜沙黑痣菌 *Phyllachora ammophilae*：子囊壳、子囊、侧丝和子囊孢子
（从上至下 HMAS 140272，HMUABO 5743，MHYAU 12943，13345）

短柄拂子茅 *Calamagrostis gigantea*(Roshv.) Roshv. 甘肃：兰州徐家山(HMAS 140272)。

野青茅 *Deyeuxia arundinacea*(L.) Beauv. 云南：大理苍山(MHYAU 12943，12954)。

野青茅属 *Deyeuxia* sp. 贵州：贵阳福泉(MHYAU 12938，12954，12933)；陕西：华山(HMUABO 5847)。

假俭草 *Eremochloa ophiuroides*(Munro) Hack 四川：雅安(MHYAU 13345)。

世界分布：中国，日本，美国。

Orton(1944a)报道，子囊圆柱形，90~115×10~15 μm，8 孢子。子囊孢子宽椭圆形，10~15×7~9 μm，近球形，单列。该种的主要鉴别特征是子囊孢子卵形，与 *P. graminis* 的区别是无一端平截的卵圆形孢子，没有近乎球形的孢子。我们研究的标本与其相同。

安氏黑痣菌　图 12

Phyllachora anthistiriae Racib. ex Theiss. & Syd. in Theissen & Sydow, Annls. Mycol. 13(5/6): 439, 1915; Saccardo's Syll. Fung. XXIV: 574, 1926; Parbery, Aust. J. Bot. 15: 291, 1967; Liu, Taxonomy of *Phyllachora* in China p. 29, 2007.

黑斑子座散生，明显突出于叶面，有光泽，长椭圆形，0.3~0.8×0.2~0.6 mm，小孔不明显。子囊壳在叶肉细胞中生，亚球形或者椭圆形，有锥形颈，120~230×110~205 μm，子囊着生在子囊壳的底部。上壁最厚处达 46 μm，在锥形颈处变薄；下壁最厚处达 20 μm，侧壁最厚处达 20 μm。侧丝丰富，无隔，长于子囊，无分枝。子囊圆柱形，63~83×7~8.5 μm，8 个孢子，短柄，薄壁，有明显的顶端环。子囊孢子单行排列，椭圆形，有些子囊孢子两端稍尖，6.2~11.3×4~5.5 μm，无隔，透明，有小油滴。

剪股颖属 *Agrostis* sp. 甘肃：临洮岳麓山(HMAS 140273)。

赖草属 *Leymus* sp. 甘肃：临洮岳麓山(HMAS 140266)。

鹅观草属 *Roegneria* sp. 甘肃：东乡县毛毛村(HMAS 140254)，和政太子山(HMAS 143632)，积石山县(HMAS 140268)。

菅属 *Themeda* sp. 江苏：常熟(HMAS 02565)。

世界分布：中国，印度尼西亚(爪哇)。

Phyllachora anthistiriae 的特点是它的小子囊孢子和窄的子囊，这是该种在中国的首次报道，其寄主为新寄主植物。

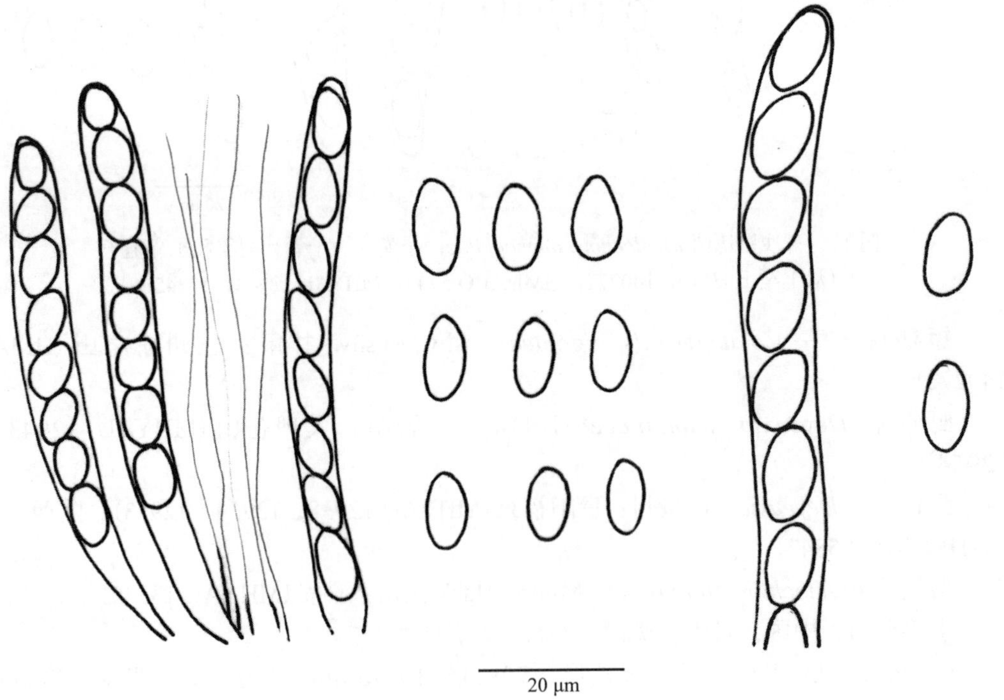

图 12　安氏黑痣菌 *Phyllachora anthistiriae*：子囊、侧丝和子囊孢子 (HMAS 140254)

荩草黑痣菌　图 13

Phyllachora arthraxonis Henn., Hedwigia 43: 142, 1904; Saccardo's Syll. Fung. XVII: 840, 1905; Parbery, Aust. J. Bot. 15: 292, 1967; Tai, Sylloge Fungorum Sinicorum p. 269, 1979; Luo, Studies on Graminicolous Species and their Divisional Criteria of *Phyllachora* Nke. in Fuckel in China p. 18, 1984; Qin *et al*., Edible Fungi of China 24 Suppl.: 92, 2005; Li, Study of Taxonomy of *Phyllachora* in China p. 24, 2006; Liu, Taxonomy of *Phyllachora* in China p.30, 2007; Gong, Diversity of species of *Phyllachora* in China p. 36; Lu, Diversity of *Phyllachora* from China p. 26, 2009.

Phyllachora arthraxonis-hispidi Sawada, Rep. Govt. Res. Inst. Dep. Agric., Formosa 85: 25, 1943; Tai, Sylloge Fungorum Sinicorum p. 269, 1979.

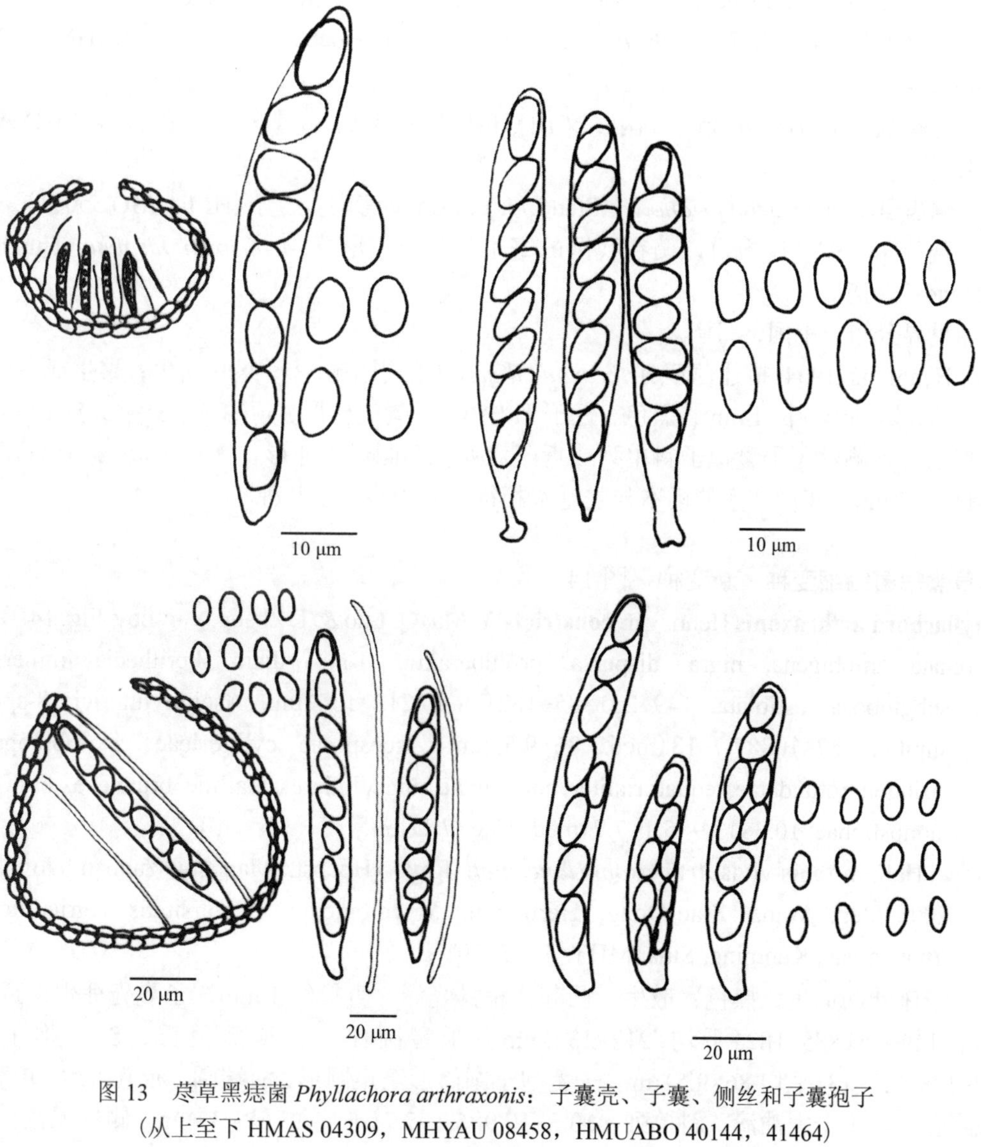

图 13　荩草黑痣菌 *Phyllachora arthraxonis*：子囊壳、子囊、侧丝和子囊孢子
（从上至下 HMAS 04309，MHYAU 08458，HMUABO 40144，41464）

有病斑。子座叶两面生，散生，黑色，有光泽，广椭圆形、近球形、圆形、周围有黄色晕圈，0.1~1 mm，为表皮所覆盖，内有 1~4 个子囊壳。子囊壳黑色，扁椭圆形、扁球形、不规则形，150~327×125~275 μm。子囊圆柱形、棍棒状、囊状，顶端圆，基部稍狭，无色，内含 8 个子囊孢子，具短柄至长柄，68~103×13~18 μm。侧丝丝状，有隔，高于子囊，丝状末端变细，约 92×2.5 μm。子囊孢子单行或不规则双行排列，椭圆形或卵圆形，两端圆，偶有近球形或菱形，单胞，无色，内有 1~2 个油滴或无，6~15×5~7(平均 11.3×6.6) μm。

荩草 *Arthraxon hispidus*(Thunb.) Makino 云南：昆明(HMAS 95276，04302)，昆明西山(HMAS 04306)，澄江抚仙湖边(MHYAU 08515)，怒江(MHYAU12965)，芒市 MHYAU 13524；湖北：龟山(HMUABO 40144，40127)。

荩草 *Arthraxon hispidus* Mak.var. *typica* Honda：台湾(HMAS 05376)。

小叶(披针叶)荩草 *Arthraxon lancifolius*(Trini.) Hochst. 江西：庐山(HMUABO 41464，41374)。

荩草属 *Arthraxon* sp. 云南：文山(HMAS 04309)；重庆市：晋云山(MHYAU 08458)。

锯齿荩草 *Arthraxon prionodes*(Stend.) J. E. Dandy 海南：万宁(HMUABO 55071)。

戴芳澜(1979)还报道该菌在我国的寄主与分布：荩草 *Arthraxon hispidus*(Thunb.) Makino：台湾。

世界分布：中国，日本。

Hennings(1904)描述荩草 *Arthraxon ciliaris* 上的黑痣菌：子座叶面生，聚生或散生，小点状，矩圆形，长 1 mm，黑色，近于无光泽。子囊棍棒形，顶端圆，35~45×8~12 μm，8 孢子。具侧丝。子囊孢子斜单列或近于双列，椭圆形或卵形，无色，具 2 个油滴，8~11×4~5 μm。我们观察的标本与之基本相符，体积略大于此种。

荩草黑痣菌缢缩变种 新变种 图 14

Phyllachora arthraxonis Henn. var. **constricta** Y. Ma, Q. Luo & T. Zhang, **var. nov.** Fig. 14

Stromata amphigena, nigra, dispersa, protuberantia, 1 mm diam. Perithecia immersa, subglobosa, ostiolata, 149~251×85~182(med. 212×134) μm. Asci cylindrici, 8-spori stipitati, 67~108×7.7~13(med. 86×9.5) μm. Ascosporae cylindricae vel oblongae, utrinque rotundatae, equatorialiter constrictae, unicellulares, pallide brunneae, oblique monostichae, 10.3~17.9×5.1~7.7(med. 13.6×7.1) μm.

Typus: Hab. in foliis vivis *Arthraxonis lanceolati*(Roxb.) Hochst.: Mangshi, Yunnan, Nov. 25, 2008, leg. Wang Xiao-Dong, Herbarium Mycologicum Universitatis Agriculturae Yunnanicae, Kunming, Sina(MHYAU 13410).

子座叶两面生，黑色，散生，凸起，稍具光泽，直径约 1 mm，子囊壳埋生，近球形，149~251×85~182(平均 212×134) μm。子囊圆柱状，顶部稍长，8 个孢子，67~108×7.7~13(平均 86×9.5) μm。子囊孢子圆筒形至矩圆形，两端圆，赤道缢缩，单胞，浅褐色，具 1 个大油滴，斜单列，10.3~17.9×5.1~7.7(平均 13.6×7.1) μm。侧丝无色，高于子囊，有隔膜。

矛叶荩草 *Arthraxon lanceolatus*(Rexb.) Hochst. 云南：芒市，2008，XI，25，王晓东采，MHYAU 13410(模式)。

世界分布：中国。

荩草黑痣菌原变种 *Phyllachora arthraxonis* var. *arthraxonis* 的子囊孢子无赤道缢缩，据此本变种为首次报道，拟为新变种。

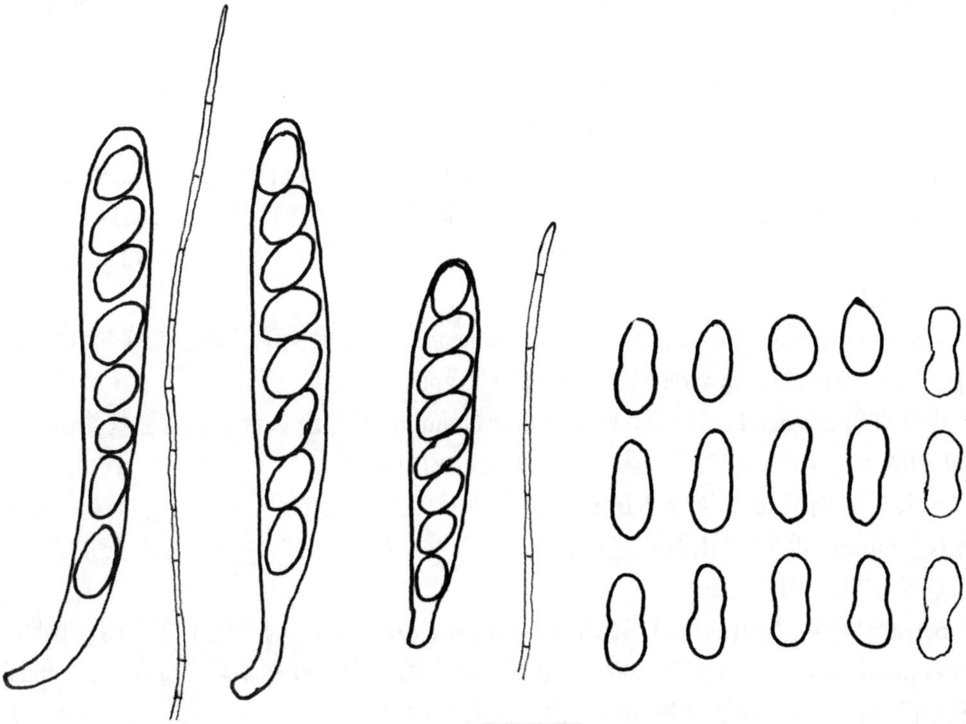

图 14 荩草黑痣菌缢缩变种 *Phyllachora arthraxonis* var. *constricta*：子囊、侧丝和子囊孢子 (MHYAU 13410)

芦竹黑痣菌 新种 图 15

Phyllachora arundinis Sawada ex S.S. Tzean & Z.Y. Zhang, **nov. sp.** Fig.15

Phyllachora arundinis Sawada, Rep. Gov. Res. Inst. Dep. Agric.Taiwan (Formosa) 87: 12, 1944. nom. inval. (sine descriptione latina); Tai, Sylloge Fungorum Sinicorum p.269, 1979; Tsai, List of Plant Diseases in Taiwan p.39, 326, 1991; Wang *et al*., List of the Fungi in Taiwan. p.86, 1999.

Phyllachora phragmitis-karkae Sawada, Rep. Govt. Res. Inst. Dep. Agric. Taiwan (Formosa) 87: 19, 1944; nom. inval. (sine descriptione latina); Tai, Sylloge Fungorum Sinicorum p.278, 1979; Tsai, List of Plant Diseases in Taiwan p.326, 1991; Wang *et al*., List of the Fungi in Taiwan. p.88, 1999.

Stromatibus amphigenis vel epiphyllis, sparsis vel aggregatis, aterrimis, nitidis, orbicularibus vel brevi-filiformibus, 0.4~1.3 mm. longis. Peritheciis subepidermalibus, atris. Ascis depresso-ellipsoideis, apice rotundatis, breviter stipitatis, plus minusve angustatis, hyalinis, 52~81×18~21 μm, octosporis; ascosporis fere distichis vel tristichis, longe ellipsoideis, utrinque rotundatis, hyalinis, continuis, 27~32×8~9 μm; paraphysibus filiformibus, hyalinis.

Typus: Hab. in foliis vivis *Arundinis formosanae* Hack. (Gramineae): Guanzhiling, Tainan, Taiwan, Oct. 29, 1908, leg. K. Sawada, Universitas Taiwanica-Planta Pathologia & Entomologia, Taibei (NTU–PPE).

In foliis *Phramitis karkae* (Retz.) Trin. (Gramineae): Zhentoushan, Yilan, Taibei, Taiwan, Sina July 7, 1909, leg. Y. Fujikuro, NTU–PPE.

子座叶两面生或叶面生，散生或聚生，黑色，圆形或段条形，长 0.4~1.3 mm。子囊壳表皮下生，黑色。子囊扁椭圆形，顶端圆、基部有略细的短柄，无色，52~81×18~21 μm，内含 8 个孢子。子囊孢子 2~3 列，长椭圆形，两端圆，单胞，无色，27~32×8~9 μm。侧丝线形，无色。

台湾芦竹 *Arundo formosana* Hack. (Gramineae) 台湾：台南关子岭，1908 年(明治四十一年)10 月 29 日，K. Sawada 采，NTU–PPE (Typus)。

卡开芦竹 *Phragmites karka* (Retz.) Trin. (Gramineae) 台湾：台北，宜兰枕头山，1909 年(明治四十二年)7 月 27 日，藤黑与三朗采，NTU–PPE。

本菌在国内的寄主与分布还有孙树权等(1991)报道的芦苇 *Phragmites communis* Trin. (Gramineae 禾本科) 山西：左权。

世界分布：中国，日本。

Sawada (1944) 报道的芦竹黑痣菌 *Phyllachora arundinis*，因无拉丁文描述，据此应为无效名(nom. inval.)。我们在 2002 年重新观察台湾大学腊叶标本(NTU–PPE，Typus)，并照相摄影；现提供拉丁文描述和附图，认可本种属实。

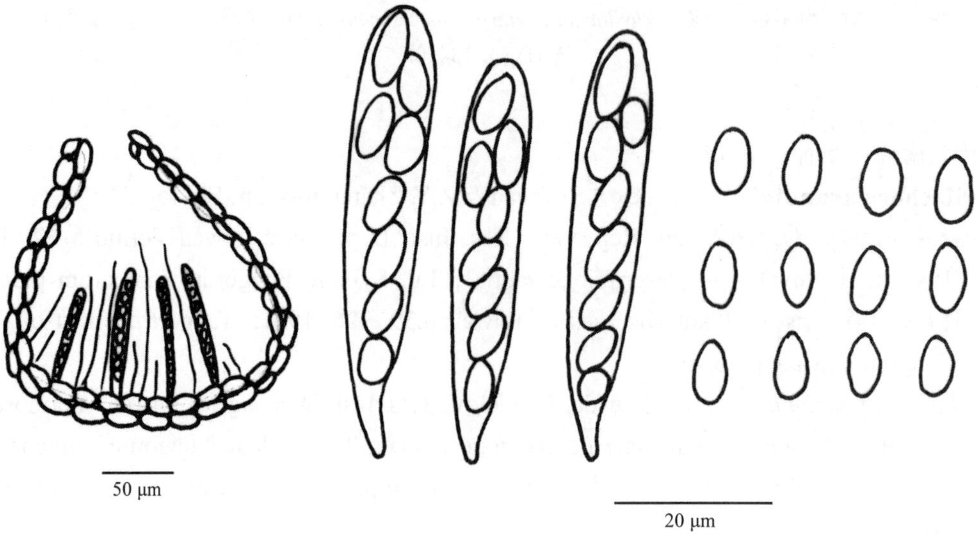

图 15 芦竹黑痣菌 *Phyllachora arundinis*：子囊壳、子囊和子囊孢子 (NTU–PPE)

盾状黑痣菌　图 16

Phyllachora aspidea(Berk.) Sacc., Syll. Fung. 2: 598, 1883; Tai, Sylloge Fungorum Sinicorum p.269, 1979; Zhuang, Higher Fungi of Tropical China p. 119, 2001; Li, Study of Taxonomy of *Phyllachora* in China p. 50, 2006; Liu, Taxonomy of *Phyllachora* in China p. 22, 2007.

Dothidea repens var. *aspidea* Berk. Hooker's J. Bot. Kew Gard. Misc. 6: 232, 1854.

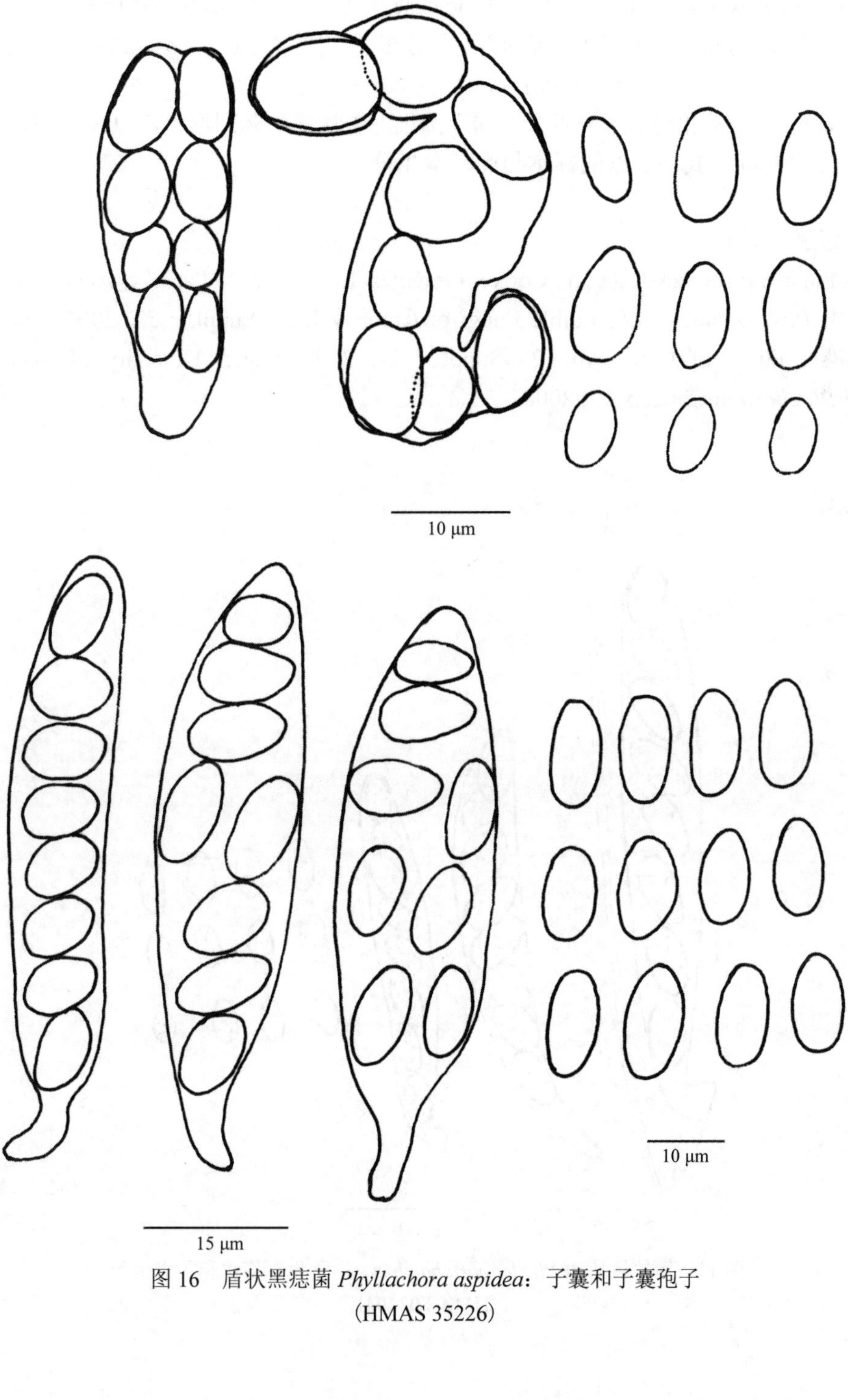

图 16　盾状黑痣菌 *Phyllachora aspidea*：子囊和子囊孢子
(HMAS 35226)

子座叶面生，散生，圆形，凸起，黑色，有光泽，边缘有褐色环，外围具有灰白色晕圈，直径 1~3 mm。子囊壳扁球形，叶表组织内生，255~357×153~173（平均 302×157）μm。具侧丝。子囊长圆柱形、囊状、棍棒状，顶圆或稍尖，8 个孢子，具短柄，51~100×8~19（平均 69×15）μm，薄壁。子囊孢子，单列，不完全双列，椭圆形，两端圆，单胞，无色，10~17×5~9（平均 13×8）μm。

斜叶榕 *Ficus gibbosa* Blume（桑科 Moraceae）广西：龙津大青山（HMAS 35226）。

庄文颖（2001）报道了本菌在我国的寄主与分布，斜叶榕 *Ficus gibbosa* Blume 广西：龙舟。

世界分布：中国，斯里兰卡（锡兰）。

Saccardo（1883）报道，子囊伸长，向上渐细。子囊孢子椭圆形，长 20 μm。性孢子针状，长 12~13 μm。我们观察的标本与此基本相符。

箣竹黑痣菌　图 17

Phyllachora bambusae（Rabenh.）Cooke, Grevillea 13: 68, 1885; Parbery, Aust. J. Bot. 15: 294, 1967; Zhang *et al*., Edible Fungi of China Vol. 24（Suppl.）: 52, 2005; Cui *et al*., Edible Fungi of China Vol. 27（Suppl.）: 74, 2008; Gong, Diversity of Species of *Phyllachora* in China p. 17, 2008.

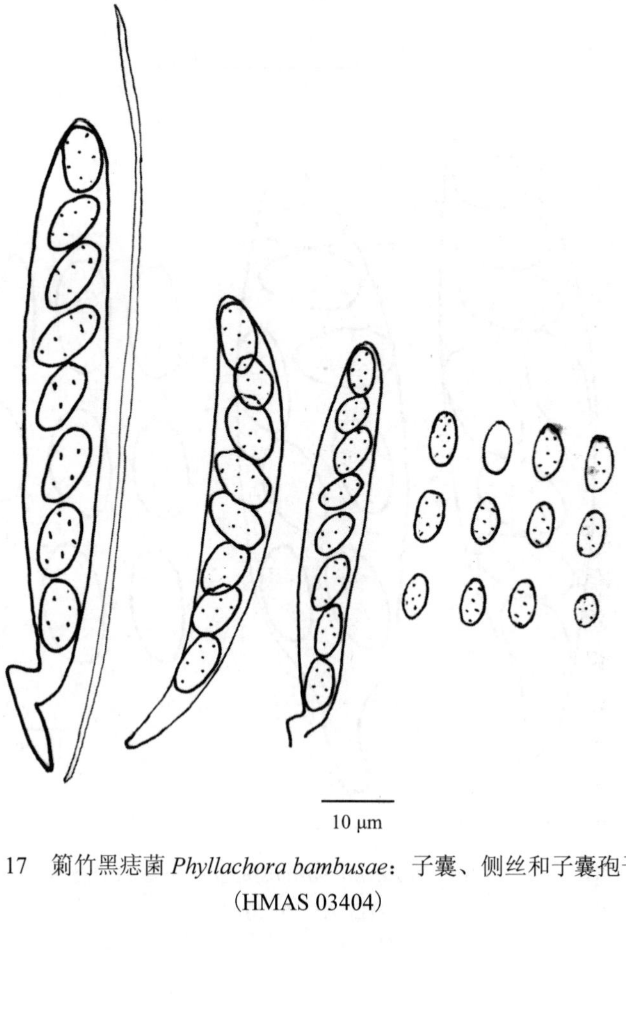

图 17　箣竹黑痣菌 *Phyllachora bambusae*：子囊、侧丝和子囊孢子（HMAS 03404）

Sphaeria bambusae Rabenh., Fungi Europ. Exsicc., Editio novo. Century IV(XXIV)(nos 2301-2400): 45, 1876; Saccardo's Syll. Fung. I: 446, 1882; XV: 344, 1901.

无病斑。子座叶两面生，散生，黑色，卵圆形，外围有黄色晕圈。子囊圆柱形，内含 8 个子囊孢子，具柄，54.0~90.0×7.7~10.3(平均 68.6×9.0) μm。子囊孢子斜单行排列，椭圆形或罕有近球形，单胞，无色，内有颗粒状内含物，7.7~10.3×5.1~5.1(平均 9.6×5.4) μm。侧丝丝状，高于子囊。

簕竹属 *Bambusa* sp. 湖南：岳麓山(HMAS 03404)。

世界分布：中国，尼日利亚，印度。

本菌为中国新记录。据 Cooke(1885)描述此种：子囊圆柱形，变狭，具短柄，8 个孢子。侧丝丝状，围壁卷曲；子囊孢子单列，椭圆形，两端钝圆，9~11×5 μm，无色。我们观察的标本与 *Phyllachora bambusae* 相符。Spegazzini(1885)描述了另一个寄生在簕竹属上的黑痣菌 *Phyllachora bambusina*：子囊圆柱状，具短柄，8 个孢子，侧丝密集，60~70×11~14 μm。孢子斜单行排列，椭圆形或椭圆形至棍棒形，2 个油滴，透明无色，12~15×5~6 μm。我们观察的标本与 *Phyllachora bambusina* 不符。

竹黑痣菌　图 18

Phyllachora bambusina Speg., An. Soc. Cient. Argent. 19: 95, 1885; Parbery, Aust. J. Bot. 15: 294, 1967; Saccardo's Syll. Fung. Addit. vol. I-IV: 232; IX: 1028, 1891; XII: 545, 1897; Li, Study of Taxonomy of *Phyllachora* in China p. 39, 2006; Lu, Diversity of *Phyllachora* from China p. 27, 2009.

病斑纺锤形，灰白色，1.5×2.5~3.5 mm。子座叶两面生，散生，黑色，有光泽，近圆形，0.5~0.8×0.5~1.0 mm，周围形成浅黄色棱形病斑。子囊壳扁球形、近椭圆形，生于叶肉组织内，434~123×102~153(平均 478×174) μm。8 孢子子囊圆柱形，具短柄，62~93~(130)×6.4~9.0(平均 99.5×7.1) μm。侧丝高于子囊，有隔。子囊孢子椭圆形，两端钝圆，单列，具 2 个油球，11.6~13(~18)×5.1~6.4(平均 14.2×5.2) μm。

簕竹属 *Bambusa* sp. 广西：南宁广西药用植物研究所(MHYAU 013959，013961)；云南：景洪大勐龙(HMUABO 00721)；湖南：衡山(HMAS 02610)；海南：吊罗山(HMAS 11472)。

竹 Bambusoideae 云南：勐海打洛(MHYAU 13284)，西双版纳野象谷(MHYAU 13285)。

世界分布：中国，北部湾(东京湾)。

Spegazzini(1885)描述本种，子座叶两面生，长 1~2 mm，宽 0.5 mm。子囊圆柱状，具短柄，8 个孢子，侧丝密集，55~60×7~8 μm。孢子斜单行排列，椭圆形或椭圆形至棍棒形，2 个油滴，透明无色；12~13×5~5.5 μm。我们观察的标本与其相符。

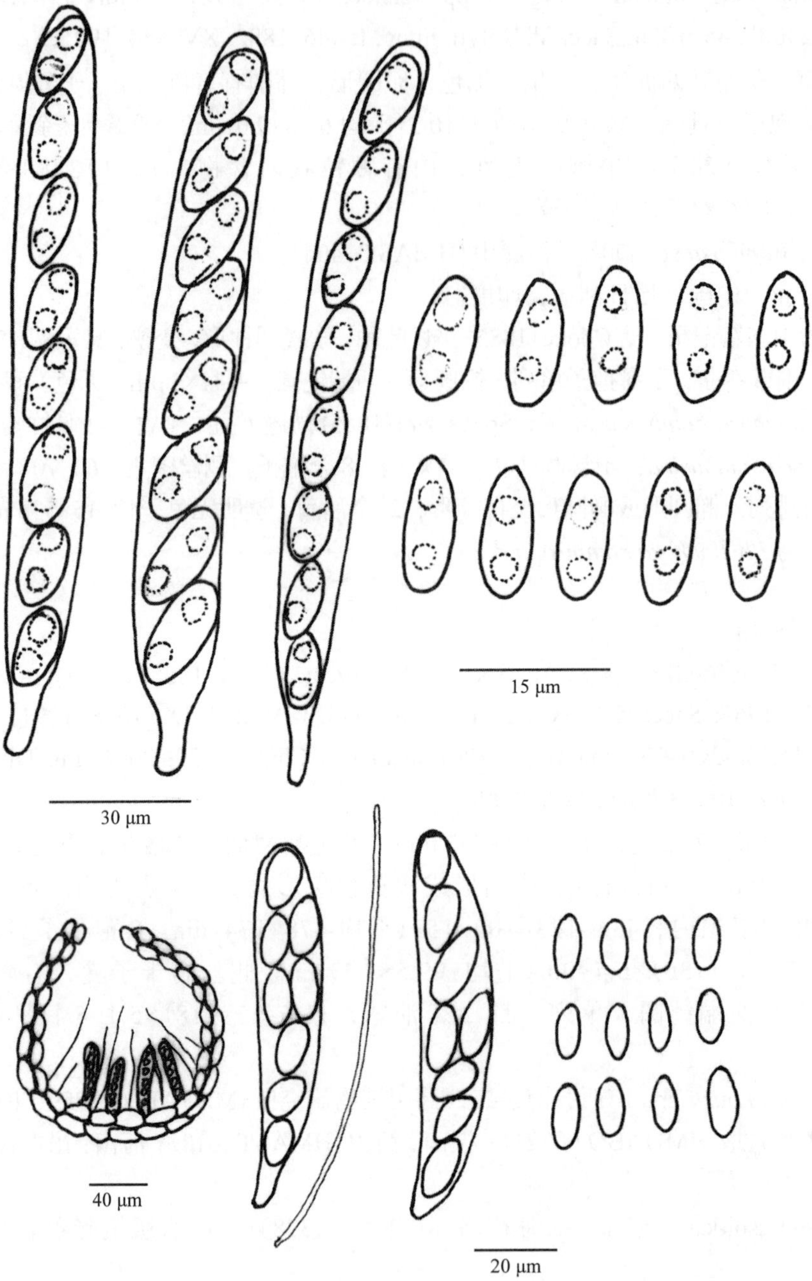

图 18　竹黑痣菌 *Phyllachora bambusina*：子囊壳、子囊、侧丝和子囊孢子（HMAS 11472）

雀麦黑痣菌原变种　图 19

Phyllachora bromi Fuckel, Jb. nassau. Ver. Naturk. 23-24: 217, 1870 [1869-1870]; Lu, Diversity of P*hyllachora* from China p. 29, 2009. var. **bromi**

Phyllachora bromi Fuckel, Jb. nassau. Ver. Naturk. 23-24: 217, 1870; Saccardo's Syll. Fung. II:

603, 1883; XII: 546, 1897; Tai, Sylloge Fungorum Sinicorum p. 270, 1979; Luo, Studies on Graminicolous Species and their Divisional Criteria of *Phyllachora* Nke. In Fuckel in China p. 63，1984.

病斑纺锤形，5.8×1~2 mm，盾片埋生于叶肉组织，长圆形，0.1~1.5×0.1~0.5 mm。子囊壳近球形，埋生，具孔口，153×112 μm。子囊圆柱形，罕棍棒状圆柱形，8 个孢子，60~80×8~14.5 μm，具胶质鞘，7.7×6.4 μm。子囊孢子单列，近球形、卵圆形至亚圆形，罕椭圆形，单胞，无色，平滑，6.5~10×5~6.5 μm。

雀麦属 *Bromus* sp. 海南：儋县(HMUABO 54449)；云南：易门(MHYAU 12881)。

戴芳澜(1979)还报道了本菌在我国的寄主与分布，雀麦属 *Bromus* sp.：江苏。

世界分布：中国，德国。

Fuckel(1870)：子囊长圆形至圆柱形，有柄，8 个孢子，80~98×8~11 μm。子囊孢子斜单列，球形至卵形，单胞，无色，12~14×7~8 μm。侧丝丝状，无隔。在我们所检查的标本中，子囊孢子的形态特征相似于 Saccardo 的描述，体积较小(表 2)，寄主植物同属，故确定为 *P. bromi* var. *bromi*。

Theissen 和 Sydow(1915)报道：子囊圆柱形，8 个孢子，50~60×11~14 μm。子囊孢子单列，卵圆形或长椭圆形，两端圆形，单胞，无色，10~14×7~8 μm。侧丝丰富。Parbery(1967)报道：子囊圆柱形，短柄，60~100×11~14 μm；具侧丝。子囊孢子单列，卵形至卵圆形，膨胀，12~16×6~8 μm。性孢子丝状，顶部逐渐变细，15~25×1 μm。性孢子梗圆柱形至顶端逐渐变细尖，基部较窄，15~19×2~2.5 μm。我们观察的标本体积较小。

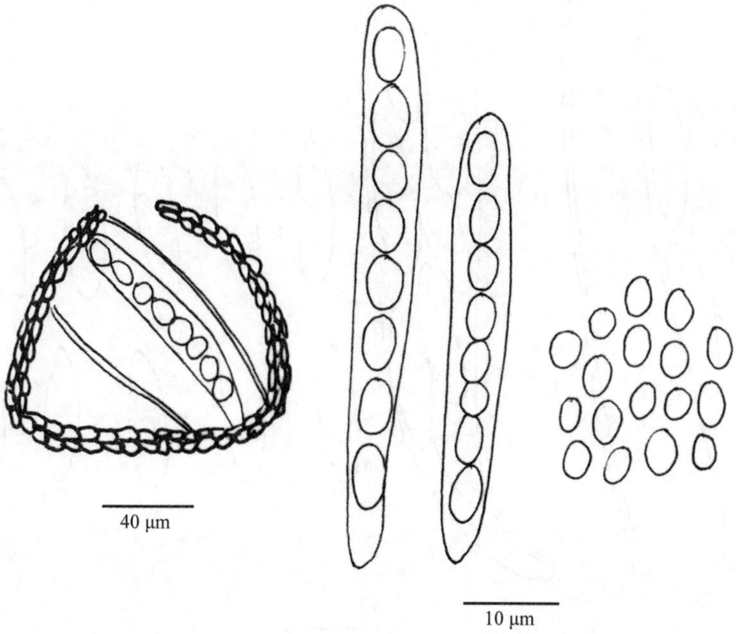

图 19　雀麦黑痣菌原变种 *Phyllachora bromi* var. *bromi*：子囊壳、子囊和子囊孢子 (MHYAU 12881)

表 2　雀麦属 *Bromus* 植物上所记载的黑痣菌形态比较

黑痣菌种名	寄主	子囊大小及形状(μm)	子囊孢子大小及形状(μm)	参考文献
P. bromi var. *bromi* Fuckel (1870)	*Bromus* sp.	80~98×8~11 长圆形至圆柱形	12~14×7~8 球形至卵形	Fuckel (1870)
P. dactylidis Delacr. (1892)	*Bromus* sp.	— 圆柱形至袋状	12~18×7~9 宽卵圆形，具喙，卵形，菱形，不规则形	Parbery (1967)
P. graminis var. *graminis* Fuckel (1870)	*Bromus asper*	78~80×7~8 圆柱形	8~12×4~5 卵圆形	Fuckel (1870)

雀麦黑痣菌劳埃德变种　图 20

Phyllachora bromi var. **lloydii** (P. Crouan & H. Crouan) Gonz. Frag., Boletín de la Real Sociedad Española de Historia Natural, Biologica 27: 357, 1927; Saccardo's Syll. Fung. XXVI: 265, 1972; Luo, J. Southwest Univ. Vol. 32 (Suppl.): 6, 2010.

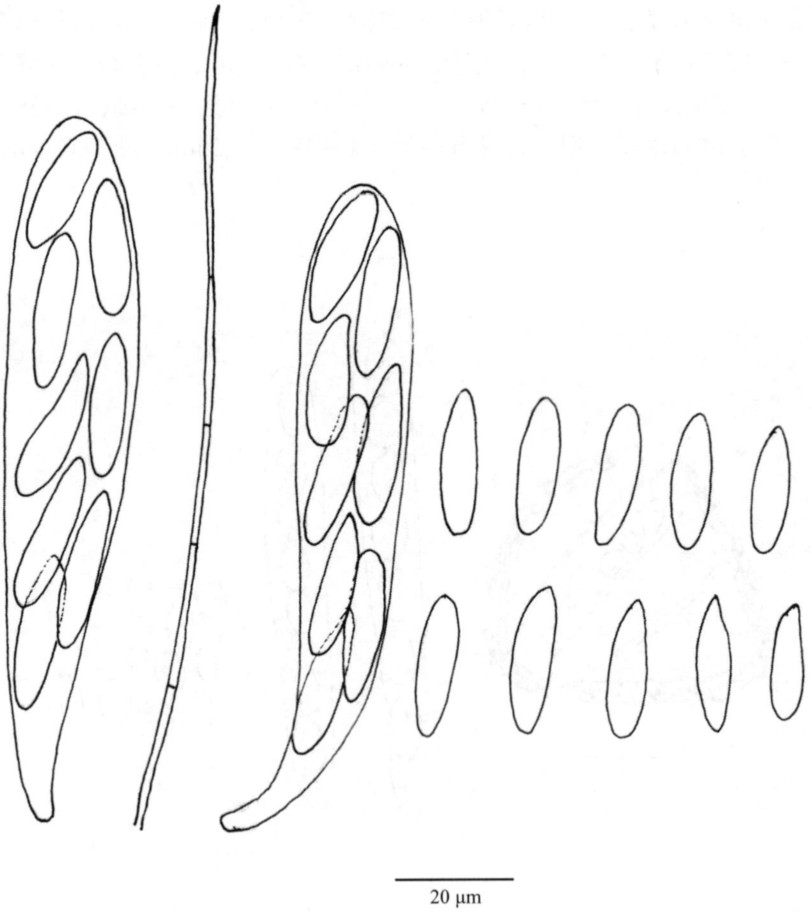

图 20　雀麦黑痣菌劳埃德变种 *Phyllachora bromi* var. *lloydii*：子囊、侧丝和子囊孢子（MHYAU 13511）

Sphaeria lloydii P. Crouan & H. Crouan, Florule Finistère (Paris): 28, 1867.

子座叶两面生，也生于茎秆上，黑色。子囊壳扁球形，274~366×162~230 μm。子囊棍棒形至圆柱形，无色，8 个孢子，95~118×15~23 (平均 104×20) μm。侧丝无色，线形，具隔膜，长于子囊。子囊孢子双列，长圆形、圆柱形，单胞，无色，17.9~25.6×5.1~7.7 (平均 21.6×6.7) μm。

芦苇 *Phragmites communis* Trin. 云南：瑞丽 (MHYAU 13511)。

世界分布：中国，加纳。

Crouan 和 Crouan (1867) 描述，子囊壳球形，黑色，4~5 行，直径 0.5 mm，孔口点状。子囊近棍棒形，内含 8 个孢子。子囊孢子双列，长圆形，有颗粒状内含物，有边缘，顶钝 (近顶 1 隔膜)。寄生于芦苇属 (*Phragmitis*)、鸭茅属 (*Dactylis*)、绒毛草属 (*Holcus*)；我们观察的标本与其相似。

博纳利亚黑痣菌　图 21

Phyllachora bonariensis Speg., An. Soc. Cient. Argent. 9: 184, 1880; Parbery, Aust. J. Bot. 15: 295, 1967; Liu, Taxonomy of *Phyllachora* in China p. 31, 2007.

黑色子座多散生，少聚生，形状为长椭圆形，0.3~0.9×0.2~0.5 mm，子座从叶子的两面都可以观察到。子囊壳扁球形或者形状不规则，135~420×70~150 μm，在叶肉组织中，子囊壳着生在子囊的底部和侧壁，锥形颈穿透子座表面。侧丝丝状，无隔，长于子囊。子囊圆柱状或者棍棒状，50~90×10~15 μm，8 个孢子，短柄，无顶环结构，成熟时薄壁透明。子囊孢子单行或双行排列，7.5~17.5×5~7.5 μm，椭圆形、卵形，少数子囊孢子稍弯曲，单胞，透明，有小油滴，无黏性鞘。

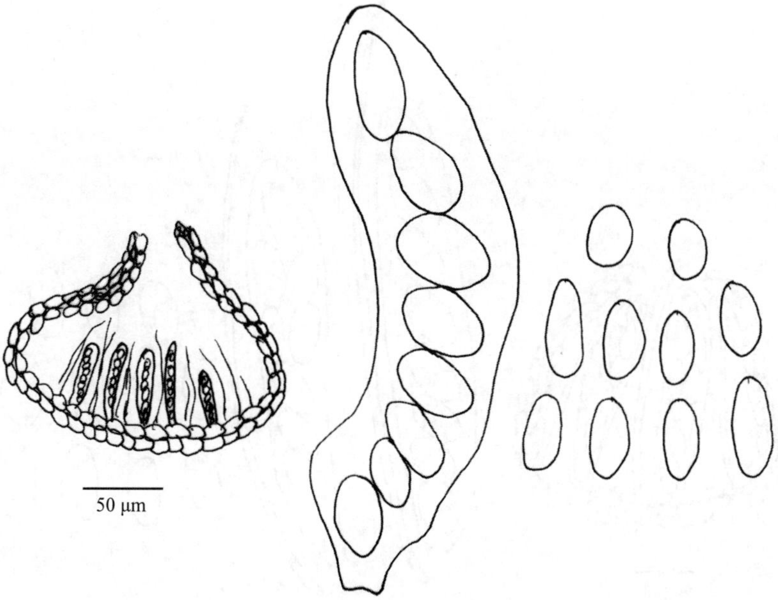

图 21　博纳利亚黑痣菌 *Phyllachora bonariensis*：子囊壳、子囊和子囊孢子 (HMAS 12185)

球米草属 *Oplismenus* sp. 江西：庐山(HMAS 172263)。

花粉状稷 *Panicum palmifolium* L. 云南：昆明西山(HMAS 12185，9525)。

稷属，黍属 *Panicum* sp. 云南：昆明大普吉(HMAS 12186)。

世界分布：中国，巴西。

Parbery(1967)观察了 S 标本馆的标本，认为 *Phyllachora pazschkeana* 是 *Phyllachora bonariensis* Speg.的异名。但从 CABI 的网站来看，*Phyllachora pazschkeana* 是 *Phyllachora setariicola* 的异名。本研究的结果表明 Parbery 的观点应该是正确的。

巴特勒黑痣菌　图 22

Phyllachora butleri (Theiss. & Syd.) Petr., Annls. Mycol. 27(5/6): 386, 1929; Lu, Diversity of *Phyllachora* from China p. 17, 2009.

Trabutia butleri Theiss. & Syd., Annls. Mycol. 13(3/4): 356, 1915; Saccardo's Syll. Fung. XXIV: 557, 1926.

盾片叶正面生，散生，偶聚生，圆形，黑色，凸起，0.5~1.5 mm。子囊壳埋生，近球形，有孔口，102~184×92~122 μm。子囊圆柱形、棍棒形，64~67×13 μm。子囊孢子单列或不规则排列，椭圆形，偶卵形或卵圆形，10.3~15.4×5.7~10.3(平均 12.5×6.8)μm。侧丝丝状，长于子囊，宽 1.3 μm。

榕属 *Ficus* sp.(桑科 Moraceae)广西：南宁[HMAS 78178(S)]。

世界分布：中国，印度。

该菌为中国新记录。Petrak(1929)描述该菌，子囊圆柱形，8 个孢子，70~80×10~15 μm，具侧丝。子囊孢子 1~2 列，椭圆形，无色，13~16×6 μm。我们观察的标本与其基本相同。

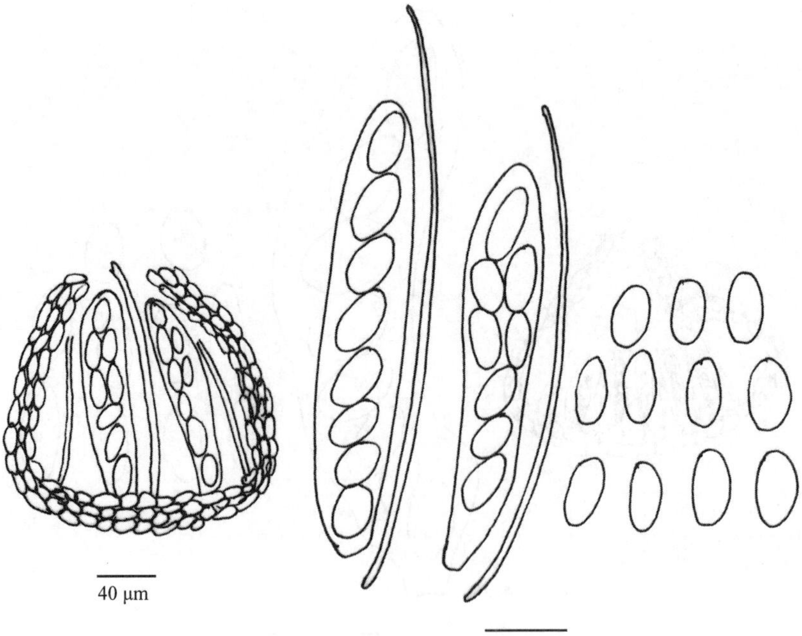

图 22　巴特勒黑痣菌 *Phyllachora butleri*：子囊壳、子囊、侧丝和子囊孢子 [HMAS 78178(S)]

细柄草生黑痣菌　新种　图 23

Phyllachora capillipediicola H.J. Lu, H. R. Chen & Z.Y. Zhang, **sp. nov.** Fig. 23

Maculis nullis. Stromatibus amphigensis, aggregatis vel pauce discretis, irregularibus, atris, elevatis, nitidis, 0.2~0.5×0.2~0.8 mm. Peritheciis in mesophyllis, phialiformibus, pertusis rotundatis, 133~214×112~153 μm. Ascis cylindraceis, breviter stipitatis, octosporis, 46~64×10~13 μm, med. 55×11 μm. Paraphysibus filiformibus, aseptatis, longioribus, 2.6 μm latis. Ascosporis irregulariter distichis, cylindraceis, utroque rotundatis, 1~2constrictis in medio, continuis, hyalinis, 9.8~18.0×3.9~4.6 μm, med. 13×4.1 μm.

Typus: Hab. in foliis *Capillipedium assimile*(Stend.) A.Camus: Danxian, Hainan, leg. Lu Hai-ju, Oct. 26, 2008. Herbarium Mycologicum Universitatis Agriculturae Yunnanicae, Kunming, Sina. (MHYAU 12944).

无病斑，子座(盾片)叶两面生，聚生，偶有散生，近圆形、不规则形，黑色，凸起，有光泽，0.2~0.5×0.2~0.8 mm。子囊壳瓶状，埋生，孔口圆形，133~214×112~153 μm。子囊圆柱形，顶端圆，基部具短柄，8 个孢子，无色，壁薄，46~64×10~13(平均 55×11) μm。侧丝丝状，无色，无隔，不分枝，高于子囊，宽 2.6 μm。子囊孢子不规则双列，圆柱形、长圆形，两端圆，中部有 1~2 处缢缩，单胞，无色，9.8~18.0×3.9~4.6(平均 13×4.1) μm。

硬秆子草(硬秆细柄草) *Capillipedium assimile*(Steud.) A. Camus (Gramineae)。

海南：儋县(海南两院)，2008，X，26，鲁海菊采(MHYAU 12944 模式)。

世界分布：中国。

据报道，细柄草属 *Capillipedium* 上仅有鸭嘴草黑痣菌 *Phyllachora ischaemi* Syd. & P. Syd.，其子囊圆柱形至棍棒形，45~60×12~18 μm。子囊孢子卵形至椭圆形，12~15×5~6.5 μm，无缢缩，与本种易于区别。

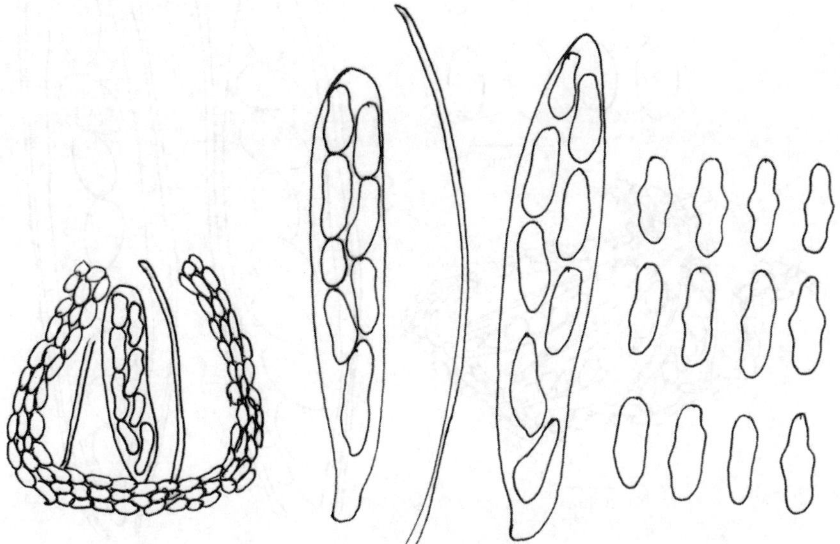

图 23　细柄草生黑痣菌 *Phyllachora capillipediicola*：子囊壳、子囊、侧丝和子囊孢子 (MHYAU 12944)

另外，本种与近似种 *Phyllachora oblongospora* Parbery 的区别在于，近似种的寄主为虎尾草属 *Chloris*。子囊椭圆形至袋状，短柄，95~115×18~20 μm。子囊孢子长圆形至钝圆形，中部缢缩，具细纹，12~20×8~9 μm。本种的子囊和子囊孢子较大，中部缢缩一次。据此将本菌立为新种。

鸭绿薹黑痣菌 图 24 图版 **IV**，5-6

Phyllachora caricis-jaluensis H.J. Lu, T. Zhang & H.R. Chen in Lu Haiju, Zhang *et al.*, Mycotaxon 107: 263, 2009.

无病斑。盾片叶两面生，聚生，偶散生，不规则形，黑色，凸起，有光泽，0.1~0.5×0.2~1.5 mm。子囊壳埋生，2~4 个聚生，近球形，有孔口，112.2~142.8×71.4~122.4 μm。子囊棍棒形，具短柄，3.9~12.3 μm，含子囊部分长 51.4~76.6×10.3~12.9 μm。子囊孢子斜单列，卵圆形，偶椭圆形，7.7~12.3×4.6~6.4（平均 9.8×5.3）μm。侧丝丝状，长于子囊，宽 2.6 μm。

鸭绿薹 *Carex jaluensis* Kom.（莎草科 Cyperaceae）浙江：天目山，1980.11.5，李建义等（HMUABO 44544 模式）。

世界分布：中国。

此鉴定标本子囊孢子的形状大小与在 4 个薹草属植物上已报道（*P. baldensis* Petrak 1929、*P. lapponica* Petrak 1936、*P. tirolensis* Petrak 1947、*P. sphaerospora* Patouillard 1887）的种都不一致，均非卵形（表 3），故拟定为新种 *P. caricis-jaluensis*。

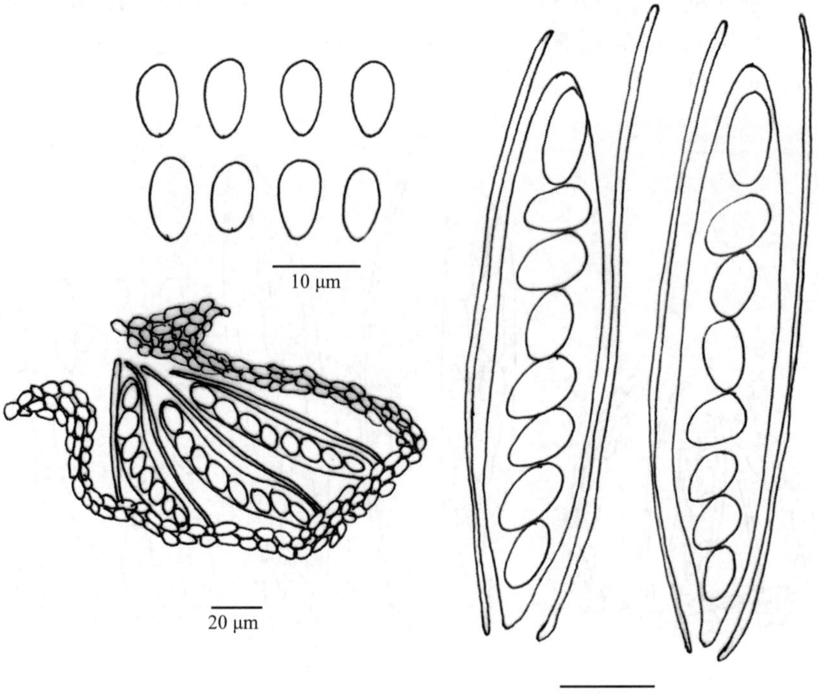

图 24 鸭绿薹黑痣菌 *Phyllachora caricis-jaluensis*：子囊壳、子囊、侧丝和子囊孢子（HMUABO 44544）

表 3　薹草属 *Carex* 植物上所记载的黑痣菌形态比较

黑痣菌种名	寄主	子囊大小及形状(μm)	子囊孢子大小及形状(μm)	参考文献
P. baldensis Petr. (1929)	*Carex baldensis*	70~80×10~12 —	12~20×3.5~5 纺锤形	Petrak (1929)
P. caricis-jaluensis Lu H.J. (2009)	*Carex jaluensis*	51.4~76.6×10.3~12.9 圆柱形	7.7~12.9×4.6~7.7 卵形，偶椭圆形	Lu (2009)
P. lapponica Petr. (1936)	*Carex panacea*	75~90×12~17 棍棒形或纺锤形	18~25×7~9 矩圆形或椭圆形	Petrak (1936)
P. tirolensis Petr. (1947)	*Carex firma*	45~60×9~11 棍棒形	15~20×3.5~5 纺锤形或卵形至矩圆形	Petrak (1947)
P. sphaerospora Pat. (1887)	*Carex* sp.	80~100×15 圆柱形	10 球形	Patouillard (1887)

酸模芒黑痣菌　图 25

Phyllachora centothecae Syd. & P. Syd., Annls. Mycol. 13 (1): 39, 1915; Saccardo's Syll. Fung. XXIV: 577, 1926; Parbery, Aust. J. Bot. 15: 300, 1967; Lu, Diversity of *Phyllachora* from China p. 31, 2009.

盾片叶两面生，散生，盾片周围寄主组织多褪绿变黄色或灰白色，圆形或纺锤形，黑色，有光泽，0.1~0.5×0.2~1.0 mm。子囊壳埋生，近球形，有孔口，92~153×71~102 μm。子囊圆柱形，46.3×9.0 μm，具柄，11.6×2.6 μm。侧丝丝状，长于子囊。子囊孢子单列，卵圆形，7.7~9.0×4.6~5.1 μm。

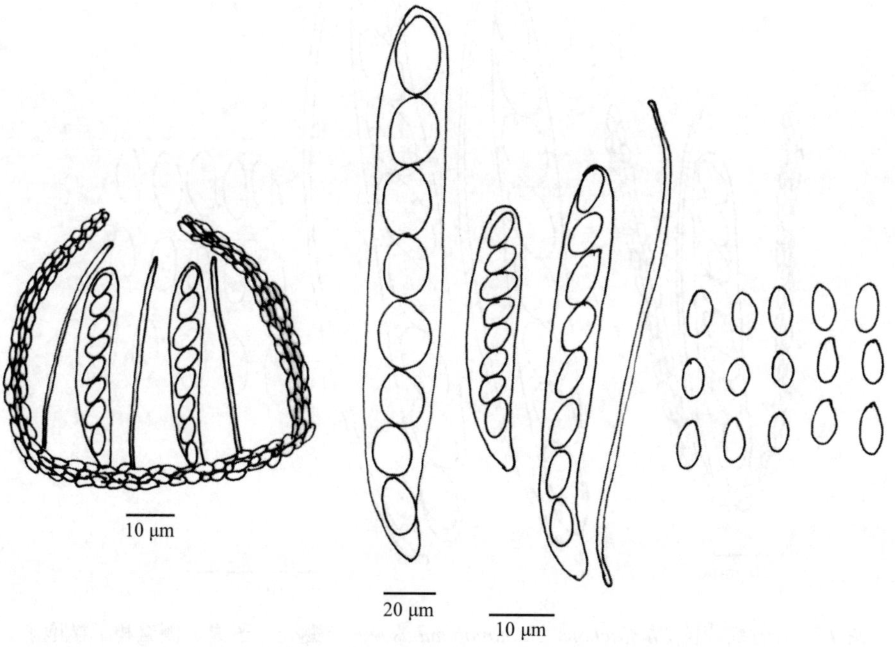

图 25　酸模芒黑痣菌 *Phyllachora centothecae*：子囊壳、子囊、侧丝和子囊孢子（HMUABO 41359）

酸模芒 *Centotheca lappacea*(L.) Desv 江西：庐山(HMUABO 41359)；安徽：黄山(HMUABO 41976)。

淡竹叶 *Lophantherum gracile* Brongn. 贵州：贵阳(HMUABO 50585)。

世界分布：中国，印度，缅甸。

本菌为中国新记录，H. Sydow 和 P. Sydow(1915)描述，子囊孢子卵圆形，11~13×5~7 μm。Parbery(1967)描述，子囊孢子单列至双列，窄卵形至卵圆形，14.5~16×5.5~6 μm。性孢子短线形，12~16×0.5~0.75 μm。性孢子梗圆柱形，顶端圆形，10~11×1~1.5 μm。我们观察的标本，形态与本种相同，但体积较小，大种观点，视为同种。

方竹黑痣菌　图 26

Phyllachora chimonobambusae I. Hino & Katum., Bulletin of the Faculty of Agriculture, Yamaguchi University 6: 45, 1955; Parbery, Aust. J. Bot. 15: 343, 1967; Lu, Diversity of *Phyllachora* from China p. 32, 2009.

盾片叶两面生，聚生或散生，近球形，黑色，隆起，有光泽，外围寄主组织褪绿变黄色或灰白色，0.1~0.5×0.1~0.8 mm。子囊壳埋生，圆筒形、不规则形，具孔口，235~408×112~204 μm。子囊圆柱形，82~98×9~10 μm。侧丝丝状，无色，无隔，高于子囊，宽 1.3 μm。子囊孢子长椭圆形，斜单列，单胞，无色，11.6~15.4×4.6~5.7(平均 13.8×5.1) μm。

方竹 *Chimonobambusa quadrangularis*(Fenzi) Makino(Gramineae) 云南：勐腊石灰山(HMUABO 10643)。

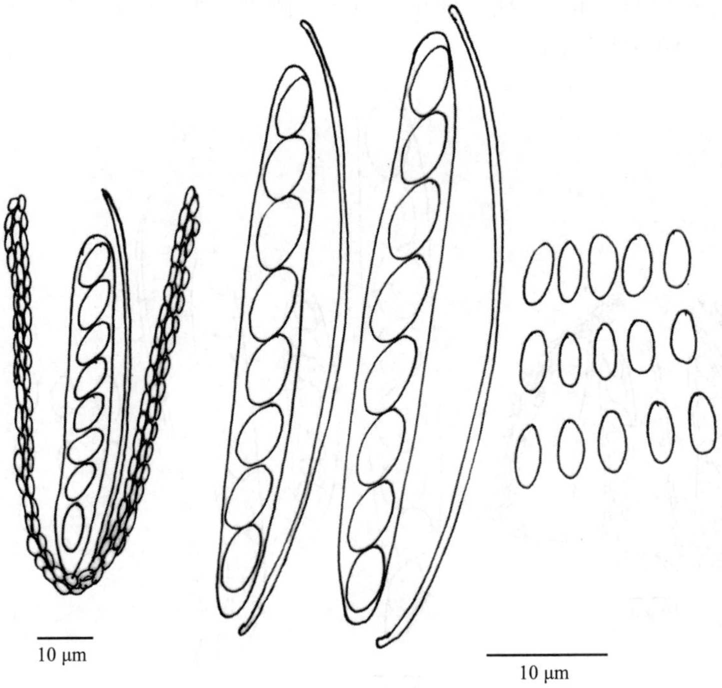

图 26　方竹黑痣菌 *Phyllachora chimonobambusae*：子囊壳、子囊、侧丝和子囊孢子(HMUABO 10643)

云南方竹 *Chimonobambusa yunnanensis* Hsueh & W. F. Zhang 云南：昆明(MHYAU 08504)。

世界分布：中国，日本。

本菌为中国新记录。Hino 和 Katum(1955)描述，子囊孢子椭圆形，115.5~23×6.5~8 μm。我们观察的标本体积较小。

虎尾草黑痣菌　新种　图 27　图版 **I-6**

Phyllachora chloridis-virgatae J.Y. Li & H.R. Luo **sp. nov**. Fig. 27 Pl.I-6

Coloniis in foliis et vaginis dispersis, globularibus v. subglobularibus, atris. 0.1~4×0.1~1.5 mm; Peritheciis in mesophyllis sphaercis v. subsphaericis, 120~156(~192)×96~168 μm diametris; Ascis octosporis, cylindraceis, apice rotundatis, breviter stipitatis, basi plus minusve tumidis, tetrasporis raro, 60~96(~110)×8.5~11 μm; Paraphysibus numerosis, continuis, ramosis v. simplicibus; Ascosporis monostichis, imprimis ellipsoideis, (7~) 10(~13.3)×3.5~5(~6.4) μm; Statibus spermatii praesentibus in eadem coloniam vel in coloniis similibus, globularibus v. subglobularibus; Spermatiophoris cylindricis, apicibus leviter obtusis, 7~12×1 μm; Spermatiis filiformibus, hyalinis, 12~13×0.6 μm.

Species haec a ceteris speciebus ascis cylindratis, ascosporis imprimis ellipsoideis et spermatiophoris cylindratis recedit.

Typus: Hab. in foliis et vaginis vivo Chloridis virgatae Swartz, Yiheyuan, Beijing, Sina, 10108. Herbarium Mycologicum Universitatis Agriculturae Boreali-Occidentalis(HMUABO), Yangling, Shaaxi, Sina.

盾片叶两面生或叶鞘两面生，散生。圆形或亚圆形，黑色，无光泽，0.1~4×0.1~1.5 mm。子囊壳生于叶肉组织中，球形或亚球形，120~156(~192)×96~168 μm。8 孢子子囊圆柱形，端部钝圆，具短柄，基部稍膨大，4 孢子子囊罕见，60~96(~110)×8.5~11 μm。侧丝多，高出子囊，无分隔，分枝或不分枝。子囊孢子单列，椭圆形，罕近纺锤形或卵圆形，稀有两面端稍弯曲的椭圆形孢子，(7~) 10(~13.3)×3.5~5(~6.4) μm。性孢子器与子囊壳伴随而生，且 0.1 mm 左右大小的盾片下多为性孢子器，球形或亚球形。性孢子梗圆柱形，端部稍圆，7~12×1 μm。性孢子丝状，基部稍宽，端稍窄，但不尖，无色，12~13×0.6 μm。

虎尾草 *Chloris virgata* Swartz. 北京：颐和圆，17，X，1973，李建义等(HMUABO 10108 Holotypus)，北京十三陵(MHYAU 08514)，昌平长陵(MHYAU 08507-1)，北京，28，IX，1956，Zhou Hui-ling(HMAS 3522)；陕西：华山，2，X，1983，王晓鸣，罗赫荣(HMUABO 5831)，武功，19，VII，1983，罗赫荣(HMUABO 37211)，陕西武功，8，IX，1983，罗赫荣(HMUABO 5900)，陕西韩城，20，VIII，1983，张登峰(HMUABO 5827)，杨凌，17，X，2006，鲁海菊(MHYAU 2834)；云南：大理宾川，26，XI，2005，李晓玲(MHYAU 013948)，云南建水(MHYAU 08506-1)。

世界分布：中国。

新种鉴别特征：子囊圆柱形，子囊孢子椭圆形，罕近纺锤形或卵圆形，性孢子梗圆柱形，寄生于虎尾草属(*Chloris*)。

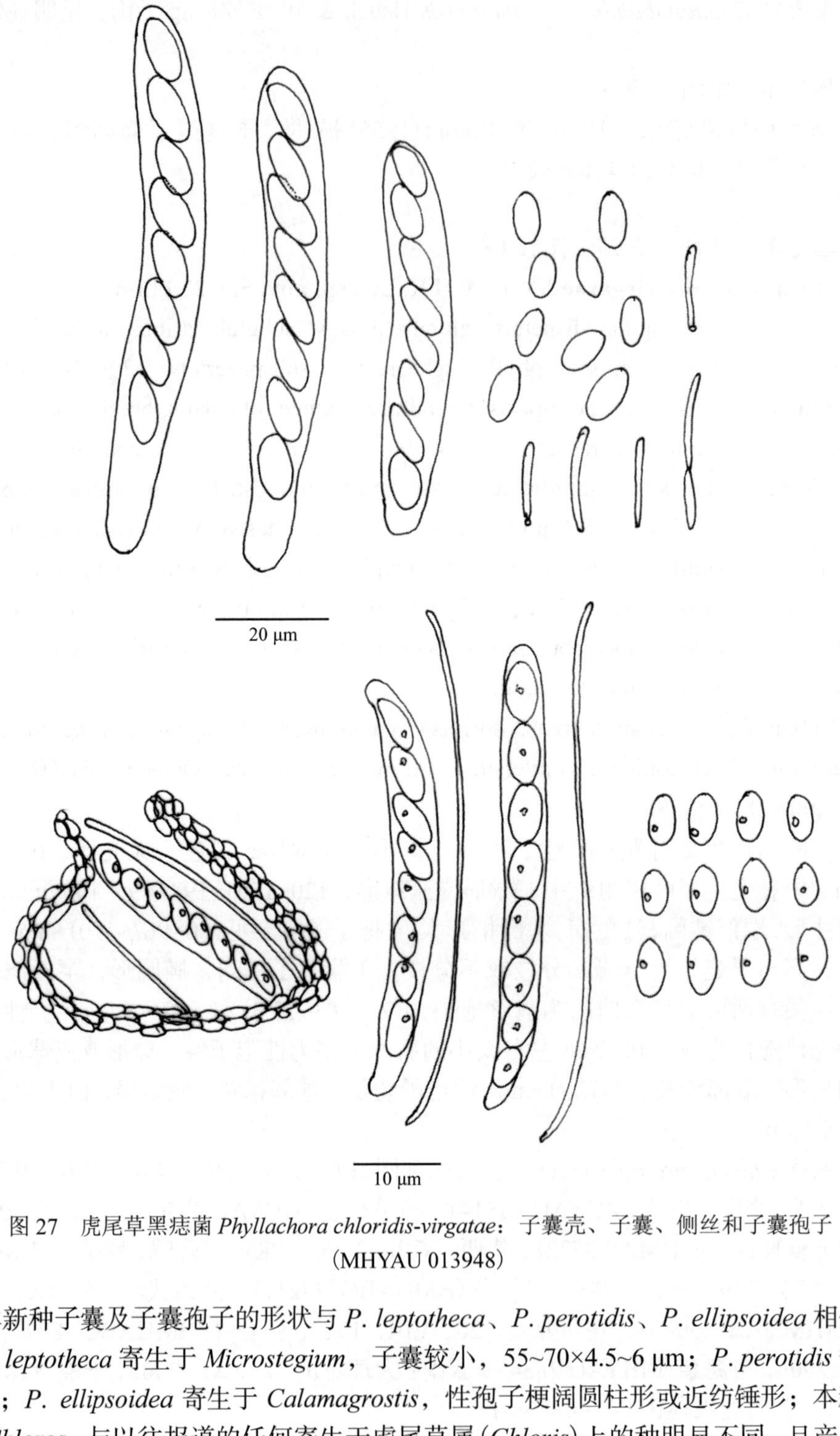

图 27　虎尾草黑痣菌 *Phyllachora chloridis-virgatae*：子囊壳、子囊、侧丝和子囊孢子（MHYAU 013948）

本新种子囊及子囊孢子的形状与 *P. leptotheca*、*P. perotidis*、*P. ellipsoidea* 相似，但是，*P. leptotheca* 寄生于 *Microstegium*，子囊较小，55~70×4.5~6 μm；*P. perotidis* 寄生于 *Perotis*；*P. ellipsoidea* 寄生于 *Calamagrostis*，性孢子梗阔圆柱形或近纺锤形；本新种寄生于 *Chloros*，与以往报道的任何寄生于虎尾草属(*Chloris*)上的种明显不同，且产生椭圆形子囊孢子和端部钝圆的圆柱形性孢子梗，所以，易于与其他所有种区分开，故被确定为新种。

樟黑痣菌　图 28

Phyllachora cinnamomi Hansf., Sydowia 11: 67, 1958(1957); Li, Study of Taxonomy of *Phyllachora* in China p. 54, 2006.

子座叶面生，大型，大者 3×2 mm，小者直径 0.1~1 mm，黑色，散生或愈合，外围变褐色区。子囊壳扁圆形，顶尖，225~363×138~188 μm。子囊棍棒形、圆柱形，顶圆基部尖，无柄，38~83×12.5~10(平均 55.6×11.6) μm。侧丝低于子囊。子囊孢子 8 个，椭圆形、卵圆形，罕球形，单列至近双列，单胞无色，7.5~17.5×5~7.5(平均 13.8×6.9) μm。

樟属 *Cinnamomum* sp.(樟科 Lauraceae)广西：上思(HMAS 78172)。

世界分布：中国，印度尼西亚。

本种为中国新记录。Hansford(1958)描述本菌，子座叶两面生，散生，黑色，有光泽，直径 1 mm。子囊壳近球形，1~4 个在叶内群生，直径达 550 μm。子囊圆柱形，顶端圆，不加厚，柄变细尖，8 个孢子，长达 200 μm，有的约 80×10 μm。侧丝很多，不分枝，无色，宽 1.5 μm，可疑分隔。子囊孢子斜单列，椭圆形，单胞，无色，平滑，15~19×6~8 μm。

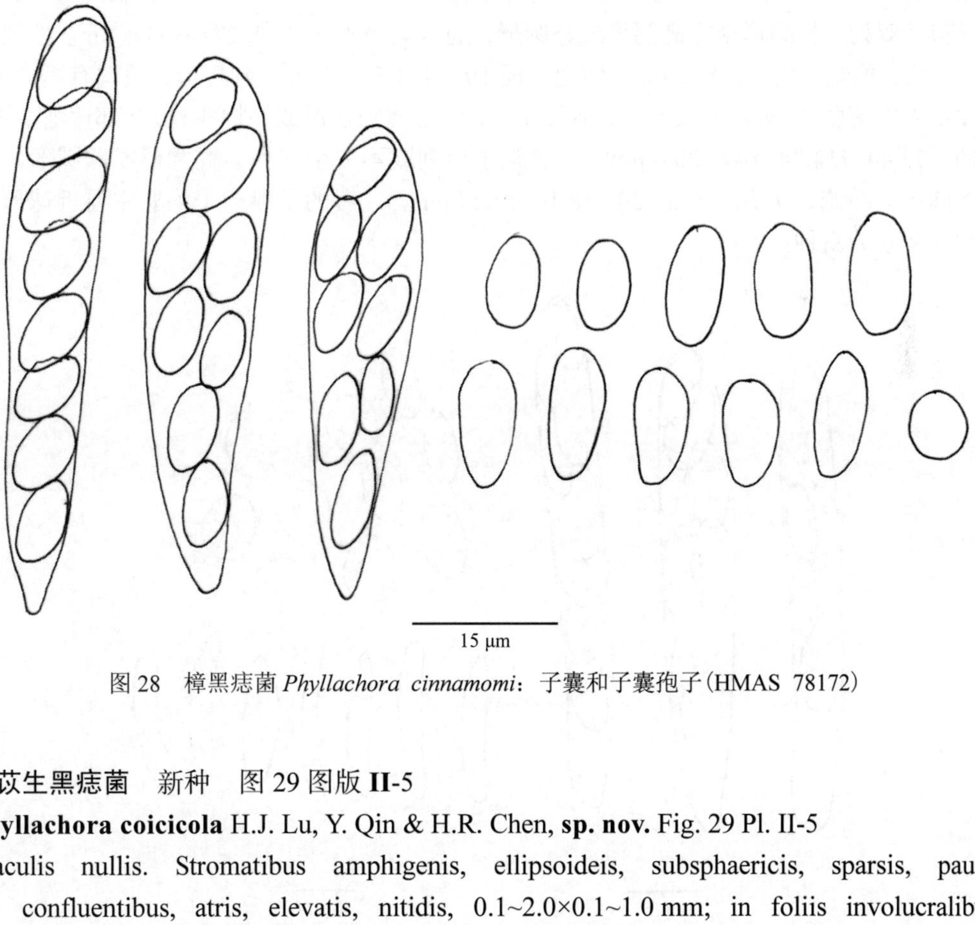

图 28　樟黑痣菌 *Phyllachora cinnamomi*：子囊和子囊孢子(HMAS 78172)

薏苡生黑痣菌　新种　图 29 图版 **II**-5

Phyllachora coicicola H.J. Lu, Y. Qin & H.R. Chen, **sp. nov.** Fig. 29 Pl. II-5

Maculis nullis. Stromatibus amphigenis, ellipsoideis, subsphaericis, sparsis, pauce confluentibus, atris, elevatis, nitidis, 0.1~2.0×0.1~1.0 mm; in foliis involucralibus oblongis, 0.5~1.0 mm. Peritheciis, ascis et paraphysibus non visibilibus. Ascosporis subglobularibus, pauce ellipsoideis vel ovatis, continuis, hyalinis, levibus,

5.1~12.9×3.9~7.2 μm, med. 7.9×6.0 μm. Spermatiis filiformibus, apice angustatis, hyalinis, 21.8~33.4×2.6~6.4 μm, med. 24.7×4.8 μm.

Typus: Hab. in foliis *Coicis lacrymae-jobi* L. (Gramineae): Mengkuang, Yunnan, Sina Mar. 17, 1939. leg. Yao He-sheng, HMAS 02510, 95351.

无病斑。子座(盾片)叶两面生，椭圆形、近圆形，散生，偶有愈合，黑色，隆起，有光泽，叶背黑痣点小，0.5~1.0 mm，苞叶黑痣点长椭圆形，0.5~1.0 mm。子囊壳、子囊和侧丝未见。子囊孢子近球形，偶有椭圆形、卵形，单胞，无色，平滑，5.1~12.9× 3.9~7.2(平均 7.9×6.0) μm。性孢子丝状，顶尖，21.8~33.4×2.6~6.4(平均 24.7×4.8) μm。

薏苡 *Coix lachryma-jobi* L. (Gramineae) 云南：猛宽，1939 III 17，Yao He-sheng 采 (HMAS 02510 模式) (HMAS 95351)。

世界分布：中国。

据报道，薏苡属 *Coix* 上有 2 种黑痣菌，它们是：薏苡黑痣菌 *Phyllachora coicis* Henn. (1895 年)，子囊圆柱形、棍棒状，钝，8 个孢子，50~70×15~20 μm。侧丝丝状，分枝。子囊孢子近双列或近密集球状，椭圆形，钝，具颗粒，无色至淡黄色或淡黑色，16~22×11~14 μm。Parbery (1967) 描述，子囊圆柱形，短柄，90~100×18~20 μm。具侧丝。子囊孢子双列，长圆形至宽椭圆形或卵圆形，通常大小不等，19~22×9~11.5 μm。性孢子短，丝状，顶端钝尖，6~8×1 μm。性孢子梗 10~14×1.5~2.5 μm，圆柱形，顶端有短尖头。和库尔格黑痣菌 *P. coorgiana* Seshadri (1966 年)，子囊圆柱形或柱棍棒状，基部逐渐变细，短柄，73.44~114.24×14.8~20.4 μm。子囊孢子单列或不完全双列，椭圆形或卵圆形，两端宽圆形，单胞，无色，14.8~20.4×8.16~12.24 μm。二者的子囊孢子均非主要近球形，据此本菌立为新种。

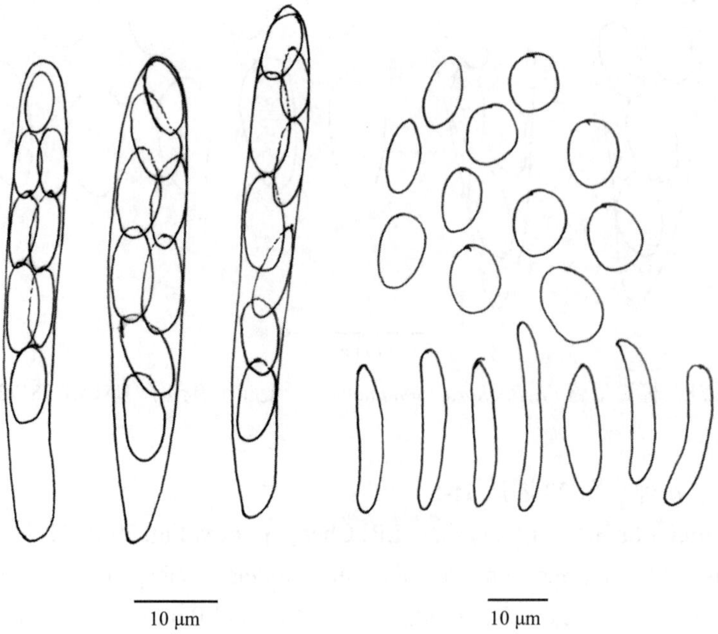

图 29 薏苡生黑痣菌 *Phyllachora coicicola*：子囊、子囊孢子和性孢子 (HMAS 02510)

薏苡黑痣菌　图 30

Phyllachora coicis Henn., Hedwigia 34: 12, 1895; Saccardo's Syll. Fung. XI: 373; XII: 546; Parbery, Aust. J. Bot. 15: 301, 1967; Tai, Sylloge Fungorum Sinicorum p. 270, 1979; Tsai, List of Plant Diseases in Taiwan p.116, 1991; Zhao *et al.*, Edible Fungi of China Vol. 27(Suppl.): 53, 2008; Gong, Diversity of Species of *Phyllachoa* in China p. 34, 2008.

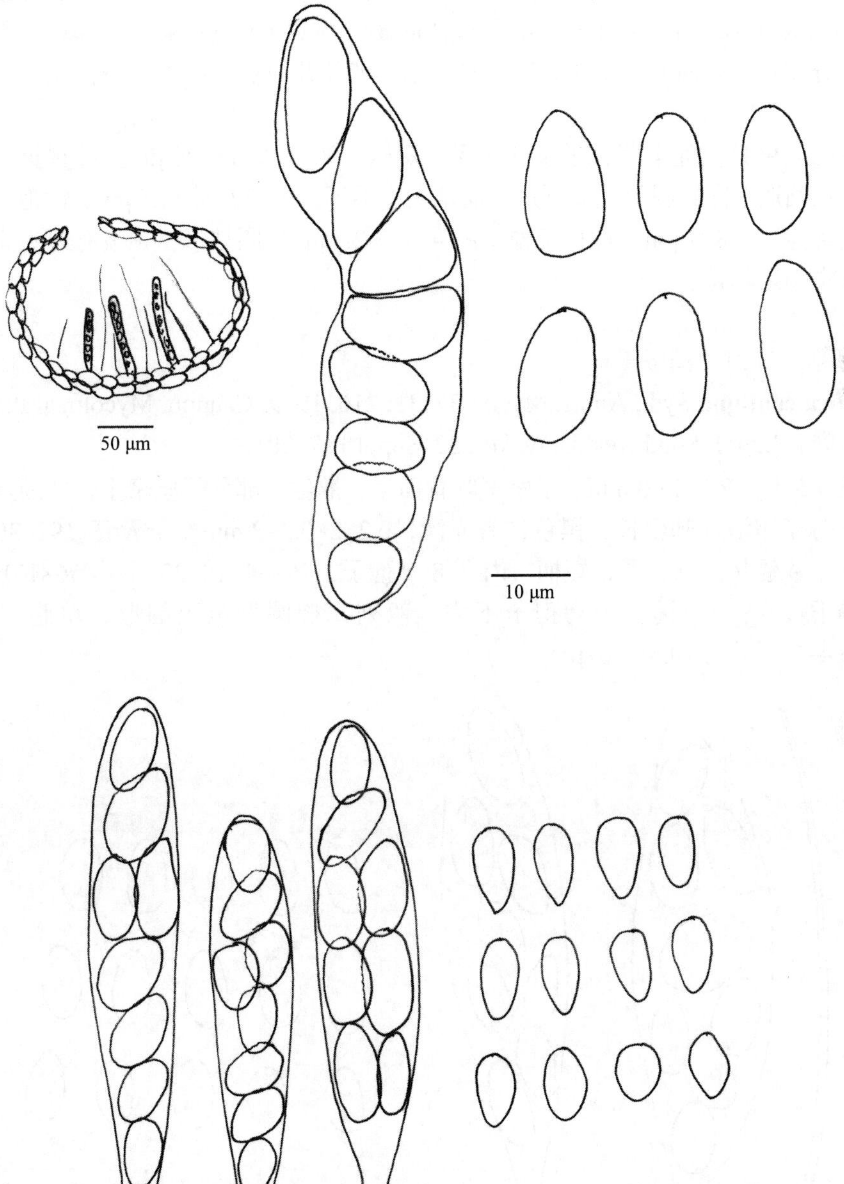

图 30　薏苡黑痣菌 *Phyllachora coicis*：子囊壳、子囊和子囊孢子
（从上至下 MHYAU 14329，HMAS 49517）

病斑椭圆形或菱形。子座叶两面生，聚生，黑色，有光泽，椭圆形、菱形或近球形，0.5~2.5×0.3~1 cm。子囊圆柱形、棍棒状或囊状，顶端圆，内含 8 个子囊孢子，具短柄，66.8~118.2×15.4~23.1(平均 91.2×19.7) μm。子囊孢子单行或双行排列，卵圆形、宽椭圆形或近球形，偶有矩圆形，单胞，无色，12.9~23.1×9.0~10.3(平均 16.1×11.5) μm。

薏苡 *Coix lachryma-jobi* L. 云南：西双版纳(MHYAU 14329)。

本菌在我国的寄主和分布还有戴芳澜(1979)报道的薏苡 *Coix lachryma-jobi* L.：广州；须薏苡 *Coix lachryma-jobi* L. var. *susutama* Honda(禾本科 Gramineae)：台湾。

世界分布：马来西亚，中国，巴拿马，巴布亚新几内亚，印度，哥伦比亚，越南，菲律宾等。

Parbery(1967)描述本菌，子囊圆柱形，短柄，90~100×18~20 μm。具侧丝。子囊孢子双列，长圆形至宽椭圆形或卵圆形，通常大小不等，19~22×9~11.5 μm。性孢子短，丝状，顶端钝尖，6~8×1 μm。性孢子梗 10~14×1.5~2.5 μm，圆柱形，顶端有短尖头。我们观察的标本与之相符。

相邻黑痣菌 图 31 图版 **I**-1

Phyllachora contigua Syd., Annls. Mycol. 37(3): 216, 1939; Cannon, Mycologal Paper 163: 89, 1991; Luo, J. Southwest Univ. Vol. 32(Suppl.): 7, 2010.

病斑 4.5~9.5×8.5~13.0 mm。子座多叶背面生，散生，部分子座聚生，外围具黄褐色晕环。部分子座沿叶脉生长，黑色，有光泽，0.2~2×0.2~2 mm。子囊壳 192~307×144~173 μm。子囊囊状，圆柱形，短柄，内含 8 个孢子，46~64×10~23(平均 56×13) μm。侧丝无色无隔，高于子囊。子囊孢子不完全双列，椭圆形至矩圆形，单胞，无色，9~12.9×6.4~7.7(平均 10.4×7.6) μm。

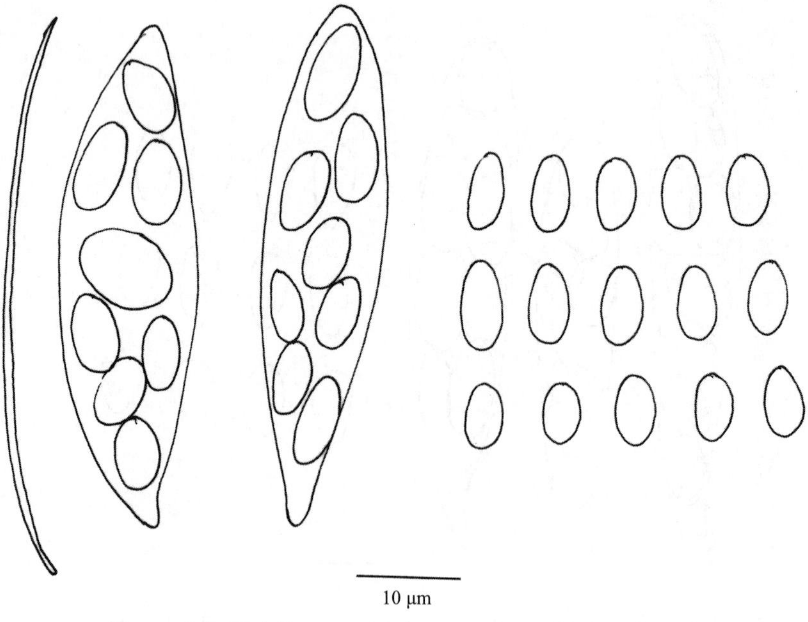

图 31 相邻黑痣菌 *Phyllachora contigua*：子囊和子囊孢子
(HMUABO 6502)

崖豆藤属（鸡血藤属）*Millettia* sp.（豆科 Leguminosae）陕西（HMUABO 6502 采集号 10502）。

世界分布：中国，几内亚共和国，加纳，埃塞俄比亚，塞拉利昂。

本菌为中国新记录。Sydow（1939）描述本菌，子囊圆柱形或近棍棒状，顶端宽圆形，基部短柄，细包膜，8 个孢子，36~45×5~8 μm。子囊孢子在子囊中部单列或不完全双列，宽卵形或椭圆形，两端宽圆形，单胞，无色，5~8×4~5.5 μm。侧丝丰富，黏滑。Cannon（1991）描述本菌，侧丝稀少。子囊 45~80×9~15 μm，圆柱形至柱棍棒状，短柄，壁很薄，顶端钝，无可见顶部结构，8 个孢子。子囊孢子单列至双列，8~11×5~7 μm，椭圆形至卵圆形，无色，无隔，壁薄，光滑。我们观察的标本与其相似。

库尔格黑痣菌 图 32

Phyllachora coorgiana Seshadri, Sydowia 19: 123, 1966; Lu, Diversity of *Phyllachora* from China p. 36, 2009.

盾片叶两面生，聚生，盾片周围寄主组织多褪绿变灰白色，近球形，黑色，凸起，有光泽，0.2~1.0 mm。子囊壳埋生，近球形，有孔口，173~184×122~173 μm。子囊棍棒形，59~100×18~26（平均 75×22）μm。子囊孢子不规则双列，椭圆形、卵圆形，偶近球形，10.3~20.6×7.2~12.9（平均 17.4×10.4）μm。侧丝丝状，长于子囊，宽 2.6 μm。

薏苡 *Coix lachryma-jobi* L. 海南（MHYAU 12941）。

世界分布：中国，印度。

本菌为中国新记录。Seshadri（1966）报道本菌，子囊孢子椭圆形至卵圆形，14.8~20.4×8.16~12.24 μm。我们观察的标本与其相似（表 4）。

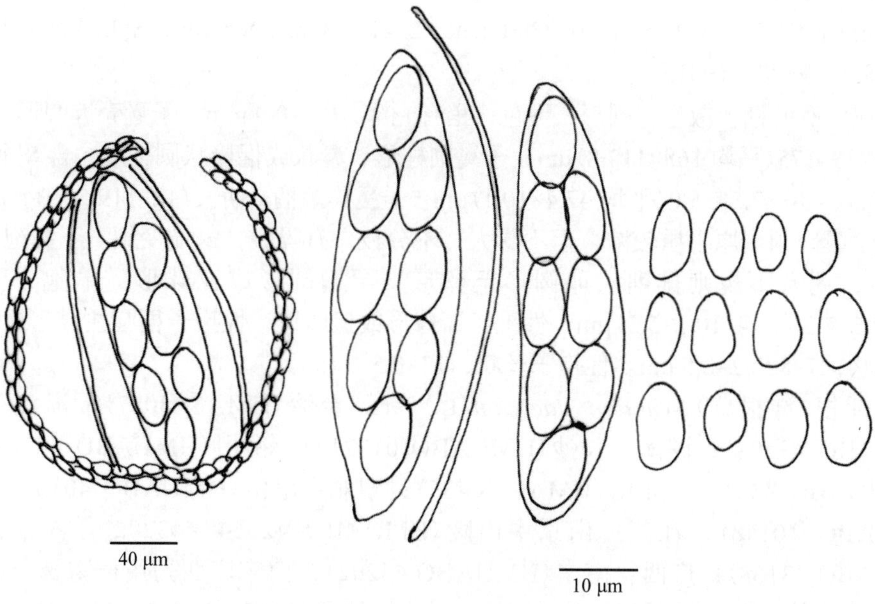

图 32　库尔格黑痣菌 *Phyllachora coorgiana*：子囊壳、子囊、侧丝和子囊孢子（MHYAU 12941）

表 4　薏苡属 *Coix* 植物上所记载的黑痣菌形态比较

黑痣菌种名	寄主	子囊大小及形状(μm)	子囊孢子大小及形状(μm)	参考文献
P. coicis Henn.(1895)	*Coix agrestis*	90~100×18~20 圆柱形，短柄	19~22×9~11.5 矩圆形至宽椭圆形或卵圆形	Parbery(1967)
P. coorgiana Seshadri (1966)	*Coix aquatica*	73.44~114.2×14.8~20.44 圆柱形，短柄	14.8~20.4×8.16~12.24 椭圆形至卵圆形	Seshadri(1966)

狗牙根黑痣菌　图 33

Phyllachora cynodontis(Sacc.) Niessl, Verhandl. naturforsch Vereines Brünn. 14: 219, 1876; Saccardo's Syll. Fung. II: 602, 1883; XXVI: 268, 1972; XII: 546, 1897; XX: 372, 1911; Parbery, Aust. J. Bot. 15: 302, 1967; Tai, Sylloge Fungorum Sinicorum p. 270, 1979; Luo, Studies on Graminicolous Species and their Divisional Criteria of *Phyllachora* Nke. in Fuckel in China p. 19, 1984; Tsai, List of Plant Diseases in Taiwan p. 136, 1991; Gabel, Mycotaxon 70: 481, 1999; Wang *et al*., List of the Fungi in Taiwan p. 87, 1999; Zhuang, Higher Fungi of Tropical China p.119, 2001; Li, Study of Taxonomy of *Phyllachora* Nitschke ex Fuckel in China p. 28, 2006; Liu, Taxonomy of *Phyllachora* in China p. 32, 2007; Qin *et al*., Edible Fungi of China 27(Suppl).: 42, 2008; Cui *et al*., Edible Fungi of China Vol. 27(Suppl.): 75, 2008; Gong, Diversity of species of *Phyllachora* in China p. 32, 2008; Lu, Diversity of *Phyllachora* from China p. 37, 2009.

Phyllachora graminis var. *cynodontis* Sacc., in Rabenhorst, Fungi europ. exsicc., Editio novo. Century III(XXIII) (nos 2201-2300): no. 2241, 1876; Saccardo's Syll. Fung. II: 602, 1883; XV: 289, 1901.

子座叶和叶柄上散生，圆形，黑色，稍有光泽，0.1~0.9 mm。子囊壳近圆形，黑色，90~300×75~175(平均 168×112.8)μm。子囊圆柱形、囊状或棍棒状圆柱形，含 8 个孢子，27.5~75.0(~88)×7.5~15.0(平均 47.4×10.1)μm。子囊具短柄，柄长(12~) 19.5(~34)μm。侧丝高于子囊，顶端原生质较浓，但不膨大，不分枝，有隔膜，末端变细。子囊孢子单列或双列，偶有不规则排列，卵圆形至卵形，罕椭圆形或亚球形，单胞，无色，5~12.5×5~7.5(平均 10.1×5.5)μm。性孢子器球形或亚球形，性孢子梗圆柱形，顶端膨大呈鼓槌状，7~8.5×2~2.5 μm。性孢子丝状，12×0.5~1 μm。

狗牙根(绊根草) *Cynodon dactylon*(L.) Pars. 台湾(HMAS 5087)；浙江：杭州(HMUABO 43408)；湖南：长沙(HMUABO 015215)，衡山(HMUABO 44785)，长沙(HMUABO 45015)，龙山(HMAS 34435)；湖北：龟山(HMUABO 40130)，湖北(HMUABO 40148)；江苏：南京中山陵(HMUABO 42964，43202)；浙江：杭州(HMUABO 43168)；广西：南宁(HMUABO 43202)，南宁广西药用植物园(MHYAU 12955)，桂林广西植物园(MHYAU 12956)，桂林市(HMUABO 51144，51440)，阳朔县(HMUABO 51394)，武鸣(HMUABO 52021)；海南：珠碧江(MHYAU 12953)，

海南两院（MHYAU 12954），儋县（HMUABO 54461），万宁（HMUABO 55027），海口市（HMUABO 55337，55339），单东（HMUABO 54922）；福建：福州（HMUABO 52201），厦门（HMUABO 52929，53157），漳州市（HMUABO 53226，53343，53504，53722）；四川：雅安四川农业大学（MHYAU 013963），成都植物园（MHYAU 03020）；云南：景洪（HMAS 143927，HMUABO 10899），安宁楸木园（HMAS 140244），腾冲火山热海（HMAS 140248），潞西遮放镇（HMAS 143721），大理苍山索道入口（HMAS 140531，HMAS 140534），云县大朝山（MHYAU 13217），保山（MHYAU 13795），昆明普吉（HMAS 01553），昆明茨坝（MHYAU 13249），云南农业大学后山，（MHYAU 13209，081736），景洪（HMUABO 1238），蒙自（MHYAU 12960），大理南涧（HMUABO 1354），河口（MHYAU 0817），昆明云南林业科学院（MHYAU 081737），昆明云南农业大学菜园（MHYAU 081742），昆明植物所（MHYAU 08494），昆明世界园艺博览园（MHYAU 081758），昆明金殿（MHYAU 081755），大理苍山（MHYAU 013943），丽江永胜（MHYAU 013938），景洪西郊（HMUABO 11389，标本号 1238），景洪，云南省热带作物研究所（MHYAU 13251），富源（MHYAU 13534），南涧（HMUABO 11485），勐腊（HMUABO 10317），云县大朝山（MHYAU 13279）；贵州：贵阳市郊区（HMUABO 50528，5058）；陕西：西北农林科技大学（MHYAU 12862，HMUABO 36140），武功（HMUABO 36140），西安东郊（HMUABO 4817），西乡城郊（HMUABO 2799），陕西（HMUABO 2312），汉中（HMUABO 1772），勉县（HMUABO 2037），武功三合元（HMUABO 3269），武功（HMUABO 646，5905），陕西西北农林科技大学（HMUABO 5901），周至（HMUABO 5715）。

狗牙根属 *Cynodon* sp. 广西：容县（HMAS 14006）；云南：新平哀牢山（HMAS 143925），思茅（HMAS 143928），镇源（HMAS 143924），景洪（HMAS 143926，HMAS 143927）；北京：灵鹫峰（HMAS 161659），百望山（HMAS 162137），潭柘寺（HMAS 162795），上庄（HMAS 162950），孙丹（HMAS 162986）。

虎尾草 *Chloris virgata* Swartz. 北京：五里店（HMAS 35228）。

本菌在中国的寄主与分布，戴芳澜（1979）还报道，狗牙根 *Cynodon dactylon*（L.）Pers.：广东；狗牙根属 *Cynodon* spp.：江苏。张能唐和张健如（1988）还报道，狗牙根 *Cynodon dactylon*（L.）Pers.：广东广州；四川成都。黄天章等（1992）还报道，禾本科 Gramineae：浙江，福建。庄文颖（2001）报道，狗牙根 *Cynodon dactylon*（L.）Pers.：香港；狗牙根属 *Cynodon* sp.：广西容县。

世界分布：马耳他，中国，埃及，巴西，印度，苏丹，伊拉克，西班牙，阿根廷，法国，波多黎各，美国，意大利，瑞典，德国；非洲。

目前，中国报道寄生在狗牙根属上的黑痣菌只有一个种：*Phyllachora cynodontis* Niessl。原始报道中，其子座散生或聚生，近于球形，黑色，凸起。子囊棍棒状，长柄，65~75×12~15 μm。子囊孢子单行排列，卵形、椭圆形，大都聚集成一团，偶有斜单行排列，单胞，8~12×5~6 μm。我们观察的标本与之相符合。罗赫荣还观察到它的性孢子器球形或亚球形，性孢子梗圆柱形，顶端膨大呈鼓槌状，7~8.5×2~2.5 μm；性孢子丝状，12×0.5~1 μm。

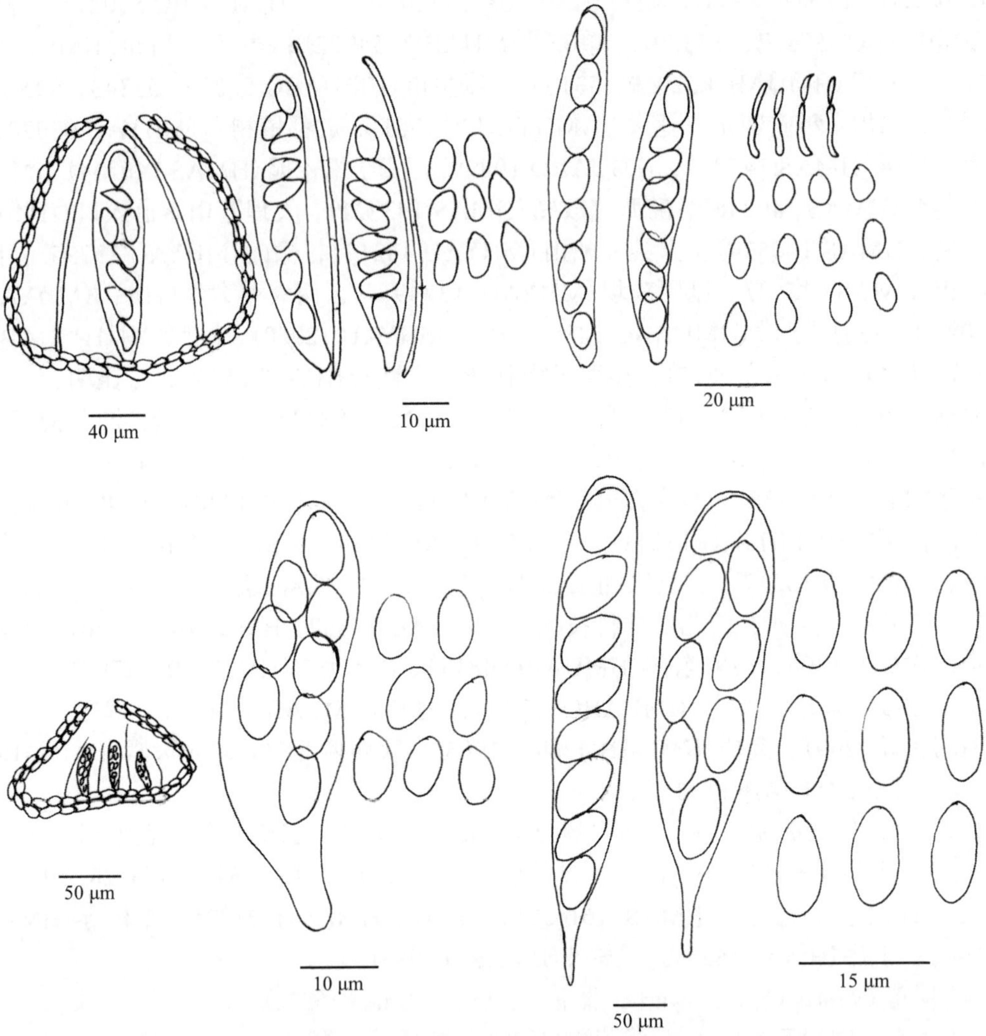

图 33　狗牙根黑痣菌 *Phyllachora cynodontis*：子囊、子囊孢子、性孢子梗和性孢子
（从上至下 HMUABO 36140，50528，HMAS 14006，MHYAU 013938）

莎草黑痣菌　图 34

Phyllachora cyperina Henn., Annals de Musée du Congo, Botanique Série 5 2: 98, 1907; Saccardo's Syll. Fung. XXII: 422, 1913; Li, Study of Taxonomy on *Phyllachora* in China p. 55, 2006; Luo, J. Southwest Univ. Vol. 32: 7, 2010.

病斑纺锤矩圆形。子座叶两面生，矩圆形，黑色。子囊壳埋生，圆形 125~175×100~150（平均 135.2×112.5）μm。子囊长纺锤形，圆筒形，近顶略尖，8 个子囊孢子，62.5~95.0×3.8~8.8（平均 77×6.6）μm。侧丝高于子囊，有分枝和分隔，较多。子囊孢子斜单列至近双列，披针纺锤形、梭形，单胞，无色，12.5~17.5×3.8~5.0（平均 15.5×4.1）μm。

莎草属 *Cyperus* sp.（莎草科 Cyperaceae）云南：昆明世界园艺博览园（MHYAU

081755）。

世界分布：中国，刚果，葡萄牙。

本种为中国新记录。根据 Hennings（1907）报道，寄主莎草科 Cyperaceae 上生黑痣菌。子座叶两面生，矩圆形，黑色。子囊壳埋生，圆形。8 孢子子囊长纺锤形、圆筒形，近顶略尖，60~80×6 μm。子囊孢子斜单列至近双列，披针纺锤形，梭形、透明无色，10~14×3.5~4.5 μm。我们观察的标本与此相符合。

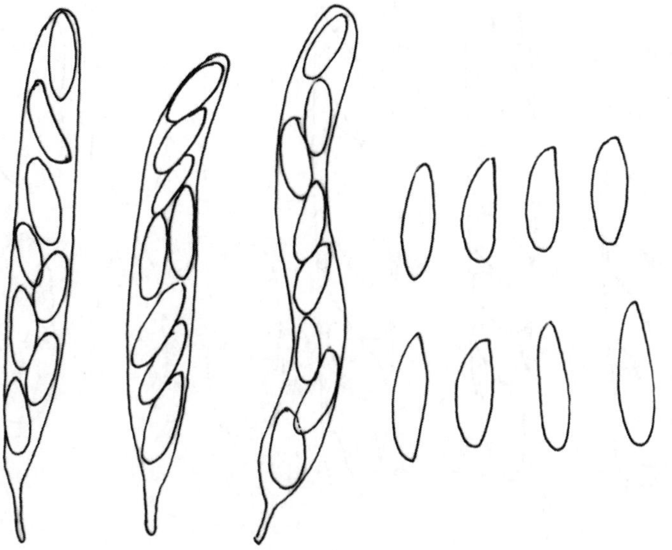

图 34　莎草黑痣菌 *Phyllachora cyperina*：子囊和子囊孢子（MHYAU 081755）

牡竹黑痣菌　图 35

Phyllachora dendrocalami Awati & Kulk，Curr. Sci. 41：32，1972.

子座叶两面生，散生，近圆形，黑色，有光泽，直径 0.5~1.0 mm，外围具黄晕。子囊壳未见。子囊圆柱形，顶端圆，具极短柄，8 个孢子，153×20 μm。侧丝线性，分隔，宽 1~2 μm。子囊孢子斜单列，宽椭圆形，两端圆，中腰缢缩，单胞，无色，18.0~28.3×9.0~10.3 μm。

禾亚科 Bambusoideae 云南：勐海打洛（MHYAU 13295）。

龙竹 *Dendrocalamus giganteus* Munro 云南：西双版纳植物园（MHYAU 13298，13530）。

麻竹 *Dendrocalamus latiflorus* Munro 云南：西双版纳植物园（MHYAU 13279）。

世界分布：中国，印度。

本种为中国新记录。Awati 和 Kulkarni（1972）描述本种，子囊圆柱形，8 个孢子，具柄，顶环明显，126.3~215×7.7~9.9 μm。子囊孢子长椭圆形，单胞，单核，大小相等，具油滴，缢缩，无色，单列，大多 18.5~24.6×7.7~9.9 μm，偶尔长 19.8~29.7 μm。我们观察的标本与其相同。

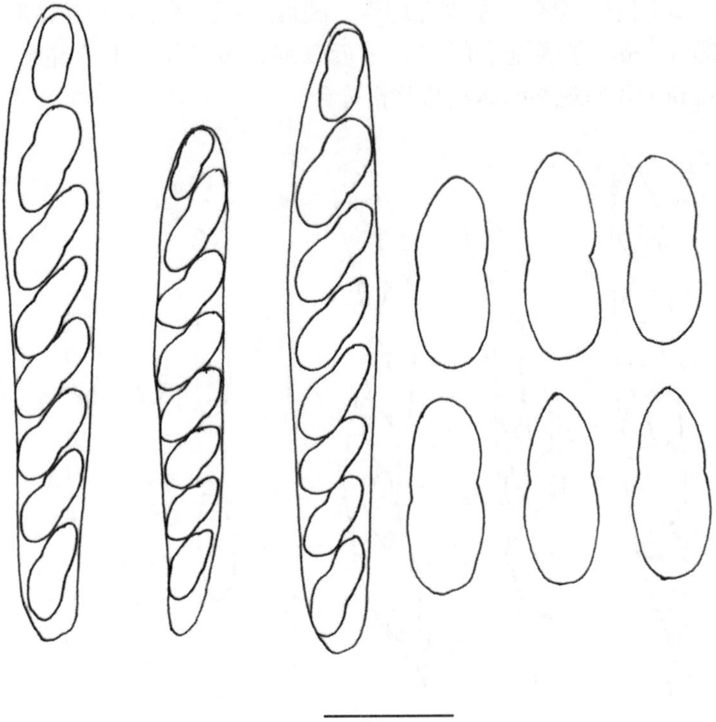

图 35　牡竹黑痣菌 *Phyllachora dendrocalami*：子囊和子囊孢子（MHYAU 13295）

马唐生黑痣菌　图 36

Phyllachora digitariicola Doidge, Bothalia 4: 433, 1942; Lu, Diversity of *Phyllachora* from China p. 39，2009.

盾片叶两面生，聚生，近球形，黑色，隆起，有光泽，外围寄主组织褪绿变黄色或灰白色，0.1~0.5×0.2~1.2 mm。子囊壳近球形，埋生，具孔口，102~306×72~104 μm。子囊圆柱形，囊状，8 个孢子，具柄或无柄，62~103×12~15 μm。侧丝丝状，高于子囊，不分枝和不分隔，宽 1.3~2.6 μm。子囊孢子单列，不规则双列，椭圆形，两端圆，偶有近球形至卵球形，单胞，无色，平滑，10~18×6~8 μm。

毛马唐（马唐）*Digitaria sanguinalis*（L.）Scop.（Gramineae）陕西：杨凌（MHYAU 12844）；云南：昆明茨坝（MHYAU 13255）。

马唐属 *Digitaria* sp. 云南：昆明小哨（MHYAU 12790）。

露籽草 *Ottochloa nodosa*（Kunth）Dandy 广东：广州华南农业大学（MHYAU 12894，12910），广州火炉山森林公园（MHYAU 12893，1291）。

小花露籽草黍 *Ottochloa nodosa*（Kunth）Dandy var. *micrantha*（Balansa）Keng f. 云南：

勐海(HMUABO 1844–1)。

世界分布：中国，巴西，南非。

本种为中国新记录。Doidge(1942)描述本种，子囊丰富，圆柱形或柱棍棒状，顶端圆形，基部略变细，短柄，8 个孢子，60~90×12~15 μm。子囊孢子斜单列或近双列，单胞，无色，椭圆形，两端圆形，12~5×6~7.5 μm。侧丝丰富，黏滑。我们观察的标本与其相同。

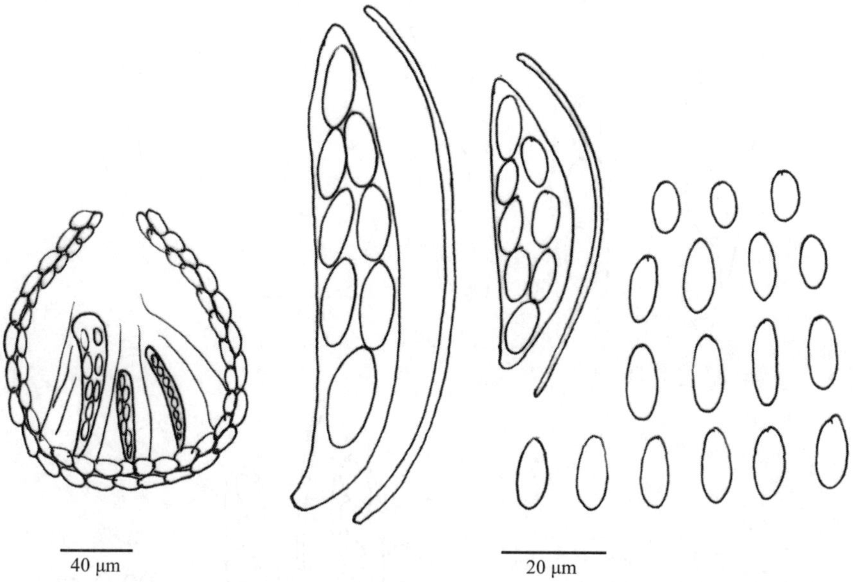

图 36　马唐生黑痣菌 *Phyllachora digitariicola*：子囊壳、子囊、侧丝和子囊孢子 (MHYAU 12894)

雁茅黑痣菌　图 37

Phyllachora dimeriae Theiss. & Syd.，Annls. Mycol. 13：447，1915；Parbery，Aust. J. Bot. 15: 304, 1967; Tai，Sylloge Fungorum Sinicorum p. 270，1979；Lu，Diversity of *Phyllachora* from China p. 40，2009.

盾片叶两面生，散生、聚生，椭圆形，黑色，凸起，有光泽，0.8~2.0×0.5~1.0 mm。子囊壳埋生，近球形，有孔口，153×142.8 μm。子囊圆柱形，123.4×10.3 μm。侧丝丝状，长于子囊，宽 1.3 μm。子囊孢子单列，卵形、卵圆形，11.6~23.1×7.2~11.6(平均 18.7×8.1) μm。

蔗茅 *Erianthus rafipilus*(Steud.) Griseb. 云南：丽江黑龙潭(MHYAU 13545)。

蔗茅属 *Erianthus* sp. 贵州(HMAS 14076)。

戴芳澜(1979)还报道，雁茅属 *Dimeria* sp.广西。

世界分布：中国，日本，巴西，美国，塞浦路斯。

Niessl(1876)报道本菌，子囊孢子卵形，12~16×6~8 μm。我们研究的标本与其相似，但体积较大，详见表 5。

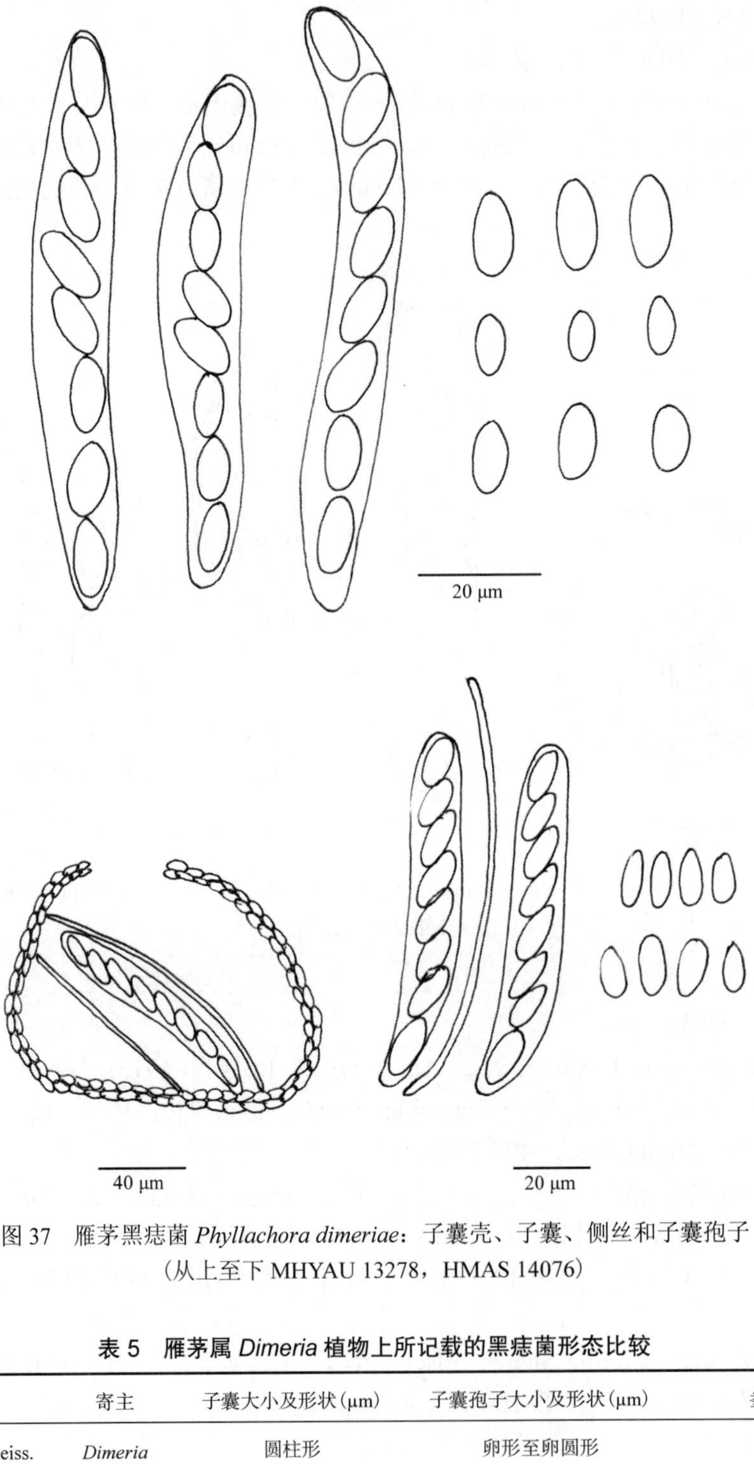

图 37　雁茅黑痣菌 *Phyllachora dimeriae*：子囊壳、子囊、侧丝和子囊孢子
（从上至下 MHYAU 13278，HMAS 14076）

表 5　雁茅属 *Dimeria* 植物上所记载的黑痣菌形态比较

黑痣菌种名	寄主	子囊大小及形状(μm)	子囊孢子大小及形状(μm)	参考文献
P. dimeriae Theiss. & Syd.(1915)	*Dimeria stipaeformis*	圆柱形 60~100×11~14	卵形至卵圆形 12~16×6~8	Parbery (1967)
P. elionuri Doidge (1942)	*Dimeria* sp.	圆柱形或柱棍棒形 70~87×11~15	宽椭圆形 6~11.5×5~8	Parbery (1967)

沙地牧草黑痣菌　图 38　图版 **V**，1-2

Phyllachora ehrhartae Marasas, Bothalia 9: 208, 1966; Liu, Taxonomy of *Phyllachora* in China p. 34, 2007; Qin *et al*., Edible Fungi of China 27 Suppl.: 43, 2008; Cui *et al*., Edible Fungi of China Vol. 27(Suppl.): 75, 2008; Gong, Diversity of species of *Phyllachoa* in China p. 13, 2008; Lu, Diversity of *Phyllachora* from China p. 41, 2009.

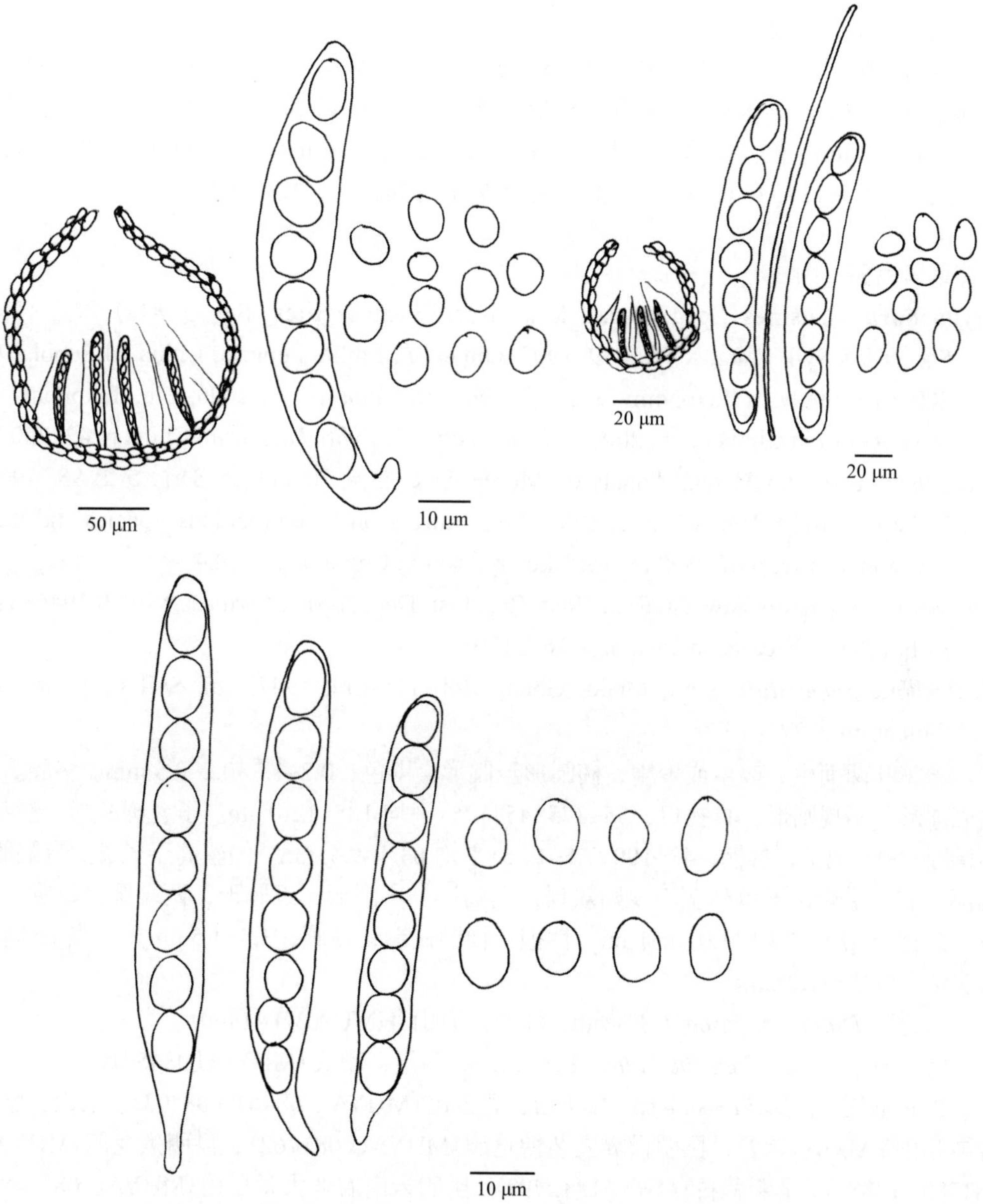

图 38　沙地牧草黑痣菌 *Phyllachora ehrhartae*：子囊壳、子囊、侧丝和子囊孢子（HMAS 12832）

病斑纺锤形，褪绿，2~4×0.5~1 mm。子座叶两面生，散生，近圆形、纺锤形，黑色，凸起，有光泽，小型，外围有黄色晕圈。子囊壳扁球形，255~408×184~214 μm。子囊圆柱形，具短柄，内含 8 个孢子，51~93×8~10 μm。侧丝丰富，有隔膜，直径 1.5~2 μm。子囊孢子近球形、椭圆形至宽卵形，单行排列，无色，单胞，具 2 个油滴，5~13×4.6~6.4 μm。

早熟禾属 *Poa* sp. 甘肃：和正县太子山(HMAS 143656)。

荩草 *Arthraxon hispidus*(Thunb.) Makino 云南：昆明大普吉(HMAS 04302)。

禾本科 Gramineae 西藏：林芝(MHYAU 12832)。

世界分布：中国，南非。

本菌为中国新记录。据 Parbery(1967)报道本种，南非，禾本科 *Ehrharta erecta* Lam. 上的 *Phyllachora ehrhartae*：子囊圆柱形，顶端宽圆形，基部变细，短柄，8 个孢子，75~85×10~13 μm。侧丝丰富，丝状，分枝，无色，宽 1~2 μm。子囊孢子近球形至宽卵形，无色，6.5~13×5.0~6.5 μm。我们观察的标本与其相同，故定名为此种。

蟋蟀草黑痣菌　图 39

Phyllachora eleusines Speg., Anal. Mus. Nac. Buenos Aires, Ser. 3 8(1): 75, 1902; Saccardo's Syll. Fung. XVII: 839, 1905; Qin *et al*., Edible Fungi of China 24 Suppl.: 92, 2005; Li, Study of Taxonomy of *Phyllachora* in China p. 37, 2006; Liu, Taxonomy of *Phyllachora* in China p. 35, 2007; Lu, Diversity of *Phyllachora* from China p. 42, 2009.

Phyllachora eleusines Henn., Annals de Musée du Congo, Botanique Série 5 2: 98, 1907; Parbery, Aust. J. Bot. 15: 305, 1967; Lou, Studies on Graminicolous Species and their Divisional Criteria of *Phyllachora* Nke. in Fckel in China p. 22, 1984.

Phyllachora eragrostis Sawada, Rep. Govt. Res. Inst. Dep. Agric., Formosa 87: 13, 1944; Tsai, List of Plant Diseases in Taiwan p. 165, 1991.

Phyllachora eragrostidis Petr., Medd. Göteb. Bot. 17: 139, 1947; Tai, Sylloge Fungorum Sinicorum p. 271, 1979.

子座叶两面生，散生或聚生，椭圆形至圆形，黑色，0.2~1.3×0.2~0.5 mm，多腔。子囊壳球形，不规则形，具孔口，55~375×45~175(平均 185×126) μm。子囊圆柱形，囊状，顶端圆，8 个孢子，具柄，43~100×7.5~17.5(平均 63.4×9.4) μm。侧丝高于子囊，有隔膜，端部变细。子囊孢子单列至不规则双列，椭圆形、卵圆形、近圆形，两端圆，单胞，无色，5~15×5~7.5(平均 11.0×6.5) μm。性孢子梗圆柱形，顶圆，3.5×1.5 μm。性孢子丝状，顶尖细，5~7.5×1.2 μm。

双稃草 *Diplachne fusca*(L.) Beauv. 江西：庐山(HMUABO 41440)。

蟋蟀草(牛筋草) *Eleusine indica*(L.) Gaertn. 四川：雅安(MHYAU 08459)。

蟋蟀草属，䅟属 *Eleusine* sp. 重庆市：晋云山(MHYAU 08463，08403)；云南：昆明金殿(MHYAU 081749)，昆明世界园艺博览园(MHYAU 081762)，昆明黑龙潭(MHYAU 081780，12880)，昆明蒜村(MHYAU 12792)，昆明云南农业大学后山(MHYAU 081748)，昆明西山(MHYAU 081786)，大理苍山中和峰(MHYAU 013934)，昆明茨坝(MHYAU 13242)，昆明小哨(MHYAU 13356)，大围山(MHYAU 13236)，下关团山公园(MHYAU 013935)；四川：宝兴(MHYAU 13339)，雅安(MHYAU 12853)。

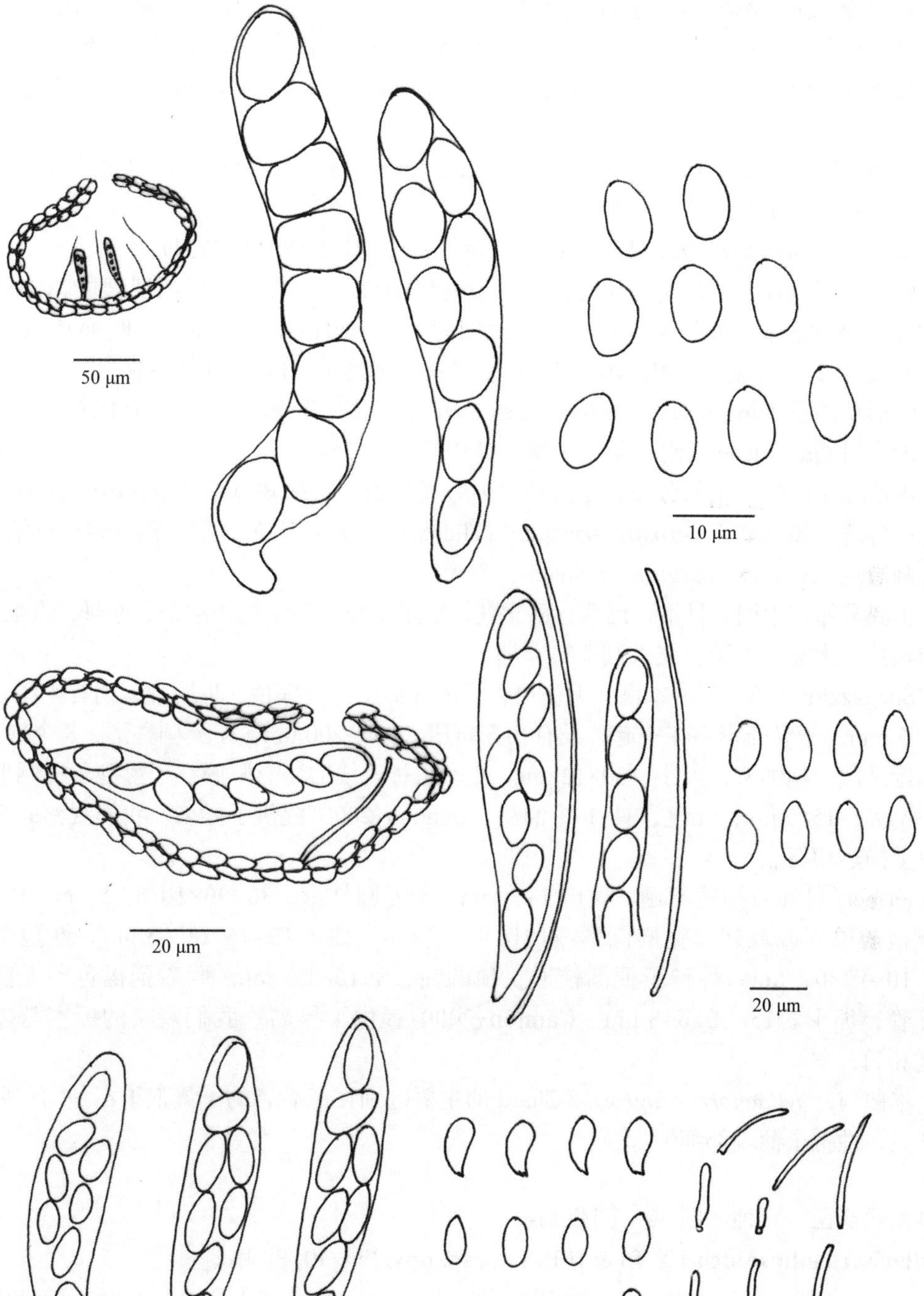

图 39　蟋蟀草黑痣菌 *Phyllachora eleusines*：子囊壳、子囊、侧丝、子囊孢子、性孢子梗和性孢子（从上至下 HMAS 14365，MHYAU 13339，HMUABO 42267）

知风草 *Eragrostis ferruginea* (Thunb.) Beauv. 安徽：黄山温泉桃花溪(HMUABO 42267)；福建：崇安(HMUABO 52583，52645)；陕西：南郑(HMUABO 2248)。

知风草云南变种 *Eragrostis ferruginea* var. *yunnanensis* Keng 江西：庐山(HMUABO 41351)。

黑穗画眉草 *Eragrostis nigra* Nees ex Steud. 云南：腾冲(HMAS 143650)；江西：庐山(HMUABO 41475)。

画眉草 *Eragrostis pilosa* (L.) Beauv. 内蒙古：多伦(MHYAU 13231)。

画眉草属 *Eragrostis* sp. 云南：昆明小哨(MHYAU 13355)，昆明罗索坡(MHYAU 08486)，昆明蒜村(MHYAU 12792)，昆明黑龙潭(MHYAU 13300)，昭通市凤凰山(MHYAU 13234)，易门(MHYAU 12879)，腾冲北海湿地(HMAS 143654)。

线形草沙蚕 *Tripogon filiformis* Nees ex Steud 云南:大理苍山索道口(HMAS 140237)。

禾本科 Gramineae 云南：昭通凤凰山(MHYAU 13264)。

本菌在中国的寄主与分布，戴芳澜(1979)还报道，暗绿知风草 *Eragrostis atrovirens* Trin.：台湾。知风草 *Eragrostis ferruginea* (Thunb.) Beauv.：广东。蔡云鹏(1991)还报道，肯氏画眉草 *Eragrostis bulbillifera* Steud.：台湾。

世界分布：中国，日本，巴西，莱索托，毛里求斯，乌干达，刚果，苏丹，肯尼亚，委内瑞拉，南非，美国，澳大利亚；非洲。

Spegazzini (1902) 报道本菌：无病斑，子座叶面生，炭黑色，近圆形，稍有光泽，直径 1~3 mm。子囊壳密集在一起，没有相互挤压，150~200 μm。子囊圆柱形，8 个孢子，顶端近平截，柄细短，大小 130×12 μm。侧丝稍长，线形，有隔膜。子囊孢子椭圆形，大小不等，15×7 μm，无色，具 1 个油滴。Cannon (2000) 提供了异名。我们观察的标本与以上描述相符。

Parbery (1967) 描述本菌，病斑 1~3 mm。子囊圆柱形，80~90×10~12.5 μm，短柄。子囊孢子单列或双列，宽椭圆形或卵圆形，顶端弯曲，12~15×6~7.5 μm。性孢子丝状，10~19×0.5 μm。性孢子梗圆柱形，顶端钝，8~16×1.5 μm。附着孢褐色，无柄或短芽管，卵形，15~20×6~8 μm。Cannon (2000) 提供了异名。我们观察的标本与以上描述相符。

本菌与 *Phyllachora eragrostis* Chard.的主要区别在于后者的子囊孢子不是向一侧弯曲的尖，性孢子柄端部细尖。

椭圆孢黑痣菌 新种 图 40 图版 **II**-2

Phyllachora ellipsoidea J.Y. Li & H.R. Luo, **sp. nov.** Fig. 40, Pl. II-2

Coloniae amphigenae, globosae vel ellipsoideae; Clypei nigri, 0.1~2×0.1~1 mm; Perithecia globosa vel fere globosa, 120~268×120~216 μm; in texturis mesophyllis crescentibus, Paraphyses ascum superantes, numerosae, continuae et simplices; Asci octospori, cylindrati, breviter stipitati, 72~90×9~11 μm; Ascosporae monostichae, ellipsoideae vel fere fusiformes, raro ovoideae vel subglobosae, 9.5~12×5~6 μm; Status spermatialis praesens in eadem colonia simili, spermatiophora cylindrata vel utroque acuminata, 9.5~14.5×2~2.5 μm, spermatia filiformia hyalina, 11~12×0.6~1.2 μm.

Species haec a *Phyllachora ammophillae* Ort. ascis plerumque ovatis differt; *Phyllachorae puncto*(Sch.) Ort. & Stev. affinis, a qua imprimis spermatiophoris obclavatis differt.

Typus: Hab. in foliis *Calamagrostidis pseudophragmitis*(Hall. f.) Koel. Long Xian, Shaanxi, Sina, 4393(lectus numerus) Herbarium Mycologicum Universitatis Agriculturae Boreali-Occidentalis(HMUABO), Yangling, Shaaxi, Sina.

盾片叶两面生，圆形或椭圆形，黑色，无光泽，0.1~2×0.1~1 mm。子囊壳生于叶肉组织中，球形或亚球形，120~268×120~216 μm。侧丝多，高出子囊，无分隔，无分枝。8孢子子囊圆柱形，具短柄，72~90×9~11 μm。子囊孢子单列，椭圆形或近似纺锤形，罕卵形、亚球形，9.5~12×5~6 μm。性孢子器伴随子囊壳而生。性孢子梗圆柱形，或两端渐细的圆柱形（近乎纺锤形），9.5~14.5×2~2.5 μm。性孢子丝状，较短，无色，11~12×0.6~1.2 μm。

假苇拂手茅 *Calamagrostis pseudophragmites*(Hall. f.) Koeler 陕西：陇县，海拔900~980 m，14，VI，1973，李建义等，4393-a(模式)西北农林科技大学真菌标本室(HMUABO)。

湖北野青茅 *Calamagrostis hupehensis*(Rendle) Keng f.(与耿伯介先生的私人通信)福建：崇安，22，X，1982，李建义等(HMUABO 52589)，福州，HMUABO 455，17，X，1982，李建义等(HMUABO 52209)；云南：安宁温泉，海拔1900 m，3，VII，1974，李建义等(HMUABO 12227)；安徽：黄山，海拔630 m，12，X，1980，李建义等(HMUABO 41872，41918，42064，42020)；江苏：南京中山陵，18，X，1980，李建义等(HMUABO 42393)。

拂子茅属(野青茅属) *Calamagrostis* sp. 陕西：华山，海拔1500 m，1，X，1983，王晓鸣，罗赫荣(HMUABO 5840)。

疏花野青茅 *Calamagrostis arundinacea*(=*Deyeuxia sylvatica*) var. *laxiflora*(Rendle) Keng f.(与耿伯介先生的私人通信)安徽：黄山，5，X，1980，李建义等(HMUABO 41349)。

长茅野青茅 *Calamagrostis epigejos*(L.) Roth 陕西：武功，1，XI，1983，罗赫荣(HMUABO 5906)。

享利野青茅 *Calamagrostis henryi*(Rendle) Keng f. 陕西：华阴，1，X，1983，王晓鸣，罗赫荣(HMUABO 5833)。

华高野青茅 *Calamagrostis sinelatior*(Keng) Keng f. 陕西：华山，海拔1200~1500 m，1，X，1983，王晓鸣，罗赫荣(HMUABO 5838，5843，5844，5847)。

未知寄主 Gramineae 北京：颐和园，17，XI，1973，李建义等(HMUABO 10048)。

世界分布：中国。

本种的鉴别特征：子囊圆柱形，子囊孢子椭圆形，性孢子梗圆柱形，或两端渐细的圆柱形(近乎纺锤形)。主寄生于拂子茅属(*Calamagrostis*)。

本种的子囊及子囊孢子的形状与 *P. punctum* 相似，但 *P. punctum* 性孢子梗的端部渐尖，呈锥形的倒棍棒形，无近似纺锤形子囊孢子；新种的性孢子梗为圆柱状纺锤形或纺锤形，子囊及子囊孢子与 *P. graminis* var. *graminis* 的相似，但后者性孢子梗为典型两侧多少平行的圆柱形。已报道的寄生在 *Calamagrostis* 植物上的黑痣菌 *P. ammophilae* 的子囊孢子通常呈卵形，因而可与本种区别。

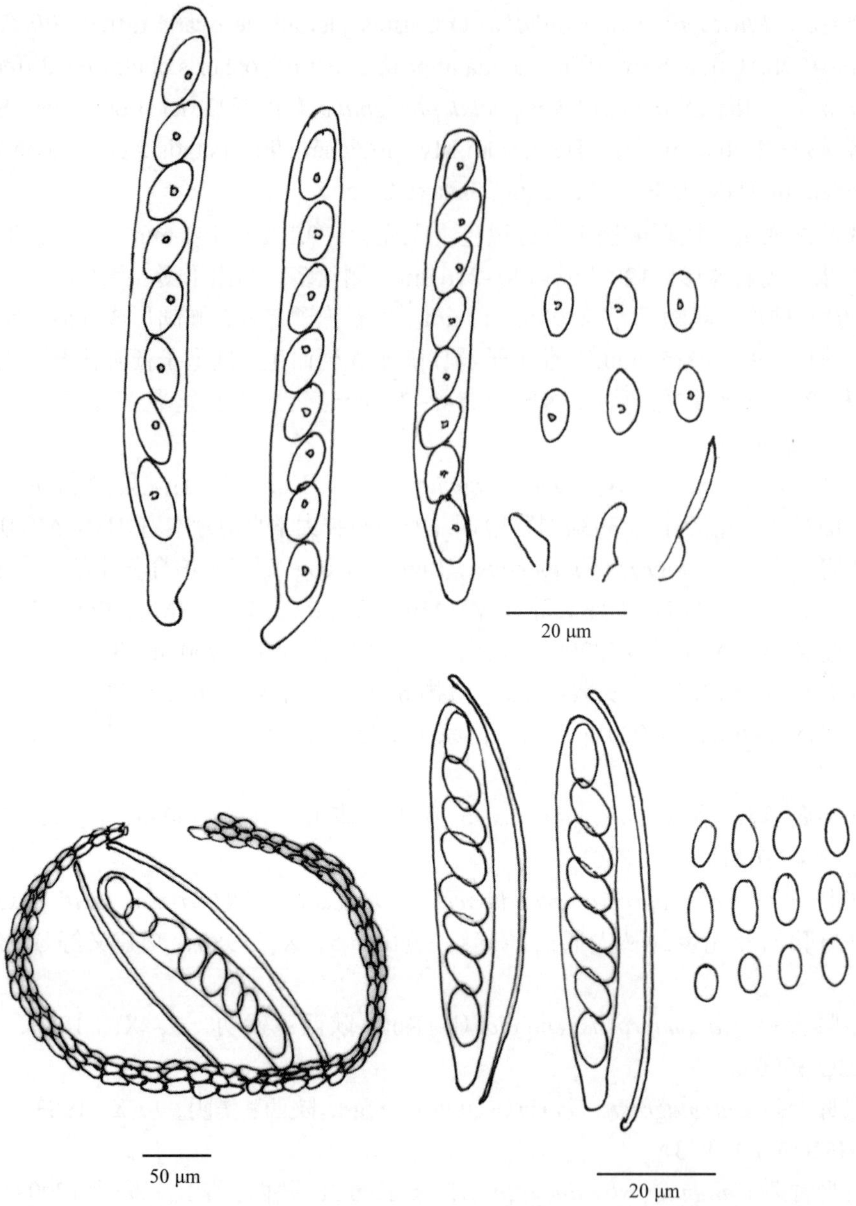

图 40　椭圆孢黑痣菌 *Phyllachora ellipsoidea*：子囊壳、子囊、侧丝和子囊孢子
（HMUABO 4393-a）

峨眉山黑痣菌　新种　图 41

Phyllachora emeishaniana J.Y. Li & H.R. Luo, **sp. nov**. Fig. 41

Clypeus in epiphyllo, dispersus, globularis, niger, (0.1~) 1.5 (~5) ×0.1~1 mm; Textura hospitis brunnescens; Perithecium in mesophyllo evolutum, discretum vel 2~5 aggregatum, sphaericum, subspharicum vel irregulare, brunneum, 180~480×120~270 μm; paries 12~18 μm crassus; Ascus octosporus cylindraceus, ad extremum angustus, apice rotundatus, hyalinus (122~) 154 (~195) ×12~14.5 μm, stipites breves, erecti vel curvi,

(6~) 14.5 (~48) μm; Paraphysis numerosa asco breviora, juxta apicem angustata, hyalina, 84~108×1~2 μm; ascospora uniseriata, late ellipsoidea vel ovata, 14.5~24.5×7~8.5 μm.

Species haec ab omnibus ceteris graminicolis speciebus *Phyllachorae* ascis maximis et a *Phyllachora miscanthi* Syd. et *Phyllachora miscanthidii* Doidge ascosporis late ellipsoideis vel ovatis differt.

Typus: Hab. in foliis vivis *Miscanthi nepalensis* (Trin.) Hack, Emeishan, Sichuan, Sina, 12830, Herbarium Mycologicum Universitatis Agriculturae Boreali-Occidentalis (HMUABO), Yangling, Shaaxi, Sina.

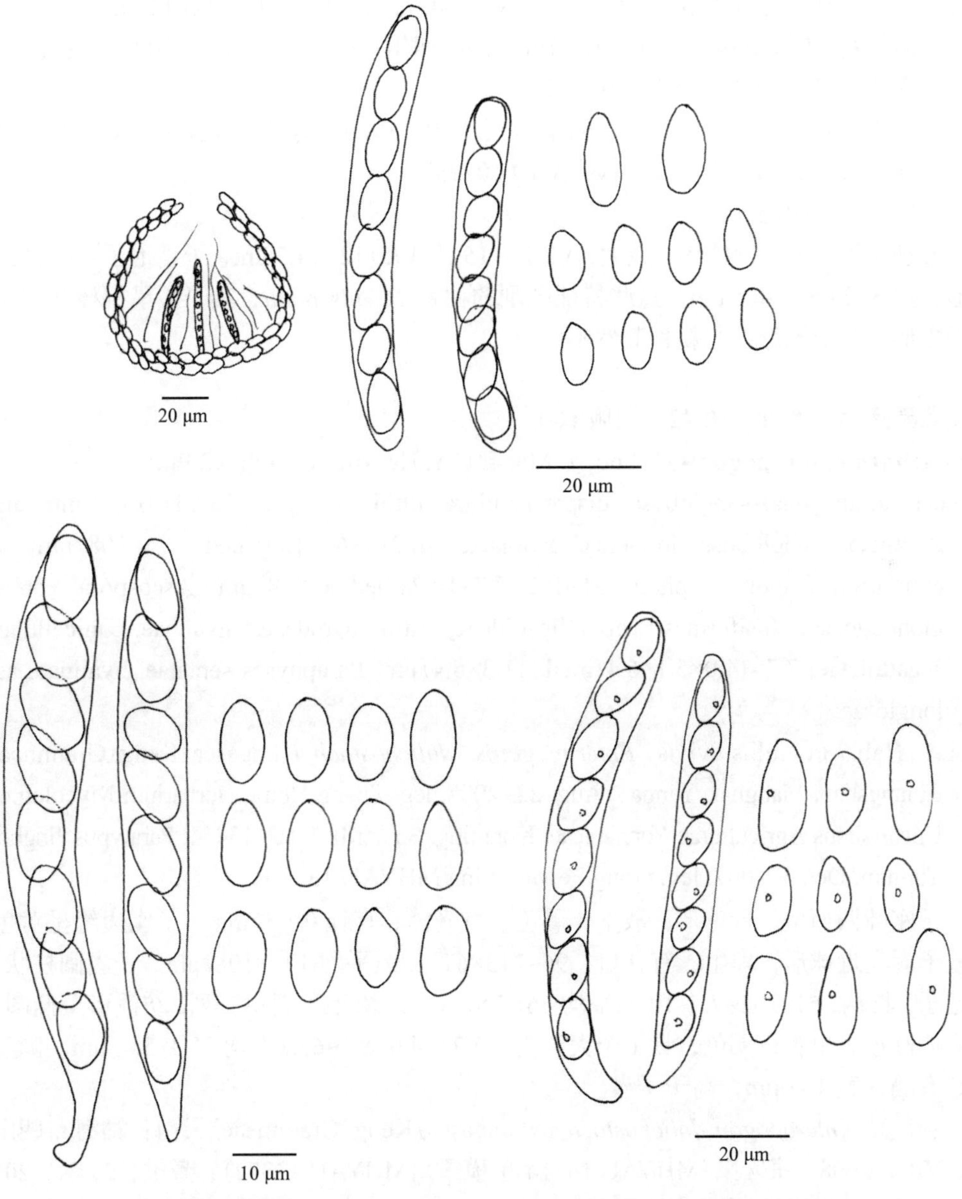

图 41　峨眉山黑痣菌 *Phyllachora emeishaniana*：子囊壳、子囊和子囊孢子
（从上至下 HMAS 34436，HMUABO 12830）

盾片叶两面生，散生，圆形、椭圆形、卵形，黑色，有光泽，(0.1~) 1.5 (~5) ×0.1~1 mm，常具褐色侵染点。子囊壳散生，或 2~5 个集生于叶肉组织中，往往生于寄主维管束两侧，球形或亚球形，或不规则形状(受维管束限制)，或形成肾形，褐色，180~480×120~270 μm，壁厚 12~18 μm。8 孢子子囊圆柱形，端部稍细，且钝圆，无色，(122~) 154 (~195) × 12~14.5 μm。子囊柄短，弯曲或否，基部不增粗，柄长(6~) 14.5 (~48) μm。侧丝多，短于子囊，端部细，无色，84~108×1~2 μm，或胶化。子囊孢子单列，阔椭圆形到卵形，无色，14.5~24.5×7~8.5 μm。

芒 *Miscanthus sinensis* Anderss. 福建：福州，17，X，1982，李建义等(HMUABO 52170-b)；贵州：贵州药用植物园，17，XI，2007，鲁海菊(MHYAU 12906)。

尼泊尔芒 *Miscanthus nepalensis* (Trin.) Hack 四川：峨眉山，海拔 1000 m，18，VII，1974，李建义等(HMUABO 12830 模式)。

芒属 *Miscanthus* sp. 四川：青城山，15，VIII，1960，马启明(HMAS 34436)；云南：新平，18，IV，1974，李建义(HMUABO 10295)。

世界分布：中国。

鉴别特征，子囊圆柱形，最大，(122~) 154 (~195) 12×14.5 μm，子囊孢子阔椭圆形至卵形，14.5~24.5×7~8.5 μm，这些特征区别的种是 *P. miscanthi*，其子囊呈棍棒状，子囊孢子矩形或长矩圆形，与新种截然不同。

肠须草黑痣菌　新种　图 42　图版 **II**-1

Phyllachora enteropogonis Q. Lou, Y. Ma, & C.Y. He, **sp. nov.** Fig. 42 Pl.II-1

Stromata amphigena, subglobosa, dispersa, nigra, nitida, margine fulvida 0.1~1 mm diam. Perithecia subglobosa, immersa, ostiolata, 96~213×67~120 (med. 175×108) μm. Asci cylindrici, 8-spori, stipitati, 51~102×7.7~10.2 (med.66×7.8) μm. Ascosporae oblique monostichae, fusiformes vel ellipsoideae, raro ovoideae, hyalinae, unicellulares, 1-gattulatae, 7.7~14.0×5.1~6.4 (med. 11.3×5.4) μm. Paraphyses septatae, hyalinae, ascis longiorae.

Typus: Hab. in foliis vivis *Enteropogonis dolichostachyi* (Lagasca) Keng (Gramineae): Bulangshan, Manghai, Yunnan, Aug. 22, 2008. leg. Zhang Hong, Herbarium Mycologicum Universitatis Agriculturae Yunnanicae, Kunming, Sina (MHYAU) 13414; Paratypus Jinghong, Yunnan. Oct. 3, 2007. leg. Gong Feiyan, Sina MHYAU 13270.

子座叶两面生，近球形，散生，黑色，有光泽，直径 0.1~1 mm。子座边缘呈黄色晕圈。子囊壳近球形，埋生，有孔口，96~213×67~120 (平均 175×108) μm。子囊圆柱状，8 个孢子，具柄，51~102×7.7~10.2 (平均 66×7.8) μm。子囊孢子斜单排列，纺锤形至椭圆形，偶有卵圆形，单胞，无色，具 1 个大油滴，7.7~14.0×5.1~6.4 (平均 11.3×5.4) μm。侧丝无色，有隔，宽 1~3 μm，高于子囊。

肠须草 *Enteropogon dolichostachyus* (Lagasca) Keng (Gramineae) 云南：勐海布朗山，22，VIII，2008，张宏采(MHYAU 13414 主模式) (MHYAU 13372)；景洪，3，X，2007，宫飞燕采(MHYAU 13270 副模式)。

世界分布：中国。

禾本科肠须草属 *Enteropogon* 植物上未见有黑痣菌的报道；肠须草属隶属于画眉草亚科 Eragrostideae，虎尾草族 Chlorideae，该族其他属植物上也未见报道有子囊孢子为纺锤形至椭圆形的黑痣菌。据此拟立为新种。

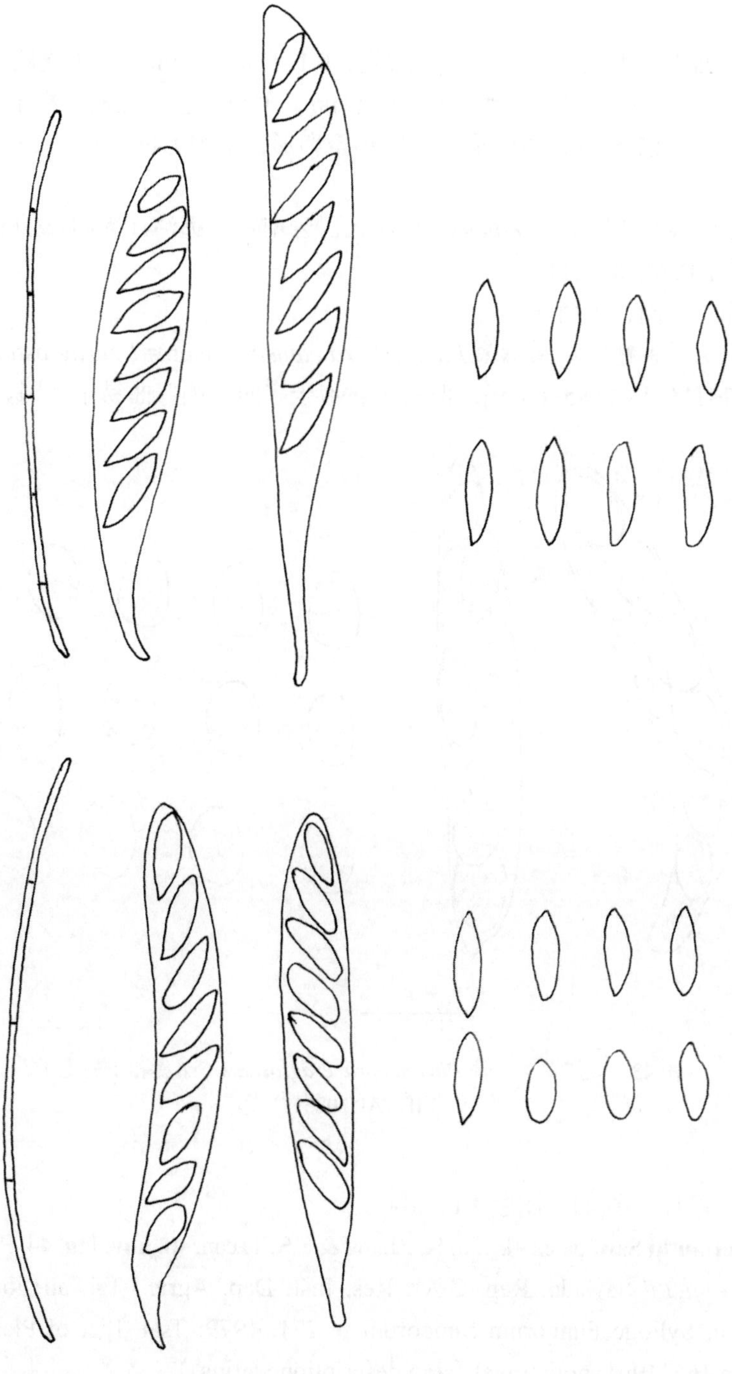

图 42　肠须草黑痣菌 *Phyllachora enteropogonis*：子囊、侧丝和子囊孢子（MHYAU 13414，13270）

画眉草黑痣菌　图 43

Phyllachora eragrostidis Chard., Boln. Soc. Venez.Ciene. nat. 5: 251, 1939; Parbery, Aust. J.Bot. 15: 308, 1967; Gabel, Mycotaxon 70: 482, 1999; Zhang *et al.*, in Peng YL (eds.) 2004 Annual Meeting Symposium of Chinese Society for Plant Pathology p. 45, 2004.

病斑叶两面生，黑色，小，圆形，散生，0.1~1×0.1~0.5 mm。子囊圆柱形，囊状，具短柄，37.5~79.7×10.0~15.4(平均 54.9×12.6) μm。侧丝无色，无隔，高于子囊。子囊孢子 8 个，孢子单列至双列，矩圆形、椭圆形至卵形，单胞无色，7.5~12.9×5.0~7.7(平均 10.6×6.3) μm。

牛筋草，蟋蟀草 *Eleusine indica* (L.) Gaertn. 云南：开远泸江公园(MHYAU 08512)，昆明黑龙潭(MHYAU 08511)。

世界分布：中国，巴西。

牛筋草上另一种蟋蟀草黑痣菌 *Phyllachora eleusine* Henn.=*P. eragrostidis* Pertr. 与本种体积近似[7~11 (~14.5) ×5~6 μm]，但其子囊孢子多向一侧弯曲易于区别。

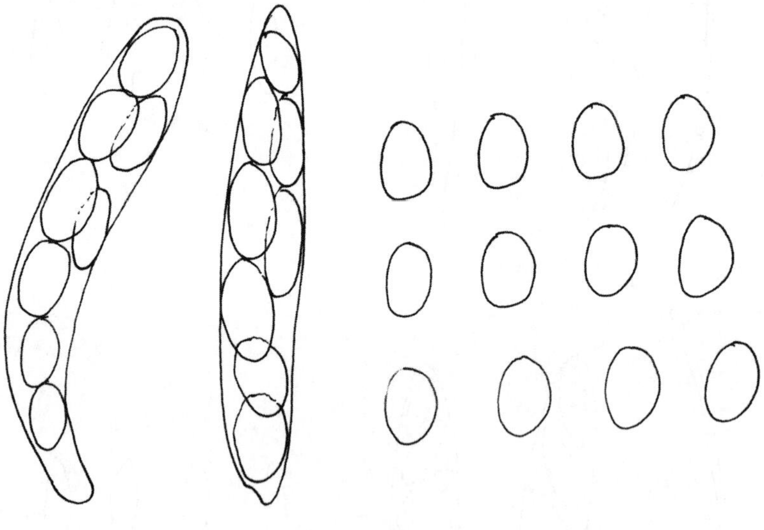

40 μm

图 43　画眉草黑痣菌 *Phyllachora eragrostidis*：子囊和子囊孢子 (MHYAU 08511)

蔗茅黑痣菌　新种　图 44　图版 **VI**，3-4

Phyllachora erianthi Sawada ex N. Liu, H. Zhang & S.S. Tzean, **sp. nov**. Fig. 44, Pl. VI, 3-4

Phyllachora erianthi Sawada, Rep. Govt. Res. Inst. Dep. Agric., Taiwan (Formosa) 87: 14, 1944; Tai, Sylloge Fungorum Sinicorum p. 271, 1979; Tsai, List of Plant Diseases in Taiwan p.166, 1991; nom. inval. (sine descriptione latina).

Maculis nullis. Stromatibus epiphyllis, discretis vel aggregatis, ellipsoideis vel fusiformibus, atris, nitidis, 0.5 (~1.8) ~3×0.3~0.7 mm. Peritheciis ellipsoideis, globoso-depressis, epidermide tectis, 53~252×35~80 μm. Ascis clavatis, obclavato-fusiformibus, apicibus rotundatis vel attenuatis, octosporis, 75~120×12~25 μm, brevifer stipitatis, unitunicatis. Ascosporis diplostichis vel subdiplostichis, 10~23×7.5~12.5 μm, ellipsoideis, ovoideis, continuis, intus guttulatis, hyalinis. Paraphysibus filiformibus, hyalinis, 2.5~4 μm diam.

Typus: Hab. in foliis vivis *Erianthi pollinioidis* Rendl. (Gramineae): Taibei, Taiwan, Universitas Taiwanica-Planta Pathologia & Entomologia, Taibei, Sina (NTU–PPE); Paratypus in *Erianthus pollinoides* Rendl. Taiwan Sina HMAS 05375; in *Erianthus pollinoides* Rendl. Taiwan Sina HMAS 05086.

无病斑，子座叶面散生或聚生，椭圆形或纺锤形，有的沿叶脉延长，黑色，有光泽，0.5 (~1.8) ~3×0.3~0.7 mm。子囊壳椭圆形、扁球形，在叶表皮下生，53~252×35~80 μm，子囊着生于子囊壳底部和侧壁，上壁最厚处达 60 μm，侧壁最厚处达 35 μm，下壁缺乏。未见侧丝。子囊棍棒状，倒棍棒形至锤形，顶端圆或尖，75~120×12~25 μm，8 个孢子，短柄，单囊壁，无明显的顶环结构。子囊孢子双行排列，或近于双列，10~23×7.5~12.5 μm，椭圆形、卵圆形，单胞，无色，平滑，有小油滴，无胶质鞘。侧丝线性，无色，直径 2.5~4 μm。

金毛状蔗茅 *Erianthus pollinioides* Rendl. 台湾：台北暖暖街，16，XI，1919，黑尽英一采 (NYU-PPE 模式) (HMAS 05086，HMAS 05375)。

世界分布：中国。

Sawada (1944) 发表本种时无拉丁文描述，为无效名称。我们观察台湾标本 (大正 8 年 11 月 16 日，即 1919 年 11 月 16 日) 并摄影，现重新发表，提供拉丁文描述和附图，认可本种属实。

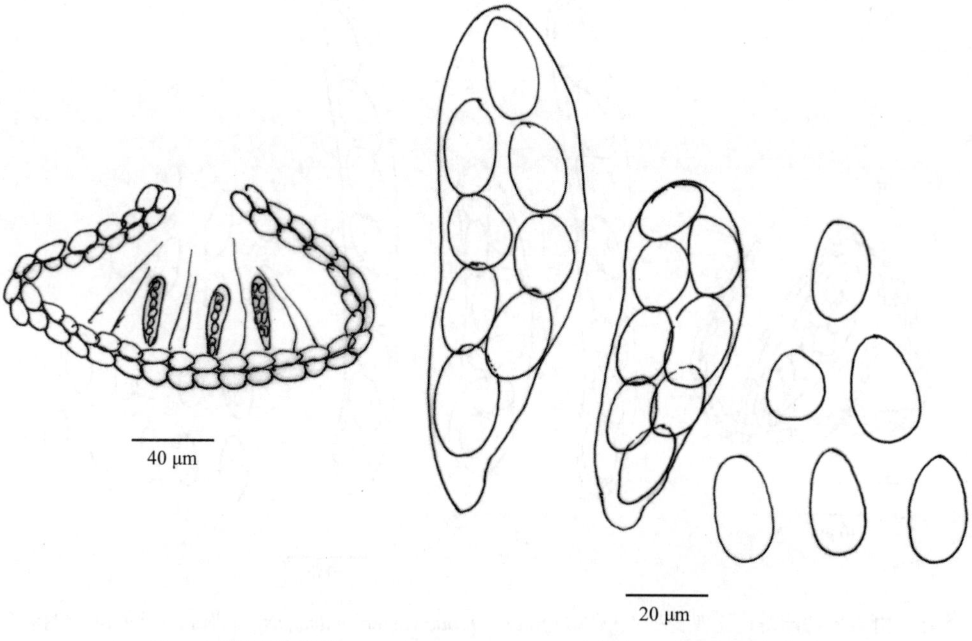

图 44 蔗茅黑痣菌 *Phyllachora erianthi*：子囊壳、子囊和子囊孢子 (HMAS 05375)

Parbery (1967) 认为本种是 *Phyllachora dimeriae* Theiss. & Syd. 的异名，但本种子囊孢子的特征与 *P. dimeriae* 有很大的区别，后者子囊孢子单列，卵圆形至矩圆–椭圆形，10~14×7~8 μm，故不应为 *P. dimeriae* 的异名。

野黍黑痣菌哥伦比亚变种　图 45

Phyllachora eriochloae var. **colombiensis** Theiss. & Syd., Annls. Mycol. 13 (5/6): 448, 1915; Lu, Diversity of *Phyllachora* from China p. 46, 2009.

病斑纺锤形，4~18×1~2.5 mm。盾片叶两面生，散生或聚生，0.2~1.5×0.1~0.5 mm。子囊壳近球形，埋生，具孔口，112~153×102~133 μm。子囊圆柱形，8 个孢子，极短柄，37~71×102~13 μm。无侧丝；子囊孢子卵圆形，偶有近球形，不规则排列，偶尔单列，6.4~13.9×5.4~7.2 (平均 10.8×6.1) μm。

禾本科 Gramineae 云南：易门 (MHYAU 12879)。

世界分布：中国，印度，西印度群岛，阿根廷，美国，智利；南美洲。

本菌为中国新记录。Theissen 和 Sydow (1915) 描述本菌，子座长椭圆形，0.8×0.28~0.32 mm。子囊圆柱形，70~80×9 μm。子囊孢子 13~14×4~5 μm。Orton (1944) 描述本菌，子囊圆柱形，75~115×10~15 μm，8 个孢子。子囊孢子窄卵圆形至椭圆形，10~15×5~7 μm，单列。我们观察的标本与其形态相同，体积较小 (表 6)，据大种观点，视为同种。

本种与原变种 *Phyllachora eriochloae* var. *eriochloae* 的区别在于后者的子囊孢子卵圆形，两端圆，有时泪滴状，12~15×5~7 μm，易于区别。

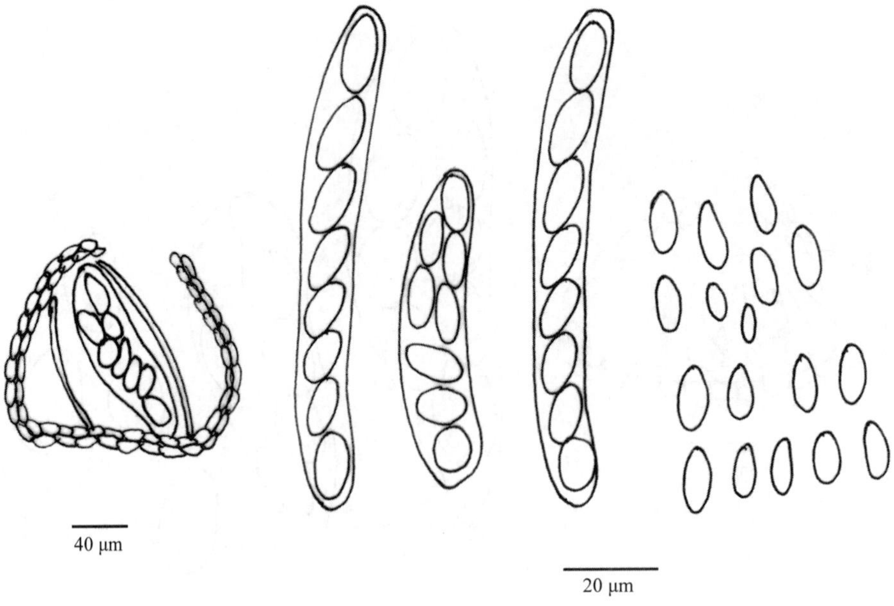

图 45　野黍黑痣菌哥伦比亚变种 *Phyllachora eriochloae* var. *colombiensis*：子囊壳、子囊和子囊孢子 (MHYAU 12879)

表 6　野黍属 *Eriochloa* 植物上所记载的黑痣菌形态比较

黑痣菌种名	寄主	子囊大小及形状(μm)	子囊孢子大小及形状(μm)	参考文献
P. eriochloae var. *colombiensis* Theiss. & Syd.(1915)	*Eriochloa annulata*	75~115×10~15 圆柱形	10~15×5~7 窄卵圆形至椭圆形	Orton (1944)
P. eriochloae Speg. var. *eriochloae*(1909)	*Eriochloa procera*	—	12~15×5~7 卵圆形，不成熟的泪滴状	Parbery (1971)

野黍黑痣菌原变种　图 46　图版 **III**，3-4

Phyllachora eriochloae Speg., Anal. Mus. Nac. Hist. Nat. B. Aires 19(3): 416, 1909; Gong, Diversity of species on *Phyllachora* in China p. 14, 2008. var. **eriochloae**

子座叶两面生，散生或聚生，卵圆形，黑色，有光泽，有黄色晕圈。子囊圆柱形或囊状，内含 8 个孢子，43.7~69.4×10.3~12.9(平均 56.4×10.8) μm。子囊孢子卵圆形或泪滴形，单行或不规则双行排列，无色，单胞，具 1~2 个油滴，7.7~12.9×5.1~5.1(平均 9.3×5.5) μm。侧丝高于子囊。

画眉草属 *Eragrostis* sp. 云南：昆明小哨(MHYAU 13220)。

世界分布：中国，阿根廷，哥伦比亚，智利。

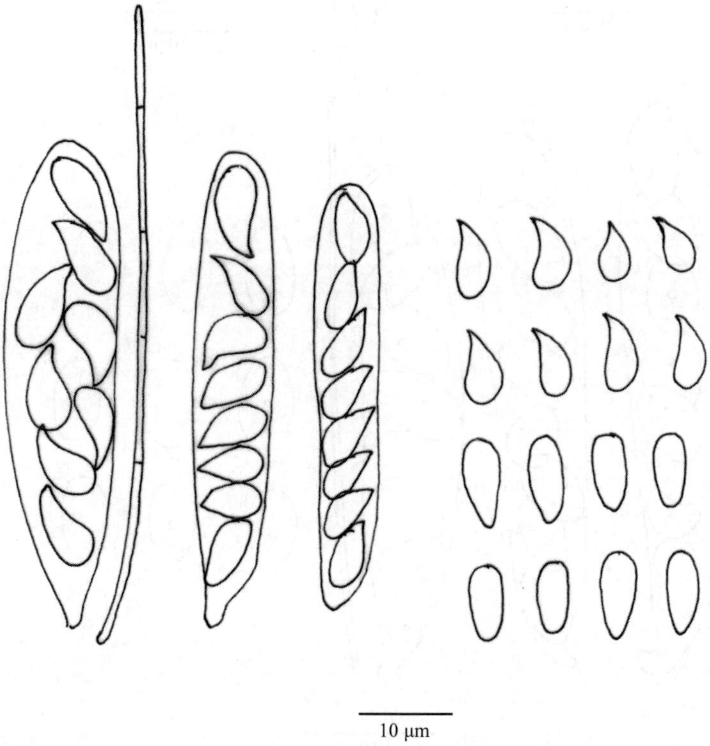

图 46　野黍黑痣菌原变种 *Phyllachora eriochloae* var. *eriochloae*：子囊、侧丝和子囊孢子(MHYAU 13220)

本种为中国新记录。据 Parbery (1971) 报道本种，野黍属 *Eriochloa procera* (Retz.) C. E. Hubbard 上的 *Phyllachora eriochloae* Speg.，子囊孢子卵圆形，两端圆形，有时窄尖泪滴状，12~15×5~7 μm。性孢子梗直，顶端钝尖，6~8×1.5 μm。性孢子丝状，11~12×0.5 μm。我们观察的标本基本与其相符，大小略小于此种。

迷惑黑痣菌　图 47

Phyllachora fallax Sacc., Nuovo Giorn. Bot. Ital. 8: 117, 1876; Saccardo's Syll. Fung. II: 628, 1883; XV: 287, 1901; Parbery, Aust. J. Bot. 15: 309, 1967; Zhao *et al*., Edible Fungi of China Vol. 27 (Suppl.) : 52, 2008; Gong, Diversity of species of *Phyllachora* in China p. 18, 2008.

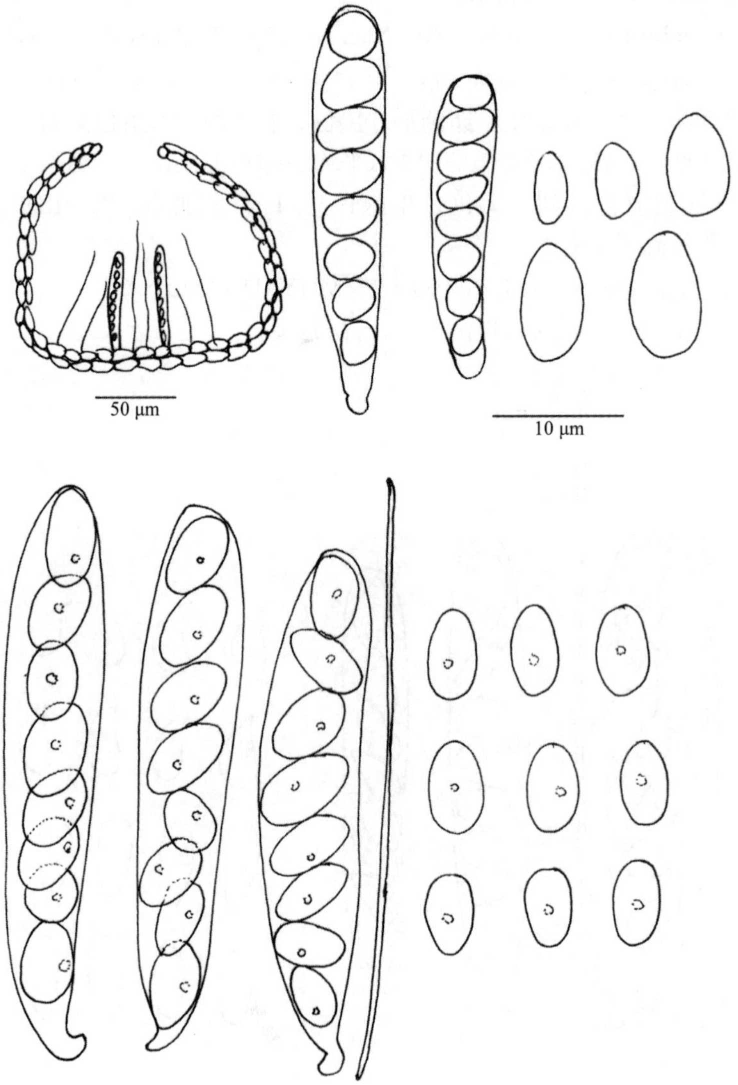

图 47　迷惑黑痣菌 *Phyllachora fallax*：子囊和子囊孢子
(MHYAU 13215)

子座叶两面生，散生，黑色，凸起，有光泽，近球形。子囊壳椭圆形。子囊囊状，具钩状短柄，内含 8 个孢子，77.5~105×17.5~17.5(平均 88×15)μm。子囊孢子卵圆形或宽椭圆形，偶有近球形，单行排列，单胞，无色，内含 1 个油滴，10~16.3×7.5~7.5(平均 11.6×7.4)μm。侧丝高于子囊。

竹节草 *Chrysopogon aciculatus*(Retz.)Trin. 云南：云县大朝山(MHYAU 13215)。

旱茅属 *Eremopogon* sp. 云南：昆明黑龙潭(MHYAU 13281)。

世界分布：中国，中东，印度，南非；欧洲。

本种为中国新记录。据 Saccardo(1876)报道本种，子囊柱状，短柄，90~100×10~12 μm。子囊孢子单列，大多卵形，通常缢缩，偶尔卵圆形或椭圆形，11~14×7~8.5 μm。性孢子稀少，10~20×0.5~1 μm。我们观察的标本与其基本相符。

天仙果黑痣菌 新种 图 48 图版 **VI**，5-6

Phyllachora fici-beechyanae Sawada ex H.J. Lu, N. Liu & S.S.Tzean, **sp. nov**. Fig.48, Pl. VI, 5-6

Phyllachora fici-beechyanae Sawada, J. Taihoku Soc. Agric. & For. 7: 121, 1942; nom. inval.(sine descriptione latina); Tai, Sylloge Fungorum Sinicorum p. 271, 1979; Tsai, List of Plant Diseases in Taiwan p.181, 1991; Wang *et al*., List of the Fungi in Taiwan p.87, 1999.

Maculis nullis. Stromatibus(Clypei) epiphyllis, raro hypophyllis, discretis, atris, rotundis, elevatis, non nitentibus, 0.1~1.0 mm, confluentibus 3.0 mm diam. Peritheciis epidermide tectis, subrotundis, 133~210×122~190 μm. Ascis elongato-ellipticis vel obclavatis, apicibus rotundatis, octosporis, breviter stipitatis, unitunicatis, hyalinis, 31~60×10~20 μm. Ascosporis subdiplostichis, suborbicularibus vel late ellipsoideis, continuis, hyalinis, 7.7~13×7.2~10 μm.

Typus: Hab. in foliis vivis *Fici beechyanae* Hook. & Arn.(Moraceae): Taibei, Taiwan, leg. K. Sawada, Aug. 29, 1909, Universitas Taiwanica-Planta Pathologia & Entomologia, Taibei, Sina(NTU–PPE); HMAS 05374.

无病斑。子座(盾片)叶面生，稀少叶背生，散生，圆形，黑色，隆起，无光泽，0.1~1.0 mm，聚生的 3.0 mm。子囊壳表皮下埋生，近圆形，133~210×122~190 μm。子囊着生于子囊壳底部和侧壁，子囊长椭圆形，倒棍棒形，壁薄，无色，顶端圆，有短柄，8 个孢子，31~60×10~20 μm。子囊孢子不规则双列，近球形至宽椭圆形，单胞，无色，平滑，7.7~13×7.2~10 μm。

天仙果 *Ficus beecheyana* Hook. et Arn.(桑科 Moraceae)台湾：台北，29，VIII，1909，K. Sawada 采(NTU–PPE 模式)(HMAS 05374)。

世界分布：中国。

Sawada(1942)报道了天仙果黑痣菌 *Phyllachora fici-beechyanae*，因无拉丁文描述，据此应为无效名(nom.inval.)。我们在 2002 年重新观察台湾大学腊叶标本(NTU–PPE, Typus)和 HMAS 05374，提供拉丁文描述和附图，认可本种属实。

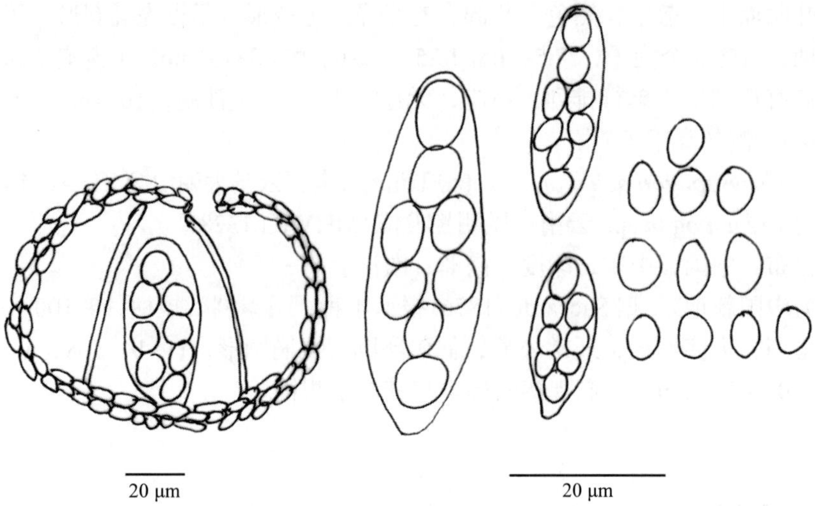

图 48　天仙果黑痣菌 *Phyllachora fici-beechyanae*：子囊壳、子囊和子囊孢子
（HMAS 05374）

薜荔黑痣菌　新种　图 49

Phyllachora fici-pumilae Sawada ex Y.L. Liu & S.S. Tzean, **nov. sp.** Fig. 49

Phyllachora fici-pumilae Sawada, Descriptive Catalogue of Taiwan (Formosan) Fungi 11, Special Publication, College of Agriculture, National Taiwan University 8: 55, 1959; nom. inval. (sine descriptione latina); Tsai, List of Plant Diseases in Taiwan p.181, 1991; Wang *et al*., List of the Fungi in Taiwan p.87, 1999.

Stromatibus epiphyllis, sparsis, orbicularibus vel irregularibus, applanatis, nigris, subnitidis, 1 mm. diametro, 1~5-locularibus. Ascis elongato-fusiformibus, apice obtusis, brevissime pedicellatis, octosporis, 65~73×14~17 μm; paraphysibus filiformibus 1.5~2 μm cr.; ascosporis ellipsoideis vel elongato-ellipsoideis, utrinque rotundatis, continuis, hyalinis levibus, 16~18×8~9 μm.

Typus: Hab. in foliis vivis *Fici pumilae* Linn. (Moraceae): Xinzhu, Taiwan, Dec. 7, 1924, leg. K. Sawada, Universitas Taiwanica-Planta Pathologia & Entomologia, Taibei, Sina (NTU–PPE); HMAS 05084.

子座叶面生，散生，圆形至不规则形，扁平，黑色，有时有光泽，直径 1 mm 或更小，1~5 个子囊壳。子囊长纺锤形，顶端钝，具很短柄，65~73×14~17 μm，内含 8 个孢子。侧丝丝状，厚 1.5~2 μm。子囊孢子椭圆形或长椭圆形，两端圆，单胞，无色，平滑，16~18×8~9 μm。

薜荔 *Ficus pumila* L.(桑科 Moraceae) 台湾：新竹，7，VII，1924，K. Sawada 采 (NTU–PPE 模式) (HMAS 05084)。

世界分布：中国。

Sawada (1959) 报道了薜荔黑痣菌 *Phyllachora fici-pumilae*，因无拉丁文描述，据此应为无效名 (nom. inval.)。我们在 2002 年重新观察台湾大学腊叶标本 (NTU–PPE，Typus) 和 HMAS 05084 标本；现提供拉丁文描述和附图，认可本种属实。

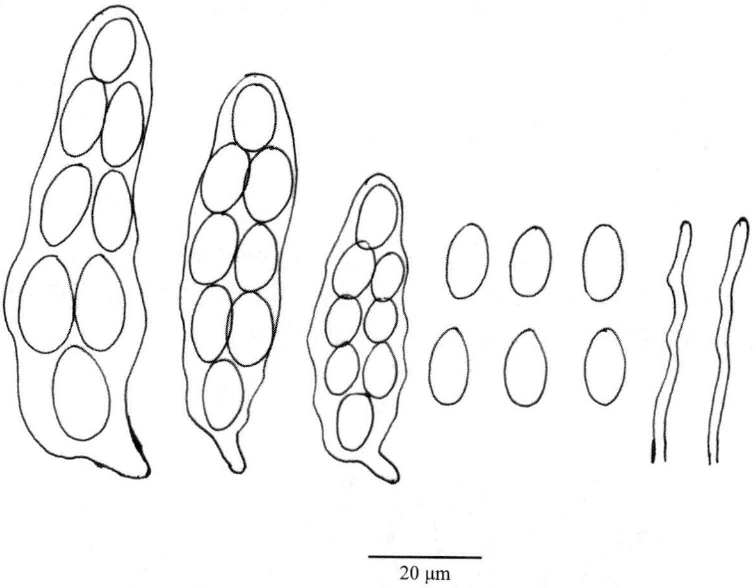

图 49　薜荔黑痣菌 *Phyllachora fici-pumilae*：子囊壳、子囊、侧丝和子囊孢子
（从上至下 NTU–PPE，HMAS 05084）

腐榕黑痣菌　新种　图 50

Phyllachora fici-septicae Sawada ex Y. Cui & S.S. Tzean, **nov. sp.** Fig. 50

Phyllachora fici-septicae Sawada, Journal of the Taihoku Society of Agriculture & Forestry 7: 121, 1942; nom. inval.(sine descriptione latina); Tai, Sylloge Fungorum Sinicorum p.272, 1979; Tsai, List of Plant Diseases in Taiwan p.181, 1991; Wang *et al*., List of the Fungi in Taiwan p.87, 1999.

Maculis in epiphyllis granuliformiter concavis, globularibus vel irregularibus, fulvidis vel fulcis, in hypophyllis 2~3 usque ad 10 verruciformiter aggregatis, nigris, semi-globularibus, 1~5 mm diam. Pseudostromatis hypophyllis vel rare epiphyllis, confluentibus, hemi-globularibus, non nitidis, 650~730 μm diam., 160~210 μm altis, brunneis vel pallide coloratis. Ascis obclavatis vel cylindratis, ad apicem rotundatis, ad basin subangustatis, hyalinis, 65~90×15~26 μm, octosporis. Ascosporis subbistichis, globularibus, hyalinis, continuis, laevibus, 10~13 μm diam., paraphysibus solitariis, hyalinis, ad apicem subinflatis, 3~5 μm diam.

Typus: Hab. in foliis vivis *Fici septicae* Burm.: Jiayi, Tainan, Taiwan, Oct. 1906. leg. T.Kawakami, Universitas Taiwanica-Planta Pathologia & Entomologia, Taibei(NTU–PPE); Paratypus Guizijiao, Gaoxiong. Taiwan, Sina July 7, 1909. leg. K. Sawada, NTU-PPE.

病斑叶面上粒状凹陷，圆形或不规则形，淡黄褐色至黄褐色，在叶背上 2~3 个至十多个黑色半球瘤状聚生，直径 1~5 mm。子座叶背生，很少叶面生，略互相愈合，半球形，无光泽，直径 650~730 μm，高 160~210 μm，外部黑色，内部淡色。子囊倒棍棒形或圆柱形，顶端圆，基部稍狭，无色，壁薄，65~90×15~26 μm，内含 8 个孢子。子囊孢子近双列，球形，单胞，无色，平滑，有稠密的颗粒状内含物，直径 10~13 μm。侧丝单生，无色，近顶端稍膨大，直径 3~5 μm。

腐榕 *Ficus septica* Burm. f.(桑科 Moraceae)台湾：台南嘉义，1906 年(明治三十九年)10 月，川上澮弥采(NTU–PPE 模式)；高雄龟仔角，1909 年(明治四十二年)7 月 7 日，择田兼吉采(NTU–PPE)。

世界分布：中国。

Sawada(1942)报道了腐榕黑痣菌 *Phyllachora fici-septicae*，因无拉丁文描述，据此应为无效名(nom. inval.)。我们在 2002 年重新观察台湾大学腊叶标本(NTU–PPE，Typus)，并照相摄影；现提供拉丁文描述和附图，认可本种属实。

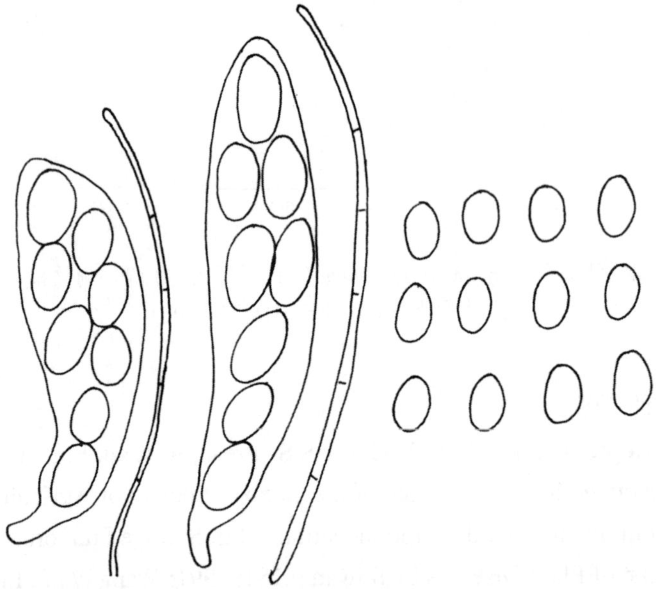

图 50 腐榕黑痣菌 *Phyllachora fici-septicae*：子囊、侧丝和子囊孢子(NTU–PPE)

变叶榕黑痣菌 图 51 图版 **I**-4

Phyllachora fici-variolosae Petr., Medd. Göteb. Bot. 17: 141, 1947; Tai, Sylloge Fungorum Sinicorum p. 272, 1979; Li, Study of Taxonomy of *Phyllachora* in China p. 52, 2006; Lu, Taxonomy of *Phyllachora* in China p. 24, 2008.

子座叶面生，聚生或单散生，圆形或不规则形，凸起，黑色，直径 1~1.5 mm。子囊壳扁球形，叶表组织内生，275~450×100~175(平均 364×132)μm。子囊囊状，具细长柄，内含 8 个孢子，63~100×12.5~27.5 μm。有侧丝，无色。子囊孢子双列，椭圆形，两端钝圆，单胞无色，15~20×6.3~8.8(平均 16×7.6)μm。

变叶榕 *Ficus variolosa* Lindl. 广东：惠东(HMAS 82774)；广西：十万大山(HMAS 78176)。

榕属 *Ficus* sp. 广西：上思(HMAS 78172)。

世界分布：中国。

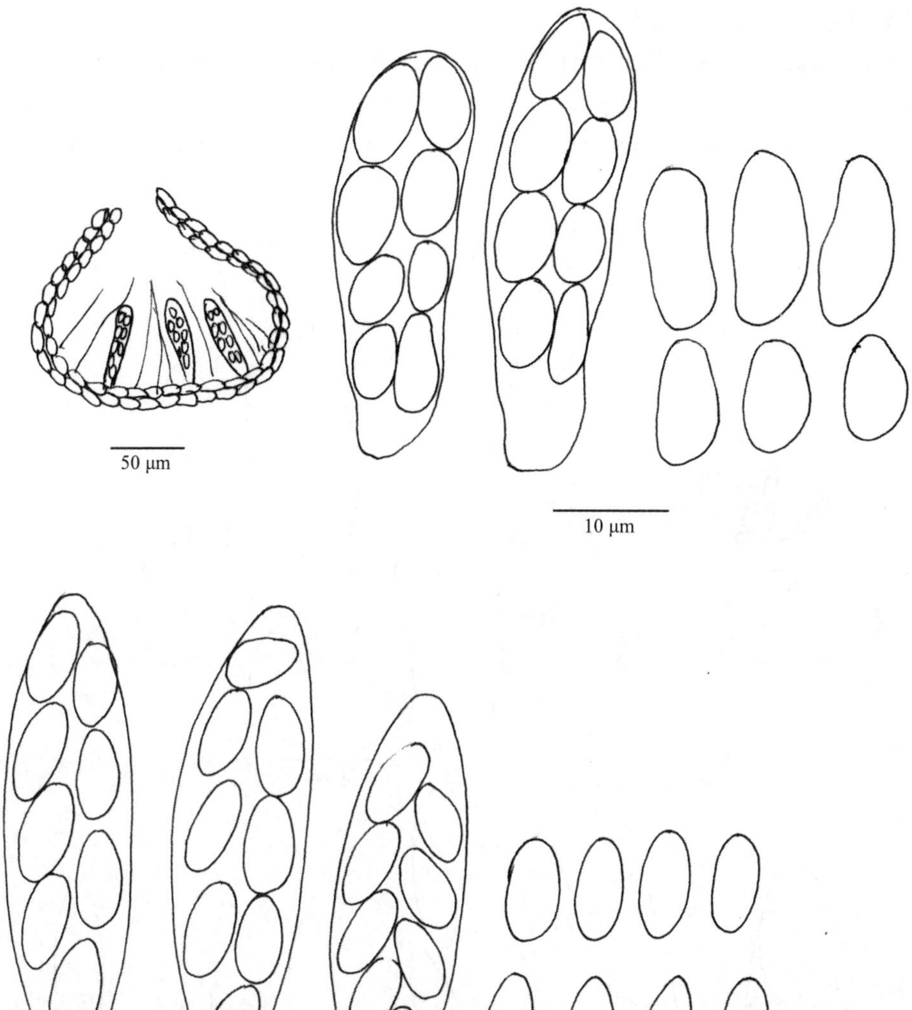

图 51　变叶榕黑痣菌 *Phyllachora fici-variolosae*：子囊壳、子囊和子囊孢子
（HMAS 78176，82774）

Petrak（1947）首次报道本种在中国的分布，本菌子囊圆柱形至棍棒形，有短柄，内含 8 个孢子，47~70×12~16 μm。子囊孢子单行或不明显双行排列，矩圆形至卵形或椭圆形，两端钝圆，直，较少两边不对称，无隔，无色，13~19×6~9 μm。拟侧丝很多，后期黏化。我们观察的标本与其基本相符。

无花果黑痣菌　图 52　图版 **I**-3

Phyllachora ficuum Niessl, Hedwigia 20: 99, 1881; Saccardo's Syll. fung.II: 598, 1883; Tai, Sylloge Fungorum Sinicorum p. 272, 1979; Li, Study of Taxonomy of *Phyllachora* Nitschke ex Fuckel in China p. 49, 2006; Zhuang, Higher Fungi of Tropical China p.119, 2001.

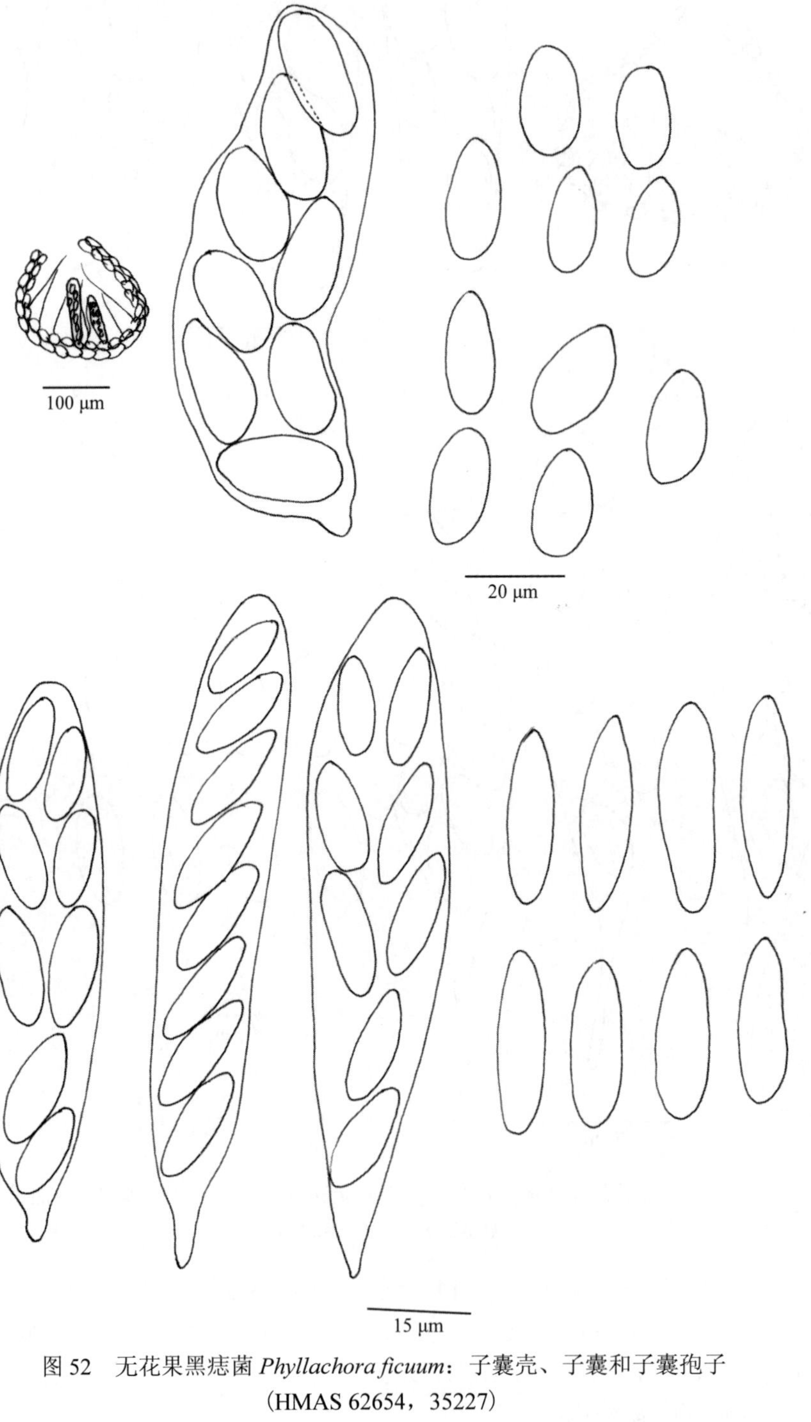

图 52　无花果黑痣菌 *Phyllachora ficuum*：子囊壳、子囊和子囊孢子
（HMAS 62654，35227）

子座叶面生，圆形、不规则形，黑色，有光泽，隆起，聚生，直径 1~4 mm。子囊壳椭圆形、不规则形，叶表组织内生，265~514×122~235(平均 345×182) μm。子囊棍棒状、囊状，具短柄，54~77×13~15(平均 69.8×14.3) μm。子囊孢子 8 个，斜单列至双列，长椭圆形、长圆柱形，单胞，无色，12.9~20.6×5.1~7.7(平均 17.1×5.7) μm。

榕属 *Ficus* sp.(桑科 Moraceae)海南(HMAS 35227)。

邓叔群(1963)、戴芳澜(1979)还报道，无花果属 *Ficus* sp.：广东。

本菌在中国的寄主与分布还有黄天章等(1992)的报道，榕属 *Ficus* sp.：福建上杭。

世界分布：中国，印度。

Niessl(1881)报道本菌，子座近叶面生，近圆形，凸起，辐射状，多皱纹，碳质，黑色，小，近发亮。子囊壳少，小，淡黄白色，孔口突出，圆锥状，圆形，具小刺。子囊长圆柱形，近无柄，45~65×10~20 μm。子囊孢子 8 个，斜单列至双列，椭圆形，无油滴，无色，12×6~8 μm。邓叔群(1963)报道本菌，子囊棒形，近无柄，65~85×14~15 μm。子囊孢子斜列至双列，长方形，两端钝，14~17×6~7 μm。我们观察的标本基本与之符合。

飘拂草生黑痣菌　图 53

Phyllachora fimbristylidicola Speg., Anal. Mus. Nac. Buenos Aires 19: 417, 1909; Liu & Guo, Mycotaxon 97: 325, 2006; Liu, Taxonomy of *Phyllachora* in China p.15, 2007.

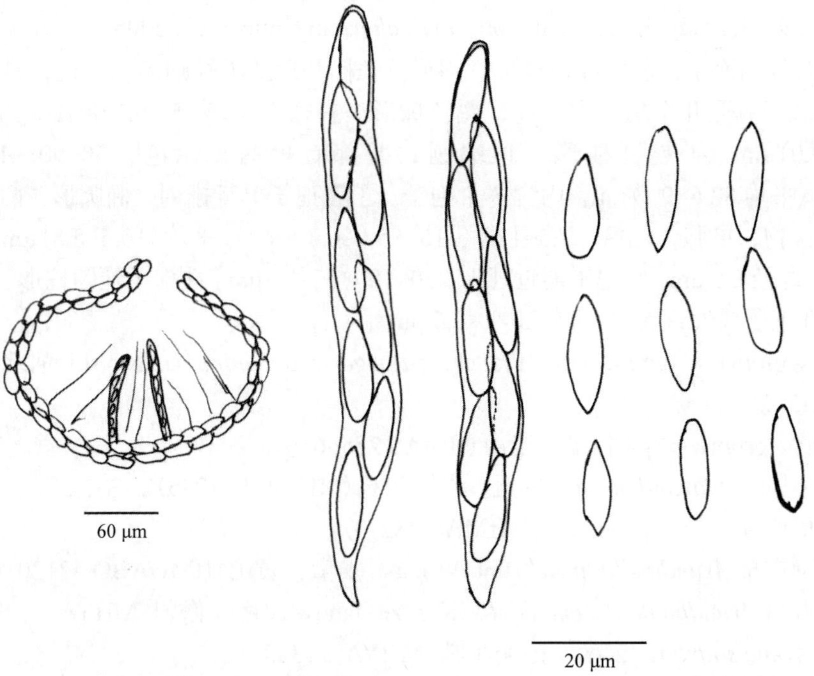

图 53　飘拂草生黑痣菌 *Phyllachora fimbristylidicola*：子囊壳、子囊和子囊孢子 (HMAS 135468)

子座散生，近圆形或椭圆形，0.5~2.5×0.3~1 mm，黑色有光泽，1~2 腔，黑斑叶子的两面都可以观察到。子囊壳 100~200×125~350 μm，在叶肉细胞中呈亚球形或椭球形，底部比较平，锥形颈穿过植物的角质层，缘丝丰富，子囊着生在子囊壳的底部。上壁最厚处达 42 μm，侧壁和下壁最厚处达 25 μm。侧丝发育良好，直径 2 μm，丝状，壁薄，无隔，不分枝。子囊 65~88×6~8 μm，8 个孢子，圆柱形，顶端尖，短柄，单囊壁，顶端环不明显。子囊孢子单行或双行排列，10~18×4~6.3 μm，纺锤形或窄椭圆形，单胞，透明，光滑，有油滴。

两歧飘拂草 *Fimbristylis dichotoma*(L.) Vahl. 云南：腾冲(HMAS 135468)。

世界分布：中国，阿根廷。

本种是中国新记录种。寄生在飘拂草属植物上的另一个黑痣菌是 *Phyllachora fimbristylidis*(Berk. & Broome) Sacc.，子囊孢子 17~18×2~3 μm(Saccardo，1891)，比 *Phyllachora fimbristyldicola* 的子囊孢子窄。

禾生黑痣菌 图 54 图版 **IV**，1-2

Phyllachora graminicola Sawada ex X. L. Li, S. S. Tzean & Z. Y. Zhang, J. Yunnan Univ. 30(S1): 5, 2008; Qin *et al*., Edible Fungi of China Vol. 27(Suppl.): 43, 2008; Gong, Diversity of Species of *Phyllachora* in China p. 21, 2008; Lu, Diversaity of *Phyllachora* from China p. 47, 2009.

Phyllachora graminicola Sawada, Rep. Govt. Res.Inst. Dep. Agri. Formosa 87: 15, 1944. nom.nud. (sine descriptione Latina); Tai, Fylloge Fungorum Sinicorum p.272, 1979; Tsai, List of Plant Diseases in Taiwan p. 200, 1991; Wang *et al*., List of the Fungi in Taiwan p. 87, 1999; Li, Stady of Taxonomy on *Phyllachora* in China p.11, 2006.

子座叶片两面生，散生或稍聚生，圆形至长椭圆形或不规则形，黑色，具光泽，长 0.2~3 mm。子囊壳几个集合在一起，黑色球形至扁球形，137.5~262.0×125~212.5(平均 179.1×149.0) μm。子囊圆柱形，顶端圆，基部有短柄，无色，50~90(~125)×7.5~10(~12.9) (平均 82.6×9.1) μm，内含 8 个孢子。子囊孢子单行排列，椭圆形，两端圆，有颗粒状内含物，单胞，无色，7.5~12.5(~15)×5.0~6.3(~7.5) (平均 10.6×5.8) μm。侧丝丝状，无色，直径 2.5 μm。性孢子器近球形，50~100×50~75 μm。性孢子梗圆柱形，10~12.5×2.5 μm。性孢子线性，无色，15~20×1~2.5 μm。

冰草 *Agropyron ciliare*(Trin.) Franch. =*Roegeneria canina*(L.) Nevski 河北：北戴河(HMAS 04312)。

冰草属 *Agropyron* sp. 甘肃：圭山(HMAS 25566)。

黄花茅属 *Anthoxanthum* sp. 贵州：贵阳福泉(MHYAU 12935)。

野古草属 *Arundinella* sp. 北京(HMAS 08273)。

毛秆野古草 *Arundinella hirta*(Tunb.) Tanaka 安徽：黄山(HMUABO 42120)。

丈野古草 *Arundinella decempedalis*(Kuntze) Janow 海南：儋州(MHYAU 12969)。

燕麦 *Avena sativa* L. 云南：昆明小哨(MHYAU 13353)。

短柄草属 *Brachypodium* sp. 四川：雅安(MHYAU 12850)。

雀麦属 *Bromus* sp. 贵州：药用植物园(MHYAU 12889)。

拂子茅属 *Calamagrostis* sp. 北京：百花山（HMAS 04489）。

披碱草 *Elymus glaucus* Buckley 江西：庐山（HMUABO 41614，41720）。

披碱草属 *Elymus* sp. 北京（HMAS 95315）。

野麦 *Elymus* sp. 北京（HAMS 0156）。

旱茅 *Eremopogon delavayi*（Hack.）A.Camus 云南：昭通大龙洞（MHYAU 13258）。

旱茅属 *Eremopogon* sp. 云南：昆明云南省林业科学院（MHYAU 08492），昆明黑龙潭公园（MHYAU 081774），大理苍山中和峰（MHYAU 013930）。

金茅属 *Eulalia* sp. 陕西：华阴县（HMUABO 5839-1）。

大麦属 *Hordeum* sp. 云南：建水（MHYAU 12597）。

禾本科 Gramineae 台湾：台北，泽田兼吉采，1908.6.4（NTU–PPE，Typus）；浙江：楚楷（HMAS 02607）；安徽：黄山（HMAS 02608）；甘肃（HMAS 06825）；云南：漕溪寺（MHYAU 13528），云龙（MHYAU 13531），六库（MHYAU 13506）。

禾本科 Gramineae 陕西：西北农林科技大学（HMUABO 5872）。

印度白茅 *Imperata cylindrica*（L.）Beauv. 北京（HMAS 95339）。

黑麦草属 *Lolium* sp. 云南：昆明世界园艺博览园（MHYAU 091160）。

荻 *Miscanthus sacchariflorus*（Maxim.）Berth. et Hook.f. 陕西：华阴县（HMUABO 5836）。

芒 *Miscanthus sinensis* Anderss. 安徽：黄山（HMUABO 42063，42232）。

芒属，荻属 *Miscanthus* sp. 云南：新平（HMUABO 10295）；四川：温江（HMAS 14016）；湖南：南岳（HMAS 00919）。

露籽草 *Ottochloa nodosa*（Kunth）Dandy var. *microntha*（Balansa）Keng f. 云南：勐海（HMUABO 1844-1）。

狼尾草（蚊子草）*Pennisetum alopecuroides*（L.）Spreng 云南：昆明植物所（MHYAU 08509，08516）。

白草 *Pennisetum flaccidum* Griseb. 北京：百花山（HMAS 04493）；河北：逐鹿（HMAS 04492），宛平石华山（HMAS 04497）；云南：昆明（HMAS 04495），昆明陈寨营（HMAS 04494，04496），昭通凤凰山（MHYAU 13268），宾川鸡足山（MHYAU 13311），昆明云南农业大学（MHYAU 12876）。

狼尾草属 *Pennisetum* sp. 河北：宣化（HMAS 04499）；西藏：林芝（MHYAU 12830）；云南：丽江黑龙潭（MHYAU 12875），昆明黑龙潭（MHYAU 13282），安宁白花公园（MHYAU 08477），昭通北闸镇（MHYAU 12367）。

纤毛鹅观草 *Roegneria ciliaris*（Trin.）Nevski 陕西：宁陆县火地搪（HMUABO 40355），华山（HMUABO 5842-1）。

鹅观草 *Roegneria kamoji* Ohwi 湖南：神农架（HMUABO 40356，40386）；陕西（HMUABO 5873）；贵州：贵州省草业研究所（MHYAU 12886）。

东瀛鹅观草（前原鹅观草）*Roegneria mayebarana*（Honda）Ohwi=*Agropyron mayebaranum* Horda 河北：内邱（HMAS 04313）。

鹅观草 *Roegneria semicostata*（Nees）Kitag. 北京：百花山（HMAS 06826）。

鹅观草属 *Roegneria* sp. 陕西：太白山（HMAS 35210）；云南：昆明植物园（MHYAU 081783），丽江黑龙潭（MHYAU 013926），大理苍山马龙峰（MHYAU 013925）。

黑麦 *Secale cereale* L. 云南：昆明云南农业大学(MHYAU 13208)。

大油芒属 *Spodiopogon* sp. 北京：昌平(HMAS 01557)。

阿拉伯黄背草 *Themeda triandra* Forssk. 云南：丽江黑龙潭(MHYAU 13290)。

菅草属(菅属) *Themeda* sp. 江苏：南京(HMAS 04685)；江西：武功山(HMAS 04664)，庐山(HMAS 50427)；北京(HMAS 10373，01554)。

本菌在中国的寄主与分布还有戴芳澜(1979)的报道：野古草 *Arundinella hirta* (Thunb.) Tanaka：四川。

世界分布：中国，日本。

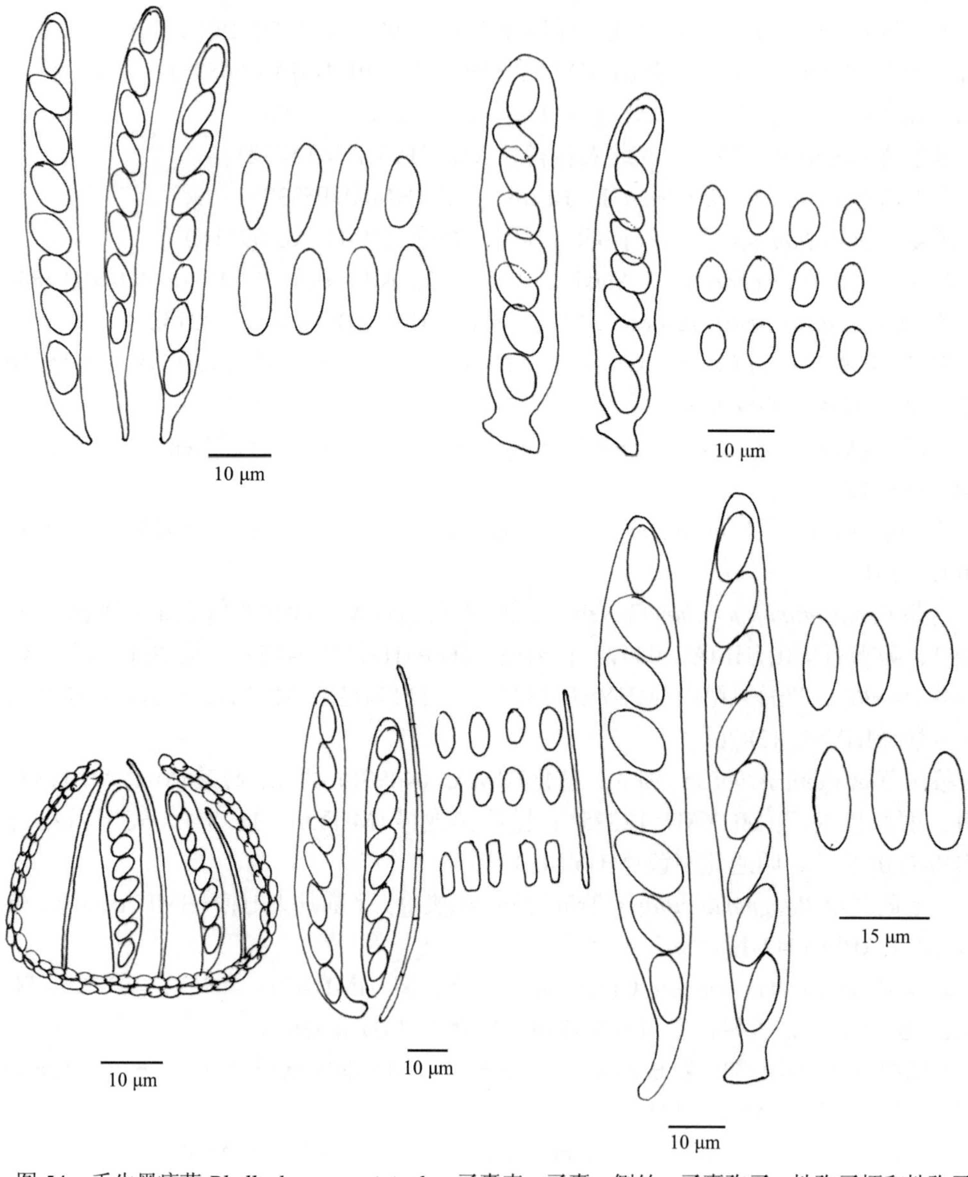

图 54 禾生黑痣菌 *Phyllachora graminicola*：子囊壳、子囊、侧丝、子囊孢子、性孢子梗和性孢子(HMUABO 40386，HMAS 02607)

本菌的鉴别特征主要为子囊孢子单行排列，椭圆形，两端圆，7.5~12.5×5.0~6.3(平均 10.6×5.8)μm。本菌与禾黑痣菌 *P. graminis* 的区别在于后者子囊孢子卵形至卵圆形，7~16×4~8.5 μm。本菌的定名人曾显雄，曾用汉语拼音 X.X. Zeng 拼写，应改为 S. S Tzean，特此订正。

禾黑痣菌箣竹变型　图 55

Phyllachora graminis f. bambusae Har. & Pat., Bulletin du Muséum National d'Histoire naturelle, Paris 17: 368, 1911; Saccardo's Syll. Fung. XXIV: 577, 1926; Li, Study of Taxonomy of *Phyllachora* in China p. 48, 2006; Lu, Diversity of *Phyllachora* from China p. 50, 2009.

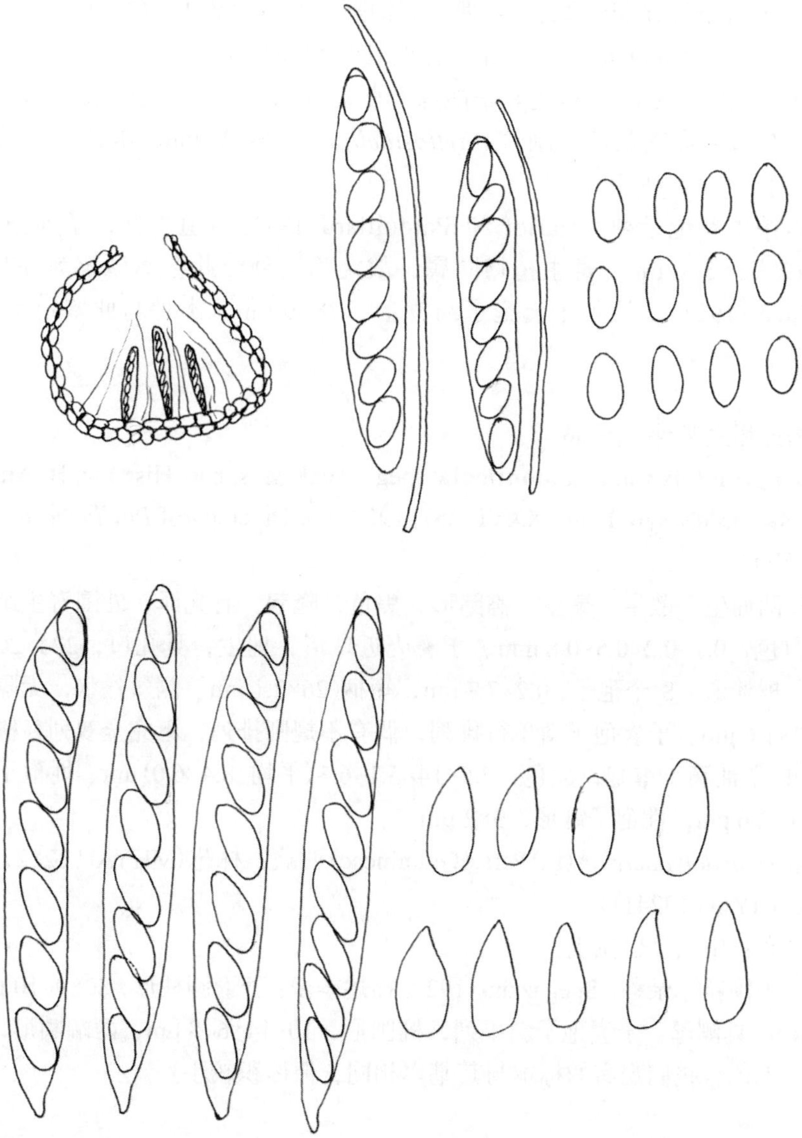

图 55　禾黑痣菌箣竹变型 *Phyllachora graminis* f. *bambusae*：子囊壳、子囊、侧丝和子囊孢子 (HMUABO 42516，HMAS 04716)

Phyllachora orbicula Rehm, Ascomyc. Philipp. V., Leaflets of Philipp. Bot. 6(no.103): 2221, 1914; Tai, Sylloge Fungorum Sinicorum p.277, 1979.

子座多叶正面生，少数叶背面生，散生、聚生，圆形，凸起，黑色，有光泽，外围具黄色晕环，直径 0.1~3 mm。子囊壳埋生，近球形，有孔口，122.4×112.2 μm。子囊圆柱形，内含 8 个孢子，近无柄，63~100×12~13(平均 81×12)μm。侧丝丝状，长于子囊，宽 2.6 μm。子囊孢子斜单行排列，卵形、椭圆形，单胞，无色，10~15×5~6.4(平均 12×6)μm。

桂竹 *Phyllostachys bambusoides* Sieb. & Zucc. 江苏：南京中山陵(HMUABO 42516)。

竹 bamboo(Bambusoideae)云南：西双版纳野象谷(MHYAU 13287)。

簕竹属(箣竹属)*Bambusa* sp. 云南：昆明(HMAS 04716)。

本菌在中国的寄主与分布还有张能唐和张健如(1988)的报道，水竹 *Phyllostachys heteroclada* Oliv.：湖南长沙；刚竹 *Phyllostachys viridis*(Young) McClure：湖南长沙。

世界分布：中国，刚果。

本种是中国新记录种。Hariot 和 Patouillard(1911)报道本种，子囊孢子卵形、椭圆形，12~15×5~6 μm。寄主植物同属，故定为同种。此标本原定为 *Phyllachora sinensis* Sacc.(1921)，该种子囊孢子纺锤形，28×9 μm，本种与此鉴定标本不符，特此订正。

禾黑痣菌狗牙根生变种 图 56

Phyllachora graminis var. **cynodonticola** Speg., Anal. Mus. nac. Hist. nat. B. Aires 31: 420, 1922; Saccardo's Syll. Fung. XXVI: 267, 1972; Lu, Diversity of *Phyllachora* from China p. 51, 2009.

盾片叶两面生，散生、聚生，椭圆形，黑色，隆起，有光泽，外围寄主组织褪绿变黄色或灰白色，0.1~0.2×0.5~0.8 mm。子囊壳近球形，埋生，具孔口，224×204 μm。子囊圆柱形、棍棒形，8 个孢子，82×7.7 μm，短柄 26×2.1 μm。侧丝丝状，无隔，高于子囊，宽 1.3~1.6 μm。子囊孢子斜单行排列，偶有不规则排列，不完全双列，椭圆形、近圆形，具 1 个油滴，单胞，无色，7.5~14×5.1~6.5(平均 8.4×6.0)μm。性孢子梗棒状，7.1~9.0×2.1~2.6 μm，性孢子镰形，9×2 μm。

狗牙根 *Cynodon dactylon*(L.) Pars.(Gramineae)西藏：林芝(MHYAU 12827)；云南：昭通田圃(MHYAU 13241)。

世界分布：中国，巴拉圭。

本种是中国新记录种。Spegazzini(1922)描述本菌：子囊圆柱形，80×9~10 μm，具柄，25~30×3 μm。具侧丝。子囊孢子斜单列，椭圆形，10~14×6~8 μm，两端圆形，1 个粗油滴，平滑，无色。我们观察的标本与其基本相同，但体积较小。

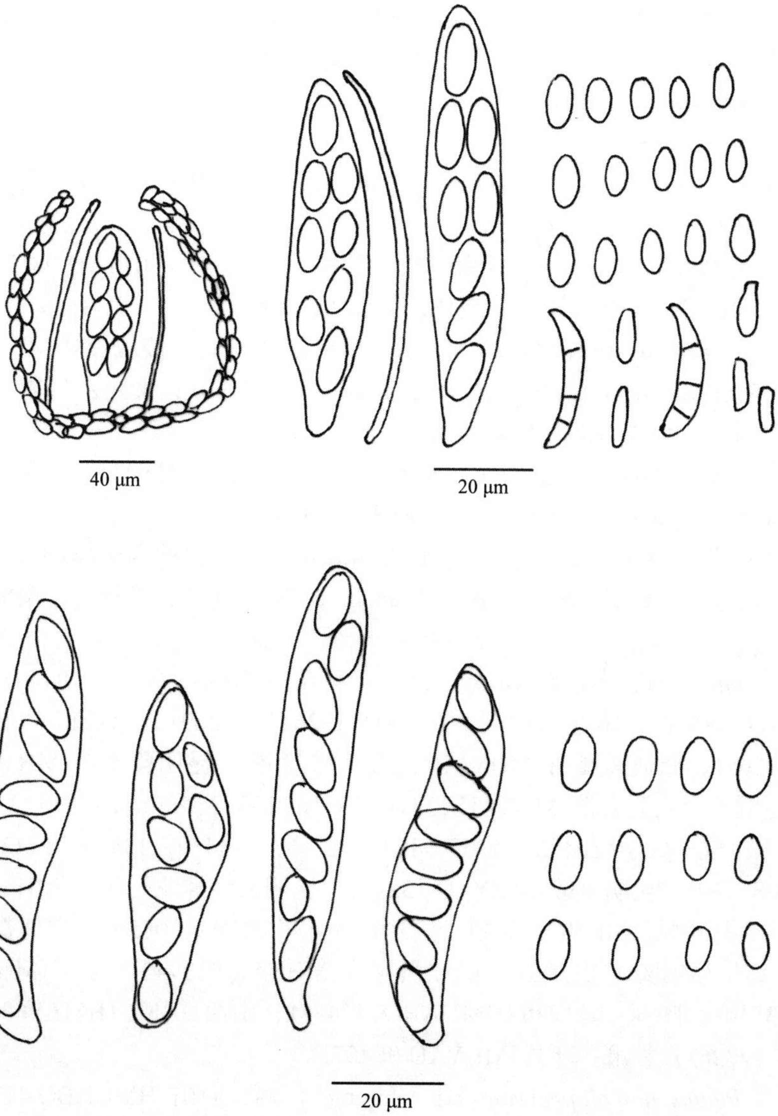

图 56　禾黑痣菌狗牙根生变种 *Phyllachora graminis* var. *Cynodonticola*：子囊壳、子囊、侧丝、子囊孢子、性孢子梗和性孢子(MHYAU 12827，13241)

禾黑痣菌椭圆孢变种　图 57　图版 **II**-6，图版 **IV**，3-4

Phyllachora graminis var. **elliptica** X. L. Li, H. R. Luo & Z. Y. Zhang, J. Yunnan Univ. 30(S1): 6, 2008; Qin *et al*., Edible Fungi of China Vol. 27(Suppl.): 42, 2008; Gong, Diversity of species of *Phyllachora* in China p. 26, 2008; Lu, Diversity of *Phyllachora* from China p. 52, 2009.

子座叶面生，散生，椭圆形，黑色，长 0.3~2 mm，子囊壳扁球形，128.9~218.5×82.2~115.7(平均 136.3×106.7) μm。子囊圆柱形，囊状，有柄，斜单列或不规则 1~2 列，43.7~69.4×7.7~10.3(平均 58.3×8.3) μm。侧丝高于子囊，数多，末端尖细，偶有分枝。子囊孢子 8 个，椭圆形至卵形，罕有卵圆形，单胞，无色，(5~) 7.5~12.5 (~15) × (4~) 5~7.5 (平均 8.9×5.3) μm。性孢子梗圆柱形，略弯曲，端部钝圆，7.5~12×1~1.5 μm。

冰草 *Agropyron cristatum* (L.) Gaertn. 甘肃：兰州甘肃农业大学 (MHYAU 13222)，榆中兴隆山 (MHYAU 13223)。

藏黄花茅，锡金黄花茅 *Anthoxanthum hookeri* (Griseb.) Rendle 云南：大理苍山马龙峰 (MHYAU 013955)。

短柄草属 *Brachypodium* sp. 云南：昆明世界园艺博览园 (MHYAU 081765)，大理苍山 (MHYAU 013923)，下关团山公园 (MHYAU 013924)。

疏花雀麦 *Bromus remotiflorus* (Steud.) Ohwi 陕西：周至楼观台 (HMUABO 5753，5688)，周至 (HMUABO 5739)，南郑县 (HMUABO 2160)；贵州：贵阳市 (HMUABO 50079)；湖北：神农架 (HMUABO 40482)。

拂子茅 *Calamagrostis epigejos* (L.) Roth 内蒙古：多伦 (MHYAU 13225)。

野青茅属 *Deyeuxia* sp. 重庆：南川 (MHYAU 08462)。

扁穗牛鞭草 *Hemarthria compressa* (L. f.) R. Br. 云南：昆明西山 (MHYAU 081795)。

广序臭草 (小臭野草) *Melica onoei* Franch. et Sav. 陕西：南郑县小南海 (HMUABO 2218)。

白草 *Pennisetum flaccidum* Griseb. 北京：百花山 (HMAS 04493，04497)；云南：昆明 (MHYAU 08501)，昭通市旧圃 (MHYAU 13261，13269)，昭通市大龙洞 (MHYAU 13257，13266)，昭通凤凰山 (MHYAU 13466，13265)，昆明曹溪寺 (MHYAU 13459，13433)，昆明云南农业大学 (MHYAU 13314，13316，13313，13467，13516，13381，13426，13517)，云南农业大学校园 (MHYAU 08501，12867，13439，13433，13429，081733，081747，081739)，昆明金殿 (MHYAU 13247)，昆明云南林业科学院 (MHYAU 081734，081738)，昆明植物所 (MHYAU 08491，13544)，河口 (MHYAU 08501)，大理苍山 (MHYAU 013936)，宾川 (MHYAU 013937)，丽江黑龙潭 (MHYAU 013942)，安宁 (MHYAU 13515，13526，13514)；陕西：延安市 (HMUABO 37478)；山西：怀仁 (HMAS 04491)；湖南 (MHYAU 12826)；甘肃：环县 (MHYAU 08457)。

狼尾草 *Pennisetum alopecuroides* (L.) Spreng. 江西：庐山 (HMUABO 41290)；北京：百花山 (HMAS 04490)。

狼尾草属 *Pennisetum* sp. 云南：昆明金殿 (MHYAU 13246)，昆明黑龙潭 (MHYAU 13280)，昆明云南农业大学校园 (MHYAU 13283)。

鼠尾草属 *Salvia* sp. 云南：昆明西山 (MHYAU 08361)。

黑麦 *Secale cereale* L. 云南：昆明云南农业大学 (MHYAU 13206)。

油芒 *Spodiopogon cotulifera* (Thunb.) Haek 北京 (HMAS 04560)；江苏：南京 (HMAS 06827)。

大油芒 *Spodiopogon sibiricus* Trin. 北京：百花山 (HMAS 04528，模式)，昌平 (HMAS 01557)；河北：内丘 (HMAS 04533)；安徽：黄山温泉 (HMUABO 42122，41965，41967，41870-a)，黄山 (HMUABO 42250，41874，41974，42029，42250-a)；江西：庐山 (HMUABO 41448，41300，41210-a，41614)；云南：勐海南桥山 (HMUABO 11628)；陕西：延安县 (HMUABO 37448)，周至 (HMUABO 5685，5687，5755)，宁陕县 (HMUABO 40358)；

福建：崇安(HMUABO 40482，52650)；江苏：南京中山陵(HMUABO 42349)；北京(HMUABO 10016)。

大油芒属 *Spodiopogon* sp. 北京：昌平(HMAS 95319)。

日本菅 *Themeda japonica*(Willd.) Tanaka 北京：宛平(HMAS 04618)。

禾本科 Gramineae 云南：云县大朝山(MHYAU 13216)，鲁甸三八农场(MHYAU 13532)；湖北：神农架(MHYAU 12950)；浙江：杭州(HMAS 24375)。

世界分布：中国，挪威。

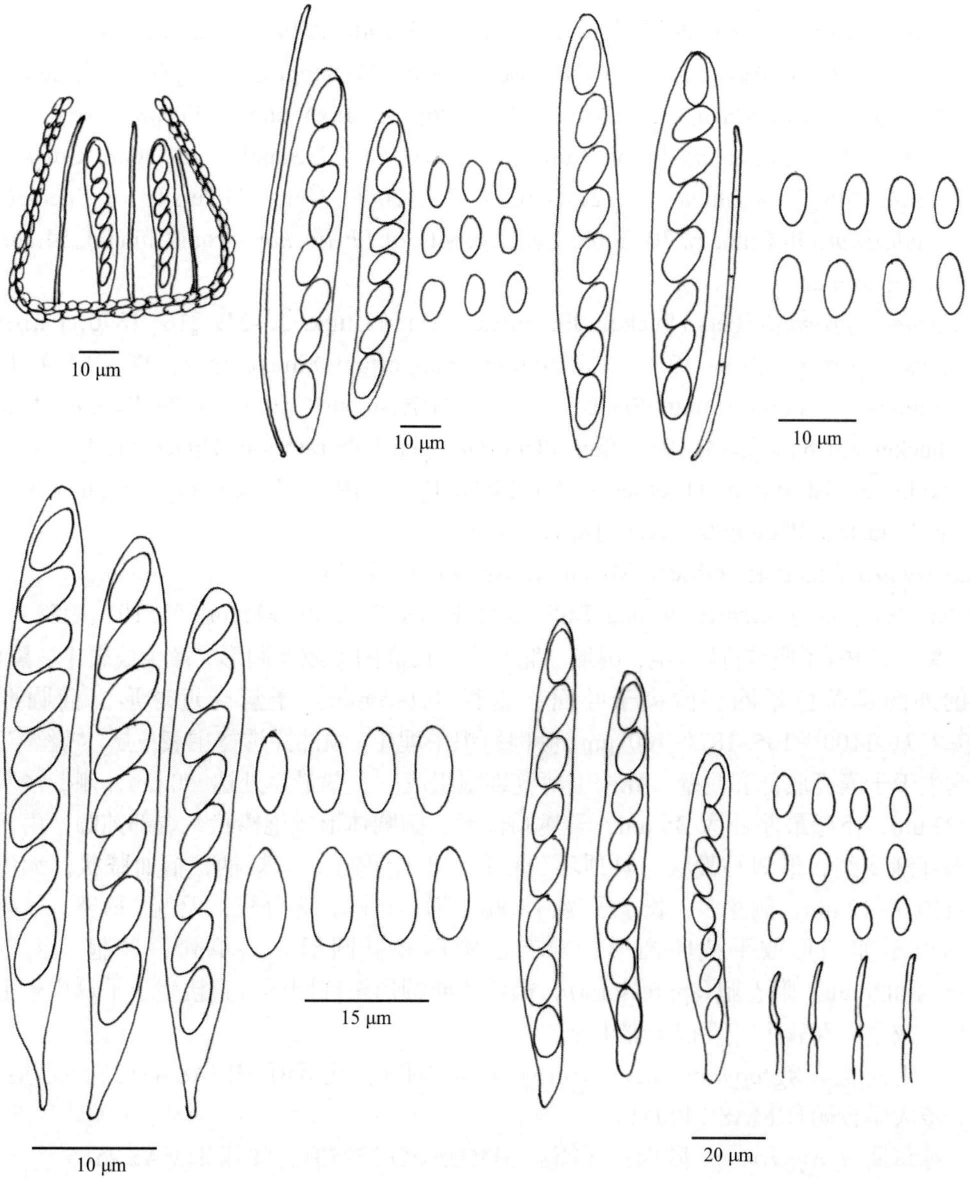

图 57　禾黑痣菌椭圆孢变种 *Phyllachora graminis* var. *elliptica*：子囊壳、子囊、侧丝和子囊孢子(从上至下 HMAS 95319，04618，04528，HMUABO 42122)

本变种与禾黑痣菌原变种 *P. graminis* var. *graminis* 相似，区别在于后者子囊孢子卵形、卵圆形，7~16×4~8.5 μm，而非主要为椭圆形和卵形。并且本变种以有较多的椭圆形孢子而无平截卵圆形孢子，较小、性孢子梗圆柱形可与之区别。寄生在 *Bromus*、*Melica*、*Pennisetum* 及 *Spodiopogon* 上的这类真菌以前均称为 *P. graminis*。本变种的加词曾误为 var. *elliptcta*，应为 var. *elliptica*，特此订正。

禾黑痣菌原变种 图 58 图版 **I**-5

Phyllachora graminis (Pers.) Fuckel, Jb. nassau. Ver. Naturk. 23-24: 216, 1870; Parbery, Aust. J. Bot. 15: 286, 1967; Orton, Mycologia 36: 46, 1944; Zhang *et al*., J. Northwest Sci-Tech Univ. Agric. and For. (Nat. Sci. Ed) Vol.33 (Suppl.): 139, 2005; Li, Study of Taxonomy of *Phyllachora* in China p. 20, 2006; Liu, Taxonomy of *Phyllachora* in China p. 30, 2007; Qin *et al*., Edible Fungi of China Vol. 27 (Suppl.): 43, 2008; Cui *et al*., Edible Fungi of China Vol. 27 (Suppl.): 75, 2008; Gong, Diversity of Species of *Phyllachora* in China p. 30, 2008; Lu, Diversity of *Phyllachora* from China p. 54, 2009. var. ***graminis***

Phyllachora graminis (Pers.) Fuckel, Jb. nassau. Ver. Naturk. 23-24: 216, 1870; Parbery, Aust. J. Bot. p. 286, 1967; Tai, Sylloge Fungortum Sinicorum p. 272, 1979; Lou, Studies on Graminicolous Species and their Divisional Criteria of *Phyllachora* Nke.in Fuckel in China p. 24, 1984; Sun, Plant Pathogen Laboratory of Huazhong Agricultural College, List of Plant Diseases in Hubei Island p.33, 1981; He & Wang, Fungus Diseases of Industrial Plant in Shanxi p. 18, 125, 1991.

Sphaeria graminis Pers., Observ. Mycol. (Lipsiae) 1: 18, 1796.

Phyllachora poae-pratensis Sawada, Bull. Govt. Forest Exp. Stn. Meguro 53: 161, 1952.

黑痣病斑(子座)叶两面生，圆形、椭圆形、长椭圆形或卵圆形，散生或聚生，黑色，有的外围具黄色晕圈，微突于叶面，直径 0.1~5 mm。子囊壳近球形、椭圆形，129~257(~1100)×105~187(~700) μm，叶肉组织中埋生，颈部穿透寄主表皮层，缘丝丰富，子囊生于子囊壳底部和侧壁。壳壁由薄壁细胞组成。上壁最厚处达 50 μm，侧壁最厚处达 22 μm，下壁最厚处达 35 μm。子囊圆柱形、椭圆体形或棍棒状，端部钝圆，由基部向端部渐变细，形似马鞭状，具顶环(囊冠)，8 个孢子，有短柄，柄曲膝状，无色，55~120×6~12 μm。侧丝多，长于子囊，末端尖细，有隔，无分枝，无色，薄壁。子囊孢子卵形至卵圆形或平截卵圆形，罕有亚圆形和椭圆形，斜单列，单胞，无色，7~16×4~8.5 μm。附着胞(appressoria)，褐色，卵圆形至椭圆形，直接生于子囊孢子上，无柄，或生于芽管上。性孢子器未见。

纤毛鹅观草 *Agropyron ciliare* (Trin.) Franch. 河北：北戴河(HMAS 4312)；江苏：南京金陵大学校园(HMAS 14004)。

冰草属 *Agropyron* sp. 陕西：绥德县(HMUABO 37259)；江苏(HMAS 2566)。

冰草 *Agropyron mayebaranum* Honda 河北：内丘(HMAS 04312)。

半脉冰草 *Agropyron semicostum* Nees 贵州：贵阳市郊区(HMUABO 50313)。

西伯利亚冰草 *Agropyron sibiricum* (Willd.) Beauv. 陕西：绥德县(HMUABO

37256）。

剪股颖属 *Agrostis* sp. 甘肃：临洮岳麓山（HMAS 140535），积石山县大河家（HMAS 140274）。

小花须芒草 *Andropogon micranthus* Kunth 云南：石屏郑营（HMAS 4326），昆明铁峰庵（HMAS 4327）。

须芒草属 *Andropogon* sp. 江苏：宝华山（HMAS 6826）。

羊草，中华赖草 *Aneurolepidium chinense*（Trin.）Kitag. 北京：颐和园昆明湖（HMUABO 10089）；湖北：神农架（HMUABO 40388）；陕西：延安（HMUABO 37436，37476），绥德县（HMUABO 37253，3755）。

赖草，毛穗赖草 *Aneurolepidium dasystachys*（Trin.）Nevski 陕西：榆林县（HMUABO 37005，37005），龙县（HMUABO 4393），绥德县（HMUABO 37200，37243），延安市市郊（HMUABO 37332），武功（HMUABO 5903，5880，135，36216，5872，5875）。

楔颖草 *Apocopis paleacea*（Trin.）Hochr. 福建：厦门（HMUABO 52887）。

毛秆野古草 *Arundinella hirta*（Thunb.）Tanaka 浙江：天目山（HMUABO 44549）。

芒野古草，大花野古草 *Arundinella hirta*（Thunb.）Tanaka var. *ciliata* Koidz. 北京：八大处（HMAS 8273）。

短柄草 *Brachypodium pretense* Keng ex Keng f. 云南：昆明西山（HMAS 143653）。

雀麦属 *Bromus* sp. 陕西：佛平罗家坪（HMUABO 8196），佛平沙帽石（HMUABO 8164）。

拂子茅 *Calamagrostis arundinacea* Roth. 河北：昌黎五峰山（HMAS 4343）。

拂子茅属 *Calamagrostis* sp. 北京：百花山（HMAS 4489）；河北：孔涧至东陵（HMAS 04382）。

硬秆子草 *Capillipedium glaucopsis*（Stend.）Stapf. 陕西：镇巴城郊（HMUABO 2662，2438，2581）。

虎尾草 *Chloris virgata* Swartz. 北京：五里店（HMAS 35228）。

隐子草属 *Cleistogenes* sp. 陕西：宁陆县火地塘（HMUABO 40358）。

鸭茅 *Dactylis glomerata* L. 云南：昆明西山（MHYAU 08493）。

会理野青茅 *Deyeuxia stenophylla* Jansen 云南：大理苍山索道出口（HMAS 143552）。

野青茅 *Deyeuxia sylvatica*（Schrad.）Kunth 四川：大巴山（HMAS 35229）。

披碱草 *Elymus dahuricus* Turcz. 甘肃：兰州甘肃农业大学校园（MHYAU 08456）。

老芒麦 *Elymus sibiricus* L. 内蒙古：多伦（MHYAU 13224）。

金茅属 *Eulalia* sp. 陕西：华阴县（HMUABO 5338）。

苇状羊茅 *Festuca arundinacea* Schrieb. 陕西：绥德县（HMUABO 37258）。

羊茅属 *Festuca* sp. 甘肃：积石山县（HMAS 143638）；西藏：林芝（MHYAU 12832）。

禾本科 Gramineae 江苏：常熟（HMAS 02565）。

禾本科 Gramineae 云南：昆明（MHYAU 08508），屏边大围山（MHYAU 08510），弥勒弥阳（MHYAU 08474），昭通市大龙洞（MHYAU13325）。

菭草属 *Koeleria* sp. 甘肃：积石山县(HMAS 140269)。

赖草 *Leymus secalinus*(Georgi) Tzvel. 甘肃：兰州徐家山(HMAS 140236，140237，143554)，东乡毛毛村(HMAS 140240)，兰州九州台(HMAS 140239，149238)，东乡县邢家岘(HMAS 140241)，积石山县(HMAS 140251)，临洮岳麓山(HMAS 140263，143651)，民勤河生植物园(HMAS 143718)；临夏龙首山公园(HMAS 140252)。

广序(华北)臭草 *Melica onoei* Franch. et Sav. 陕西：南五台(HMUABO 5415)，华山(HMUABO 5848)。

马鹿草 *Microstegium vagans*(Nees ex Stand.) Hand.-Mazz. 云南：大围山保护区牛场(HSFC 970996)。

芒属 *Miscanthus* sp. 湖南：南岳(HMAS 60182)。

狼尾草 *Pennisetum alopecuroides*(L.) Spreng. 北京：百花山(HMAS 4490)；云南：安宁楸木园(HMAS 140527)，昆明西山(HMAS 140526)，洱源县大喇坡(HMAS 140529)，洱源前往大理市途中(HMAS 140242)，昆明西山(HMAS 140234，140249，140532)；贵州：贵阳市(HMUABO 50036)。

白草 *Pennisetum centrasiaticum* Tzvel. 云南：剑川玉华水库附近(HMAS 143724)。

白草 *Pennisetum flaccidum* Griseb. 河北：汤鹿县孔涧(HMAS 4492)；山西：怀仁(HMAS 4491)；北京：百花山(HMAS 4493，4497)；云南：昆明陈寨营(HMAS 4494)，昆明(HMAS 4495)，昆明大普吉(HMAS 4496，04476)，昆明警官学院(MHYAU 13219)，昆明云南农业大学后山(MHYAU 13205，13211，13212，13227，12876)，昭通凤凰山(MHYAU 13268)，鸡足山(MHYAU 13311)；甘肃：东乡县毛毛村(HMAS 143555)；陕西：临潼(HMUABO 5197)。

早熟禾属 *Poa* sp. 甘肃：和政县太子山(HMAS 143633)。

鹅观草属 *Roegneria* sp. 北京(HMAS 35210)；新疆：布尔津哈纳斯(HMAS 143719)；甘肃：临夏龙首山公园(HMAS 140267)，碌曲则岔石林(HMAS 140232)，康乐莲花山(HMAS 140261)，积石山县大河家(HMAS 140261，140264)，积石山县(HMAS 140265，140270，140271，140237)，碌曲则岔石林(HMAS 143634)；陕西：佛平(HMUABO 8055，8196)，华山(HMUABO 5850)，镇巴城郊(HMUABO 2435)；云南：楚雄紫溪山(HMAS 140245)，丽江金安乡(HMAS 140246)；浙江：杭州(HMUABO 43410)。

纤毛鹅观草 *Roegneria ciliaris*(Trin.) Nevski 陕西：宁陕县火地塘(HMUABO 40335)，城固城关公社(HMUABO 1279)，华山(HMUABO 5842，5850)，陇县(HMUABO 4436，4446)，南信阳(HMUABO 41203)。

鹅观草 *Roegneria kamoji* Ohwi 江苏：南京中山陵(HMUABO 42442)，南京雨花台(HMUABO 36366)；贵州：贵阳市郊区(HMUABO 50313)；湖北：神农架(HMUABO 40388，0419)，武昌(HMUABO 36369，36362)；陕西：武功(HMUABO 5908，5888，5911)，南郑南海区(HMUABO 1172)，华北(HMUABO 5846)，宝鸡(HMUABO 4339)，长安翠华山(HMUABO 5377)；云南：安宁温泉(HMUABO 12213)。

多秆鹅观草 *Roegneria multiculmis* Kitag. 浙江：杭州西湖花园 (HMUABO 41370)。

黑麦草 *Secale cereale* L. 西藏：林芝(MHYAU 12828)。

金色（灰绿金色）狗尾草 *Setaria glauca*（L.）Beauv. 黑龙江：虎林 858 农场（HMAS 89202）。

大油芒 *Spodiopogon sibiricus* Trin. 河北：内邱太行山（HMAS 4533）；安徽：九华山（HMAS 2567）。

针茅属 *Stipa* sp. 内蒙古：多伦（MHYAU 13226）；云南：鸡足山祝圣寺（HSFC 891445）。

鼠尾粟 *Sporobolus elongatus* R. Br. 湖北：神农架（HMUABO 40482，0512）。

阿拉伯黄背草 *Themeda triandra* Forssk. 北京：香山（HMAS 04638），八大处（HMAS 8271）。

菅属（菅草属）*Themeda* sp. 陕西：武功（HMAS 04664）。

本菌在中国的寄主和分布还有戴芳澜（1979）报道的，冰草 *Agropyron cristatum*（L.）Gaertn.：吉林，江苏；疏花鹅观草 *Agropyron pauciflorum*（Schwein）Hitchc.：江苏；羊草 *Aneurolepidium chinense*（Trin.）Kitag.：河北；野古草 *Arundinella hirta*（Thunb.）Tanaka：江苏，四川；芒野古草 *Arundinella hirta*（Thunb.）Tanaka var. *ciliata* Koidz.：河北；燕麦属 *Avena* sp.：陕西；拂子茅属 *Calamagrostis* sp.：河北；细柄草 *Capillipedium parviflorum*（R. Br.）Stapf：云南；虎尾草 *Chloris virgata* Swartz.：河北，山西，福建；披碱草 *Clinelymus dahuricus*（Turcz.）Nevski：吉林；圆柱披碱草 *Clinelymus dahuricus*（Trucz.）Nevski var. *cylindricus*（Turcz.）Franch.：河北；老芒麦 *Clinelymus sibircus*（L.）Nevski：陕西（620）；橘草 *Cymbopogon goeringii*（Steud.）A. Camus：辽宁；野青茅 *Deyeuxia sylvatica*（Schrad.）Kunth：河北；短芒羊草 *Elymus multicaulis*（Kor. et Kir.）Nevski：新疆；禾本科 Gramineae：河北，浙江，安徽，江西，河南，湖北，广东，广西；德氏异燕麦 *Helictotrichon delavayi*（Hack.）Henr.：省份不详；扁穗牛鞭草 *Hemarthria compressa*（L. f.）R. Br.：河北；芒 *Miscanthus sinensis* Anders.：浙江，湖北；芒属 *Miscanthus* sp.：四川；铺地黍 *Panicum repens* L.：广东；鸭母草 *Paspalum scrobiculatum* L.：广东；狼尾草 *Pennisetum alopecuroides*（L.）Spreng.：河北；白草 *Pennisetum flaccidum* Griseb.：河北，山西；狼尾草属 *Pennisetum* sp.：河北；犬草 *Roegneria canina*（L.）Nevski：江苏；纤毛鹅观草 *Roegneria ciliaris*（Trin.）Nevski：河北，四川；前原鹅观草 *Roegneria mayebarana*（Honda）Ohwi：河北；鹅观草 *Roegneria semicosta*（Nees）Kitag.：江苏，云南；鹅观草属 *Roegneria* sp.：陕西；金色狗尾草 *Setaria lutescens*（Weigel）F.T. Hubb：黑龙江；油芒属 *Spodiopogon* sp.：辽宁；日本菅 *Themeda japonica*（Willd.）Tanaka：河北；菅属 *Themeda* spp.：江苏；线形草沙蚕 *Tripogon filiformis* Nees：省份不详；华中农学院植物病理教研室（1981）还报道的，粟 *Setaria italica*（L.）Beaur：湖北。孙树权等（1991）报道的，燕麦 *Avena sativa* L.：山西；虎尾草 *Chloris virgata* Sawartz.：山西。邓叔群（1963）、黄天章等（1992）报道了，*Elymus europaeus* L.：黑龙江，安徽，江苏，浙江，云南，海南，福建，广西，江西。庄文颖（2001）报道的，禾本科 Gramineae：海南。庄文颖（2005）报道的，披碱草属 *Elymus multicaulis*（Kor. et Kir.）Nevski.：新疆；鹅观草 *Roegneria* sp.：陕西太白山。

世界分布：中国，比利时，古巴，印度，斯里兰卡，美国，意大利，德国，澳大利亚。

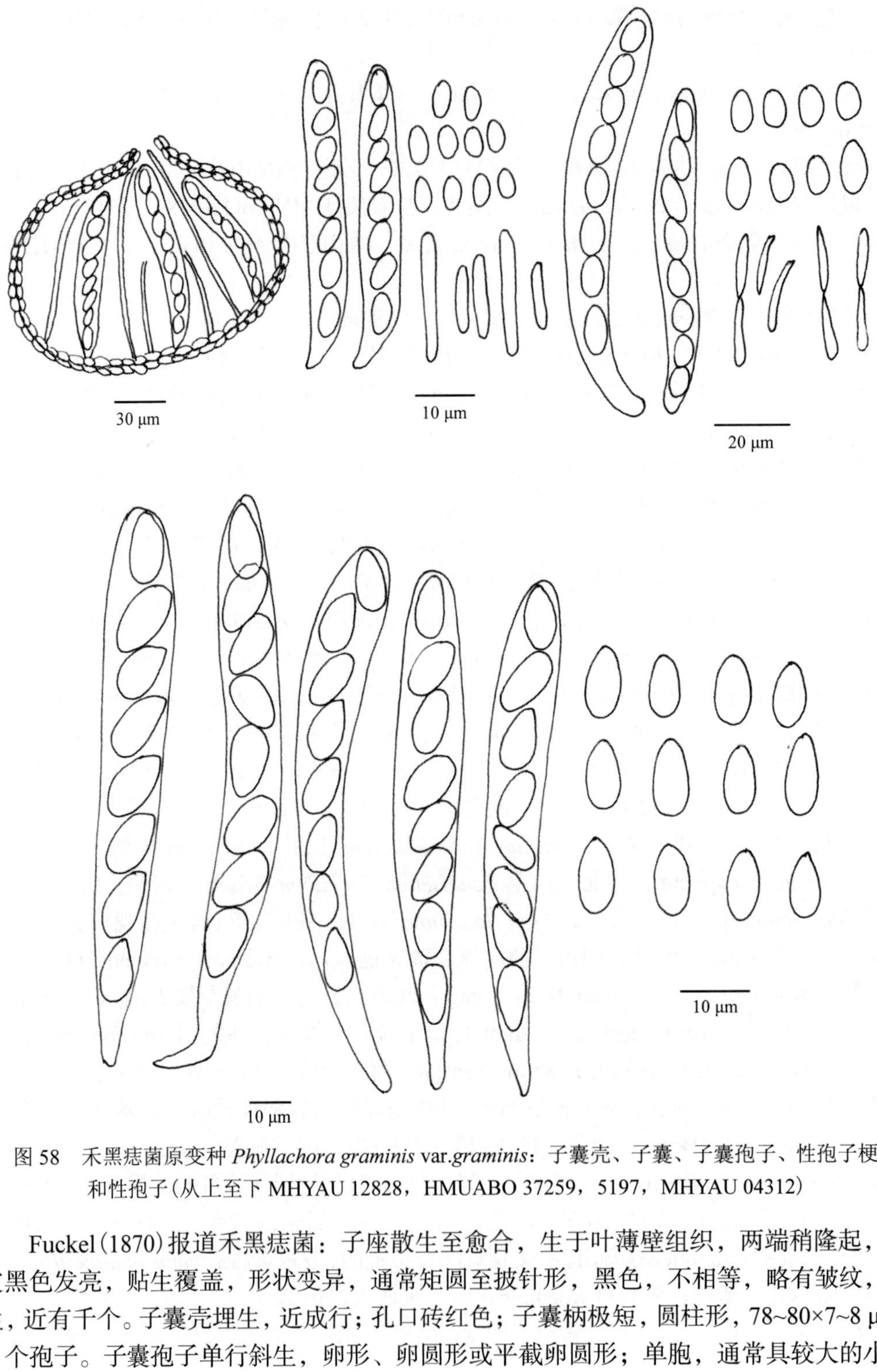

图 58　禾黑痣菌原变种 *Phyllachora graminis* var.*graminis*：子囊壳、子囊、子囊孢子、性孢子梗和性孢子（从上至下 MHYAU 12828，HMUABO 37259，5197，MHYAU 04312）

Fuckel（1870）报道禾黑痣菌：子座散生至愈合，生于叶薄壁组织，两端稍隆起，表皮黑色发亮，贴生覆盖，形状变异，通常矩圆至披针形，黑色，不相等，略有皱纹，纵生，近有千个。子囊壳埋生，近成行；孔口砖红色；子囊柄极短，圆柱形，78~80×7~8 μm，8 个孢子。子囊孢子单行斜生，卵形、卵圆形或平截卵圆形；单胞，通常具较大的小油滴，无色，8~12×4~5 μm，侧丝丝状，散生。子囊腔内精孢子圆柱形至镰刀状，16×1.5~2 μm，无色，性孢子梗，具许多小油滴。本菌在冰草属 *Agropyron*、剪股颖属 *Agrotis*、短柄草

属 *Brachypodium*、雀麦属 *Bromus* 上很普遍，偶见于其他禾本科上，但不在鸭茅属 *Dactylis* 和羊茅属 *Festuca* 上，因其自有黑痣菌种。据此本菌鉴别特征：子囊孢子卵形，性孢子梗端钝圆，寄主范围广泛。我们观察的标本与之相符合。

Phyllachora graminis 作为黑痣菌属的模式种，是分布最广泛、禾本科上最常见的种。在黑痣菌属分类研究的早期，很多寄生在禾本科上的种都被鉴定为 *Phyllachora graminis*。Parbery（1967）的研究表明，*Phyllachora graminis* 主要分布在禾本科的早熟禾亚科植物上。本研究表明，本种的寄主植物范围可能比 Parbery（1967）认为的要广泛。美国及芬兰等国外标本也显示出了较广的寄主植物范围。1935 年，Grove 把在 *Agropyron repens* 上的 *Phyllachora graminis* 的无性型定名为 *Leptostromella graminis*。Arx 和 Müller（1954）也观察到了该种的无性型。Petrak（1956）认为它的无性型不是 *Leptostromella graminis*，而是 *Linochora graminis*。我们所观察的标本中性孢子梗端钝圆，未见性孢子器。

禾黑痣菌黍生变种　图 59

Phyllachora graminis var. **panicicola** Henn., Engler's Bot. Jahrb. 22: 80, 1897; Saccardo's Syll. Fung. XIV: 672, 1899.

子座叶两面生，聚生偶有散生，黑色，点状或连成片状。子囊圆柱形，纺锤形，8 个孢子，具短柄，55~100×15~18（平均 75×13）μm。子囊孢子单列，不规则双列，椭圆形、卵圆形至近球形，6.3~15×5.0~7.5（平均 10.5×6.4）μm。

卡西山黍，滇西黍 *Panicum khasianum* Munro ex Hook. f. 云南：大围山（MHYAU 13271）。

世界分布：中国，喀麦隆。

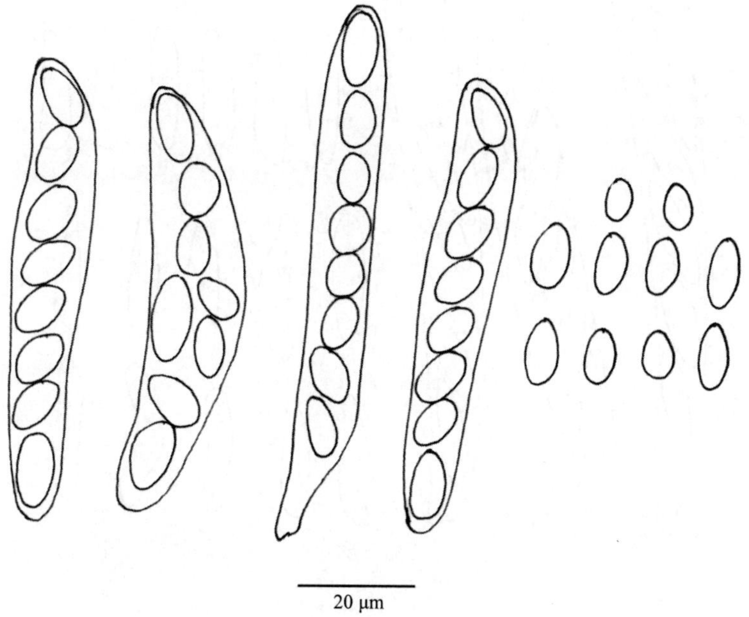

图 59　禾黑痣菌黍生变种 *Phyllachora graminis* var. *panicicola*：子囊和子囊孢子（MHYAU 13271）

本种是中国新记录种。Hennings(1897)描述本菌，子座叶两面生，散生或愈合，黑褐色。子囊圆柱形至棒状；内含 8 个孢子，86~100×10~12 μm。子囊孢子单行斜生，椭圆形，无色，近颗粒状，11~14×7~8 μm。我们观察的标本与其基本相同，但体积较小。

河口黑痣菌　新种　图 60

Phyllachora hekouensis J. Y. Li & H. R. Luo, **sp. nov**. Fig. 60

Coloniis in universum epiphyllis, raro hypophyllis, discretis, atris, 0.1~0.8×0.1~0.8 mm, texturis hospitis circa clypeos brunneis vel fuscis; Peritheciis in mesophyllis crescentibus, globularibus vel subglobularibus, 120×120~150 μm; paraphysibus saepe cohaerentibus. Ascis octosporis, cylindratis, perbreviter stipitatis, 84~113×9~9.5 μm; Ascosporis monostichis, plerumque ovato-acuminatis vel fusiformibus, (18~) 21.5 (~27.5) ×3.5~ 5 μm.

A *Phyllachora indocalami* Saw. ascosporis ovato-acuminatis vel fusiformibus, angustioribus differt.

Typus: Hab.in foliis *Indocalami tessellati* (Munro) Keng f.: Hekou, Yunnan, Sina. leg.Li Jiangyi *et al*., Nov. 7, 1974. Herbarium Mycologicum Univerisitatis Agriculturae Boreali-Occidentalis, Yangling, Shanxi, Sina HMUABO 2328.

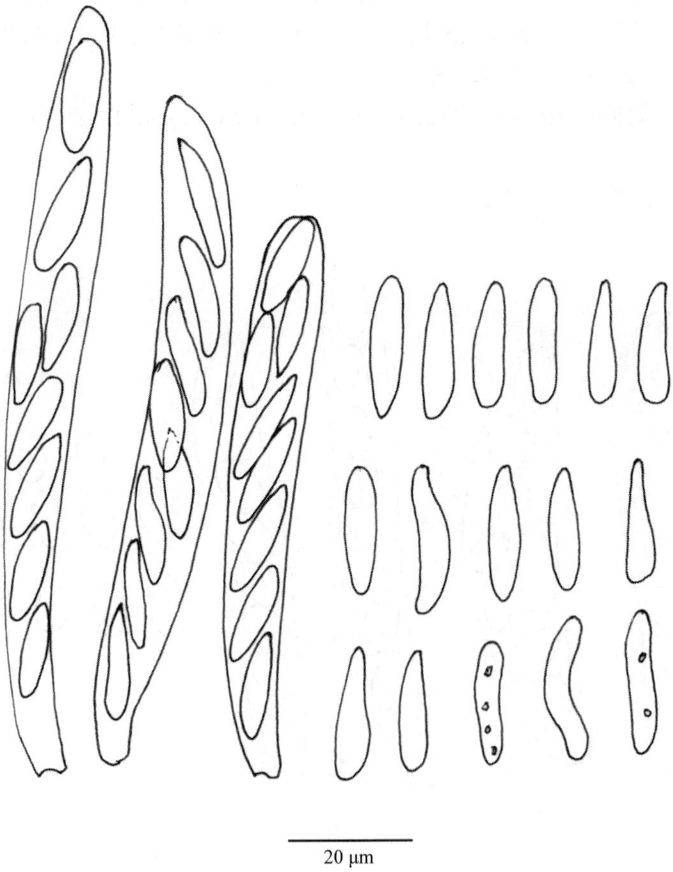

图 60　河口黑痣菌 *Phyllachora hekouensis*：子囊和子囊孢子
(HMUABO 2328)

盾片叶面生，稀背面生，散生，黑褐色，0.1~0.8×0.1~0.8 mm。盾片周围寄生组织褐色或棕色，侧丝多胶化。子囊壳生于叶肉组织中，集生，球形或亚球形，120×120~150 μm。8 孢子子囊圆柱形，端部略细，钝圆，具短柄，基部略膨大，84~113×9~9.5 μm。子囊孢子单列，一端尖细的长卵圆形（或近乎舟形）至纺锤形，罕椭圆形，很窄（18~）21.5（~27.5）×3.5~5 μm。

箬竹 *Indocalamus tessellatus*（Munro）Keng f. 云南：河口县坝沙，海拔 300 m，7，IX，1974，李建义等（HMUABO 2328 模式）。模式标本存放西北农林科技大学真菌标本室。

世界分布：中国。

本菌的鉴别特征：子囊圆柱形，子囊孢子一端尖细的长卵形至纺锤形，很窄。已报道的寄生 *Indocalamus* 的唯一一个种是 *P. indocalami*，子囊孢子椭圆形，或一端伸长的舟形（近乎卵圆形）或略呈纺锤形，但两端略钝圆，罕卵圆形，（14.5~）21（~22）×5~7.5 μm；因此，新种至少有两点与 *P. indocalami* 相区分，其一，子囊孢子纺锤形；其二，子囊孢子显著窄。

新种与寄生弓果黍属（*Cyrtococcum*）上的 *P. lacrimiformis*（Ullasa 1969）相似，但 *P. lacrimiformis* 的子囊孢子严格双列，泪滴形，子囊囊状，58~68×6~8 μm，而新种寄生于竹亚科，子囊圆柱形，子囊孢子单列，多呈纺锤形，因此，很容易区分这两个种。区别于所有其他禾本科植物上黑痣菌的特征是子囊孢子纺锤形（或一端尖细的长卵圆形）。

白茅生黑痣菌 新种 图 61

Phyllachora imperaticola Sawada ex R. Zhang, N. Liu & S.S.Tzean **sp. nov**. Fig. 61

Phyllachora imperaticola Sawada, Spec. Publs. Coll. Agric. Natn. Taiwan Univ. 8: 56, 1959; Tai, Sylloge Fungorum Sinicorum p. 274, 1979, Tsai, List of Plant Diseases in Taiwan p.217, 1991, nom. inval.（sine descriptione latina）.

Maculis nullis. Stromatibus amphigenis, sparsis, ellipsoideis vel longe ellipsoideis, applanatis, nigris, nitentibus, 0.4~1.5×0.2~1 mm, 2-locularibus. Peritheciis atris, 120~130×65~100 μm. Ascis cylindraceo-clavatis vel cylindraceis, apice rotundatis, octosporis, breviter pedicelatis, 68~110×10~18 μm. Ascosporis monostichis vel subdiplostichis, 12.5~20×7.5~10 μm, late ellipsoideis vel ellipsoideis, utrinque rotundatis, unicellularibus, hyalinis, levibus. Paraphysibus filiformibus et ascos superantibus, hyalinis, continuis, 2~2.5 μm diam.

Typus: Hab. in foliis vivis *Imperatae cylindricae*（L.）Beauv. var. *koenigii*（Retz.）Durand et Schinz（Gramineae）: Shuangchi, Taibei, Taiwan, leg. K. Sawada, June 16, 1929, Univesitas Taiwanica-Planta Pathologia & Entomologia, Taibei, Sina（NUT–PPE）; Paratypus HMAS 05085.

无病斑。子座叶两面散生，椭圆形或长椭圆形，沿叶脉生长，扁平，黑色，有光泽，0.4~1.5×0.2~1 mm，有 2 个腔。子囊壳 120~130×65~100 μm，壁黑色，厚 23~28 μm。子囊棍棒形至圆柱形或圆柱形，棍棒状，顶端圆，8 个孢子，68~110×10~18 μm，短柄，薄壁。子囊孢子单行或不规则双行排列，12.5~20×7.5~10 μm，广椭圆形或椭圆形，两端圆，有的孢子弯曲或不规则形，单胞，薄壁，无色，平滑，无胶质鞘。侧丝线形，无隔，无色，长于子囊，直径 2~2.5 μm。

凯氏白茅 *Imperata cylindrica*(L.) Beauv. var. *koenigii* (Retz.) Durand & Schinz (Gramineae) 台湾：台北双溪，16，VI，1929，Sawada 采(NUT–PPE 模式)，HMAS 05085。

戴芳澜(1979)还报道了印度白茅 *Imperata cylindrica*(L.) Beauv.：台湾。

世界分布：中国。

Sawada(1959)发表本种时无拉丁文描述，为无效名称；我们在 2002 年观察了台湾标本，现重新发表，提供拉丁文描述和附图，认可本种属实。本种与 *Phyllachora imperatae* Syd. 在孢子和子座的大小上不同，后者子座长 1~2 mm，有 5~10 个腔，子囊 70~80×12~14 μm，子囊孢子窄椭圆形，或矩圆形至椭圆形，12~17×5~6 μm。

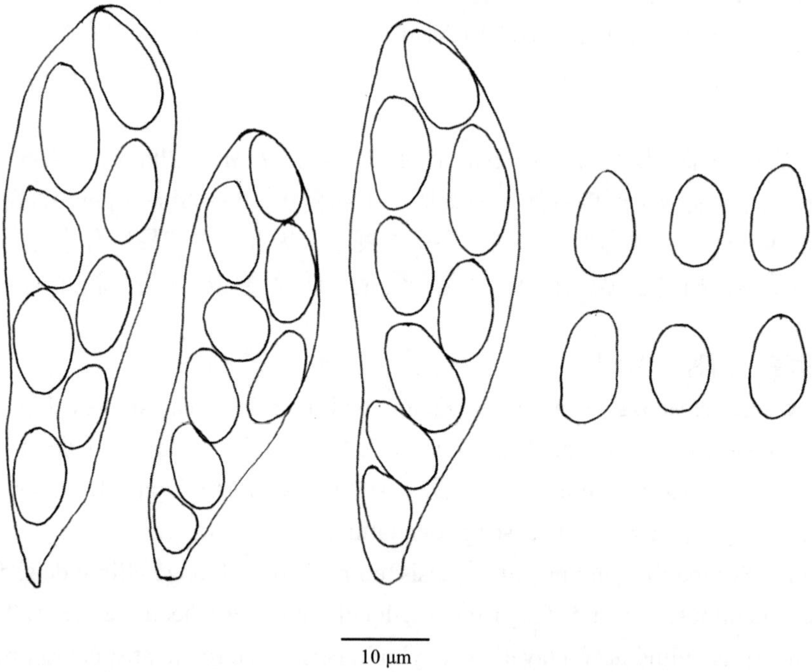

图 61　白茅生黑痣菌 *Phyllachora imperaticola*：子囊和子囊孢子(HMAS 05085)

鸭嘴草黑痣菌　图 62

Phyllachora ischaemi Syd. & P. Syd., Annls. mycol. 13(1): 40, 1915; Saccardo's Syll. Fung. XXIV: 580, 1926; Parbery, Aust. J. Bot. 15: 311, 1967; Tai, Sylloge Fungorum Sinicorum p. 275, 1979; Luo, Studies on graminicolous Species and Their Divisional Criteria of Phyllachora Nke. in Fuckel in China p. 29, 1984; Zhuang, Higher Fungi of Tropical China p. 119, 2001; Li, Study of Taxonomy of Phyllachora Nitschke ex Fuckel in China p. 18, 2006; Liu, Taxonomy of Phyllachora in China p. 41, 2007; Lu, Diversity of Phyllachora from China p. 58, 2009.

Phyllachora andropogonis-micranthi Sawada, Rep. Govt Res. Inst. Dep. Agric., Formosa 87: 11, 1944; Tai, Sylloge Fungorum Sinicorum p. 268, 1979.

Phyllachora heteropogonis Sawada, Rep. Govt. Res. Inst. Dep. Agric., Formosa 87: 16, 1944; Tai, Sylloge Fungorum Sinicorum p. 276, 1979.

Phyllachora microstegii Sawada, Rep. Govt Res. Inst. Dep. Agric., Formosa 87: 17, 1944; Tai, Sylloge Fungorum Sinicorum p. 276, 1979.

Phyllachora miscanthicola Sawada, Bull. Govt. Forest Exp. Stn. Meguro 53: 160, 1952.

子座叶两面生，散生或成行规则排列，点状或椭圆形。8孢子子囊圆柱状或棍棒状，或端部变细的柱囊状，无色，孢子双行或单行排列，50~70(~112)×10~20(平均58.3×13)μm。侧丝高出子囊，丝状，端部稍细或膨大呈球状，无色。子囊孢子多为卵形或卵圆形至长卵圆形、椭圆形，罕有亚圆形，有的孢子赤道处稍缢缩，(8~)10~22.5×5~7.5(平均13.9×6.5)μm。性孢子梗圆柱形，端部渐细，6~12×1~2 μm；性孢子丝状，12~17×1 μm。

细毛(印度)鸭嘴草 *Ischaemum indicum*(Hoult.) Merr. 福建：永安(HMAS 06971)。

茅叶荩草 *Arthraxon prionodes*(Stend.) J. E. Dandy=*Arthraxon lanceolatus*(Roxb.) Hochst. 广西：桂林市(HMUABO 51283，513355)，武鸣(HMUABO 52015)，柳州(HMUABO 50868，50868付)；湖北：龟山(HMUABO 40127，40127-a)；福建：福州(HMUABO 52181，52470)。

硬秆细柄草 *Capillipedium assimile*(Stend.) A.Camus 云南：昆明金殿(MHYAU 13245)；安徽：黄山花溪(HMUABO 42022)。

硬秆子草 *Capillipedium glaucopsis*(Steud.) Stapf. 江西：南昌(HMUABO 44707)；云南：保山(HMUABO 11994)，昆明黑龙潭(MHYAU 13319-1)，勐海南桥山(HMUABO 11628)；福建：福州(HMUABO 52044)。

细柄草 *Capillipedium parviflorum*(R. Br.) Stapf 福建(HMUABO 52415)；云南：丽江玉峰寺(HMAS 140260)，丽江黑龙潭(MHYAU 13546)，洱海牛街乡(HMAS 143648)，腾冲县蒲川乡(HMAS 172114)。

细柄草属 *Capillipedium* sp. 云南：腾冲(HMAS 140256)。

缅甸方竹 *Chimonobambusa armata*(Gamble) Hsueh & Yi 云南：保山、滕冲、龙陵交界处 1900 m(HFSC 010423)。

扭鞘香茅 *Cymbopogon tortilis*(Prel.) A.Canus 云南：勐海南桥山(HMUABO 11628)。

双花草 *Dichanthium annulatum*(Forssk.) Stapf 云南：保山芒宽(MHYAU 13792)。

禾本科 Gramineae 云南：嵩明(MHYAU 12794)。

黄茅 *Heteropogon contortus*(L.) Beauv. ex Roem. et Schult. 云南：保山市蒲缥乡马街村(HMAS 140259)。

柔枝莠竹 *Microstegium vimineum*(Trin.) A.Camus 安徽：黄山(HMUABO 42069)。

荻 *Miscanthus sacchariflorus*(Maxim.) Benth. et Hook. f. 陕西：武功(HMUABO 5907)，华山(HMUABO 5832，5836，5837)；云南：新平(HMUABO 10295)。

芒 *Miscanthus sinensis* Anderss. 安徽：黄山(HMUABO 42063)；湖南：南岳(HMUABO 44965，44853，44893)；贵州：药用植物园(MHYAU 12890)。

紫芒 *Miscanthus sinensis* var. *purpurascens*(Anderss.) Matsum. =*Miscanthus purpurascens* Anderss. 福建：崇安(HMUABO 52431)。

旱毛裂稃草 *Schizachyrium brevifolium*(Sw.) Nees ex Büse 云南：昆明黑龙潭(MHYAU 13541)。

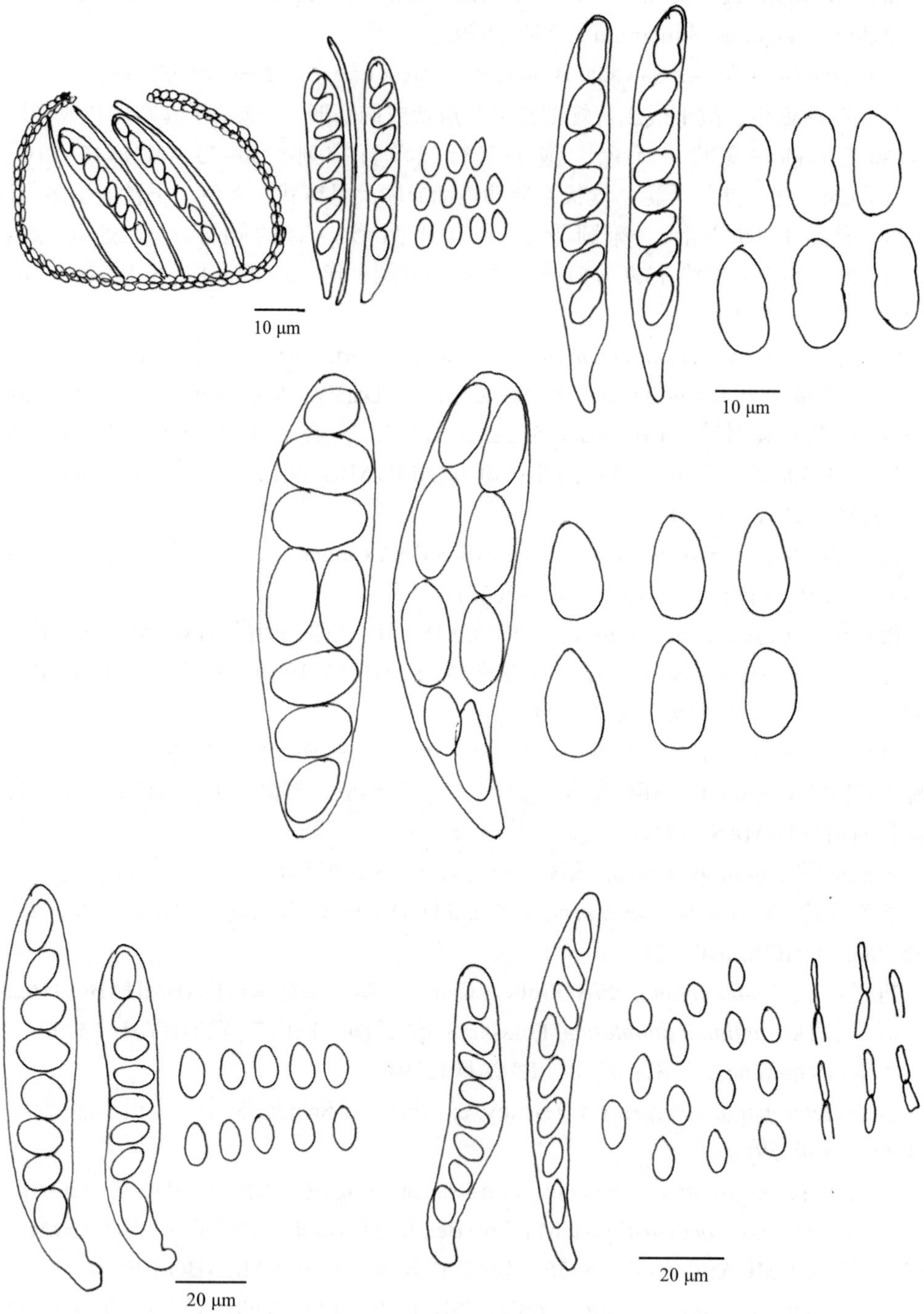

图 62 鸭嘴草黑痣菌 *Phyllachora ischaemi*：子囊壳、子囊、侧丝和子囊孢子
(从上至下 HMUABO 1518，HMAS14026，06971，HMUABO 51283，5907)

油芒 *Spodiopogon cotulifera*（Thunb.）Hack 云南：保山太保山坡（HMUABO 12068）；广西：南宁市（HMUABO 51913）；陕西：南郑县（HMUABO 2251）。

苞子草 *Themeda caudata*（Nees）A.Camus 云南：腾冲（HMAS 143653）。

本菌在中国的寄主和分布还有戴芳澜（1979）报道的：金丝茅 *Chrysopogon aciculatus*（Retz.）Trin.（禾本科 Gramineae）：台湾；鸭嘴草 *Ischaemum ciliare* Retz.：福建；大竹叶茅 *Microstegium ciliatum* var. *wallichiana* Hack.：台湾；细柄草 *Capillipedium parviflorum*（R. Br.）Stapf：台湾，四川；沃氏刚莠竹 *Microstegium ciliatum*（Trin.）A. Camus var. *wallichiana* Hack.：台湾；细毛鸭嘴草 *Ischaemum ciliare* Retz.：福建；刺黄茅 *Heteropogon contortus*（L.）Beauv. var. *hispossimus* Hinda：台湾。庄文颖（2001）报道的，有芒鸭嘴草 *Ischaemum aristatum* L.：香港。

世界分布：几内亚共和国，中国，日本，马来西亚，乌干达，印度，印度尼西亚，南非，缅甸，澳大利亚。

本菌鉴别特征，子囊孢子卵形，有的赤道处稍缢缩，性孢子梗具短尖。寄主范围：荩草属（*Arthraxon*）、细柄草属（*Capillipedium*）、香茅属（*Cymbopogon*）、芒属（*Miscanthus*）、大油芒属（*Spodiopogon*）等。

寄生于 *Miscanthus* 上的 *P. ischaemi* 均产生发达或不甚发达的子座。如前所述，子座的有无受环境及寄主的影响，而不是病菌种的特异性，所以，在这里仍把寄主 *Miscanthus* 产生的子座作为一个不稳定特征。

Parbery（1967）将 *P. andropogonis*、*P. fallax*、*P. ischaemi*、*P. pogonotheri* 总称为 *P. fallax* 组群，根据资料分析和所鉴定的标本可以看出：*P. pogonotheri* 的子囊孢子或多或少是卵圆形的，端部渐尖；*P. andropogonis* 的子囊孢子明显的大，20~21.5×8~11 μm。所以，它们应该是不同的种，不必归在一个组群里。Parbery 认为，*P. fallax* 的大多数子囊孢子是卵形的，而 *P. ischaemi* 的大多数子囊孢子是卵圆形的，但根据我们所鉴定的 *P. ischaemi* 标本来看，*P. ischaemi* 的大多数子囊孢子是卵形的，这就很难确定所鉴定的标本是 *P. ischaemi* 还是 *P. fallax*，事实上，它们可能就是一个种，根据命名法规，正名应该是 *P. fallax*，而 *P. ischaemi* 应该是 *P. fallax* 的异名。

Parbery（1967）根据文献描述将 Sawada 报道的 *P. andropogonis-micranthi* Sawada、*P. heteropogonis* Sawada、*P. microstegii* Sawada、*P. andropogonis-aciculatis* Sawada、*P. miscanthicola* Sawada 5 个种作为 *P. ischaemi* 的异名。这 5 个种的子囊孢子尺寸都比 Parbery（1967）报道的要小，但形状相同，都是卵圆形、椭圆形。*P. ischaemi* 赤道处缢缩的子囊孢子区别于很多黑痣菌。Parbery（1967）采取宽泛的种概念，列举了 15 个属的寄主植物，这些属都是亚热带和热带常见的 *Andropogoneae*，分布于南非、东南亚、中国、澳大利亚等地区。馆藏 HMAS 6971 未观察到子囊及子囊孢子。

Sydow 和 Sydow（1915）对 *P. ischaemi* 描述如下：子囊圆柱状至棍棒状，侧丝多，具短柄，8 个孢子，45~60×12~18 μm；孢子不规则形双行或团聚，卵形至椭圆形，两端钝，连续，无色，12~15×5~6.5 μm，寄生于鸭嘴草 *Ischaemum* sp.。我们观察的标本与其相符合，命名为此种。

鸭嘴草黑痣菌莠竹变种　新变种　图 63

Phyllachora ischaemi var. **microstegii** H.J. Lu, H.R. Luo & H. Zhang **var. nov**. Fig.63

Maculis orbicularibus vel elongato-orbicularibus, marginibus griseis circumdatis, 1~1.5×2~2.2 mm. Stromatibus amphigenis, sparsis, sphaericis, atris, elevatis, nitidis, 0.1~0.2 mm diam. Peritheciis phialiformibus vel subsphaericis, immersis, 153~255×51~204 μm. Ascis cylindraceis, 8-sporis, stipitatis, 54~77×10~13 μm, med. 66×13 μm. Ascosporis oblique monostichis vel transverse positis, ovoideis vel ovatis, pauce subglobularibus, continuis, hyalinis, nonconstrictis. Paraphysibus filiformibus, aseptatis, asco longioribus.

Typus: Hab. in foliis *Microstegii viminei*(Trin.) A. Camus(Gramineae): Menghan, Yunnan. Leg. Li Jian-yi, Nov. 18. 1974. Herbarium Mycologicum Universitatis Agriculturae Boreali-Occidentalis, Yangling, Shaaxi, Sina(HMUABO) 11354; Huangshan, Anhui, Sina, leg. Li Jian-yi *et al*., Oct. 12, 1980, (HMUABO 42069).

In foliis *Microstegii nudi*(Trin.) A.Camus: Lushan, Jiangxi, Sina, leg. Li Jian-yi *et al*., Sept. 25. 1982. HMUABO 41256, 41329.

In foliis *Microstegii* sp.: Liuzhou, Guangxi, Sina, leg. Li Jiang-yi *et al*., Oct. 4. 1980. HMUABO 50867.

无病斑。子座圆形、长圆形，灰白色，1~1.5×2~2.2 mm。子座(盾片)叶两面生，散生，圆形，黑色，有光泽，直径 0.1~0.2 mm。子囊壳瓶形，埋生，具孔口，153~255×51~204 μm。子囊圆柱形，具柄，8 个孢子，54~77×10~13(平均 66×13) μm；柄 8~19×5~6 μm。侧丝高于子囊，丝状，无色。子囊孢子斜单列，偶有横位，卵圆形、亚球形、椭圆形，无缢缩，单胞，无色，6.4~13.4×5.7~6.4(平均 11.3×6.0) μm。

柔枝莠竹 *Microstegium vimineum*(Trin.) A. Camus 云南：勐罕，18，XI，1974，李建义采(HMUABO 11354 模式)；安徽：黄山，12，X，1980，李建义等采(HMUABO 42069)。

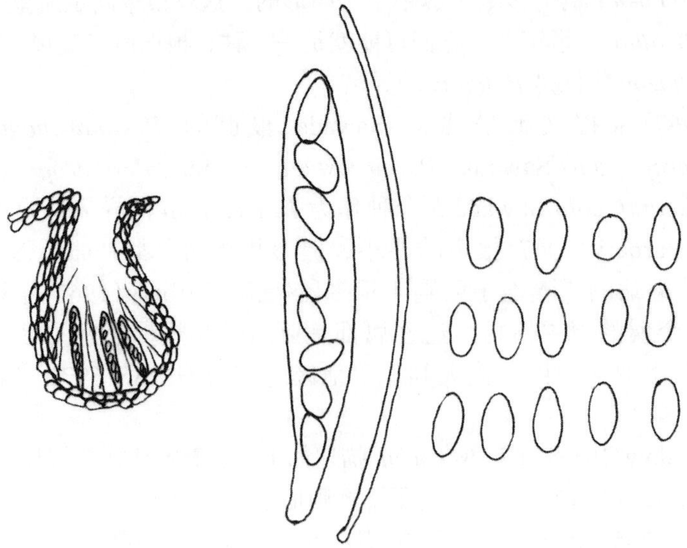

图 63　鸭嘴草黑痣菌莠竹变种 *Phyllachora ischaemi* var. *microstegii*：子囊壳、子囊、侧丝和子囊孢子(HMUABO 11354)

竹叶茅 *Microstegium nudum*(Trin.) A.Camus 江西：庐山，4，X，1980，李建义等采(HMUABO 41256，41329)。

莠竹属 *Microstegium* sp. 广西：柳州，25，IX，1982，李建义等采(HMUABO 50867)。

世界分布：中国。

本变种与鸭嘴草黑痣菌原变种 *P. ischaemi* Syd. & P. Syd. var. *ischaemi* 的区别在于后者的子囊孢子卵形，且一端稍尖，或卵圆形至长椭圆形，有的孢子中部有缢缩，而本变种的子囊孢子主要是卵圆形、亚球形，无缢缩，很容易与鸭嘴草黑痣菌原变种区别。

卡氏黑痣菌 图 64

Phyllachora kaernbachii Henn., Engler's Bot. Jahrb. 44(18 beib.): 39, 1894; Saccardo's Syll. Fung. XI: 372, 1895; XII: 548, 1897; Lu, Diversity of *Phyllachora* from China p. 18, 2009.

盾片多数叶正面生，少数叶背生，不规则形，黑色，隆起，有光泽，0.2~1.5×0.2~3.0 mm。子囊壳半球形，不规则形，71~184×184~388 μm。子囊棍棒状，长椭圆形，8 个孢子，略具柄，36~64×15~23(平均 50.3×18.3) μm。侧丝丝状，无隔，高于子囊，宽 2.1 μm。子囊孢子单列，不规则双列，椭圆形、卵圆形，单胞，无色，9.8~16.7× 7.2~9.0(平均 12.5×7.7) μm。

菩提树 *Ficus religiosa* L.(桑科 Moraceae) 云南：西双版纳植物园(MHYAU 12900)。

世界分布：中国，印度，巴布亚新几内亚。

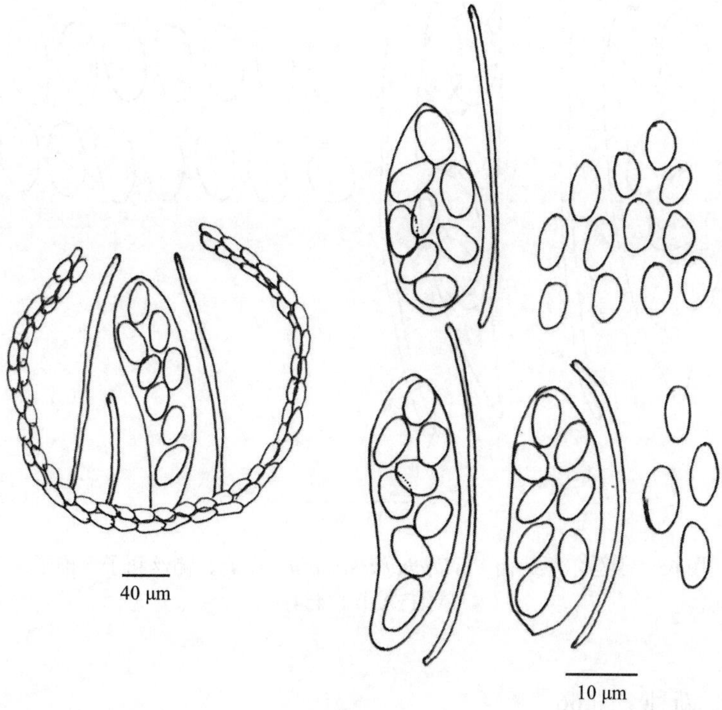

图 64 卡氏黑痣菌 *Phyllachora kaernbachii*：子囊壳、子囊、侧丝和子囊孢子 (MHYAU 12900)

本菌为中国新记录。Hennings (1894) 描述本菌，子囊棍棒状，略具柄，8 个孢子，50~62×10~15 μm。子囊孢子椭圆形，偶尔卵圆形，无色至黄色，9~12×7~8 μm。我们观察的标本与其基本相同。

卡马尔黑痣菌　图 65

Phyllachora kamalii Seshadri, Mycopathologia 34: 320, 1968.

子座叶两面生，圆形，黑色，突起，直径 1~2 mm，可愈合，不发亮。子囊壳近盘状，213~341×44~80 μm。子囊囊状，8 个孢子，41~59×10~18 μm。子囊孢子双列，卵圆形，稀有近球形，单胞，无色，10.2~12.8×4.6~6.4 μm。

榕属 *Ficus* sp. (桑科 Moraceae) 海南 (MHYAU 13453)。

世界分布：中国，印度。

本菌为中国新记录。Seshadri (1968) 描述本菌，子囊圆柱形，无色，具顶部结构，81.4~92.5×11.1 ~14.8 μm。子囊孢子无色，卵形，8.25~12.95×5.55~7.4 μm。我们观察的标本与其相似。

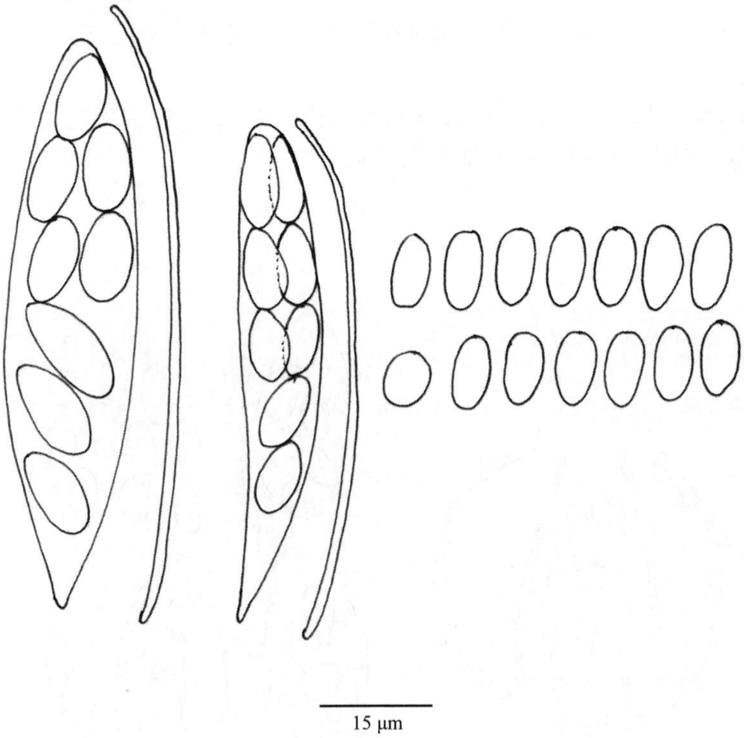

图 65　卡马尔黑痣菌 *Phyllachora kamalii*：子囊、侧丝和子囊孢子 (MHYAU 13454)

孝顺竹黑痣菌　新种　图 66

Phyllachora lelebae Sawada ex Y. Zhao, N. Liu & Y. Qing, **sp. nov**. Fig. 66

Phyllachora lelebae Sawada, Spec. Publ. Coll. Agric. Natn. Taiwan Univ. 8: 57, 1959; nom.

inval. (sine descriptione latina); Tai, Sylloge Fungorum Sinicorum p. 275, 1979; Tsai, List of Plant Diseases in Taiwan p.46, 1991; Wang *et al*., List of the Fungi in Taiwan. p.88, 1999.

Maculis nullis. Stromatibus amphigenis, sparsis, rotundatis vel ellipsoideis, atro-nitentibus, 0.5~1.5×0.4~1.2 mm, unilocularibus. Peritheciis ellipsoideis, 390~750×290~380 μm, in mesophyllis crescentibus. Ascis cylindraceis, apicibus rotundatis, basibus attenuatis, 113~200×7.5~11 μm, octosporis, breviter stipitatis. Ascosporis monostichis, ellipsoideo-fusoideis, fusoideis vel angusti-ellipsoideis, (12.5~) 22~25.2×5~9 μm, continuis, hyalinis, laevibus. Paraphysibus filiformibus et ascos superantibus, hyalinis, continuis, 0.5~2 μm diam.

Typus: Hab. in foliis vivis *Lelebae beisitiku* Odashima (Gramineae): Taibei, Taiwan, Sina, leg. K. Sawada Nov. 12, 1925. Universitas Taiwanica-Planta Pathologia & Entomologia (NUT–PPE); in *Leleba beistiku* Odash.: Taiwan Sina HMAS 05372.

无病斑，子座叶面散生，圆形或椭圆形，扁平，近圆形的周围叶子发黄，黑色，有光泽，0.5~1.5×0.4~1.2 mm，单腔，小孔不明显。子囊壳椭圆形，390~750×290~380 μm，壁黑色，壁厚 65~70 μm，叶肉组织内生，子囊着生于子囊壳底部和侧壁，颈部穿透寄主表皮层。缘丝无色。子囊圆柱形，顶圆，基部变狭，113~200×7.5~11 μm，8 个孢子，短柄，薄壁，有顶环。子囊孢子单行排列，椭圆形至纺锤形、纺锤形或窄椭圆形，(12.5~) 22~25.2×5~9 μm，单胞，无色，平滑，有胶质鞘。侧丝线形，无色，无隔，略高于子囊，直径 0.5~2 μm。

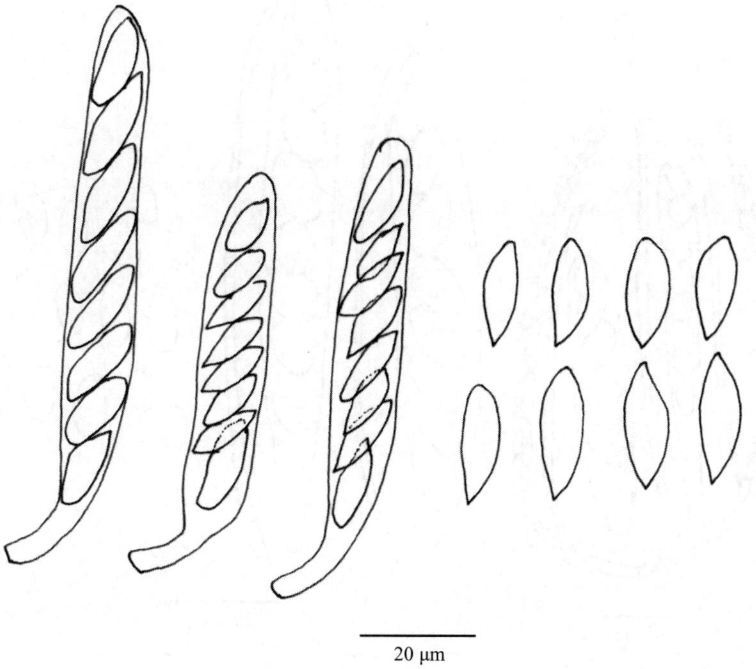

图 66　孝顺竹黑痣菌 *Phyllachora lelebse*：子囊和子囊孢子
(HMAS 05372)

孝顺竹 *Leleba beisitiku* Odashima (*Bambusa pachinensis* Hayata var. *pachinensis*) 台湾：台北，12，XI，1925，Sawada 采 (NUT–PPE 模式) (HMAS 05372)。

世界分布：中国。

Sawada (1959) 发表本种时无拉丁文描述，为无效名称；我们在 2002 年观察了台湾标本，现重新发表，提供拉丁文描述和附图，认可本种属实。本种与近似种 *Phyllachora shiraiana* Syd. 的区别，在于后者的子囊孢子较小 (18~20×7~8 μm)，两端略尖。

千金子生黑痣菌　新种　图 67

Phyllachora leptochloicola R. Zhang, H.J. Lu & H.R. Chen, **sp. nov**. Fig. 67

Maculis nullis. Stromatibus amphigensis, irregularibus, atris, discretis vel aggregatis, contextis hospitis subfulvidis vel griseis circumcinctis, 0.2~0.5×0.5~1.5 mm. Peritheciis subglobosis vel cylindraceis, poris rotundatis praeditis, immersis, 41~224×26~204 μm. Ascis cylindraceis, octosporis, stipitatis, 53~75×8~10 μm, med. 65×11 μm. Paraphysibus filiformibus, non ramosis, ascis longioribus. Ascosporis oblique monostichis, ellipsoideis, pauce subglobularibus vel ovoideis, 8~14×5~7 μm, med. 10.6×5.5 μm.

Typus: Hab. in foliis *Leptochloae chinensis* (L.) Nees (Gramineae): Zhongshanling, Nanjing, Jiangsu, Sina Oct. 18, 1980. leg. Li Jianyi, Herbarium Mycologicum Universitatis Agriculturae Boreali-Occidentalis, Yangling, Shaaxi, Sina HMUABO 42663.

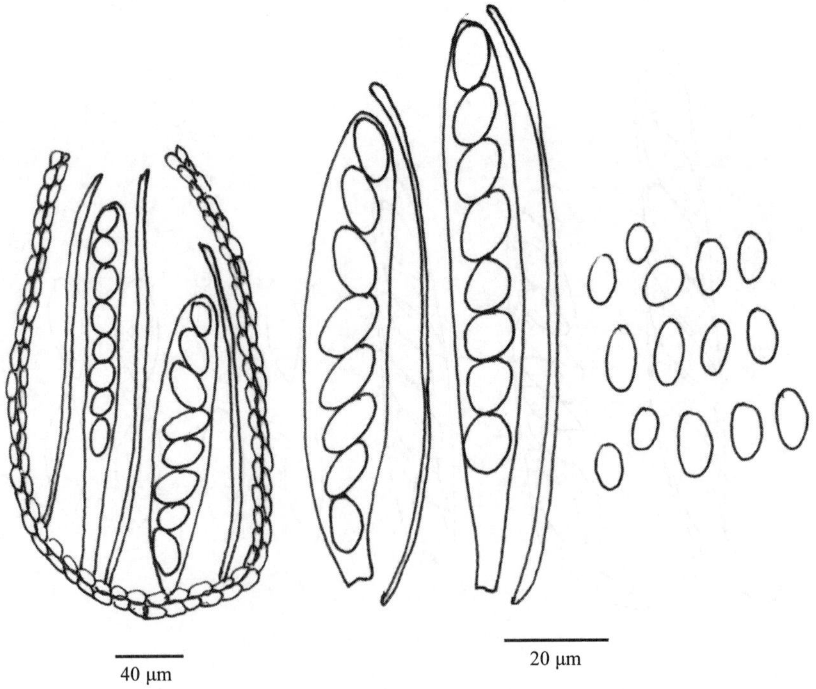

图 67　千金子生黑痣菌 *Phyllachora leptochloicola*：子囊壳、子囊、侧丝和子囊孢子 (HMUABO 42663)

无病斑，子座(盾片)叶两面生，不规则形，黑色，散生或聚生，外围寄主组织褪绿变黄色或灰白色，0.2~0.5×0.5~1.5 mm。子囊壳近球形、圆桶形，埋生，具圆形孔口，41~224×26~204 μm。子囊圆柱形，8 个孢子，具柄，53~75×8~10(平均 65×11) μm。侧丝丝状，无隔，高于子囊。子囊孢子斜单列，椭圆形，偶有近球形、卵圆形，8~14×5~7(平均 10.6×5.5) μm。

千金子 *Leptochloa chinensis* (L.) Nees 南京：中山陵，18，X，1980，李建义，张天宇采(HMUABO 42663 模式)。

世界分布：中国。

千金子属 *Leptochloa* 仅有千金子黑痣菌 *Phyllachora leptochloae* Chardón；Chardón (1932) 报道，其子囊圆柱形，短柄，75~95×9.5~13 μm。子囊孢子尖卵形至纺锤形，14~19×5~6 μm。性孢子丝状，15~20×1 μm。与本菌的区别在于子囊孢子形态不同(椭圆形)，体积较小；据此本菌拟立为新种。

本种与近似种禾生黑痣菌 *Phyllachora graminicola* Sawada ex X. L. Li, S. S. Tzean & Z. Y. Zhang 的区别在于后者子囊孢子全为椭圆形，缺其他形态。

小幕草黑痣菌　图 68

Phyllachora leptotheca Theiss. & Syd., Annls. mycol. 13 (3-4): 458, 1915; Saccardo's Syll. Fung. XXIV: 585, 1926; Parbery, Aust. J.Bot.15: 319, 1967; Tai, Sylloge Fungorum Sinicorum p. 275, 1979; Li, Study of Taxonomy of *Phyllachora* in China p. 31, 2006; Liu, Taxonomy of *Phyllachora* in China p.43, 2007.

子座叶两面生，散生，黑色，圆形，0.2~1 mm，凸出叶面。子座扁球形，叶肉组织生，137.5~306.3×106.3~185(平均 233.5×105.6) μm。8 孢子子囊圆柱形，囊状，60~86.3×8.2~11.3(平均 71.9×9.2) μm。子囊孢子椭圆形、近圆形，单行或不规则排列，6.9~12.5×5.7~8.2(平均 9.7×6.6) μm。侧丝丝状，高于子囊，有隔。

莠竹属 *Microstegium* sp. 云南：昆明金殿公园(MHYAU 081753)，昆明西山(MHYAU 081787)；福建：福州(HMAS 02575)。

蔓生莠竹 *Microstegium vagans* (Nees ex Steud.) A.Camus 海南：五指山(HMAS 172258)

本菌在中国的寄主和分布还有戴芳澜(1979)报道的，莠竹属 *Microstegium* spp.：湖南。黄天章等(1992)报道的，莠竹属 *Microstegium* sp.：湖南。

世界分布：中国，日本。

根据 Theissen 和 Sydow 于(1915)报道，寄主 *Microstegium* 莠竹上的黑痣：子座两面生，散生，黑色，圆形；8 孢子子囊圆柱状，有柄，55~70×4.5~6 μm。子囊孢子单行排列，椭圆形，无色透明，8~10×4~4.5 μm。本书作者观察的标本与之相似，命名为此种。

Theissen 和 Sydow (1915) 在发表本种的时候，强调了本种的窄子囊和小子囊孢子。邓叔群(1963)在《中国的真菌》中首次报道了采集自湖南和福建的 *P. leptotheca*。寄生在莠竹属 *Microstegium* 上的除了 *P. leptotheca* 外，还有 Sawada (1944) 报道的寄生在 *Microstergium ciliatum* (Trin.) A. Camus var. *wallichiana* 上的 *P. microstegii* Sawada(现名是

P. ischaemi）。本书作者研究的标本未观察到赤道部位缢缩的子囊孢子，这点区别于 *P. ischaemi*。另外，子囊孢子的大小也有区别。

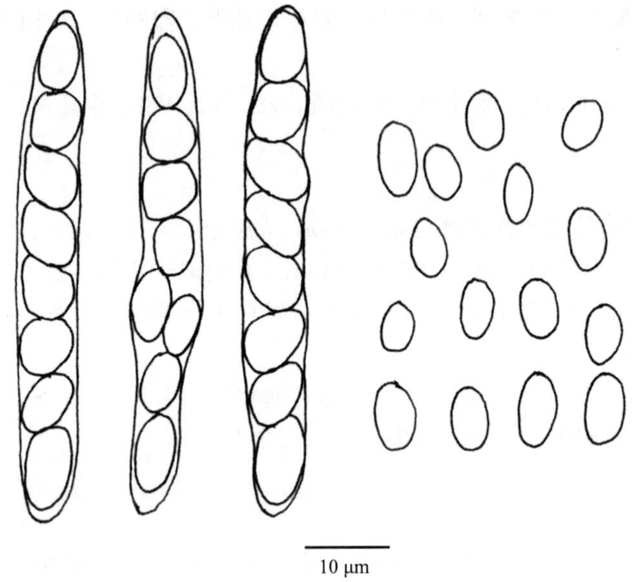

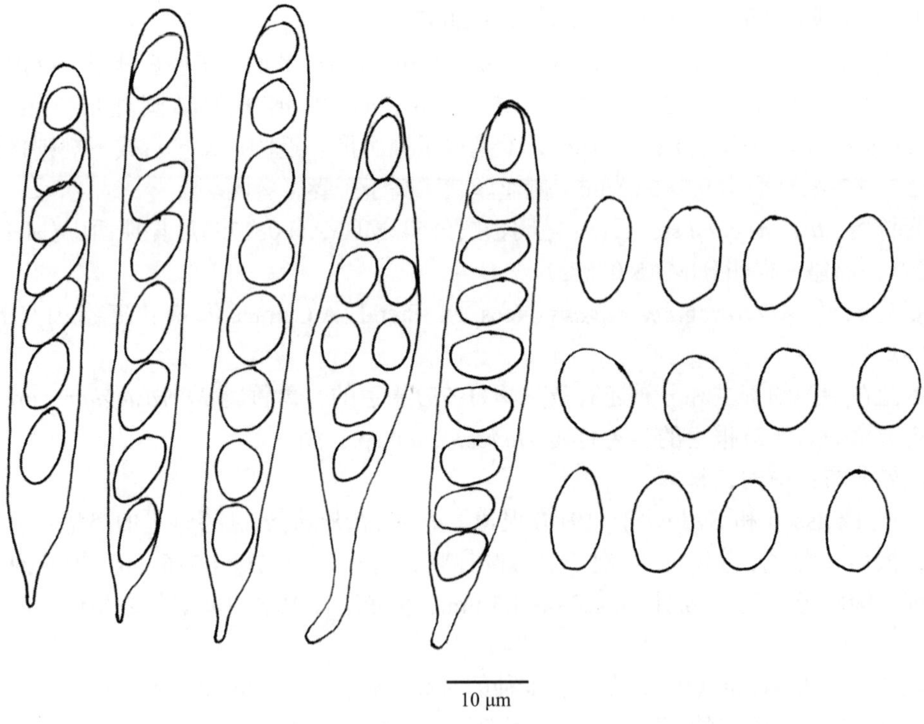

图 68　小幕草黑痣菌 *Phyllachora leptotheca*：子囊和子囊孢子
（从上至下 HMAS 172258，MHYAU 081753，081787）

胡枝子黑痣菌　图 69

Phyllachora lespedezae (Schwein.) Sacc., Saccardo's Syll. Fung. II: 614, 1883; Tai, Sylloge Fungorum Sinicorum p. 275, 1979; Liu, Taxonomy of *Phyllachora* in China p. 18, 2007; Lu, Diversity of *Phyllachora* from China p. 101, 2009.

Sphaeria lespedezae Schwein., Trans. Amer. Phil. Soc., New Series **4** (2): 209, 1832.

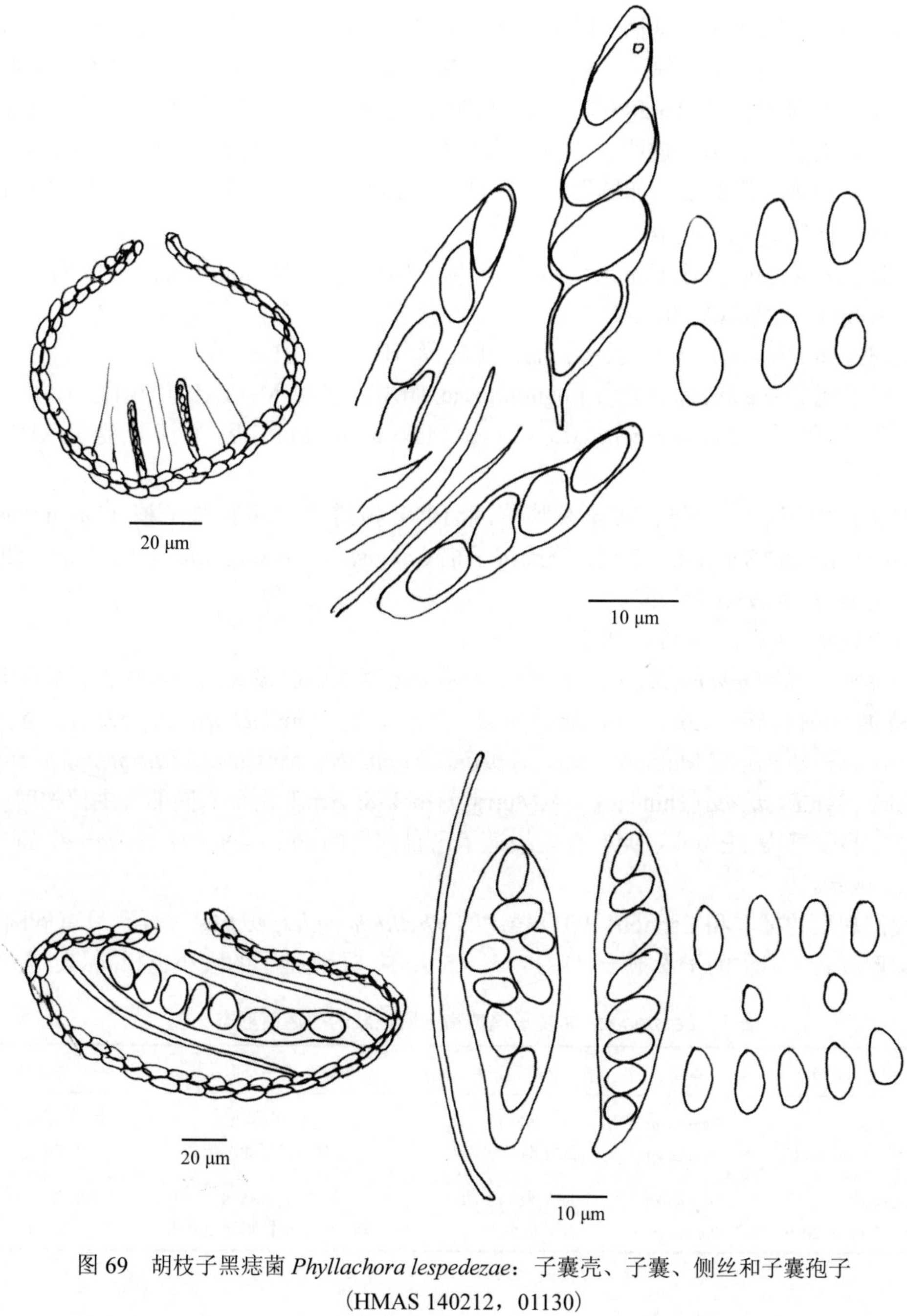

图 69　胡枝子黑痣菌 *Phyllachora lespedezae*：子囊壳、子囊、侧丝和子囊孢子（HMAS 140212，01130）

盾片叶正面生，聚生，散生，盾片周围寄主组织多褪绿变黄或灰白色，圆形，不规则形，黑色，凸起，有光泽，直径 0.1~0.3 mm，或 0.5~1.5×0.2~1.0 mm，1~2 个腔。子囊壳包埋于栅栏组织和叶肉组织中，亚球形或椭球形，锥形颈延伸到表面，122.4~255.0×102.0~112.2（平均 47.0×16.4）μm。缘丝透明，丰富。上壁最厚处达 38 μm，由表皮细胞和黑色物质组成。下壁最厚处达 43 μm。侧壁最厚处达 15 μm，由薄壁细胞组成。侧丝直径 1.5 μm，薄壁，有隔。子囊大多棍棒形，偶圆柱形，36.0~56.5×12.9~18.0 μm，具柄，10.3~30.8×4.6~5.1 μm。子囊生于子囊果的底部及侧壁，44~63×7.5~12.5 μm，4 个孢子，棍棒状，顶端变尖，短柄，成熟时薄壁透明，单囊壁。子囊孢子单行排列，10~16.5×5~7 μm，椭圆形、长椭圆形、半椭圆形、一些子囊孢子弯曲或者不对称，单胞，透明，光滑，有大的油滴，没有黏性鞘。或子囊孢子不规则排列，偶横单列，椭圆形、卵圆形，7.7~12.9×5.1~7.7（平均 10.8×6.8）μm；侧丝丝状，长于子囊，无隔，宽 2.6 μm。

小雀花（多花杭子梢）*Campylotropis polyantha*（Franch.）Shindl. 云南：昆明，1939. 11.20，King K. T.（HMAS 01130）。

山蚂蝗属 *Desmodium* sp. 云南：丽江黑龙潭（HMYAU 013962）。

胡枝子属 *Lespedeza* sp.（豆科 Leguminosae）四川：宝兴（MHYAU 13341）。

长萼鸡眼草 *Kummerowia stipulacea*（Maxim.）Makino 黑龙江：抚远（HMAS 140212）。

本菌在中国的寄主与分布还有戴芳澜（1979）报道的，多花杭子梢 *Campylotropis polyantha*（Franch.）Schindl.：四川；萨氏杭子梢 *Campylotropis sargentiana* Schindl.：四川；胡枝子属 *Lespedeza* sp.：云南。

世界分布：中国，印度，加拿大，美国。

在美国，*Phyllachora lespedezae* 曾因为感染牧草而引起极大的经济损失，是一种重要的植物真菌病害。Lópea 和 Sherwood（1966）研究 *Phyllachora lespedezae* 寄生在 *Kummerowia stipulacea* Makino.（Syn. *Lespedeza stipulacea* Maxim）和 *Kummerowia striata* Schindler [Syn.*L. striata*（Thunb.ex J.A.Murray）Hook & Arn.] 两个不同的寄主植物时，前一个寄主易受感染。Petrak（1947）首先报道了采自四川的 *Phyllachora lespedezae*，寄生在 *Campylotropis* 上。

我们观察的标本和 Cannon（1991）表述的 *Phyllachora lespedezae* 一样，具有椭圆形、半椭圆形或者不对称的子囊孢子（11~17×5~8.5 μm），子囊孢子的大小也相同（表 7）。

表 7 *Lespedeza* 胡枝子属植物上所记载的黑痣菌形态比较

黑痣菌种名	寄主	子囊大小及形状（μm）	子囊孢子大小及形状（μm）	参考文献
P. lespedezae (Schwein.) Sacc. (1883)	*Lespedeza stipulacea*	42~62×11~14 圆柱形至棍棒形	11~17×5~8.5 椭圆形至卵圆形	Cannon (1991)
P. yunnanensis Na Liu & L.Guo (2006)	*Lespedeza formosa*	50~88×10~20 棍棒形	7~13.5×5~9 椭圆形、卵圆形至近球形	Liu 和 Guo (2006)

庐山黑痣菌　新种　图 70

Phyllachora lushanensis J.Y. Li & H.R. Luo, **sp.nov**. Fig. 70

Clypeus amphigenus, discretus, fuscus, 0.2~0.5×0.2~0.5 mm; circum clypeum textura hospitis mortua tum maculam magnam cineream formans, 10~32×2~4 mm. Perithecium in mesophyllo producens, globulare vel subglobulare; Ascus quadrisporus cylindratus, leviter curvus et utrinque angustus, breviter stipitatus, hyalinus, 66×10 μm; Ascospora monosticha longe ellipsoidea vel longe ovata, 25~30×6~10 μm.

Species a *Phyllachora pubescente* Hara quadrisporis, a *P. tetraspermate* Sawada et *P. tetraspora* Chardón ascis longe ellipsoideis vel longe ovatis differt.

Typus: Hab. in foliis vivis *Phyllostachydis pubescentis* Mazel, Lushan, Jiangxi, Sina, 41406 (lectus numerus), Herbarium Mycologicum Universitatis Agriculturae Boreali-Occientalis, Yangling, Shaaxi, Sina (HMUABO).

盾片叶的两面生，散生，圆形，深褐色，0.2~0.5×0.2~0.5 mm；盾片周围寄主组织坏死，形成灰白色大病斑，大小 10~32×2~4 mm。子囊壳生于叶肉组织中，球形或亚球形。4 孢子子囊圆柱形，两端稍细，近乎椭圆形，具短柄，无色，66×10 μm。子囊孢子单列，长椭圆形，或一端钝圆，而另一端稍弯曲的长卵圆形，25~30×6~10 μm。

模式标本：寄生在龟甲竹 *Phyllostachys pubescens* Mazel 江西：庐山，15，X，1980，李建义等(HMUABO 41406 模式)，标本存放于西北农学院真菌标本室。

世界分布：中国。

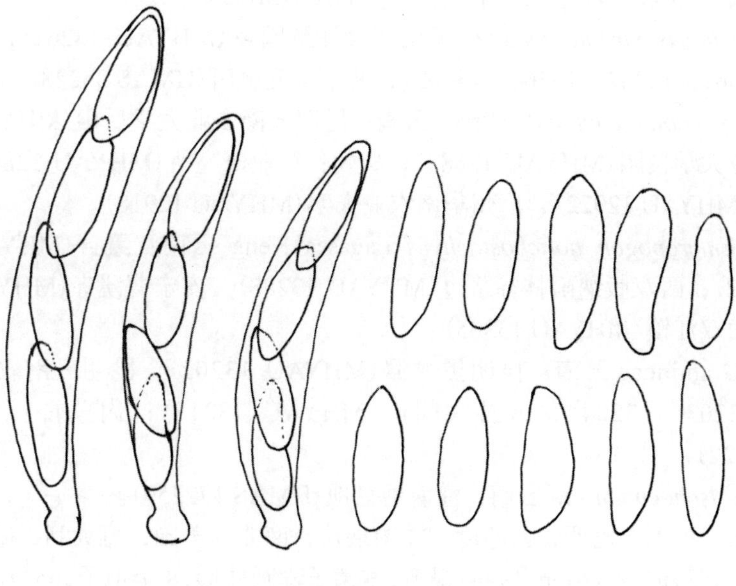

图 70　庐山黑痣菌 *Phyllachora lushanensis*：子囊和子囊孢子
(HMUABO 41406)

鉴别特征：4 孢子子囊，子囊孢子长椭圆形，而另一端稍弯曲的长卵圆形。其他两个寄生竹亚科的 4 孢子子囊的种是 *P. tetrasperma* 和 *P. tetraspora*；*P. tetrasperma* 的子囊圆柱形，子囊孢子椭圆形至矩形椭圆形，但或多或少是钝圆的。*P. tetraspora* 的子囊棍棒形，子囊孢子椭圆形，而新种的子囊是圆柱形，两端稍细，近乎椭圆形，子囊孢子椭圆形，或一端钝圆，而另一端稍弯曲的长卵圆形，或两端均稍细，近乎椭圆形，尽管 *P. tetrasperma* 和 *P. tetraspora* 的描述有些相似，如果研究它们的模式标本，它们有可能就是一个种，但能确定它们不同于新种。因新种产生一端弯曲的长卵圆形孢子而区别于所有其他寄生于禾亚科上的产生 4 孢子子囊的种。

黄斑黑痣菌　图 71

Phyllachora luteomaculata (Schwein.) Orton, J. Dept. Agric. Porto Rico 2: 152, 1918; Parbery, Aust. J. Bot. 15: 321, 1967; Gabel, Mycotaxon 70: 482, 1999; Liu, Taxonomy of *Phyllachora* in China p. 44, 2007; Gong *et al*., J. Yunnan Univ. 30 (51): 1, 2008; Gong, Diversity of species of *Phyllachora* in China p. 15, 2008; Lu *et al*., Mycostema 28 (1): 138, 2009.

Sphaeria luteomaculata Schwein., Trans. Amer. Phil. Soc., New Series 4 (2): 209, 1832; Saccardo's Syll. Fung. II: 399, 1882; XII: 728, 1897.

子座叶两面生，散生，黑色，近圆形或椭圆形，外围具黄色晕圈，0.1~1.4×0.1~0.4 mm。子囊壳椭圆形，形状不规则，叶肉组织中生，300~325×150~200 μm。子囊圆柱形，有顶环，具短柄，薄壁，8 个孢子，75~118×7.5~12.5 μm。侧丝线形，密集数多。子囊孢子椭圆形、卵圆形，单行排列，单胞，无色，具 1 个油滴，9~14×5.0~7.5 μm。

须芒草属 *Andropogon* sp. 云南：大理玉屏山 (HMAS 4332)。

虎尾草 *Chloris virgata* Swartz. 云南：会泽梨园乡 (MHYAU 13262)，元江牛果山 (MHYAU 13361，13362，13364，13363)；北京：五里店 (HMAS 35228)。

狗牙根 *Cynodon dactylon* (L.) Pers. 云南：昆明云南农业大学后山 (MHYAU 13210)；昆明云南农业大学校园 (MHYAU 12883)；贵州：草业研究所 (MHYAU 12887)；广州：华南植物园 (MHYAU 12922)，广州华南农业大学 (MHYAU 12918)。

肠须草 *Enteropogon dolichostachyus* (Lagasca) Keng 云南：蒙自 (MHYAU 13324，13321，13322)，西双版纳雨林谷路边 (MHYAU 13288)，安宁曹溪寺 (MHYAU 13409，13509)，峨山双江镇 (MHYAU 13305)。

禾本科 Gramineae 云南：昆明黑龙潭 (MHYAU 13202)，昆明云南农业大学校园 (MHYAU 13203，13204)，云县大朝山 (MHYAU 13218)；内蒙古：农业科学院 (MHYAU 13221)。

鸭嘴草属 *Ischaemum* sp. 云南：漾濞磨盘地 (HMAS 172259)。

世界分布：中国，巴西，西印度，委内瑞拉，南非，美国，意大利，墨西哥。

本菌为中国新记录。Orton (1944) 报道，本菌子囊圆柱形，8 个孢子，65~100×8~12 μm。子囊孢子宽椭圆形，9~12×5~7.5 μm，单列。性孢子圆柱形，3 隔膜，18~20×3~3.5 μm。我们观察的标本与之基本相符。

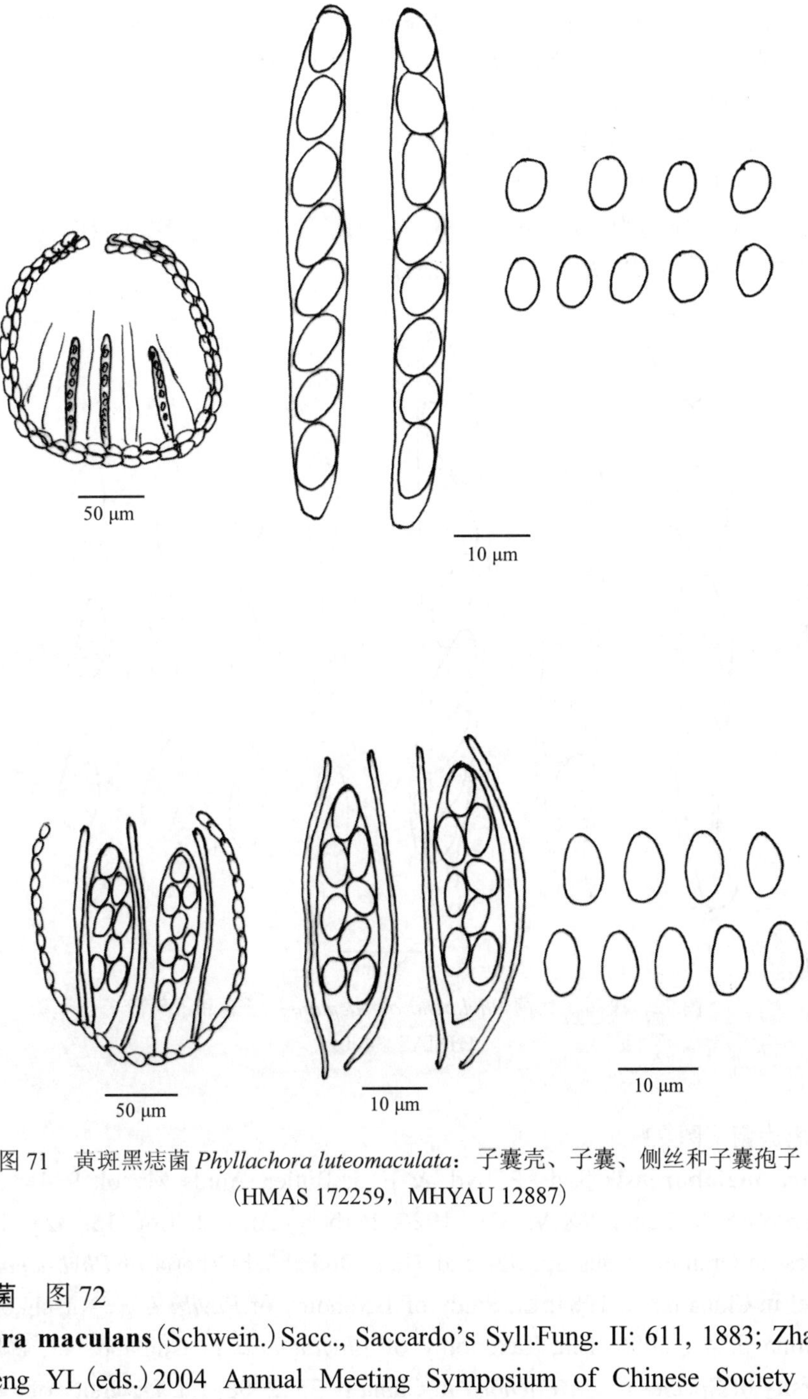

图 71　黄斑黑痣菌 *Phyllachora luteomaculata*：子囊壳、子囊、侧丝和子囊孢子（HMAS 172259，MHYAU 12887）

斑污黑痣菌　图 72

Phyllachora maculans（Schwein.）Sacc., Saccardo's Syll.Fung. II: 611, 1883; Zhang *et al.*, in Peng YL（eds.）2004 Annual Meeting Symposium of Chinese Society for Plant Pathology p. 46, 2004; Liu, Taxonomy of *Phyllachora* in China p. 45, 2007.

Dothidea maculans Schwein., Transactions of the Amer. Phil. Soc., New Series 4（2）: 235, 1832; Saccardo's Syll. Fung. II: 611, 1883; XV: 130, 1901.

黑斑（子座）叶上表面面生，散生，有光泽，近圆形，直径 0.5~1 mm，小孔不明显，单腔。子囊壳叶肉组织生，椭圆形，140~230×50~75 μm。子囊着生在子囊壳的底部和侧壁，上壁最厚处达 45 μm，侧壁和下壁最厚处达 15 μm，由褐色薄壁细胞组成。子囊圆柱形，顶端圆，8 个孢子，薄壁，短柄，100~130×12~15 μm。子囊孢子多单列，少数双列，长卵形，单胞，有小油滴，18~30×5~15 μm。

簕竹属 *Bambusa* sp. 云南：昆明(HMAS 3400)。

世界分布：中国，越南，古巴，美国。

HMAS 3400 只定名为 *Phyllachora* sp.，它的子囊孢子比很多寄生在竹叶上的黑痣菌大，所以此标本定名为 *Phyllachora maculans*。

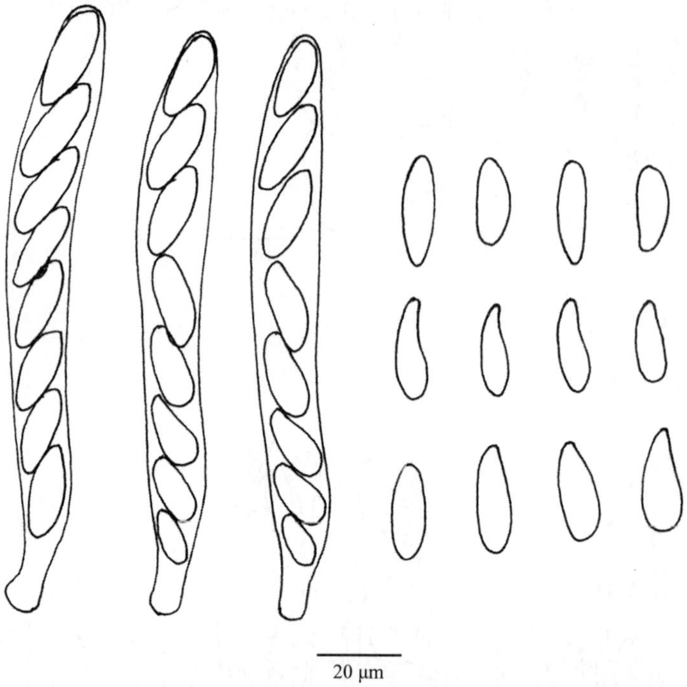

图 72 斑污黑痣菌 *Phyllachora maculans*：子囊和子囊孢子 (HMAS 3400)

马拉巴尔黑痣菌 图 73

Phyllachora malabarensis Syd., P. Syd. & E. J. Butler, Annls Mycol. 9(4): 398, 1911; Saccardo's Syll. Fung. XXIV: 576, 1926; Parbery, Aust. J. Bot. 15: 323, 1976; Luo, Studies on Graminicolous Species and Their Divisional Criteria of *Phyllachora* Nke. in Fuckel in China p. 35, 1984; Li, Study of Taxonomy of *Phyllachora* Nitschke ex Fuckel in China p. 47, 2006; Liu, Taxonomy of *Phyllachora* in China p. 45, 2007; Gong, Diversity of Species of *Phyllachora* in China p. 35, 2008; Lu, Diversity of *Phyllachora* from China p. 65, 2009.

子座叶两面生，椭圆形、圆形，散生，黑色，有光泽，有时病斑淡黄色，直径 0.5~2 mm。子囊壳扁椭圆形，扁球形，64.3~300×38.6~125(平均 143×72.6) μm。8 孢子子囊囊状，端部钝圆，具短柄，柄细，基部膨大成球状，圆柱形，75~117.5×11.3 ~10.3(~22)(平均 99.6×9.3) μm。侧丝丝状，有隔较少，高出子囊，常胶黏在一起。子囊孢子双列或斜单列，椭圆形、长椭圆形、长卵形或阔椭圆形，近纺锤形，单胞，无色，12.9~22.5×6.3~7.5（平均 17.4~6.6）μm。

箣竹属 *Bambusa* sp. 浙江：天目山（HMAS 04717）；云南：马街（HMAS 02606）；湖南：南岳（HMAS 00175）。

青皮竹 *Bambusa textilis* Mcclure 广东：广州龙洞水库（MHYAU 12905）。

冷箭竹 *Sinarundinaria fangiana*（A.Camus）Kengef. 四川：峨眉山（HMUABO 12766）。

竹叶 Bamboo（竹亚科 Bambusoideae）安徽：黄山（HMAS 89356）。

世界分布：中国，印度（巴拉巴）。

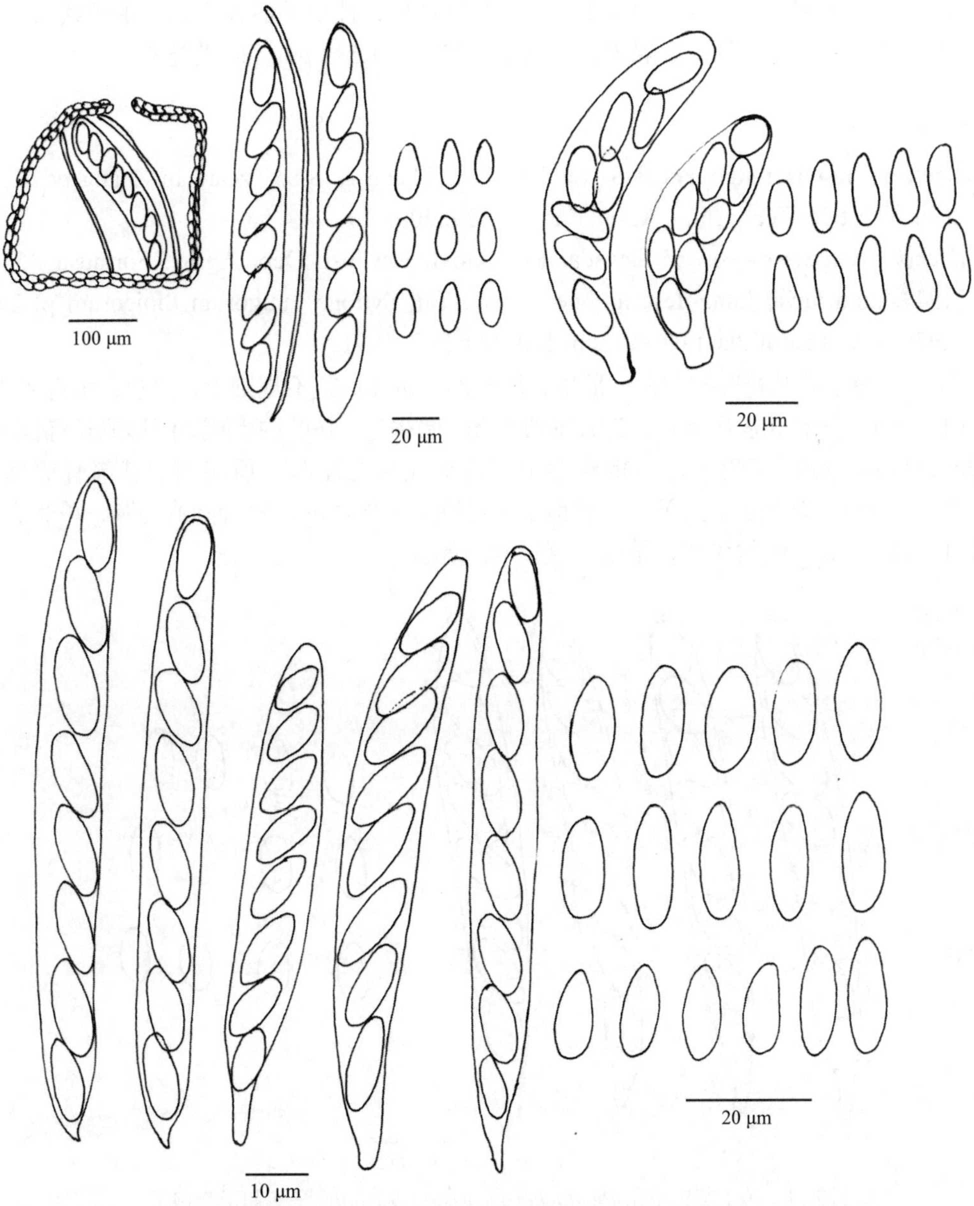

图 73　马拉巴尔黑痣菌 *Phyllachora malabarensis*：子囊壳、子囊、侧丝和子囊孢子（从上至下 MHYAU 12905，HMUABO 12766，HMAS 04717）

本菌为中国新记录。鉴别特征：子囊囊状，子囊孢子椭圆形或长卵形。*Sinarundinaria* 是世界首次报道的 *Phyllachora* 的寄主新属，*P. malabarensis* 是中国新记录。

附 Parbery（1967）描述本种：子囊袋状，短柄，70~100×20~25 μm；具侧丝；子囊孢子双列，卵形至长圆形，15~19×6.5~8.5 μm；性孢子丝状，弯曲，25~35×1 μm；性孢子梗基部宽，顶端变尖，长 21~36 μm。

附 Sydow 等（1911）描述本种：无病斑，子座叶面生，很少叶背生，平展至凸出，单生，矩圆形、椭圆形，长 0.5~1.5 mm，宽 0.5~1 mm，黑色，无光泽；子囊棍棒形，顶端钝圆，具短柄，70~100×1~26 μm，8 个孢子；孢子矩圆形至纺锤形，单胞，无色，内部具有小颗粒，两端钝圆，27~35×9~14 μm，双行排列；性孢子器较小，性孢子线形，弯曲，大多数镰刀状，无色，无隔膜，无油滴，25~35×1.5~2 μm。以供查考。

砖子苗黑痣菌 图 74

Phyllachora marisci-sieberiani Sawada ex Z.Y. Zhang & S.S. Tzean, In Zhang *et al*., J. Northwest Sci-Tech. Univ. Agric. For. 33: 129, 2005.

Phyllachora marisci-sieberiani Sawada, Rep. Govt. Res.Inst. Dep. Agric., Formusa 86: 6, 1943. nom. inval.（sine descriptione latina）; Tai, Sylloge Fungorum Sinicorum p. 276, 1979; Tsai, List of Plant Diseases in Taiwan p.263, 1991.

子座在茎、叶及苞叶的两面，散生，椭圆形、纺锤形或不规则形，黑色，稍有光泽，长 0.3~3 mm。子囊壳表皮下生，为表皮所覆盖，暗褐色，在叶内形成，圆形或长椭圆形，直径 115~180 μm。子囊无色，棍棒形至圆柱形或长纺锤形，顶端圆，基部有短柄，57~66×6~8 μm，内含 8 个孢子。子囊孢子长椭圆形至纺锤形，两端圆或钝圆，单胞，无色，17~18×5 μm。侧丝线性，单生，直径 0.5 μm。

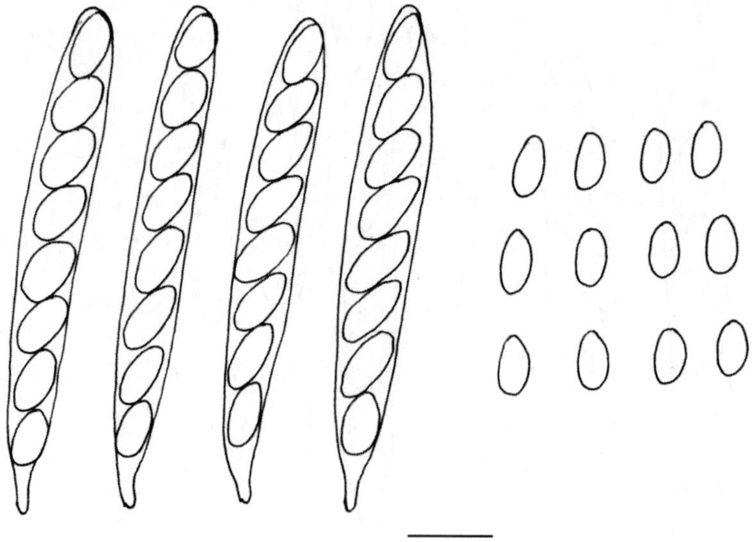

图 74 砖子苗黑痣菌 *Phyllachora marisci-siberiani*：子囊和子囊孢子（NTU–PPE）

砖子苗 *Mariscus sieberianus* Nees（沙草科 Cyperaceae）台湾：花莲（NTU–PPE 主模式）（HMAS 05083）。

砖子苗 *Mariscus umbellatus* Vahl 云南：安宁楸木园（HMAS 143772，135470）。

Sawada（1943）报道了莎草科 Cyperaceae 上的砖子苗黑痣菌 *Phyllachora marisci-sieberiani*，因无拉丁文描述，应为无效名（nom. inval.）。我们在 2002 年重新观察了台湾大学的腊叶标本，并照相摄影，提供拉丁文描述和附图，认可本种属实。台湾同行曾显雄，误用汉语拼音为 X. X. Zeng，应更正为 S. S. Tzean。

玉蜀黍黑痣菌 图 75

Phyllachora maydis Maubl., Bull. Soc. Mycol. Fr. 20: 72, 1904; Saccardo's Syll. Fung. XVII: 838, 1906; XX: 374, 1911; Orton, Mycologia 36: 23, 1944; Parbery, Aust. J. Bot. 15: 323, 1967; Li *et al*., Edible Fungi of China Vol. 25（Suppl.）: 156, 2006; Li, Study of Taxonomy of *Phyllachora* in China p. 16, 2006.

子座叶两面生，散生，黑色，椭圆形、近圆形，凸出叶面，0.5~1 mm。子囊壳扁球形，生于叶肉组织内，663~1326×510~632.4（平均 1032.8×578.9）μm。子囊囊状，圆柱状，8 个孢子，孢子单行排列或少有不规则排列，73.7~106.2×10.3~16.3（平均 87.3×13）μm。子囊孢子椭圆形，两端圆，10.3~15×6.4~7.7（平均 12.5×7.7）μm。侧丝线形，有隔。

白羊草，孔颖草 *Bothriochloa ischaemum*（L.）Keng 云南：大理宾川（MHYAU 013949）。

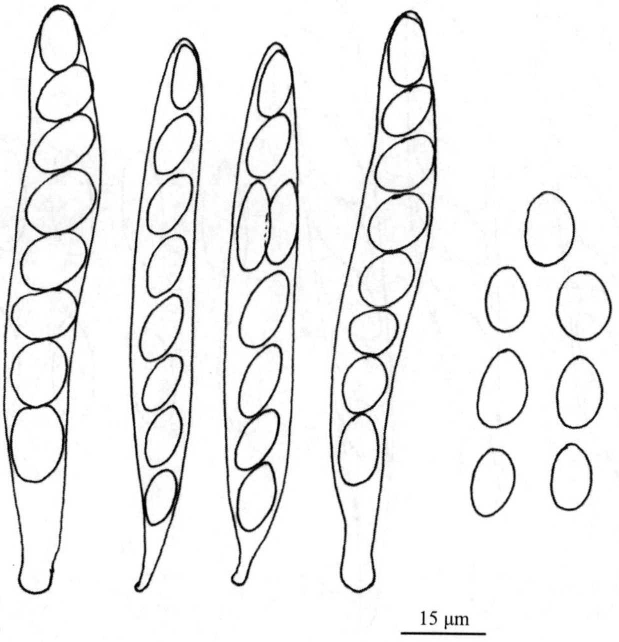

图 75 玉蜀黍黑痣菌 *Phyllachora maydis*：子囊和子囊孢子（MHYAU 013949，013933）

硬秆子草，硬秆细柄草 *Capillipedium assimile*(Steud.) A.Camus 云南：宾川(MHYAU 013931)，丽江黑龙潭公园(MHYAU 013933)。

世界分布：中国，古巴，尼加拉瓜，哥伦比亚，玻利维亚，危地马拉，波多黎各，秘鲁，墨西哥。

本菌为中国新记录。Orton(1944a)报道该菌，子座叶两面生，炭黑色，近圆形或矩圆形。子囊圆柱状，有柄；侧丝多，线形；子囊圆柱状，囊大小 80~100×8~10 μm。子囊孢子椭圆形，大小为 9~12×5.5~7 μm。我们观察的标本与其相符合。

大子座黑痣菌 图 76

Phyllachora megastroma Pat., Bull. Soc. Mycol. Fr. 30: 345, 1914; Saccardo's Syll. Fung. XXIV: 577, 1926; Luo, J. Southwest Univ. Vol. 32 (Suppl.) : 8, 2010.

子座叶两面生，黑色，凸起，散生，稍有光泽，外围具黄晕；子囊壳扁球形，172~264×72~115(平均 203×92) μm。子囊圆柱形，顶端钝圆，无色，薄壁，短柄，8 个孢子，64~112×7.6~11.4(平均 91×9.4) μm。子囊孢子斜单列，椭圆形、长卵圆形，单胞，无色，10.3~17.7×5.1~7.6(平均 13.4×6.7) μm。

竹叶 bamboo(竹亚科 Bambusoideae)云南：昆明黑龙潭(MNYAU 13504)，西双版纳植物园(MHYAU 13278)。

世界分布：中国，刚果；非洲。

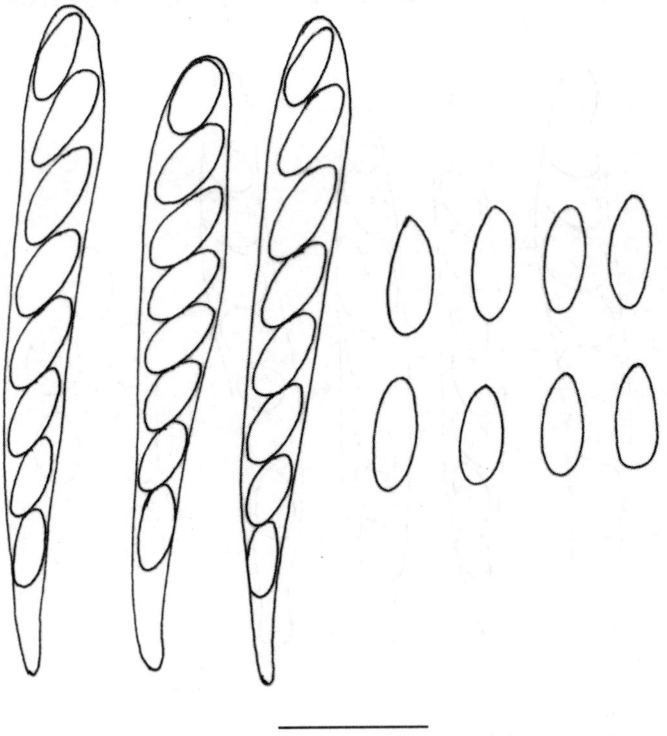

图 76 大子座黑痣菌 *Phyllachora megastroma*：子囊和子囊孢子 (MHYAU 13504)

Patouillard（1914）报道该菌，子囊圆柱形，8 个孢子，90~140×8~10 μm。侧丝丰富，无色，分枝。子囊孢子单列，椭圆形，无色，15~18×6 μm，具包膜，具颗粒或 2 个油滴。我们观察的标本与其基本相符合。

野牡丹黑痣菌 新种 图 77

Phyllachora melastomatis-candidi Sawada ex T. Zhang & S. S. Tzean, **nov. sp.** Fig. 77

Phyllachora melastomatis-candidae Sawada, Journal of the Taihoku Society of Agriculture & Forestry 7: 121, 1942, nom. Inval.（sine descriptione latina）; Tai, Sylloge Fungorum Sinicorum p.276, 1979.

Maculis globularibus pallide flavido-brunneis, 1~7 mm diam. Stromatibus epiphyllis, raro hypophyllis, paucis vel multe circulatim aggregatis atris, semiorbicularibus vel semigloboso-depressis, 0.3~0.8 mm diam., 295~407 μm. Ascis clavatis, basi angustatis, ad apicem rotundatis, hyalinis, leptodermis, 62~73×19~23 μm, 8-sporis aparaphysatis. Ascosporis subdidystichis, ellipsoideis vel obovato-ellipsoideis, utrinque rotundatis, hyalinis, continuis, laevibus, 2-guttulatis, 13~18×7~10 μm.

Typus: Hab. in foliis vivis *Melastomatis candidi* D. Don. var. *nobotan* Mak.（Melastomataceae）: Suao, Caoshan, Taibei, Taiwan, Universitas Taiwanica-Plant Pathologia & Entomologia Taibei, Sina（NTU-PPE）; *in Melastomatis candidi* D.Don.: Taiwan, Sina HMAS 05082, 09537.

病斑圆形，淡黄褐色，直径 1~7 mm。子座叶面生，较少叶背生，几个至几十个聚生成圆形，单个黑色，有光泽，半球形至扁半球形，直径 0.3~0.8 mm，一般 295~407 μm。子囊棍棒状，基部狭，顶端圆，无色，壁薄，62~73×19~23 μm，内含 8 个孢子，无侧丝。子囊孢子近双列，椭圆形至倒卵形至椭圆形，两端圆，无色，单胞，平滑，有 2 个大油点，13~18×7~10 μm。

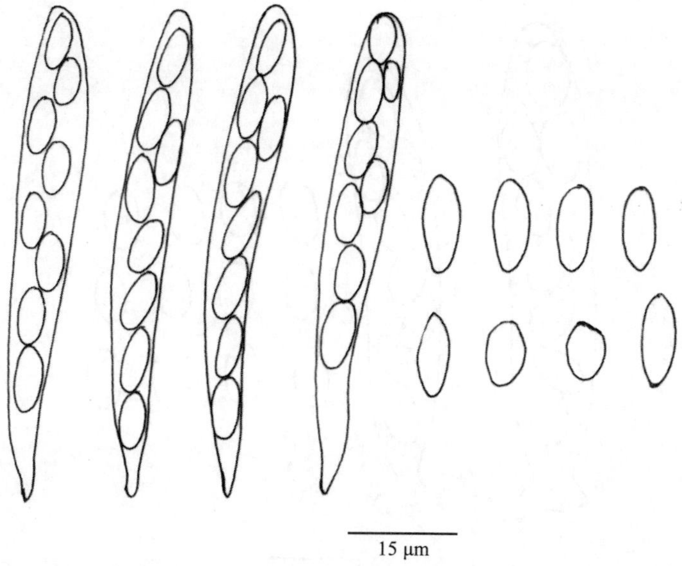

图 77 野牡丹黑痣菌 *Phyllachora melastomatis-candidi*：子囊和子囊孢子（HMAS 05082）

野牡丹 *Melastoma candidum* D. Don var. *nobotan* Mak.(野牡丹科 Melastomataceae)台湾：台北草山(NTU–PPE Typus)。

野牡丹 *Melastoma candidum* D.Don 台湾(HMAS 05082，09537)。

世界分布：中国。

Sawada(1942)报道了野牡丹黑痣菌 *Phyllachora melastomatis-candidae*，因无拉丁文描述，据此应为无效名(nom. inval.)。我们在 2002 年，重新观察台湾大学腊叶标本(NTU–PPE，Typus)和(HMAS 05082，9537)标本；现提供拉丁文描述和附图，认可本种属实。

小黑痣菌　图 78

Phyllachora minuta P. Henn., Hedwigia 41: 143, 1902; Saccardo's Syll. Fung. XVII: 832; Sawada, Descriptive Catalogue of Formosan Fungi 8: 26, 1943; Tai, Sylloge Fungorum Sinicorum p. 276, 1979; Tsai, List of Plant Diseases in Taiwan p. 207, 1991; Wang *et al*., List of the Fungi in Taiwan p. 88, 1999; Li and Zeng, Colored Drawings of Forest Commonly Encountered Disease of Taiwan No. 2. p. 91, 2002.

叶表面散生粉白色小斑点，后变黑色，有光泽，稍隆起，外围具红褐色晕圈，直径 0.5~1 mm，其后晕圈变灰褐色，大小 5~10 mm。病斑中央有 1~5 个子囊壳。子囊壳有时愈合成不规则状。子囊壳黑色，278~786×349~754 μm。子囊棍棒形，无色，有 8 个子囊孢子，100~183×10~28 μm。侧丝丝状，部分具隔膜，60~156×3~4 μm。子囊孢子椭圆形，单胞，无色，平滑，15~24×10~14 μm。

黄槿 *Hibiscus tiliaceus* L.(锦葵科 Malvaceae)台湾(HMAS 05081)，台湾大学农场(NTU–PPE)。

世界分布：中国，印度尼西亚。

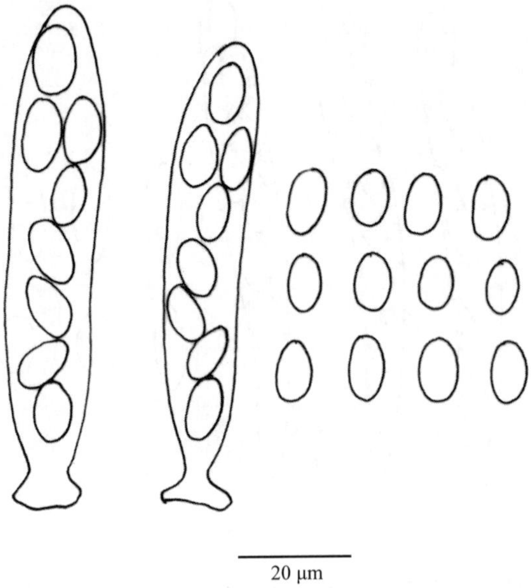

图 78　小黑痣菌 *Phyllachora minuta*：子囊和子囊孢子(NTU–PPE)

Hennings(1902)报道本菌，子囊棍棒状，顶端钝，8 个孢子，80~110×15~18 μm。侧丝丝状，无色，宽 1~1.5 μm。子囊孢子近双列或斜单列，椭圆形或卵圆形，杂色、无色，13~18×7~8 μm，单胞。我们观察的标本与其相似，但体积较大。

芒黑痣菌　图 79

Phyllachora miscanthi Syd. & P. Syd., Annls. Mycol. 15(3-4): 227, 1917; Saccardo's Syll. Fung. XXIV: 580, 1926; Sawada, Descriptive Catalogue of Formosan Fungi 10: 17, 1944; Parbery, Aust. J. Bot. p. 326, 1967; Luo, Studies on Graminicolous Species and their Divisional Criteria of *Phyllachora* Nke. in Fuckel in China p. 35, 1984; Zhang *et al*., J. Northwest Sci-Tech Univ. Agric. and For.(Nat. Sci. Ed.) 33(Suppl.): 130, 2005; Li, Study of Taxonomy of *Phyllachora* in China p.26, 2006; Liu, Taxonomy of *Phyllachora* in China p.46, 2007; Lu, Diversity of *Phyllachora* from China p. 66, 2009.

Phyllachora miscanthi-japonici Sawada, Rep. Govt. Res. Inst. Dep. Agric., Formosa 85: 26, 1943; Tai, Sylloge Fungorum Sinicorum p. 277, 1979; Tsai, List of Plant Diseases in Taiwan p. 273, 1991; Wang *et al*., List of the Fungi in Taiwan p. 88, 1999.

子座叶面生，散生，圆形至椭圆形，隆起，黑色，有光泽，0.1~4 mm。子囊壳球形，不规则形，125~350×100~162.5(平均 213.1×140.2) μm。子囊圆柱形，顶端圆，具柄，95~185×15~20(平均 121.7×15) μm。侧丝丝状，有隔膜，高于子囊。子囊孢子单列近双列，椭圆形、卵形、矩形，单胞，无色，15~30×8.8~10(平均 22.2×10.3) μm。

五节芒 *Miscanthus floridulus*(Lahill.) Marb. 安徽：黄山(HMUABO 42043)。

芒 *Miscanthus sinensis* Anderss. 福建：福州(HMUABO 52170)；广西：临桂(HMUABO 51461，51462)；江西：庐山(HMUABO 41252)；安徽：黄山(HMUABO 41902，42053)。

芒 *Miscanthus sinensis* Hndei. 河南：南岳(HMUABO 045155)。

荻 *Miscanthus sacchariflorus*(Maxim.) Berth. et Hook. f. 河南：信阳(HMUABO 41161)；江西：庐山(HMUABO 4386)。

芒属 *Miscanthus* sp. 四川：青城山(HMAS 34437，34438，34439，95311)；湖南：龙山(HMAS 34440，34432，20694)；重庆市：南川(MHYAU 08460)；广东(HMAS 14011)；四川：青城山(HMAS 34437，34438，34439，95311)，灌县(HMAS 34441)；湖南：龙山(HMAS 34440，34442)，南岳(HMAS 00180)；福建：南平(HMAS 4690，24376，95336)，南平溪后乡(HMAS 24376)，武夷山(HMAS 167334)；海南：五指山(HMAS 20694)。

割手管 *Miscanthus* sp. 海南：单东(HMUABO 54642，54650，54697)。

芭茅 *Miscanthus* sp. 贵州：贵阳郊区(HMUABO 50600)。

大芒草 *Miscanthus* sp. 海南：儋县(HMUABO 54435，54420)。

本菌在中国的寄主与分布还有戴芳澜(1979)报道的：五节芒 *Miscanthus floridulus*(Labill.) Warb.：台湾；芒 *Miscanthus sinensis* Anderss.：江西，台湾，广东，四川；芒属 *Miscanthus* spp.：广西；黄天章等(1992)报道的，芒属 *Miscanthus* spp.：广西。

世界分布：中国，菲律宾。

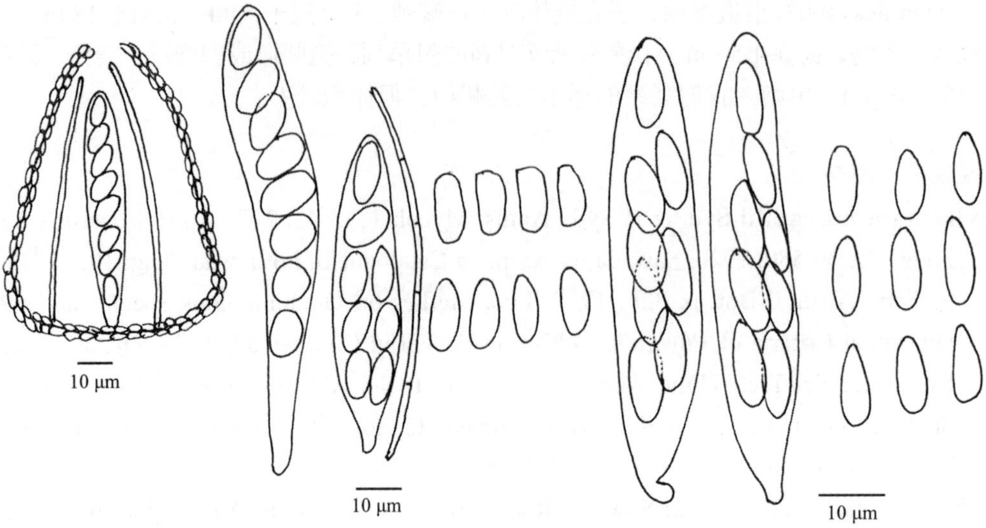

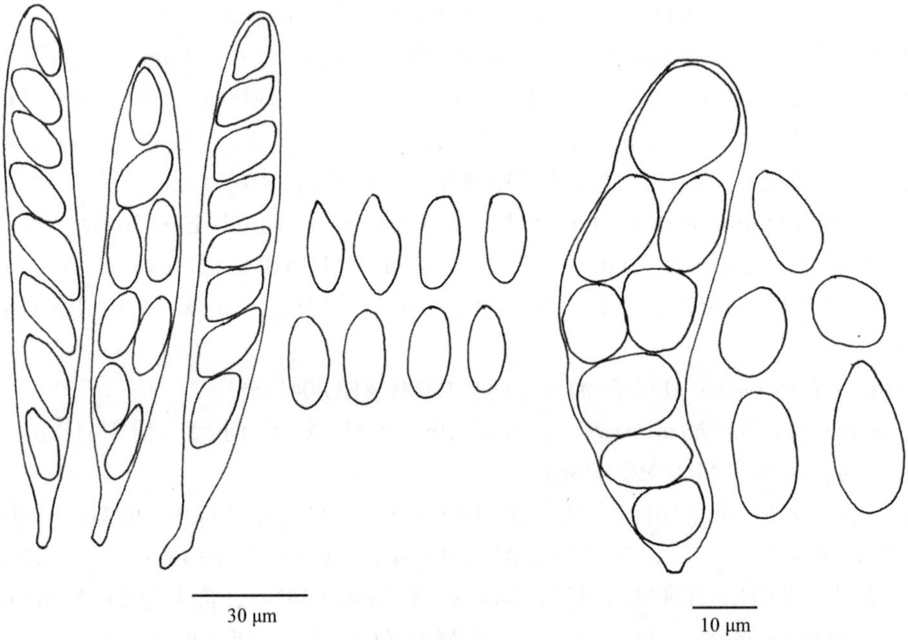

图 79　芒黑痣菌 *Phyllachora miscanthi*：子囊壳、子囊、侧丝和子囊孢子
（从上至下 HMAS 24376，HMUABO 52170，HMAS 34439，20694）

Sydow 和 Sydow（1917）首先报道了 *Phyllachora miscanthi* 在中国的分布。描述本菌的特征是，子座两面可见，稀少，椭圆形，1.5~3 mm，有光泽。盾片两面生，坚硬；子囊壳 170~300 μm。8 孢子子囊圆柱棍棒形，具柄与侧丝，160~180×18~22 μm。孢子单列，宽椭圆形，无色，1~22×12~14 μm。我们观察的标本符合以上描述，视为同种。Sawada（1943a）报道的 *Phyllachora miscanthi-japonica* Sawada 被 Parbery（1967）作为 *Phyllachora miscanthi* Syd. & P. Syd.的异名。

芒生黑痣菌　新种　图 80

Phyllachora miscanthicola Y. Zhao, H.J. Lu & Z.Y. Zhang, **sp. nov.** Fig. 80

Maculis nullis. Stromatibus amphigenis, subsphaericis vel ellipsoideis, sparsis, pauce confluentibus, atris, elevatis, non nitidis, texturis hospitis griseo-atris cinctis, 0.1~1.5×0.1~1.0 mm. Peritheciis subglobularibus, nigris, immersis, poris rotundatis praeditis, 91.8×61.2 μm. Ascis et paraphysibus non visibilibus. Ascosporis fusiformibus, continuis, hyalinis, levibus, 9.0~11.6×5.1~5.7 μm, med. 10.7×5.0 μm.

Typus: Hab. in foliis *Miscanthi* sp.(Gramineae): Nanyue, Hunan, Sina, 15 Nov. 1937, leg. Zhou Jia-zhi, Paratypus HMAS 10756.

无病斑。子座(盾片)叶两面生，近圆形、椭圆形，散生，偶有愈合，黑色，隆起，无光泽，叶背黑点小，有的病斑外围具灰黑色晕环，0.1~1.5×0.1~1.0 mm。子囊壳埋生，近圆形，具孔口，91.8×61.2 μm。子囊和侧丝未见。子囊孢子纺锤形，单胞，淡褐色，平滑，9.0~11.6×5.1~5.7(平均 10.7×5.0) μm。

芒属 *Miscanthus* sp. 湖南：南岳，15，XI，1937，周家炽采(HMAS 10756 模式)。

世界分布：中国。

寄生于芒属 *Miscanthus* 的黑痣菌报道有 7 种，它们是：*Phyllachora ischaemi* Syd. & P.Syd.(1915)、*P. miscanthi* Syd. & P. Syd.(1917)、*P. oblongospora* Parbery(1971)、*P. emeishana* J. Y. Li & H. R. Luo(2009)、*P. tengchongensis* Na Liu & L.Guo(2006)、*P. graminicola* Sawada ex X. L. Li，X. X. Zeng & Z. Y. Zhang(2008)和 *P. miscanthidii* Doidge(1942)；它们的子囊孢子均非纺锤形，据此本菌立为新种。

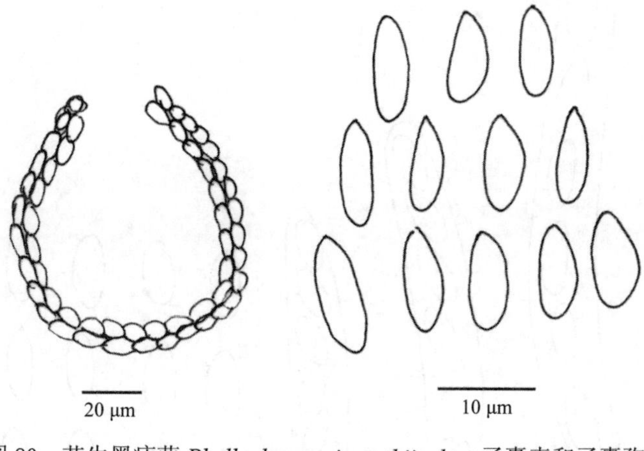

图 80　芒生黑痣菌 *Phyllachora miscanthiicola*：子囊壳和子囊孢子 (HMAS 10756)

南宁黑痣菌　新种　图 81

Phyllachora nanningensis J.Y. Li & H.R. Luo, **sp. nov.** Fig. 81

Coloniis amphigenis, imprimis epiphyllis, discretis; Clypeis rotundis vel ellipsoideis, fuscis, 0.1~0.8×0.1~0.5 mm; texturis hospitis circum clypeum flavovirentibus; Peritheciis globularibus vel subglobularibus, parietibus 12 μm crassis, brunneis, 240~420×240~ 420 μm;

Ascis octosporis, cylindratis, breviter stipitatis, saepe angustatis, hyalinis, 85~120×8.5~9.5 μm; Paraphysibus multis et ascos superantibus, hyalinis; Ascosporis monostichis, ellipsoideis vel fere fusiformibus, raro ovatis vel naviculaibus, hyalinis, 10~16×4~5 μm.

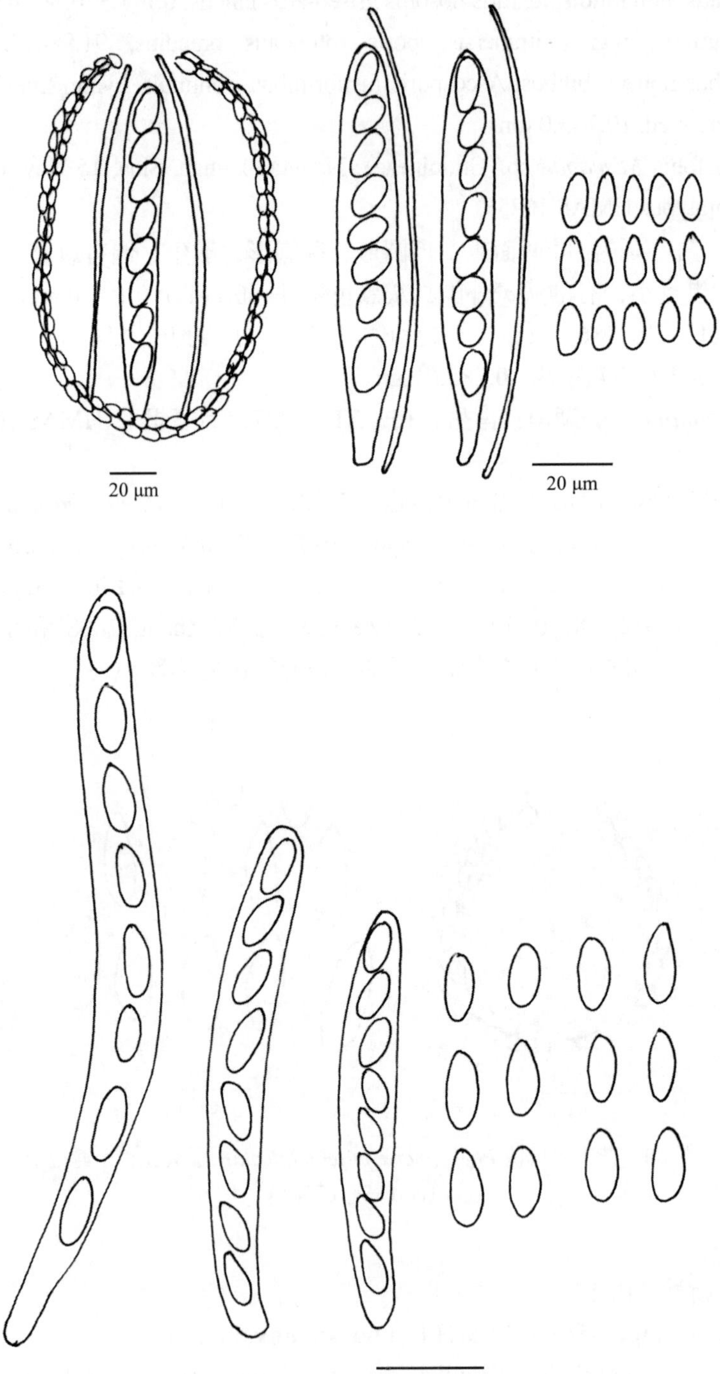

图 81　南宁黑痣菌 *Phyllachora nanningensis*：子囊壳、子囊、侧丝和子囊孢子（HMUABO 55152，51703）

Species haec a ceteris speciebus in *Bambusa* stipitibus saepe angustatis, ascosporis ellipsoideis vel fere fusiformibus differt.

Typus: Hab. in foliis vivis *Bambusae regidae* Keng & Keng f. Nanning, Guangxi, Sina, 51703 (lectus numerus), Herbarium Mycologicum Universitatis Agricuturae Boreali-Occidentalis, Yangling, Shaaxi, Sina (HMUABO).

盾片叶两面生，多叶面生，散生，盾片周围寄主组织多退绿变黄色或灰白色，圆形或椭圆形，黑色，无光泽，0.1~0.8×0.1~0.5 mm。子囊壳生于叶肉组织中，常单生，球形或亚球形，褐色，240~420×240~420 μm，壁厚 12 μm。8 孢子子囊圆柱形，端部略平截或否，基部变细或否，具短柄，柄常变细无色，85~120×8.5~9.5 μm。侧丝多，高出子囊，无色。子囊孢子单列，椭圆形或近纺锤形，两端较钝圆，罕卵形或舟形，无色，10~16×4~5 μm。

硬头黄竹(撑篙竹) *Bambusa rigida* Keng & Keng f. 广西：南宁，海拔 80~220 m，7，X，1982，李建义等(HMUABO 51703 模式)，模式标本存放于西北农林科技大学真菌标本室。

撑篙竹 *Bambusa pervariabilis* McClure 广西：南宁药用植物研究所，23，VIII，2005，李晓玲，张中义采(MHYAU 013956)。

粉丹竹 *Lingnaria chungii* (McClure) McClure 海南：万宁，29，XI，1982，李建义等(HMUABO 55057，55152)，儋县，22，XI，1982，李建义等(HMUABO 5448)。

世界分布：中国。

新种鉴别特征，子囊圆柱形，端部略平截，柄常变细，子囊孢子椭圆形或近舟形。

本新种与 *P. shiraiana*、*P. tonkinensis* 较相似，但 *P. shiraiana* 的子囊圆柱形或椭圆形，端部钝圆，子囊孢子椭圆形至卵形，两端钝圆，近舟形；*P. tonkinensis* 的子囊圆柱形，端部钝圆，子囊孢子卵形，罕近椭圆形或卵圆形；新种的子囊圆柱形，端部略平截，子囊孢子椭圆形或近似纺锤形。根据新种的鉴别特征也可与其他的 *Phyllachora* 种区别。

矩圆孢黑痣菌　图 82

Phyllachora oblongospora Parbery, Aust. J. Bot. 19: 222, 1971; Luo, Studies on graminicolous Species and Their Divisional Criteria of *Phyllachora* Nke. in Fuckel in China p. 36, 1984.

盾片散生，小，近圆形，直径 0.5×0.5 mm，多数叶背生。8 孢子子囊囊状或椭圆形，柄极短，96~108×19~22 μm。子囊孢子单列，矩形，罕亚圆形或卵形，中部稍微缢缩，表面皱缩或有饰纹，17~24×11~12 μm。

芒属 *Miscanthus* sp. 海南：单东(HMUABO 54707)，儋县(HMUABO 54435)；四川：青城(HMAS 34437)。

世界分布：中国，南美(马提尼克岛)。

本菌鉴别特征，子囊囊状，子囊孢子矩形，高倍镜下表面有细微饰纹。本种是 Parbery (1971) 发表的 1 个新种，子囊椭圆形至袋状，短柄，95~115×18~20 μm。子囊孢子长圆形至钝圆，中部缢缩，具细纹，12~20×8~9 μm。性孢子梗椭圆形至倒棍棒状，10~17×1.5~3.0 μm。性孢子直或弯曲，13~16×0.5 μm。寄生于 *Chloris* sp.，因此，*Miscanthus* sp. 系为世界新寄主属，此种系为中国新记录。

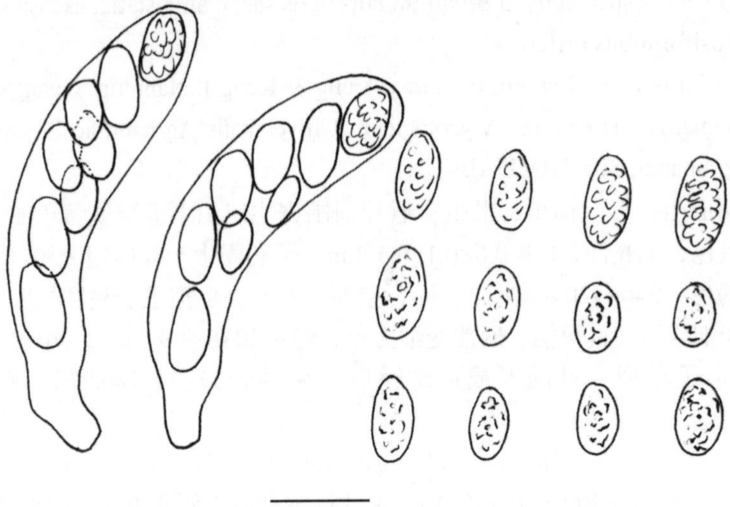

图 82　矩圆孢黑痣菌 *Phyllachora obiongospora*：子囊和子囊孢子（MHYAU 54707）

圆黑痣菌　图 83

Phyllachora orbicula Rehm, Leafl. Philipp. Bot. 6(no.103): 2221, 1914; Parbery, Aust. J.Bot.15: 327, 1967; Tai, Sylloge Fungorum Sinicorum p. 277, 1979; Zhuang, Higher Fungi of Tropical China p. 119, 2001; Li, Study of Taxonomy of *Phyllachora* in China p. 40, 2006; Liu, Taxonomy of *Phyllachora* in China p.47, 2007; Lu, Diversity of *Phyllachora* from China p. 70, 2009.

子座叶面生，近圆形，黑色，小，散生，外围有黄色晕圈，直径 0.1~1 mm。子囊壳椭圆形、球形，黑色，16.2~350×150~225(平均 226×175)μm。8 孢子子囊圆柱形，囊形，单列至不规则双列，65~100×12.5~7.5(平均 84.4×9.5)μm。侧丝线状，高于子囊；子囊孢子矩圆形、长圆形、纺锤形，单胞，无色，12.5~17.5×5~7.5(平均 16.6×6.3)μm。

日本青篱竹 *Arundinaria japonica* Sieb. et Zucc. 山东：青岛园林管理处(HMAS 34386)。

簕竹属 *Bambusa* sp. 云南：昆明(HMAS 95350)，昆明妙高寺(HMAS 4716)；江西：赣县(HMAS 04737)，庐山(HMAS 167310)；浙江：天目山(HMAS 4717)；湖南：岳麓山(HMAS 03404)。

大姚箭竹 *Fargesia mairei*(Hack.exHand.-Mazz.) Yi 云南：昆明世界园艺博览园(MHYAU 081766)。

桂竹 *Phyllostachys bambusoides* Sieb. & Zucc. 安徽：黄山温泉(HMUABO 42006)；江西：庐山(HMUABO 41182-a，41404)。

毛竹 *Phyllostachys pubescens* Mazel ex H. de Lehaie 江西：庐山(HMUABO 41170).

竹亚科 Bambusoideae 云南：昆明西山(MHYAU 081789)。

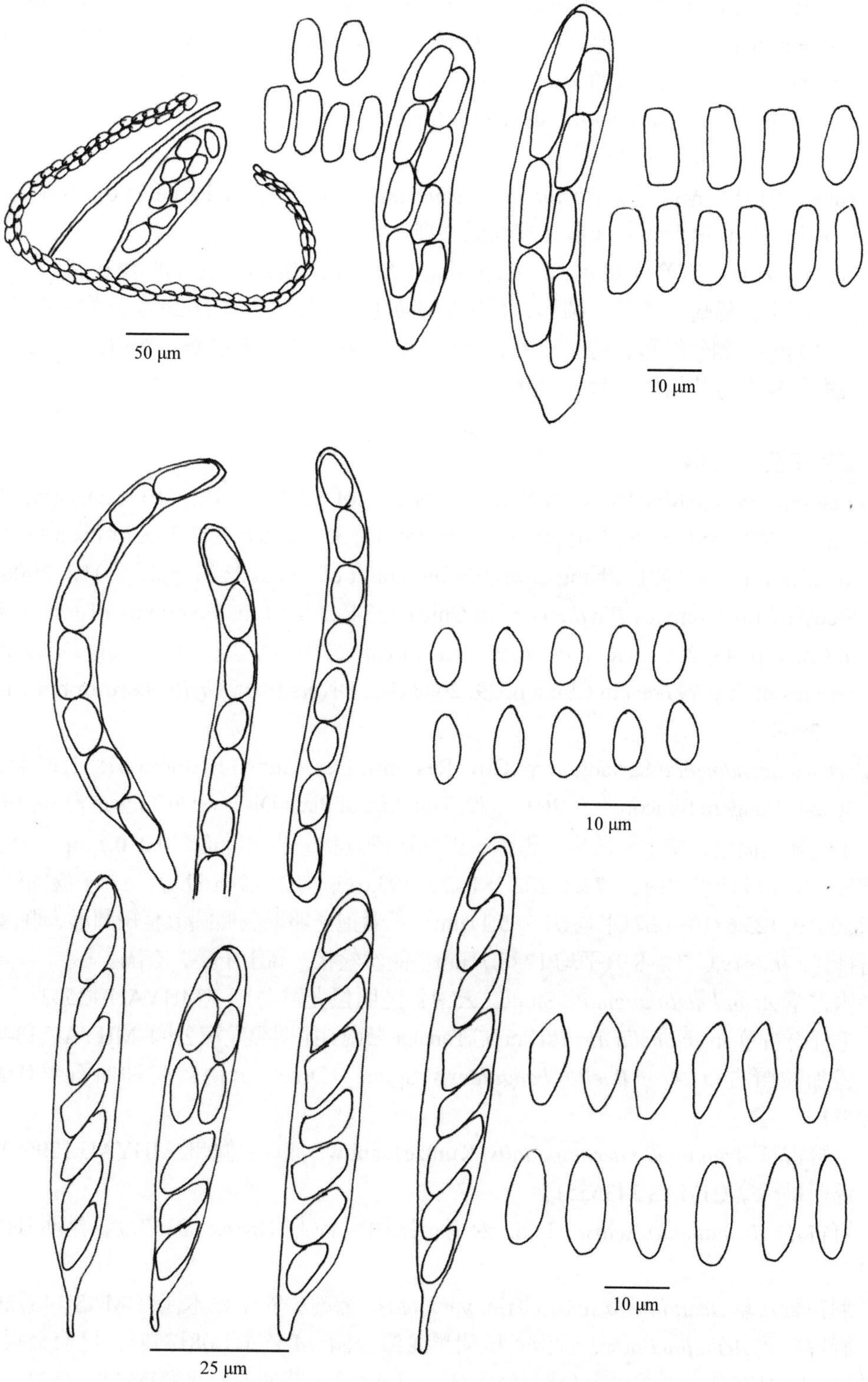

图 83　圆黑痣菌 *Phyllachora orbicula*：子囊壳、子囊和子囊孢子
（从上至下 HMAS 03404，4717，MHYAU 081766）

本菌在中国的寄主与分布还有戴芳澜(1979)报道的，观音竹 *Bambusa multiplex* (Lour.) Raeusch.：广东；多刺簕竹 *Ischurochloa spinosa* (Roxb.) Buse：广东；刚竹属 *Phyllostachys* spp.：云南；矢竹 *Pseudosasa japonica* (Sieb.et Zucc.) Makino：山东；庄文颖(2001)报道的，龙头竹 *Bambusa vulgaris* Schrad.：香港。

世界分布：中国，菲律宾。

Yates(1917)首先报道了 *Phyllachora orbicula* 在中国的分布。Parbery(1967)在他所观察的标本中，只有很少数的标本观察到无性型。

Rehm(1914)报道簕竹 *Bambusa blumeana* J.A. & J.H. Schult. 上的圆黑痣菌，描述为：子座在叶面生，稀疏，黑色，圆形，外围有淡黄色晕圈，0.5~0.8 mm。子囊棍棒形，无柄，60×10 μm；侧丝线形，孢子双列，矩圆形，两端钝圆，无油滴，10~12×5~5.5 μm。我们观察的标本与其相似，命名为此种。

落芒草黑痣菌　图 84

Phyllachora oryzopsidis Theiss. & Syd., Annls. Mycol. 13(3-4): 451, 1915; Saccardo's Syll. Fung. XXIV: 581, 1926; Parbery, Aust. J. Bot. 15: 328, 1967; Tsai, List of Plant Diseases in Taiwan p. 39, 1991; Zhang *et al*., Edible Fungi of China 25(Suppl.): 152, 2006; Li, Study of Taxonomy of *Phyllachora* in China p. 34, 2006; Liu, Taxonomy of *Phyllachora* in China p. 48, 2007; Gong *et al*., J. Yunnan Univ. 30(51): 1, 2008; Gong, Diversity of Species of *Phyllachora* in China p. 29, 2008; Lu, Diversity of *Phyllachora* from China p. 71, 2009.

Phyllachora arundinellae Sawada, Rep. Govt Res. Inst. Dep. Agric., Formosa 87: 11, 1944; Tai, Sylloge Fungoru Sinicorum p. 269, 1979; Tsai, List of Plant Diseases in Taiwan p. 39, 1979.

子座叶两面生，聚生、散生，黑色，近圆形或点状，凸出叶面，0.2~0.5 mm。子囊壳扁球形，生于叶肉组织内，173.8~282.7×142.7~193.6(平均 219.2×169.5) μm。子囊圆柱状，囊状，69.9~123.6×10~12.7(平均 91.7×9.1) μm。子囊孢子卵形、椭圆形至矩圆形、椭圆形，单行排列，9.7~19.0×7.2~8.9(平均 17×8.7) μm。侧丝丝状，高于子囊，有隔。

野古草 *Arundinella anomala* Steud. 云南：昆明黑龙潭公园 (MHYAU 13542)。

毛秆野古草 *Arundinella hirta* (Thunb.) Tanaka 云南：昆明黑龙潭公园(MHYAU 13401)。

孟加拉野古草 *Arundinella bengalensis* (Spreng.) Druce 云南：腾冲曲石乡(HMAS 140258)。

丈野古草 *Arundinella decempedalis* (Kuntze) Janow. 海南：儋州(MHYAU 12969)；云南：潞西拱岭寨(HMAS 143655)。

野古草 *Arundinella setosa* Trin. 云南：昆明大普吉(HMAS 03572)，昆明(HMAS 12187)。

刺芒野古草 *Arundinella setosa* Trin. var. *setosa* 云南：安宁楸木园(HMAS 143720)。

野古草属 *Arundinella* sp. 云南：昆明黑龙潭公园(MHYAU 081777)，昆明金殿公园(MHYAU 081752)，下关团山公园(MHYAU 013940)，腾冲曲石乡(HMAS 143725)，易门(MHYAU 12870)。

本菌在中国的寄主与分布还有蔡云鹏(1991)报道的，刺芒野古草 *Arundinella setosa*

Trin.：台湾。

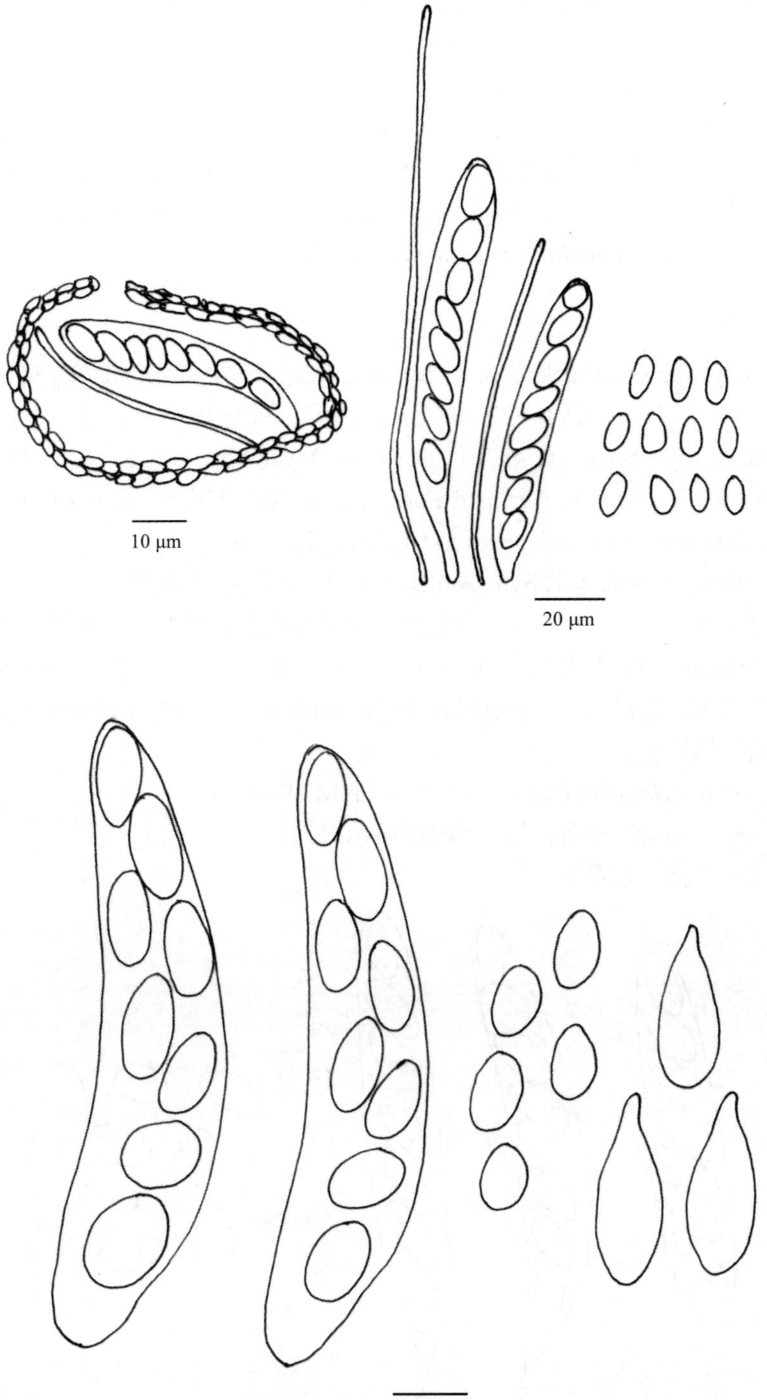

图 84　落芒草黑痣菌 *Phyllachora oryzopsidis*：子囊和子囊孢子
（从上至下 MHYAU 081777，081752，013940）

世界分布：中国，日本，加拿大，英国。

Theisssen 和 Sydow (1915) 描述本菌：子座叶面生，少量叶背生，稀疏，成行聚生，黑色。8 孢子子囊圆柱状，侧丝，具短柄，70~95×9~10 μm。子囊孢子单行，椭圆形至矩圆形，两端钝圆，11~14×5~6.5 μm。

Sawada (1944) 报道采自台湾的 *Pyhllachora arundinellae* Sawada 特征是：子囊 70~130×12~15 μm。子囊孢子长椭圆形，18~20×7~9 μm。分生孢子线形，18~20×1 μm。Parbery (1967) 把它作为 *Pyhllachora oryzopsidis* 的异名。我们所研究的标本特征与 Parbery (1967) 描述的 *Pyhllachora oryzopsidis* 的特征完全相同。

尖孢黑痣菌 图 85

Phyllachora oxyspora Starbäck, Bih. K. Svenska Vetensk Akad. Handl. 3 25 (1) : 45, 1899; Saccardo's Syll. Fung. XVI: 622, 1902; XX: 374, 1901; Parbery, Aust. J. Bot. 15: 329, 1967; Gabel, Mycotaxon 70: 483, 1999; Orton, Mycologia 36: 28, 1944; Zhang *et al*., J. Northwest Sci-Tech Univ. Agri and For. (Nat. Sci. Ed.) Vol. 33 (Suppl.) : 129, 2005; Li, Study of Taxonomy of *Phyllachora* in China p. 17, 2006.

Phyllachora imperatae Syd. & P. Syd., Annls. Mycol. 15 (3-4) : 226, 1917.

叶上黑痣斑 1~2 mm。子座群生至愈合，圆形角状至长圆形。子囊圆柱形，棍棒–圆柱状至倒棒–圆柱状，顶部圆形，8 孢子子囊，47.5~67.5×7.5~10 (平均 49.6×9.3) μm。子囊孢子单列或双列，棍棒状，下部针状渐尖，8.8~12.5×5~7.5 (平均 10.6×5.4) μm。侧丝线状，长于子囊且围壁生。

白茅 *Imperata cylindrica* (L.) Beauv. 北京 (HMAS 01556)。

白茅属 *Imperata* sp. 云南：易门 (MHYAU 12871)。

世界分布：中国，巴西。

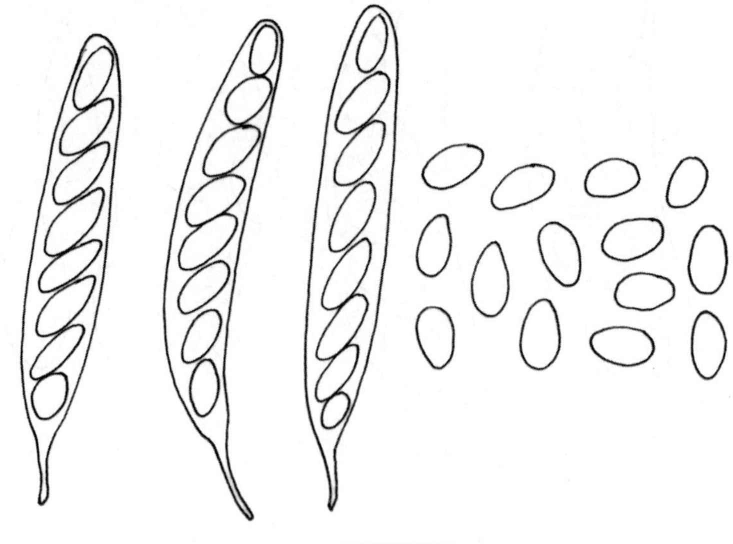

20 μm

图 85 尖孢黑痣菌 *Phyllachora oxyspora*：子囊和子囊孢子 (HMAS 01556)

本菌为中国新记录。Sydow 和 Sydow(1917)报道的白茅黑痣菌 *Phyllachora imperatae*，子囊圆筒形，8 个孢子，70~80×12~14 μm，子囊孢子斜生，椭圆形，单胞，无色，12~17×5~6 μm。我们观察的标本与此相符合。

Cannon(2000)给予本菌的异名，以将其转为尖孢黑痣菌 *Phyllachora oxyspora* Starbäck，我们同意此归类。Starbäck(1899)报道的尖黑痣如下：子座群生至愈合，或分散，圆形角状或伸长。子囊棍棒–圆柱状或倒棒–圆柱形，向上变窄，具短柄，96~115×9~10 μm，8 个孢子。子囊孢子单列或双列，明显棍棒状，上端圆角形下端稍长，变细，针状 20~25×5~6 μm。侧丝线状，长于子囊且围壁生，以供参考。

米筛竹黑痣菌　图 86　图版 **II**-3

Phyllachora pachinensis Sawada ex J.Q. Lan & T. Zhang, in Guo *et al*., J. Southwest Univ. Vol. 32(Suppl.): 107, 2010.

Phyllachora pachinensis Sawada, Rep. Govt. Res. Dep.Inst. Agric., Taiwan(Formosa)8: 27, 1943 nom. Inval.(sine description Latina); Tsai, List of Plant Diseases in Taiwan p. 47, 1991; Wang *et al*., List of the Fungi in Taiwan p. 88, 1999; Li, study of Taxonomy of *Phyllachora* Nitschke in Fuckel in China p. 43, 2006; Lu, Diversity of *Phyllachora* from China p. 72, 2009.

子座叶两面生，散生，椭圆形、圆形，黑色，有光泽，隆起，外围有黄色晕圈，直径 0.3~3 mm。子囊壳扁球形，不规则形，黑色，叶组织内生，153~612×102~153(平均 346×125)μm。子囊圆柱形，顶端圆，具短柄，无色，8 个孢子，90~195×10~15(平均 143×12.3)μm。侧丝线形，无色；子囊孢子斜单列，长椭圆形，一端稍尖的卵圆形，或两端钝圆，单胞无色，16~30×6.4~11.3(平均 24.6×9.5)μm。

米筛竹 *Bambusa pachinensis* Hayata 台湾：台北，1932.10.2.，K.Sawada 采(NTU–PPE 主模式)(HMAS 05370)。

簕竹属 *Bambusa* sp. 江苏：宝华山，1933.7.29，S.A.Deng 采(HMAS 02573)；江西：南康，1954.5.7，Jian Guang-zheng 采(HMAS 04769 副模式)；云南：昆明，1938.6.19，Zhao Shi-zan 采(HMAS 03400)。

竹 Bamboo 浙江：天目山(HMAS 89358)。

世界分布：中国，日本。

Sawada(1943a)根据台湾米筛竹(八芝兰竹)*Bambusa pachinensis* Hay 上的黑痣菌命名本菌。其子座椭圆形，长 0.5~1 mm；子囊圆筒形，顶端圆，基部狭，无色，8 个孢子，146~183×9~14 μm。侧丝线形，数少；子囊孢子长形、长椭圆形，两端钝，单胞，无色，平滑，18~26×6~8 μm。因无拉丁文描述和附图，应为无效名称(nom.inval.)；本书作者重新观察标本，提供拉丁文描述和附图，认可本种属实。

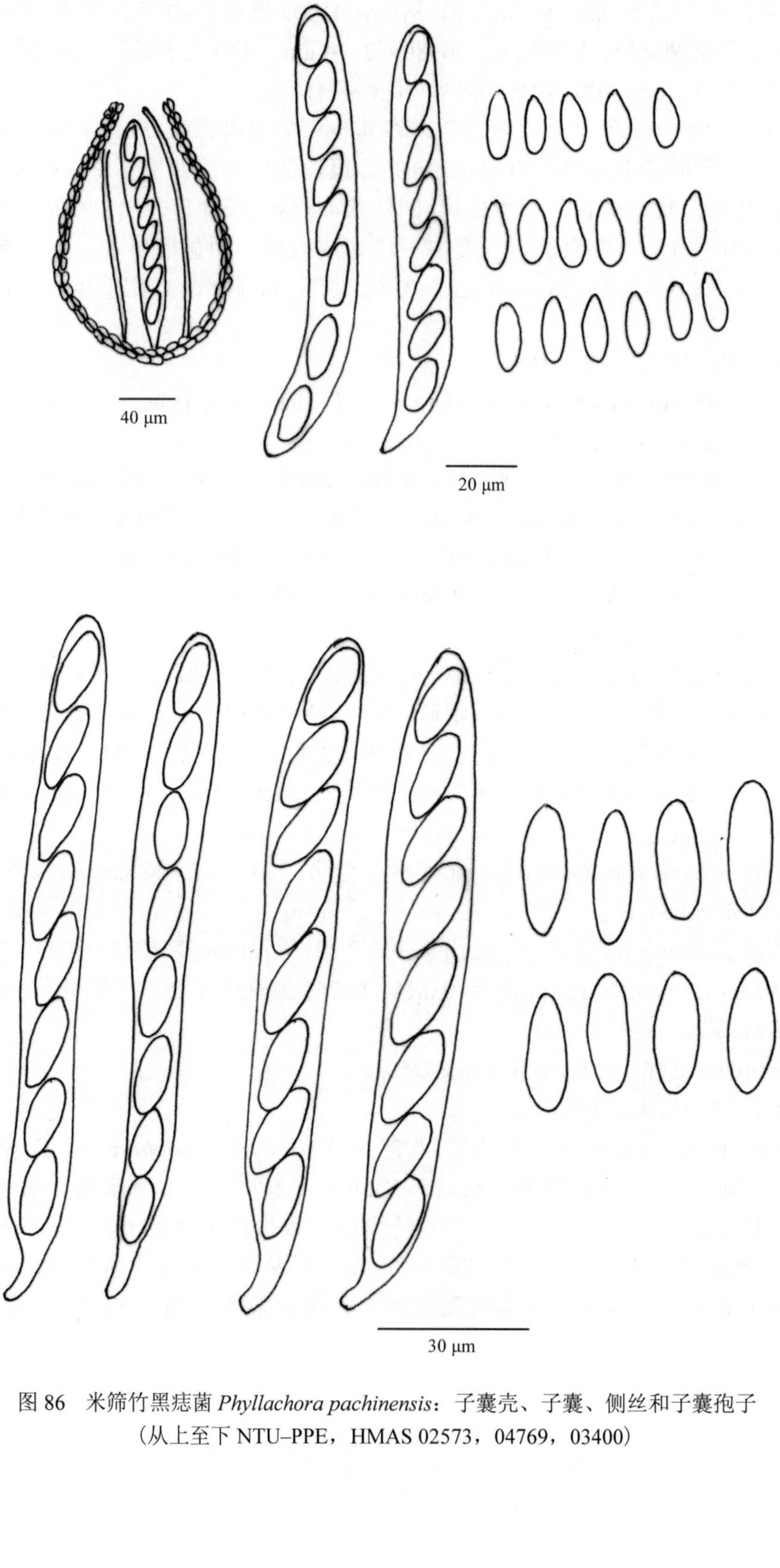

图 86　米筛竹黑痣菌 *Phyllachora pachinensis*：子囊壳、子囊、侧丝和子囊孢子
（从上至下 NTU–PPE，HMAS 02573，04769，03400）

黍黑痣菌　图 87

Phyllachora panici (Schwein.) Sacc., Saccardo's Syll. Fung. II: 624, 1883; Orton, Mycologia 36: 31, 1944; Qin *et al*., Edible Fungi of China Vol. 27 (Suppl): 42, 2008; Lu *et al*., Mycosystema 28 (1): 139, 2009.

Sphaeria panici Schwein., Transactions of the Amer. Phil. Soc., New Series 4 (2): 209, 1832.

Dothidea panici Schwein., Transactions of the Amer. Phil. Soc., New Series 4 (2): 234, 1832.

病斑长圆形或不规则形，4~7×0.5~2 mm，严重时病斑连成片。盾片叶两面生，散生、聚生，长圆形或不规则形，黑色，凸起，有光泽，1~1.2×0.4~1 mm。子囊壳埋生，不规则形，有孔口，71.4~142.8×102.0~234.6 μm。子囊圆柱形，具短柄，柄长 12.9~18.0 μm，含子囊部分 68.1~87.4×6.4~10.3 (平均 74.3×8.5) μm。侧丝丝状，丰富，充满油滴，长于子囊，宽 1.3~3.9 μm。子囊孢子单列，椭圆形，单胞，无色，具 1~2 个油滴，7.1~(9.8~) 12.9×4.6~6.4 (平均 11.1×5.3) μm。性孢子梗矩形，7.2~14.1×2.6~3.1 (平均 10.4×3.3) μm。性孢子镰刀形，披针形，15.4~33.4×3.1~3.9 (平均 23.1×3.3) μm。

大麦 *Hordeum vulgare* L. 云南：建水 (MHYAU 12873，12831)；西藏：林芝 (MHYAU 12831)。

黑麦草 *Secale cereale* L. 四川：雅安喇叭河 (MHYAU 12850)。

小麦 *Triticum aestivum* L. 云南：昆明 (MHYAU 08487)。

世界分布：中国，圭亚那，委内瑞拉，多米尼加，洪都拉斯，美国，波多黎各，葡萄牙。

本菌为中国新记录。Saccardo (1883) 报道本种，子囊孢子椭圆形，9~13×4~5.5 μm。我们鉴定的标本与其相似 (表 8)。

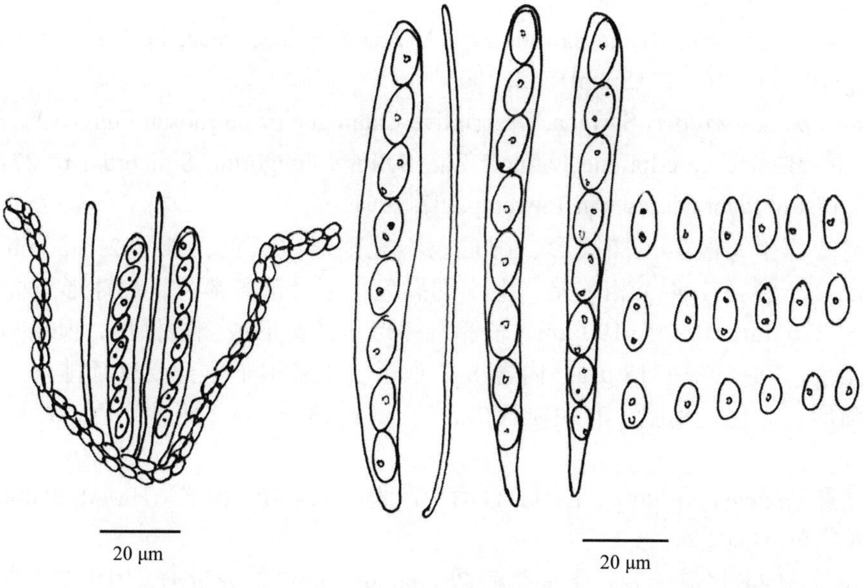

图 87　黍黑痣菌 *Phyllachora panici*：子囊壳、子囊、侧丝和子囊孢子 (MHYAU 12873)

表 8　黍属 *Panicum* 植物上所记载的黑痣菌形态比较

黑痣菌种名	寄主	子囊大小及形状(μm)	子囊孢子大小及形状(μm)	参考文献
P. graminis (Pers.) Fuckel var. *graminis* (1870)	*Panicum* sp.	78~80×7~8 圆柱形	8~12×4~5 卵圆形	Fuckel (1870)
P. graminis var. *panicicola* Henn. (1897)	*Panicum* sp.	86~100×10~12 圆柱形至棍棒形	11~14×7~8 椭圆形	Henning (1897)
P. lasiacis Syd. (1925)	*Panicum divaricata*	55~75×9~12 圆柱形至椭圆形	10~13×4~5 窄船形至窄卵圆形	Parbery (1967)
P. microsperma Parbery (1967)	*Panicum sciurotis*	45×7 圆柱形	7~7.5×4.5~5 卵形至宽椭圆形	Parbery (1967)
P. minutissima (Welw. & Curr.) A.L. Sm. (1898)	*Panicum* sp.	65~125×10~18 圆柱形，偶椭圆形或袋状	14~30×6~13 尖卵形至卵圆形或卵形	Parbery (1967)
P. panici (Schwein.) Sacc. (1883)	*Panicum laxum*	75~90×8~10 圆柱形	9~13×4~5.5 椭圆形	Orton (1944)
P. paspalicola Henn. (1908)	*Panicum* sp.	80~90×15~18 棍棒形	12~13×9~10 卵形或椭圆形	Henning (1908)
P. setariicola Speg. (1885)	*Panicum* sp.	90~95×10~12 圆柱形至棍棒形	13~15×6~6.5 椭圆形具油滴	Spegazzini (1885)
P. urvilleana Speg. (1909)	*Panicum urvilleanum*	60~70×7~8 圆柱形	18~20×4~7 纺锤形	Parbery (1967)

多育黍黑痣菌　图 88

Phyllachora panici-proliferae Sawada ex Z.Y. Zhang & S.S.Tzean, In Zhang *et al*., Edible Fungi of China Vol. 24 (Suppl): 52, 2005.

Phyllachora panici-proliferi Sawada, Descriptive Catalogue of Formosan Fungi 10: 18, 1944. nom.inval. (sine descriptione Latina); Tai, Sylloge Fungorum Sinicorum p. 277, 1979; Tsai, List of Plant Diseases in Taiwan p.307, 1991.

子座叶面生，散生，椭圆形、圆形至不规则形，黑色，长 0.2~3.5 mm，一般 0.5~1 mm。子囊壳 1~4 个相邻接，上半部黑色，下半部黄褐色，扁球形至椭圆形，直径 185~270 μm，高 115~190 μm。子囊棍棒形至纺锤形或倒棍棒形，顶端圆，基部钝圆，无色，78~89×13~18 μm，内含 8 个孢子。子囊孢子单行或双行排列，广椭圆形或椭圆形，无色，单胞，有颗粒状内含物，11~13×8 μm。侧丝无色，线形，直径 2.5 μm。

多育黍 *Panicum proliferum* Lank. 台湾：台北(NTU–PPE 模式) (HMAS 05080)。

世界分布：中国。

Sawada (1944) 报道了多育黍黑痣菌 *Phyllachora panici-proliferi*，因无拉丁文描述，据此应为无效名(nom. inval.)。我们在 2002 年重新观察台湾大学腊叶标本(NTU–PPE, Typus)，并照相摄影，提供拉丁文描述和附图，认可本种属实。

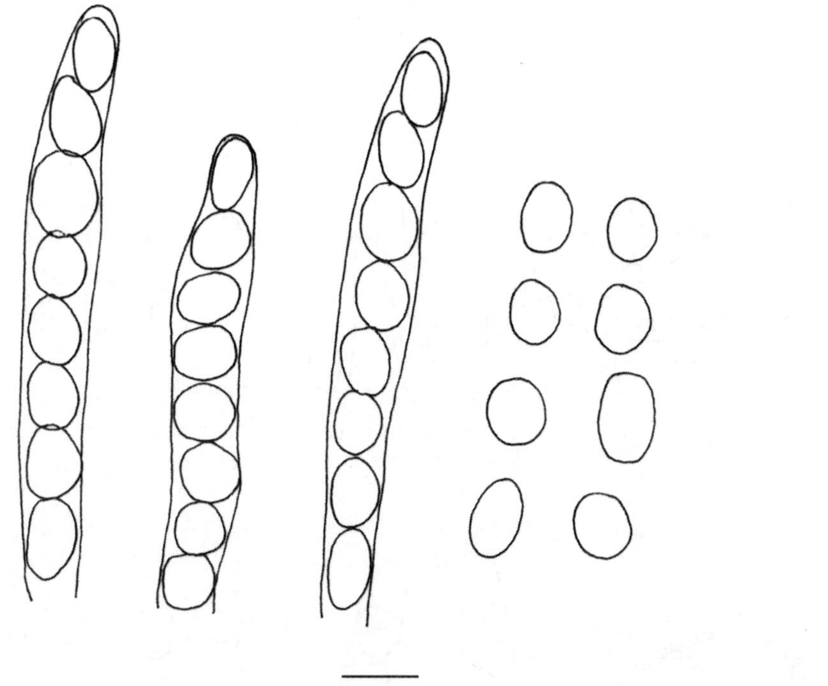

图 88　多育黍黑痣菌 *Phyllachora panici-proliferae*：子囊和子囊孢子
（NTU–PPE，HMAS 05080）

雀稗生黑痣菌　图 89　图版 **V**，3-4

Phyllachora paspalicola Henn., Hedwigia 48: 106, 1908; Parbery, Aust. J. Bot. 15: 339, 1976; Liu & Guo, Mycotaxon 97: 321, 2006; Liu, Taxonomy of *Phyllachora* in China p. 49, 2007; Lu, Diversity of *Phyllachora* from China p. 75, 2009.

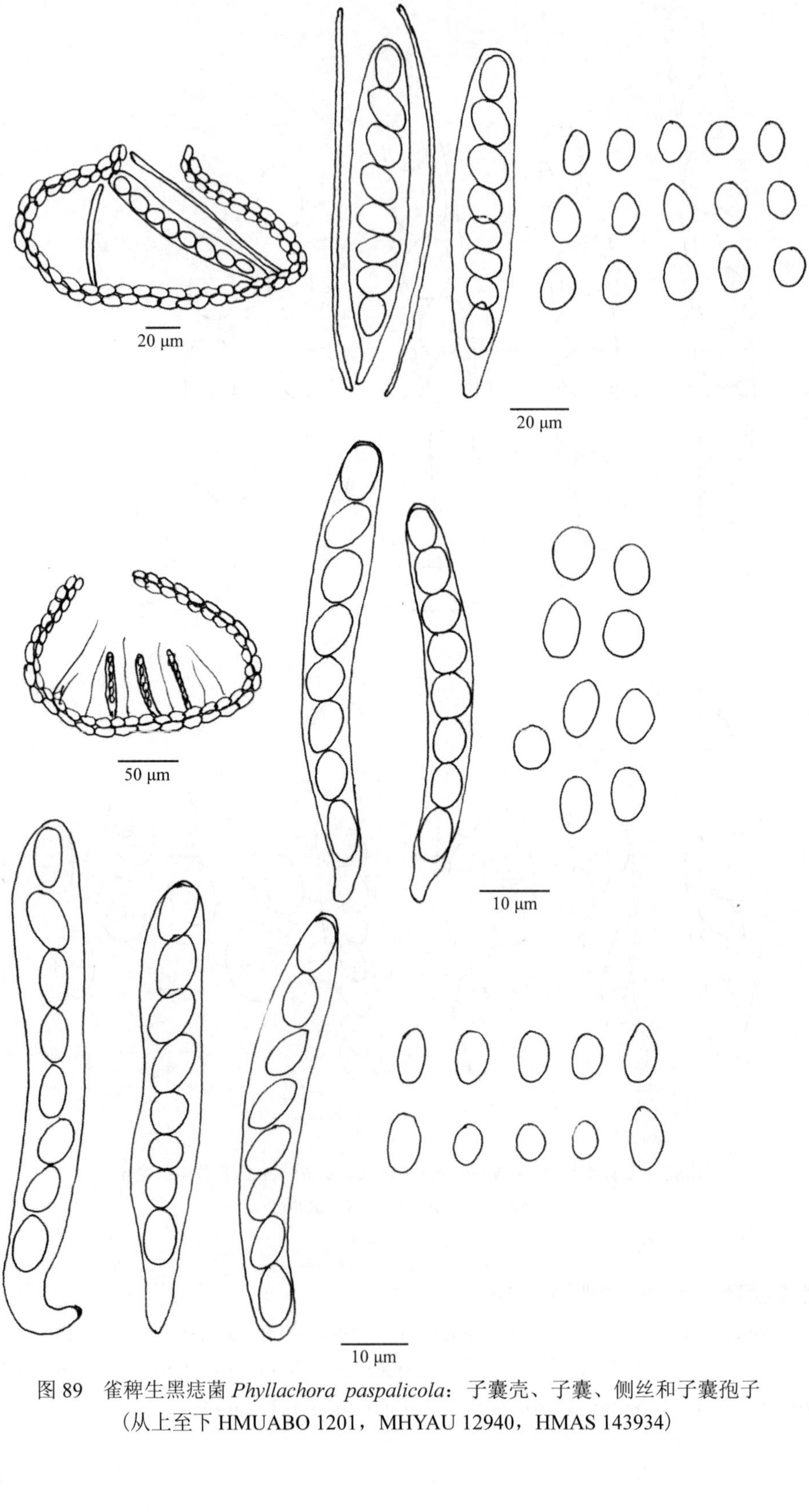

图 89　雀稗生黑痣菌 *Phyllachora paspalicola*：子囊壳、子囊、侧丝和子囊孢子
（从上至下 HMUABO 1201，MHYAU 12940，HMAS 143934）

叶斑，斑点周围的叶子变黄。子座聚生，近圆形，0.5~1.5×0.3~0.7 mm，黑色有光泽，叶面上生，1~3 个腔，黑斑叶两面都可以看到。子囊壳 140~475×85~250 μm，叶肉组织中埋生，椭球形，子囊壳的颈穿过寄主的角质层和表层，有发育良好的、透明的缘丝，子囊着生于子囊壳底部和侧壁。上壁最厚处达 90 μm，下壁最厚处达 40 μm，侧壁最厚处达 22 μm，由薄壁细胞组成。侧丝直径 2 μm，比子囊长，壁薄，无隔。子囊 70~120×9~15 μm，8 个孢子，圆柱形，短柄，单囊壁。子囊孢子单列，8~15×5~8.5 μm，近球形、卵形、宽椭圆形，具油滴，单胞，平滑。

升马唐 *Digitaria ciliaris*(Retz.) Koel. 云南：西双版纳(FHNRAC 1201)。

双穗雀稗 *Paspalum distichum* L. 云南：昆明茨坝(MHYAU 13253)。

雀稗 *Paspalum thunbergii* Kunth ex Steud. 云南：昆明云南农业大学(MHYAU 13352)。

圆果雀稗 *Paspalum orbiculare* Forst. 云南：西双版纳植物园(MHYAU 13320)，嵩明军马场(MHYAU 12797)。

细弱柳叶箬 *Isachne tenuis* Keng ex Feng f. 云南：腾冲(HMAS 143934)，高黎贡山(HMAS 172115)。

世界分布：中国，巴西，多米尼加，波多黎各，哥斯达黎加，菲律宾，澳大利亚。

本种在中国为首次报道(刘娜和郭林，2006a)。*Phyllachora paspalicola* 因为近球形的子囊孢子而区别于很多黑痣菌。Parbery(1967) 根据子囊孢子的形状，将很多种作为 *Phyllachora paspalicola* 的异名。

Hennings(1908) 报道，*P. paspalicola* 子囊孢子近球形或卵形至球形，12~13×6~8 μm，我们鉴定的标本与其相似(表 9)。

表 9　马唐属 *Digitaria* 植物上所记载的黑痣菌形态比较

黑痣菌种名	寄主	子囊大小及形状(μm)	子囊孢子大小及形状(μm)	参考文献
P. digitariicola Doidge(1942)	*Digitaria razzae*	60~90×12~15 圆柱形或圆柱形至棍棒形	12~15×6~7.5 椭圆形	Doidge (1942)
P. paspalicola Henn.(1908)	*Digitaria smutsii*	80~90×15~18 棍棒形	12~13×6~8 近球形或卵形至球形	Henning (1908)
P. pennisetina Syd.(1922)	*Digitaria sangiinalis*	55~75×12~20 圆柱形至棍棒形	9~13×7~10 近球形或卵形至球形	Sydow (1922)

狼尾草黑痣菌　图 90

Phyllachora pennisetina Syd., Annls. Mycol. 20: 64, 1922; Parbery, Aust. J. Bot. 15: 32, 1967; Tai, Syllige Fungorum Sinicorum p. 278, 1979; Tsai, List of Plant Diseases in Taiwan p. 317, 1991; Liu, Taxonomy of *Phyllachora* in China p. 50, 2007; Lu, Diversity of *Phyllachora* from China p. 77, 2009.

Phyllachora penniseti-japonici Sawada, Rep. Govt. Res. Inst. Dep. Agric., Formosa 87: 19, 1944; Sawada, Descriptive Catalogue of Formosan Fungi 10: 19, 1977; Tai, Selloge Fungorum Sinicorum p. 278, 1979; Tsai, List of Plant Diseases in Taiwan p. 317, 1991; Wang *et al*., List of the Fungi in Taiwan p. 88, 1999.

子座叶两面生，近圆形或长椭圆形，黑色，微突起，0.5~2×0.3~1.6 mm。子囊壳不规则形，叶肉细胞中埋生，子囊着生于子囊壳底部和侧壁。上壁最厚处达 40 μm，下壁最厚处达 30 μm，侧壁最厚处达 30 μm。子囊圆柱形，8 个孢子，短柄，单囊壁，有顶环结构，75~108×7.5~10 μm。侧丝丝状，有分隔。子囊孢子单列，阔椭圆形或亚球形，8~12.5×5~7.5 μm，单胞，无色，平滑，具大油滴，有的孢子中腰缢缩。

狼尾草 *Pennisetum alopecuroides*（L.）Spreng.（禾本科 Gramineae）台湾（NUT-PPE）；云南：洱源县（HMAS 140533）；海南：儋县（海南两院）（MHYAU 12940）。

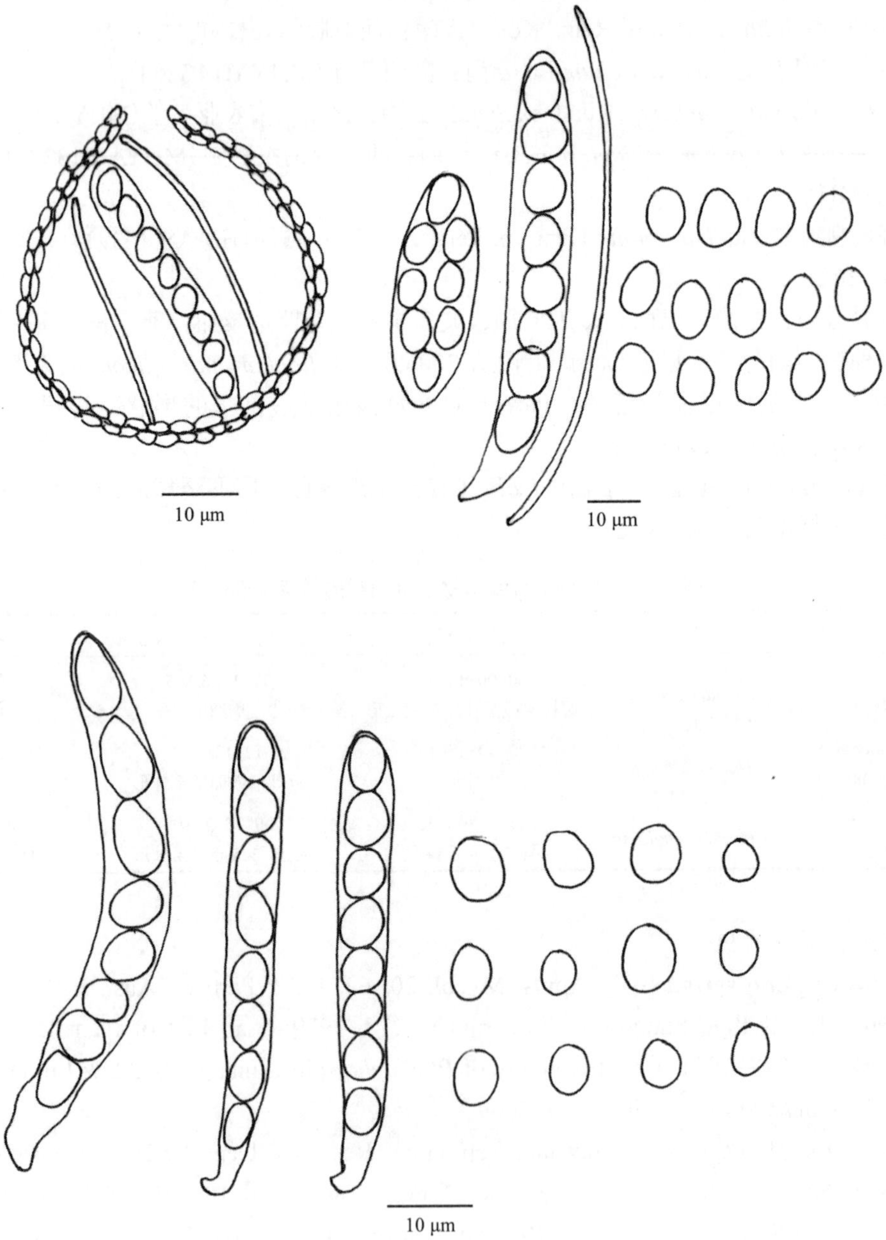

图 90　狼尾草黑痣菌 *Phyllachora pennisetina*：子囊壳、子囊、侧丝和子囊孢子（HMAS 12940，143929）

狼尾草属 *Pennisetum* sp. 云南：昆明至金殿途中(HMAS 14329)。

本菌在中国的寄主和分布还有戴芳澜(1979)报道的，狼尾草 *Pennisetum alopecuroides* (L.) Spreng.：河北，广东，广西，四川。

世界分布：中国，苏丹，坦葛尼喀，美国。

Sydow (1922) 报道采自中国广东的黑痣菌，子座叶面生，单生至少数不规则聚生，椭圆形至长圆形，1~2 个子囊壳，长 0.3~1 mm，盾片叶面生厚约 20 μm。子囊壳宽达 350 μm、高 120 μm。子囊圆柱形至棍棒形，具柄，8 个孢子，侧丝多，55~75×12~20 μm。子囊孢子单列，近球形至卵球形，单胞，无色，9~13×7~10 μm。我们观察的标本与之基本相符(表 10)。

表 10　狼尾草属 *Pennisetum* 植物上所记载的黑痣菌形态比较

黑痣菌种名	寄主	子囊大小及形状(μm)	子囊孢子大小及形状(μm)	参考文献
P. minutissima (Welw. & Curr.) A.L. Sm. (1898)	*Pennisetum* sp.	65~125×10~18 圆柱形，偶椭圆形或袋状	14~30×6~13 尖卵形至卵圆形或卵形	Parbery (1967)
P. pennisetina Syd. (1922)	*Pennisetum alopecuroides*	55~75×12~20 圆柱形至棍棒形	9~13×7~10 近球形或卵形至球形	Sydow (1922)

Parbery (1967) 在描述本种时根据球形及亚球形的特殊子囊孢子形状，把 *Pyhllachora penniseti-japonici* (Sawada，1944) 作为本种的异名来处理。我们所研究的标本中观察到了亚球形及阔椭圆形子囊孢子。寄主在狼尾草属(*Pennisetum*)上的黑痣菌有 *Pyhllachora pennisetina*、*Pyhllachora minutissima* (Welv.& Curr.) Sm.，后者的孢子体积比前者大许多。

刚竹黑痣菌　图 91

Phyllachora phyllostachydis Hara, Bot. Mag., Tokyo 27 (317) : 248, 1913; Parbery, Aust. 15: 333, 1967; Tai, Sylloge Fungorum Sinicorum p. 279, 1979; Tsai, List of Plant Diseases in Taiwan p. 328, 1991; Wang *et al*., List of the Fungi in Taiwan p. 88, 1999; Luo, Studies on Graminicolous Species and Their Divisional Criteria of *Phyllachora* Nke. in Fuckel in China p. 37, 1984; Li *et al*., Edible Fungi of China 25 Suppl.: 157, 2006; Li, Study of Taxonomy of *Phyllachora* Nitschke ex Fuckel in China p. 44, 2006; Liu, Taxonomy of *Phyllachora* in China p. 51, 2007; Lu, Diversity of *Phyllachora* from China p. 78, 2009.

子座叶两面生，黑色，圆形、椭圆形，隆起，外围具有黄色晕圈，0.2~2 mm。8 孢子子囊圆柱形，罕囊状，端部钝圆，具短柄，(92~) 115~147×8.5~11 μm。侧丝较少，等长或略长于子囊，分枝或否，罕有顶端膨大呈球状。子囊孢子单列，罕双列，多为椭圆形或阔椭圆形，罕纺锤形或阔卵圆形，两端钝圆，单胞无色，(11~) 17 (~24.5) × (5~) 6 (~8.5) (平均 18.6×8.6) μm。分生孢子器球形或亚球形，生于叶肉组织中。分生孢子梗圆柱形，端部稍细，近似锥形，无色，11~17×2.5~3.5 μm。分生孢子腊肠形(或镰刀形)，双胞，无色，29~33×2.5~3.5 μm。分生孢子的每一个细胞里有一个反光点。

毛竹属(刚竹属) *Phyllostachys* sp. 江苏：宝华山(HMAS 06815)，南京中山门外

(HMAS 50426)；云南：腾冲(HMAS 143637，143947)，大理中和山麓(HMAD 06920)，西双版纳植物园(MHYAU 13529)，西双版纳野象谷(MHYAU 13543)；贵州：黔灵公园(MHYAU 12888)；安徽：黄山(HMAS 89353)。

桂竹(刚竹)*Phyllostachys bambusoides* Sieb. et Zucc. 江苏：南京中山陵灵谷寺(HMUABO 42324，42308)，南京中山陵(HMUABO42531)，南京(HMUABO 36364，36367，36368)；安徽：黄山温泉(HMUABO 420，42036，42057，42083，41863，41864，42238，42243)，黄山(HMUABO 12006，42443)；湖南：南岳(HMUABO 44838)；江西：庐山(HMUABO 41395)；陕西：华阴(HMUABO 5834)，南郑南海区(HMUABO 1196)，周至(HMUABO 5653，5760，5651，5660，5663)，华阴城同(HMUABO 2350，2351，2352)；福建(HMUABO 52386)，崇安(HMUABO 52407)。

实竹 *Phyllostachys bambusoides* forma Zitchika 陕西：华阴(HMUABO 5834)。

黄金间碧玉竹 *Phyllostachys bambusoides* var. *castilloni*(Latour-Mariliac)H. de Lehaie 陕西：庙台子(HMUABO 1400)；重庆：晋云山(HMUABO 5883)。

毛金竹(淡竹)*Phyllostachys nigra* var. *henonis*(Miff.)Stapf. ex Rendl. 江苏：南京中山陵(HMUABO 42315，43521)。

毛竹 *Phyllostachys pubescens* Mazel ex H. de Lehaie 浙江：临安(HMUABO 44242)；江西：庐山植物园(HMUABO 41604，41339)，牯岭(HMUABO 41170)，庐山花径湖畔(HMUABO 41259)，南昌(HMUABO 44688)；河南：信阳鸡公山(HMUABO 41153)。

紫篑竹 *Phyllostachys purpurata* Mcclure 江西：庐山(HMUABO 41406-a，41500)。

竹亚科 Bambusoideae 安徽：黄山(HMAS 89359，89356)；云南：腾冲小地方(HMAS 143637，143947)。

本菌在中国的寄主与分布还有戴芳澜(1979)报道的，刚竹属 *Phyllostachys* sp.：浙江。蔡云鹏(1991)报道的，刚竹 *Phyllostachys bambusoides* Sieb. & Zucc.：台湾；石竹 *Phyllostachys lithophia* Hayata：台湾；桂竹 *Phyllostachys makinoi* Hayata：台湾；黑竹 *Phyllostachys nigra*(Loddiges)Munro：台湾；裸箨竹 *Phyllostachys nuda* McClure：台湾；毛竹 *Phyllostachys pubescens* Mazel：台湾。张能唐和张建如(1988)报道的，刚竹属 *Phyllostachys* sp.：江苏南京。黄天章等(1992)报道的，淡竹叶：江苏。

世界分布：中国，日本。

Phyllostachys 属于竹亚科，竹亚科上报道了很多种黑痣菌，但是由于竹子鉴定比较困难，所以很多种黑痣菌在最初报道的时候只写寄生在竹子上，没有更为详细的寄主植物的信息。*Pyhllachora phyllostachydis* 是寄生在 *Phyllostachys* 属上的一个常见种，在中国的很多省份都有分布。中国最早报道的 *pyhllachora phyllosta chydis* 是王兆泰(1934)在杭州发现的。

本菌的鉴别特征：子囊孢子椭圆形或阔椭圆形，主生刚竹属(*Phyllostachys*)。罗赫荣(1984)报道本种：8 孢子子囊圆柱形，具短柄，(92~)115(~147)×8.5~11 μm；侧丝较少，等长或略长于子囊。子囊孢子单列或双列，多为椭圆形、阔椭圆形，罕纺锤形或阔卵圆形，(11~)17(~24)×(5~)6(~8.5)μm。我们观察的腊叶标本符合以上描述。

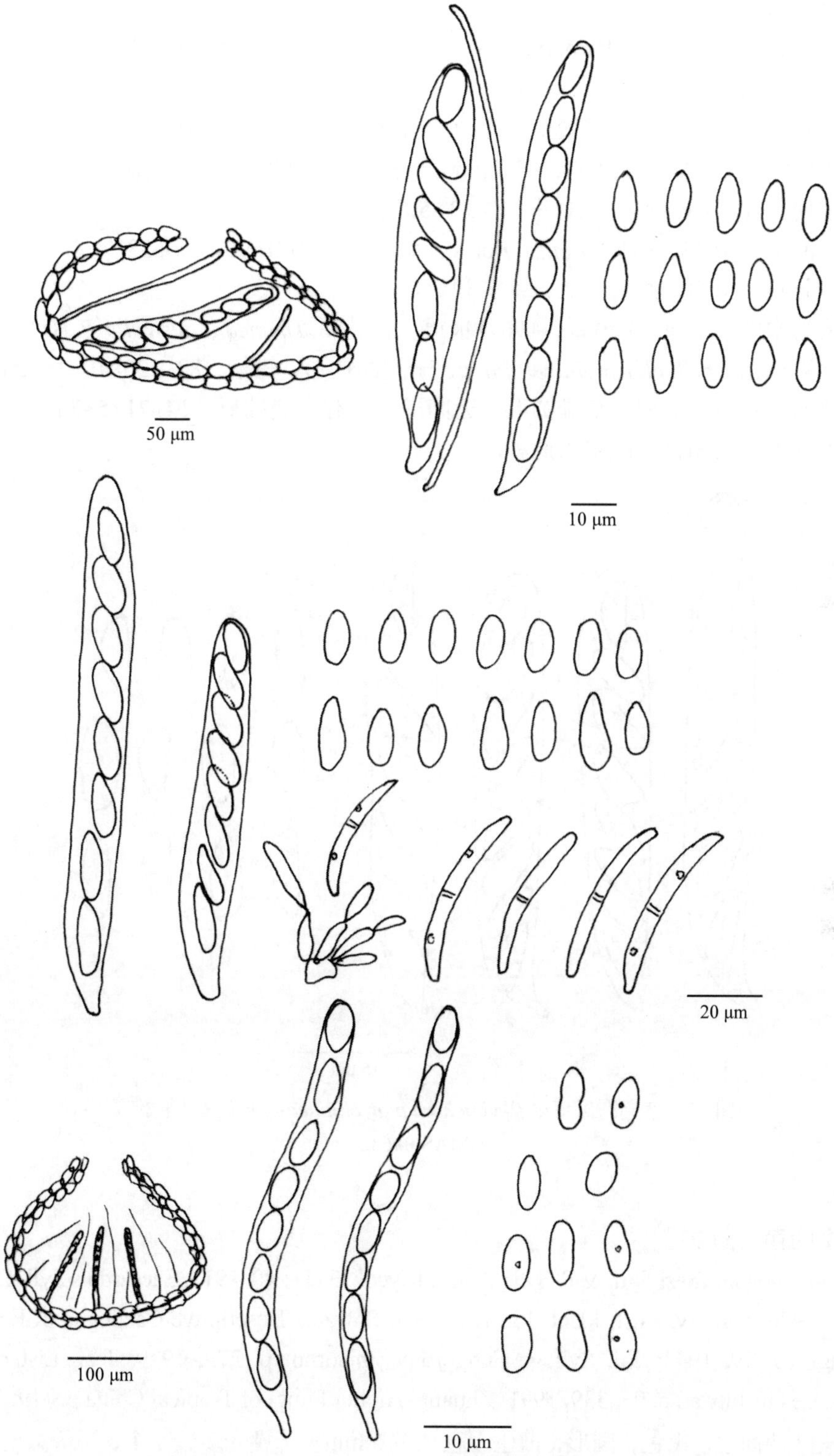

图 91　刚竹黑痣菌 *Phyllachora phyllostachydis*：子囊壳、子囊、侧丝、子囊孢子、性孢子梗和性孢子（从上至下 HMUABO 1201，42324，HMAS 143947）

宽椭圆黑痣菌　图 92

Phyllachora platyelliptica Parbery, Aust. J. Bot. 15: 333, 1967; Gong, Diversity of species of *Phyllachora* in China p.16, 2008.

子座叶两面生，散生或稍聚生，黑色，有光泽。子囊壳椭圆形或近圆形。子囊圆柱形，内含 8 个孢子，41.1~72.0×7.7~7.7 μm。子囊孢子半椭圆形或微狭椭圆形，偶卵圆形，斜单行排列，10.3~16.7×5.1~5.1(平均 13.1×5.6) μm。

阿拉伯黄背草 *Themeda triandra* Forssk. 北京：香山(HMAS 04638)。

世界分布：中国，澳大利亚，维多利亚。

本菌为中国新记录。Parbery(1967)报道，在菅属 *Themeda australis*(R.Br.) Stapf. 上的宽椭圆黑痣菌 *Phyllachora platyelliptica*，子囊圆柱形，短柄，82~120×10~16 μm。子囊孢子斜单列或不完全双列，窄椭圆形、近卵形，罕有广椭圆形，14~21×5~7 μm。我们观察的标本基本与其相符，故定为此种。

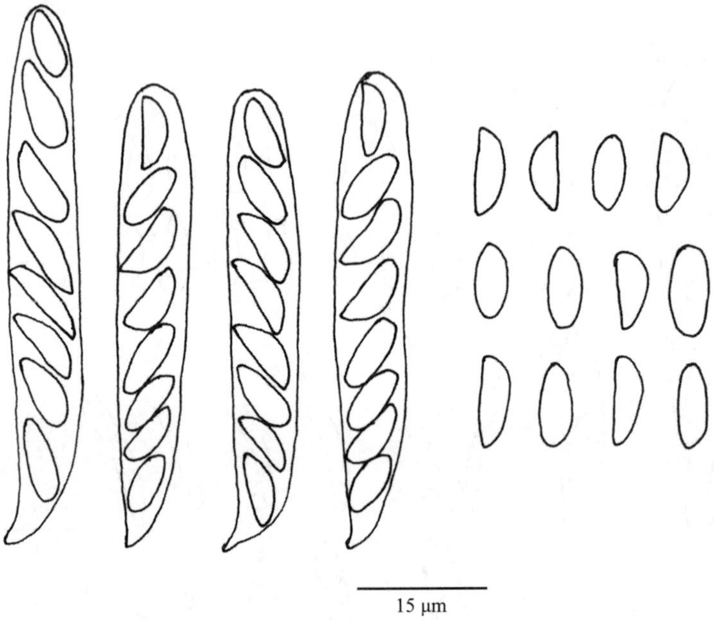

图 92　宽椭圆黑痣菌 *Phyllachora platyelliptica*：子囊和子囊孢子
(HMAS 04638)

金发草黑痣菌　图 93

Phyllachora pogonatheri Syd. & P. Syd., Annls. Mycol.13(1): 40, 1915; Saccardo's Syll. Fung.24: 584, 1926; Parbery, Aust. J.Bot. 15: 314, 1967; Sawada, Descriptive Catalogue of Formosan Fungi 10: 19, 1944; Tai, Sylloge Fungorum Sinicorum p. 279, 1979; Tsai, List of Plant Diseases in Taiwan p. 95, 339, 1991; Zhuang, Higher Fungi of Tropical China p. 119, 2001.

子座叶两面生，黑色，圆形，散生，直径 1~5 mm。子囊壳多数 1 个，不等大。子囊圆筒形，棍棒状，短柄，43~78×10~12.5(平均 62×10.3) μm。子囊孢子单列，或不规则双列，椭圆形或卵圆形，偶有近球形至矩圆形，单胞无色，6.3~15.0×5.0~6.3(平均 10.4×5.3) μm。

金发草 *Pogonatherum paniceum*(Lam.) Hack. 云南：屏边烈士陵园(MHYAU 081740)。

金丝草 *Pogonatherum crinitum*(Thunb.) Kunth 云南：热带植物园(MHYAU 08489)。

本菌在中国的寄主与分布还有戴芳澜(1979)、蔡云鹏(1991)报道的，金发草(鼬茅) *Pogonatherum paniceum*(Lam.) Hack.(禾本科 Gramineae)：台湾。庄文颖(2001)报道的，金发草 *Pogonatherum paniceum*(Lam.) Hack.：香港。

世界分布：中国，印度。

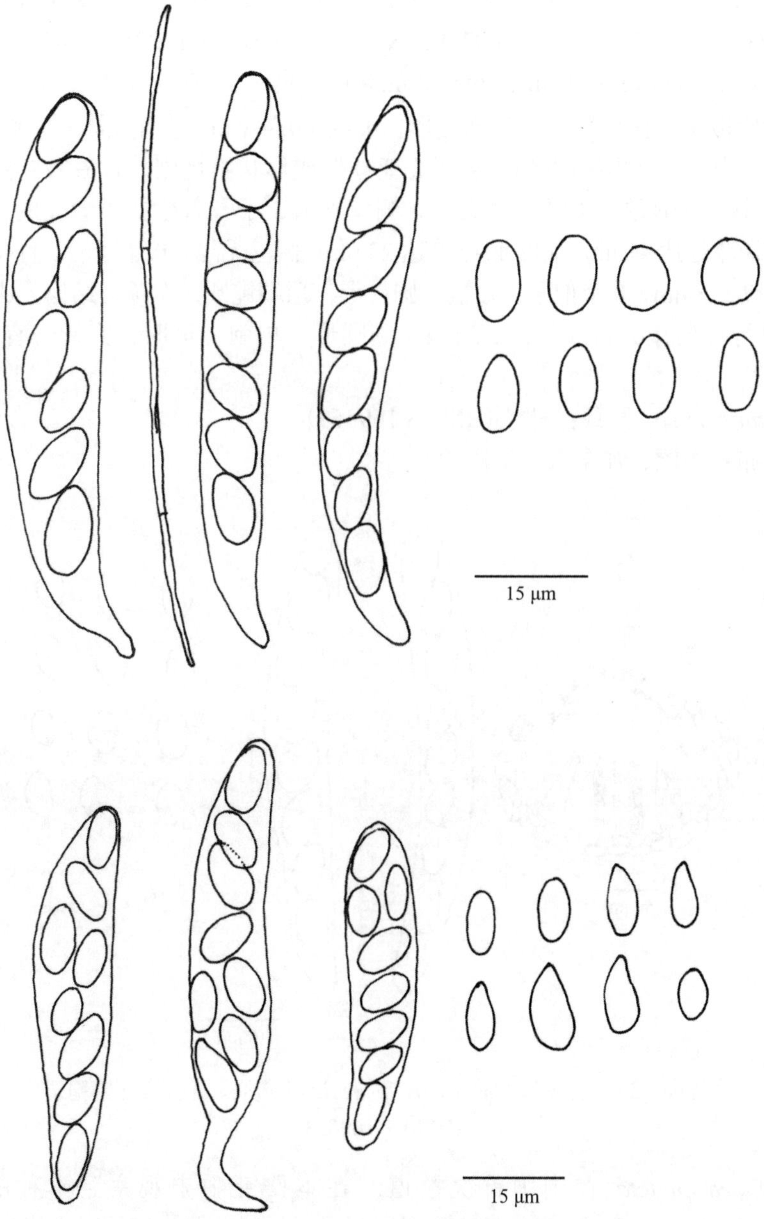

图 93 金发草黑痣菌 *Phyllachora pogonatheri*：子囊、侧丝和子囊孢子
(MHYAU 08489，081740)

Sydow 和 Sydow（1915）报道本菌，子囊圆筒形，短柄，8 个孢子，具侧丝，60~890×10~14 μm。子囊孢子单列至斜单列，近双列，椭圆形，两端钝圆，单胞无色，19×5~6 μm。我们观察的腊叶标本符合以上描述，但体积较小。

斑点黑痣菌 图 94

Phyllachora puncta（Schwein.）Orten ex J. A. Stev., Journ. Dept.Agric. Porto Rico 2: 153, 1918; Parbery, Aust. J. Bot. 15: 336, 1967；Gabel, Mycotaxon 70：283, 1999；Liu, Taxonomy of *Phyllachora* in China p. 52, 2007; Liu & Guo, Mycosystema 28（1）: 141, 2009.

Sphaeria punctum Schwein., Trans. Amer. Phil. Soci. Phila. 4: 209, 1832.

黑斑子座散生，极少聚生，长椭圆形，0.5~2×0.3~1 mm，有光泽，多腔，小孔不明显，黑斑可以从叶子的两面看到。子囊壳亚球形或形状不规则，135~325×90~215 μm，在叶肉组织中，锥形颈穿透叶子的表层，侧丝丰富，子囊着生在子囊壳的底部和侧壁。上壁和下壁最厚处达 48 μm，侧壁最厚处达 23 μm。侧丝无隔，长于子囊，直径大约 2 μm。子囊 63~83×7.5~8 μm，8 个孢子，短柄，圆柱形，顶端钝圆，有顶环结构，成熟时薄壁。子囊孢子单行排列，6~11.3×3.5~5.5 μm，椭圆形，单胞，透明，光滑，有油滴，无黏性鞘。

黍属 *Panicum* sp. 西藏：林芝（HMAS 169553）。

世界分布：中国，加拿大，美国。

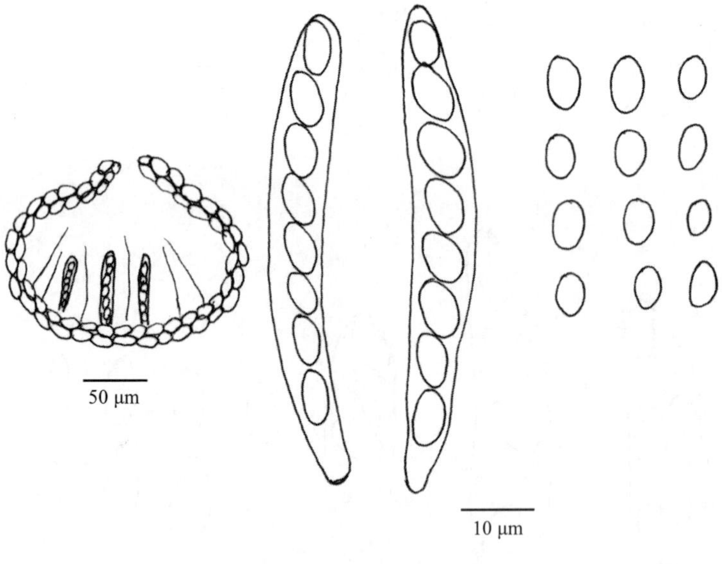

图 94 斑点黑痣菌 *Phyllachora puncta*：子囊壳、子囊和子囊孢子（HMAS 169553）

Phyllachora puncta 在中国首次报道。在本研究中未观察到本种的无性型。Parbery（1967）、Pearce 和 Hyde（2006）都观察到了无性型，但他们同时也指出，并不是所有的标本都能观察到。Parbery（1963a）曾经认为，本种是 *Phyllachora graminis* 的异名，但 *Phyllachora graminis* 有平头的卵形子囊孢子。

斑点黑痣菌黄檀生亚种　图 95　图版 **I**-2

Phyllachora puncta subsp. **dalbergiicola** (Henn.) P. F. Cannan, Mycol. Pap.163: 161, 1991; Zhuang, Higher Fungi of Tropical China p.119, 2001; Lu, Diversity of *Phyllachora* from China p.100, 2009.

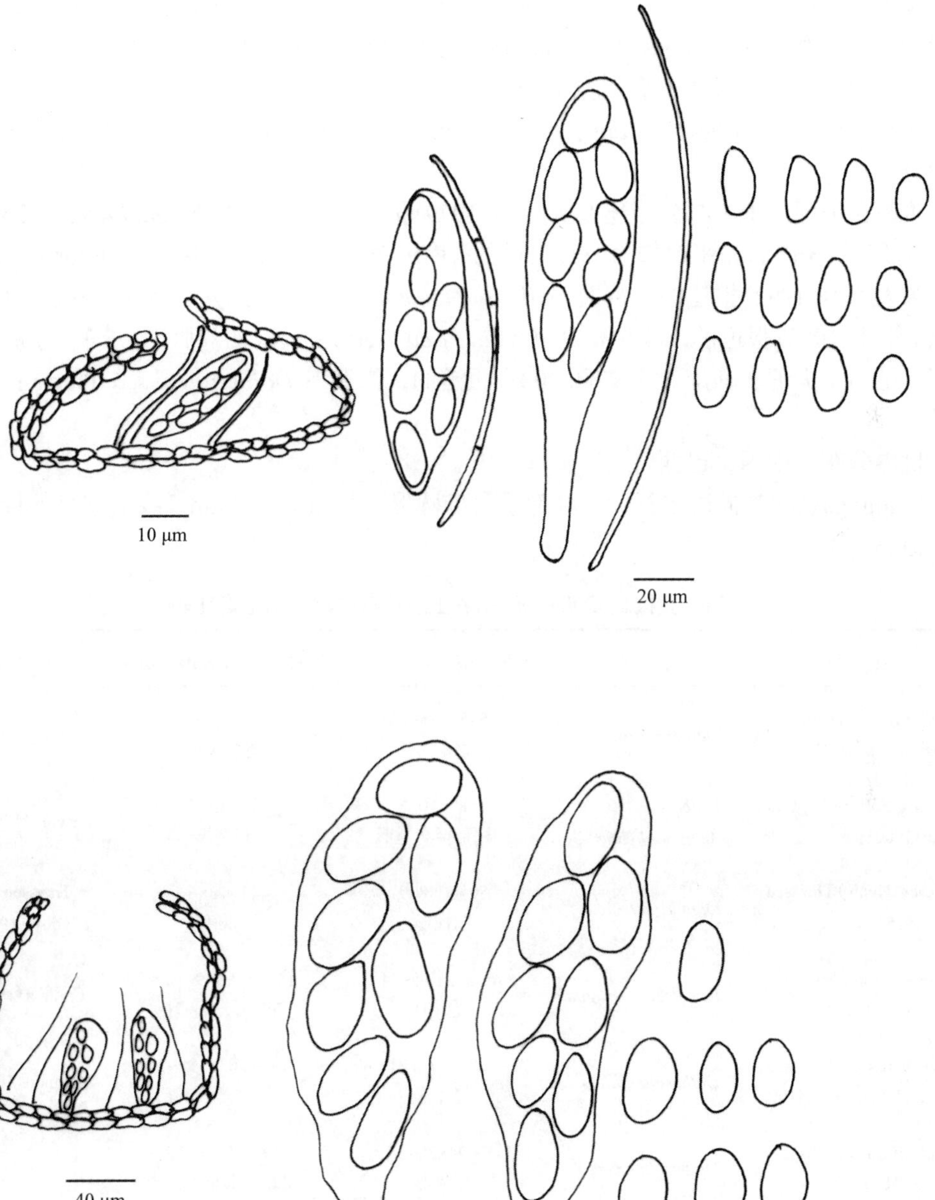

图 95　斑点黑痣菌黄檀生亚种 *Phyllachora puncta* subsp. *dalbergiicola*：子囊壳、子囊和侧丝、子囊孢子（MHYAU 12934，HMAS 6829）

Phyllachora dalbergiicola Henn., Hedwigia 36: 224, 1897; Tai, Sylloge Fungorum Sinicorum p. 270, 1979. var. *dalbergiicola*

盾片叶正面生，散生、聚生，盾片周围寄主组织多褪绿变灰白色，近球形，黑色，凸起，有光泽，0.2~1.0 mm。子囊壳埋生，近球形，有孔口，153.0~214.2×142.8~163.2 μm。子囊棍棒形，具柄，长 36.0 μm，含子囊孢子部分 46.3~64.3×15.4~20.6（平均 56.4×19.5）μm。子囊孢子不规则双列，宽椭圆形，偶卵圆形或近球形，9.0~15.4×7.7~10.3（平均 12.8×8.8）μm。侧丝丝状，长于子囊，宽 1.3 μm。

花梨木（降香）*Dalbergia odorifera* T. Chen（豆科 Leguminosae）海南：儋州（MHYAU 12934）。

本菌在中国的寄主与分布还有戴芳澜（1979）报道的，黄檀 *Dalbergia hupeana* Hance：江苏，浙江。张能唐和张建如（1988）报道的，南岭黄檀 *Dalbergia balansae* Prain：江苏南京。黄天章等（1992）报道的，黄檀 *Dalbergia hupeana* Hance：江苏、浙江、福建、广西、安徽。任玮（1993）报道的，黑黄檀 *Dalbergia fusca* Pierre.：云南西双版纳（景东、小勐仑），思茅、昆明、大理、临沧。庄文颖（2001）报道的，黑黄檀 *Dalbergia fusca* Pierre.：云南景洪。

世界分布：中国，巴西。

Hennings（1897）描述本菌，子囊孢子宽椭圆形，11~14×7~9 μm。我们观察的标本与其相似（表 11）。

表 11　黄檀属 *Dalbergia* 植物上所记载的黑痣菌形态比较

黑痣菌种名	寄主	子囊大小及形状（μm）	子囊孢子大小及形状（μm）	参考文献
P.dalbergiicola Henn. var. *dalbergiicola*（1897）	*Dalbergia* sp.	45~55×18~26 棍棒形	11~14×7~9 宽椭圆形	Hennings（1897）
P. dalbergiicola var. *Perforans* Rehm（1900）	*Dalbergia Acanthophyllae*	80×10 圆柱形至纺锤形	12~15×5 矩圆形	Rehm（1900）
P. lactea（Henn.）Theiss. & Syd.（1915）	*Dalbergia lactea*	50~60×8~9 圆柱形	11~13×6 椭圆形	Theissen 和 Sydow（1915）
P. puncta subsp. *clemensiana* P.F. Cannon（1991）	*Dalbergia ferruginea*	76~93×18.5~24 棍棒形	15.5~19.5×9~10.5 椭圆形，偶卵形	Cannon（1991）
P. puncta subsp. *dalbergiicola*（Henn.）P.F. Cannon（1991）	*Dalbergia* sp.	98~128×（17~）21~32 棍棒形	（14~）16~23×8~11 椭圆形至卵圆形	Cannon（1991）
P. puncta Cooke subsp. *puncta*（1885）	*Dalbergia armata*	72~94×20~24 棍棒形	13.5~17×9~12 宽椭圆形至卵圆形	Cooke（1885）
P. spissa Syd. & P. Syd.（1911）	*Dalbergia sissoo*	55~62×14~18 矩圆形至棍棒形	12.5~16.5×5.5~6.5 椭圆形至矩圆形	Sydow 和 Sydow（1911）
P. viventis（Cooke）Sacc.（1883）	*Dalbergia ferruginea*	65~110×12~21 圆柱形至棍棒形或椭圆形	15~30×5~7.5 圆柱形至纺锤形或椭圆形	Saccardo（1883）

宽孢黑痣菌　图 96

Phyllachora quadrospora Tehon, Bot. Gaz. 67: 507, 1919; Saccardo's Syll. Fung. XXIV: 583, 1926; Parbery, Aust. J. Bot.15: 338, 1967; Orton, Mycologia 36: 26, 1944; Luo, Studies on Graminicolous Species and their Divisional Criteria of *Phyllachora* Nke. in Fuckel in China p.39, 1984; Zhang *et al*., Edible Fungi of China 25 Suppl.: 152, 2006; Li, Study of Taxonomy of *Phyllachora* Nitschke ex Fuckel in China p.32, 2006; Liu, Taxonomy of *Phyllachora* in China p. 53, 2007; Qin *et al*., Edible Fungi of China Vol. 27(Suppl.): 42, 2008; Lu, Diversity of *Phyllachora* from China p.80, 2009.

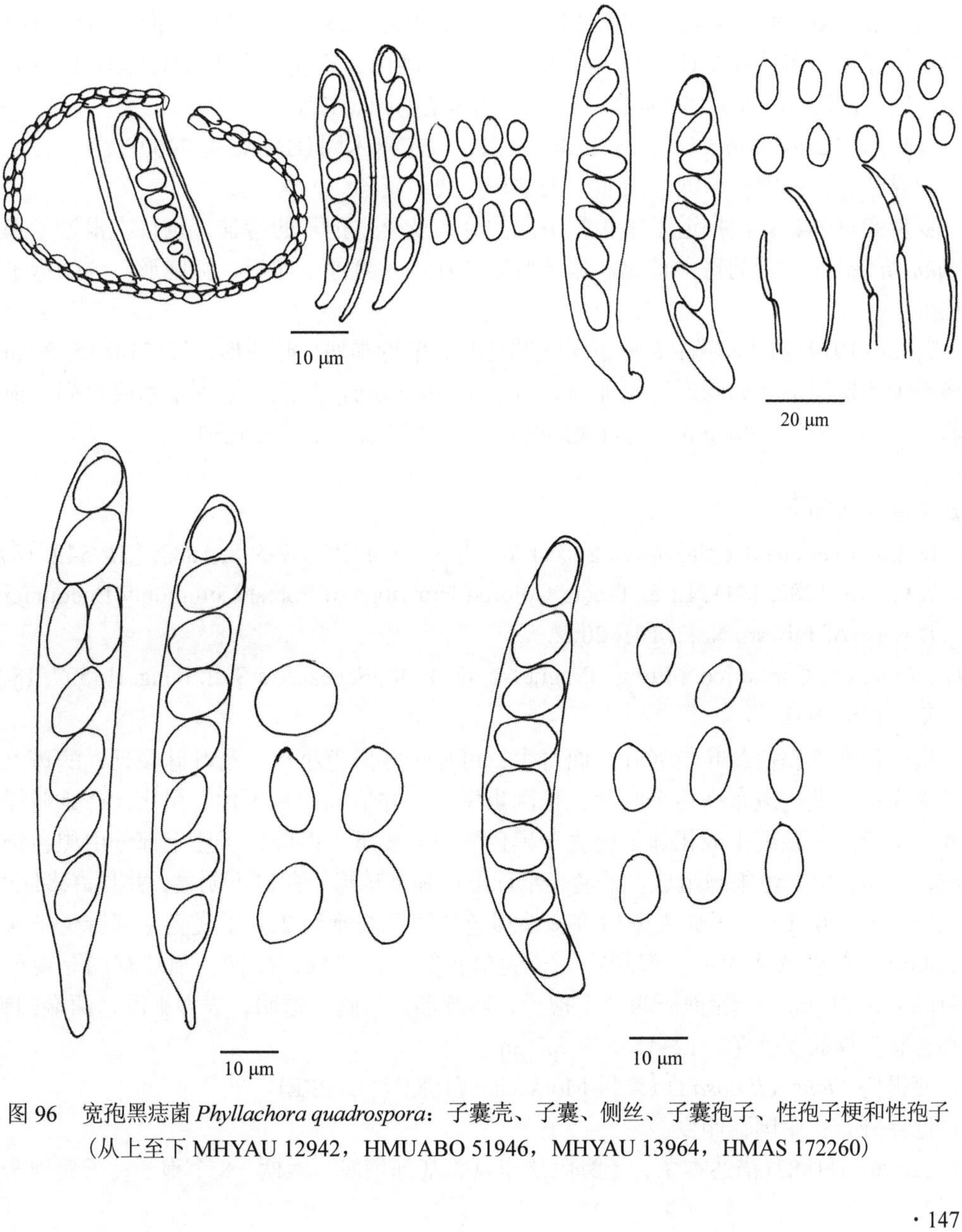

图 96　宽孢黑痣菌 *Phyllachora quadrospora*：子囊壳、子囊、侧丝、子囊孢子、性孢子梗和性孢子（从上至下 MHYAU 12942，HMUABO 51946，MHYAU 13964，HMAS 172260）

子座叶两面生，散生，近圆形，黑色，有光泽，0.3~1 mm。子囊壳扁球形，生于叶肉组织内，255~408×153~224.4(平均 352.9×193.8) μm。8 孢子子囊，罕 4 孢子子囊，单列或不规则排列，圆柱状或囊状圆柱形，端部钝圆，基部稍细，具短柄，72.0~110.8×10.3~18.0(平均 81.1×13.4) μm。侧丝多，线形，有隔，长于子囊，端部稍膨大或细，无色。子囊孢子卵形、卵圆形，罕亚圆形、短椭圆形，两端钝圆，单行或不规则排列，10.3~16.7×6.4~10(平均 14.1×7.1) μm。4 孢子子囊中的孢子较大，12~17×7.5~10 μm。性孢子梗为一端尖细的圆柱形，无色，3.8~8.5×1~2 μm。性孢子丝状，无色，8.4~17×1 μm。分生孢子器球形或亚球形。分生孢子梗圆柱形，直立，30~36×1 μm。顶端原生质变浓形成分生孢子，分生孢子腊肠形，双胞，无色，25~26.5×2.5 μm。

假俭草(蜈蚣草) *Eremochloa ophiuroidea* (Munro) Hack. 四川：雅安，四川农业大学教学基地(MHYAU 013964)，四川农业大学(MHYAU 12838)；广西：南宁(HMUABO 51946)；江西：南昌(HMUABO 44700)；贵州：独山，草业研究所(MHYAU 12885)；海南：儋县两院(MHYAU 12942)；广西：桂林植物园(MHYAU 12949)。

马陆草 *Eremochloa zeylanica* Hack. 云南：安宁楸木园(HMAS 172260)。

世界分布：中国，印度，南非，巴拿马，波多黎各。

罗赫荣(1984)首次报道了本种在中国的分布及分生孢子的特征，也首次报道了稗属(*Echinochloa*)这一新的寄主植物。本菌鉴别特征：子囊孢子卵形、卵圆形，分生孢子梗圆柱形。

Tehon (1919)描述本菌：8 孢子子囊圆柱状，单行排列，椭圆形，75~110×15~20 μm。子囊孢子多椭圆形、卵圆形，罕卵形，11.5~16×6~8 μm。4 孢子子囊单列或双列，孢子窄卵形，20~26×7.5~9.5 μm。我们观察的标本与之相似，命名为此种。

匍匐黑痣菌 图 97

Phyllachora repens (Corda) Sacc., Saccardo's Syll. Fung. II: 597-598, 1883; XII: 549, 1897; XX: 375, 1285, 1911; Li & Tzean, Colored Drawings of Forest Commonly Encountered Disease of Taiwan. No.2: 101, 2002.

Sphaeria repens Corda, Icon. Fung. (Prague) 4: 42, 1840; Saccardo's Syll. Fung. II: 597, 1883; XV: 376, 1901.

病斑初在菩提树新叶与老叶正面着生，可见少数黑色小点，沿叶脉蔓延，病斑上着生子囊壳；后期病斑布满整个叶片，呈深焦黑色，并造成叶片褐化、黑化，严重时提早落叶。子囊壳单独离生或相邻子座生于黑色病斑表皮下，多腔，子座上部分由黑色细胞组成，下部分由褐色细胞组成。子囊壳半球形或扁平球形，孔口不明显，并具许多缘丝，67~273×273~402 μm。子囊壳壁由许多淡褐色的薄壁细胞组成。子囊壳基部着生子囊及丝状侧丝，侧丝透明无色，有隔膜。子囊单囊壁，棍棒状，短柄，顶端有加厚现象，64~103×16~21 μm。子囊孢子为 8 个孢子，卵圆形，单胞，透明，表面平滑，两端圆钝，周围含有一层胶状外鞘，12~15×5.5~8.7 μm。

菩提树 *Ficus religiosa* L. (桑科 Moraceae) 台湾(NTU–PPE)。

世界分布：中国，印度。

Saccardo (1883)描述本菌，子囊胶质丰富，基部稍厚，无柄，8 个孢子；子囊孢子长圆形，两端钝，无色，长 16~18 μm。我们观察的标本与其相似。

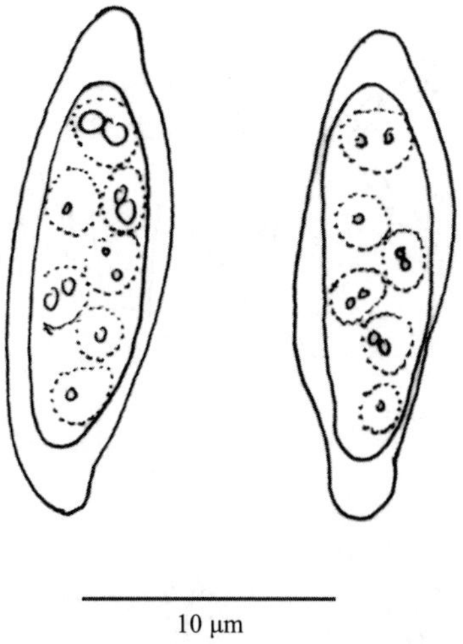

图 97　匍匐黑痣菌 *Phyllachora repens*：子囊和子囊孢子
(NYU-PPE)

甘蔗黑痣菌　图 98

Phyllachora sacchari Henn., Hedwigia 41: 143, 1902; Saccardo's Syll. Fung. XVII: 838, 1905; Parbery, Aust. J. Bot. 15: 339, 1967; Tai, Sylloge Fungorum Sinicorum p. 279, 1979; Zhuang, Higher Fungi of Tripical China p.120, 2001; Qin *et al*., Edible Fungi of China 24 Suppl.: 91, 2005; Zhang *et al*., Edible Fungi of China Vol. 25(Suppl.): 153, 2006; Li, Study of Taxonomy of *Phyllachora* in China p. 36, 2006; Liu, Taxonomy of *Phyllachora* in China p. 54, 2007; Gong *et al*., J. Yunnan Univ. 30(S1): 2, 2008; Gong, Diversity of Species of *Phyllachora* in China p. 23, 2008; Lu, Diversity of *Phyllachora* from China p. 81, 2009.

Phyllachora sorghi Höhn., Sber. Akad. Wiss. Wien, Math.-naturw. Kl., Abt. 1 118: 844, 1909; Tai, Sylloge Fungorum Sinicorum p. 280, 1979.

高粱上子座叶两面生，散生，圆形至椭圆形，黑色，外围具黄色晕环，0.3~3 mm。子囊壳球形，扁球形，炭黑色，不透明，平坦，275~450×112.5~250 μm。子囊棍棒状，囊状，顶端圆，具有短柄，内含 8 个孢子，55~137.5×12.5~27.5(平均 86.8×20.7) μm。侧丝丝状，线性，有隔膜，高于子囊。子囊孢子近双列或单列，椭圆形至卵圆形，两端钝，单胞，无色，12.5~25.5×10~12.5(平均 18.8×10.7) μm。性孢子梗圆柱形，10×2.5 μm。性孢子丝状，30×1.3 μm。

斑茅 *Saccharum arundinaceum* var. *junaifolium* 云南：昆明西山(HMAS 4741，6830)。

斑茅 *Saccharum arundinaceum* Retz. 四川：成都(HMAS 14005)；云南：易门(MHYAU 12870)。

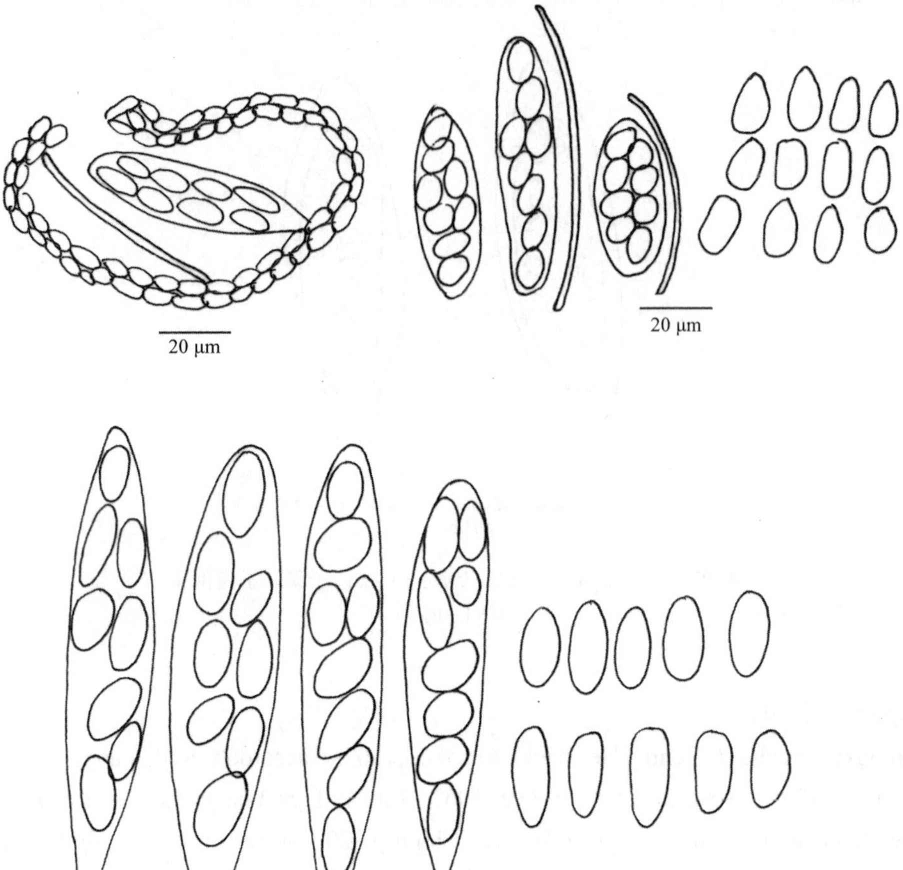

图 98　甘蔗黑痣菌 *Phyllachora sacchari*：子囊壳、子囊、侧丝和子囊孢子
（从上至下 MHYAU 12899，HMAS 25247，HMAS 25248）

甜根子草 *Saccharum spontaneum* L. 云南：瑞丽(MHYAU 13793)。

高粱 *Sorghum vulgare* Pers 广西：宁明明墰口(HMAS 25248)，宁明夏石乡(HMAS 25247)；广东：广州(HMAS 00185，95341)，广州华南农业大学(MHYAU 12899)。

禾本科 Gramineae 广西：宁明(HMAS 25247)。

本菌在中国的寄主与分布还有戴芳澜(1979)报道的，高粱 *Sorghum vulgare* Pers.：广东，广西。庄文颖(2001)报道的，高粱 *Sorghum vulgare* Pers.：香港。

世界分布：马来西亚，马达加斯加，中国，印度，印度尼西亚，菲律宾，夏威夷，前苏联。

甘蔗属(*Saccharum*)上共报道了 3 个种：*P. Sacchari*、*P. sacchari-aegyptiacae* Briosi & Cavara 和 *P. sacchari-spontanei* Syd.。Parbery(1967)认为，*P. sacchari-aegyptiaci* 子囊孢子形状和 *P. sacchari* 相同，把它作为后者的异名来处理。*P. sacchari-spontanei* 和 *P. sacchari* 相比，子囊孢子比较窄。Parbery(1967)把寄生在高粱属上的 *P. sorghi* 作为 *P. sacchari* 的异名。

Hennings(1902)对甘蔗 *Saccharum officinarum* Linn. 上黑痣菌描述：病斑淡白色或稍暗，子座叶面生，矩圆形凸起，黑色，无光泽。长 1~1.5 mm，宽 0.5~1 mm。子囊壳 1 个或少数几个。子囊棍棒形，顶端钝圆，8 个孢子，80~120×15~18 μm。侧丝线形，无色。孢子近双列或单列，椭圆形或卵形，两端钝，无色，单胞，12~18×9~12 μm。我们观察的标本符合描述。

甜根子草黑痣菌　图 99

Phyllachora sacchari-spontanei Syd., Philipp. J. Sci., C, Bot. 8(4): 279, 1913; Saccardo's Syll. Fung. XXIV: 586, 1925; Parbery, Aust. J. Bot. 15: 340, 1967; Tai, Sylloge Fungorum Sinicorum p. 279, 1979; Li, Study of Taxonomy of *Phyllachora* in China p.24, 2006; Liu, Taxonomy of *Phyllachora* in China p.55, 2007; Lu, Diversity of *Phyllachora* from China p. 83, 2009.

叶斑淡黄色，多分布于叶片主脉，散生，可愈合。子座稍隆起，0.5~1.5 mm。子囊棍棒形、圆柱形，近无柄或短柄，含 8 个孢子，75~125×7.5~10(平均 21.7×7.1)μm。子囊孢子纺锤形，两端尖细，双列至不规则排列，单胞，无色，18.8~27.5×7.5~10(平均 21.7×7.1)μm。

芒属 *Miscanthus* sp. 福建：南平(HMAS 04690，95336)。

甘蔗属 *Saccharum* sp. 云南：景洪橄榄坝(HMAS 172261)。

本菌在中国的寄主与分布还有戴芳澜(1979)报道的，甘蔗 *Saccharum officinarum* L.：云南；甜根子草 *Saccharum spontaneum* L.：广东。

世界分布：中国，菲律宾。

戴芳澜(1936)首次报道了本种在广东的分布，Petrak(1947)也报道了本种在云南的分布。H. Sydow 和 P. Sydow(1913)对 *Phyllachora sacchari-spontani* 的报道：子座叶两面生，子囊棍棒状，近于无柄或有短柄，75~100×18~22 μm。侧丝线形，孢子双列，纺锤形，两端逐渐变尖，单胞，无色，内部具小油滴，22~27×7.5~8.5 μm。我们观察的标本与其相符合。

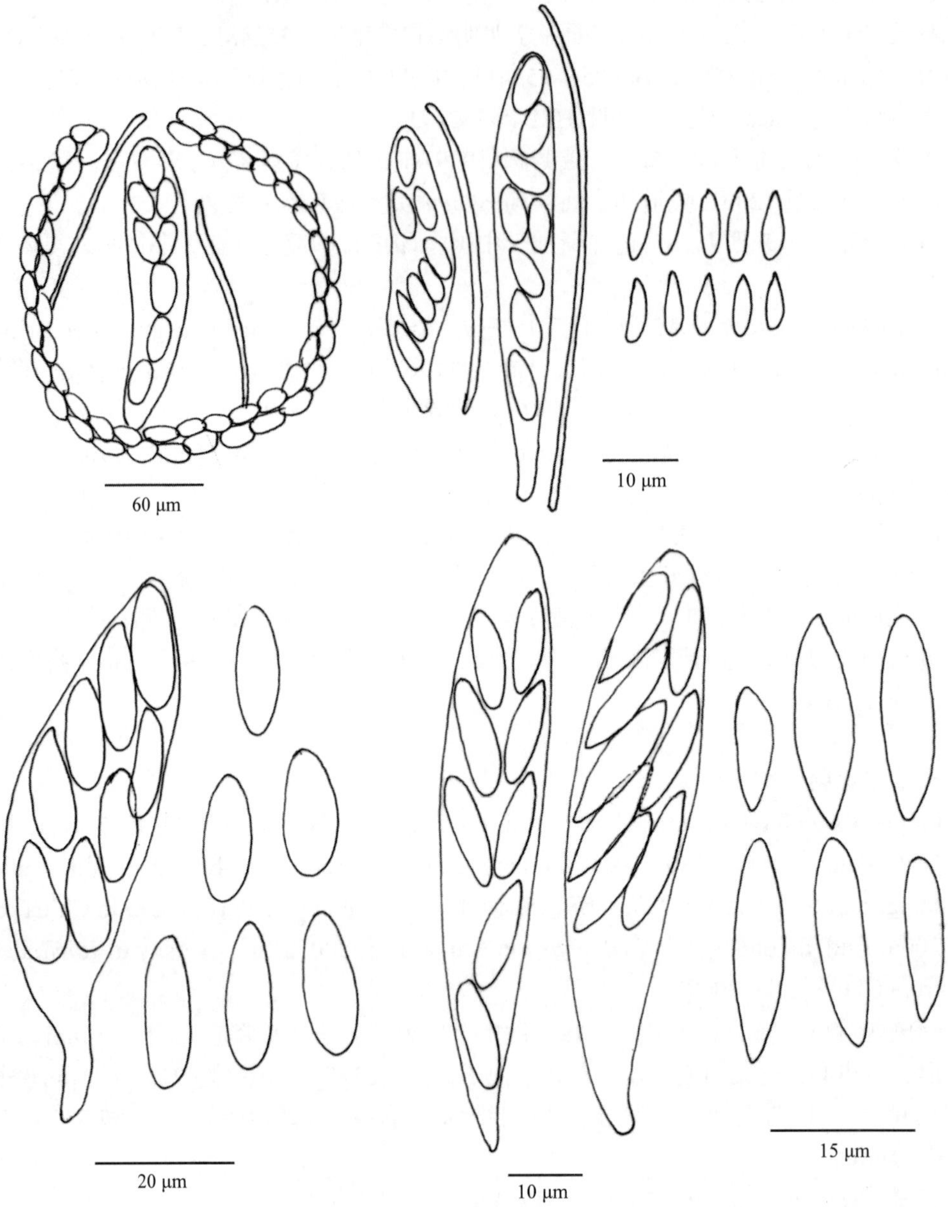

图 99　甜根子草黑痣菌 *Phyllachora sacchari-spontanei*：子囊壳、子囊、侧丝和子囊孢子
（从上至下 HMAS 95336，172261，04690）

斯科纳黑痣菌　图 100

Phyllachora scanica Starbäck, Hedwigia 34: 162, 1895; Saccardo's Syll. Fung. XI: xxxiii; XII: 549, 1897; XIV: 671, 1899; Parbery, Aust. J. Bot. 15: 341, 1967; Lu *et al.*, Mycosystema 28 (1): 139, 2009.

病斑纺锤形，4.0~7.5×1.~2.0 mm。盾片叶两面生，聚生、散生，黑色，凸起，有光泽。子囊圆柱形，51.4~97.7×7.7(平均 71.3×7.7) μm。子囊孢子单列，大多卵圆形，偶椭圆形，7.7~10.8×5.1~7.7(平均 9.7×5.8) μm。侧丝丝状，长于子囊，宽 2.6 μm。

硬质早熟禾 *Poa sphondylodes* Trin. ex Bunge (Gramineae) 陕西：杨凌 (MHYAU 12841)。

世界分布：中国，瑞典，波多黎各。

本菌为中国新记录。Starbäck (1895) 报道本菌，子囊孢子卵圆形或椭圆形，8~12×5~6 μm。我们观察的标本与其基本相似(表 12)。

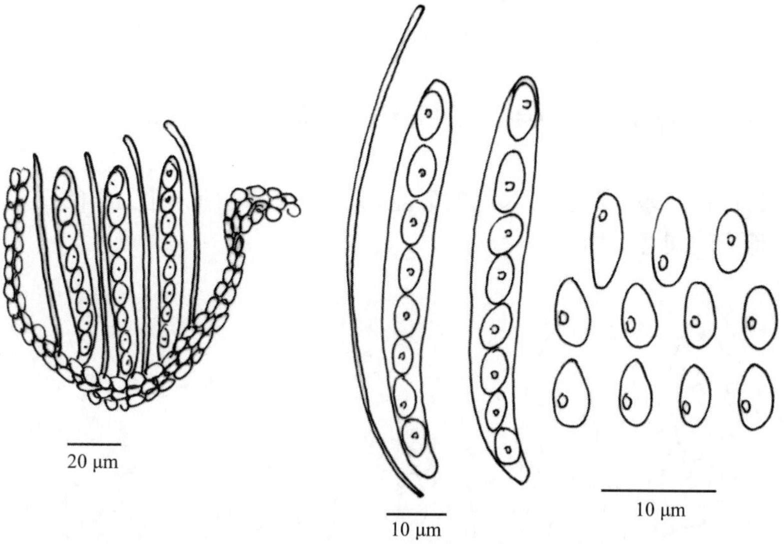

图 100 斯科纳黑痣菌 *Phyllachora scanica*：子囊壳、子囊、侧丝和子囊孢子 (MHYAU 12841)

表 12 早熟禾属 *Poa* 植物上所记载的黑痣菌形态比较

黑痣菌种名	寄主	子囊大小及形状 (μm)	子囊孢子大小及形状 (μm)	参考文献
P. ammophilae Orton (1944)	Poaceae	10~15×90~115 圆柱形	7~9×10~15 宽椭圆形	Orton (1944)
P. antarctica Speg. (1924)	*Poa flabellatae*	90~100×12~14 线形	12~14×6~8 椭圆形或椭圆形至卵形	Spegazzini (1924)
P. bromi var. *poae-nemoralis* Gonz. Frag. (1914)	*Poa nemoralis* var. *vulgaris*	90~100×11~12	10~12×5~5.5 椭圆形	González Fragoso (1914)
P. fuscescens (Speg.) Sacc. (1883)	*Poa anceps*	60~65×10~12 圆柱形至棍棒形	12~16×5~7 椭圆形	Parbery (1967)
P. scanica Starbäck (1895)	*Poa* sp.	75~100×12 圆柱形	8~14×6~7 卵圆形或椭圆形	Parbery (1967)
P. sylvatica f. *sylvatica* Sacc. & Speg. (1878)	*Poa* sp.	75~100×10~15 圆柱形至窄椭圆形	12~22×0.8~4.5 窄卵形、卵圆形或椭圆形	Parbery (1967)

木荷黑痣菌　图 101

Phyllachora schimae C. Y. Chen & W. H. Hsieh, Bot. Bull. Acad. Sin. 37: 219, 1996.

斑点宽 1~2 mm，圆形，淡黄褐色，但斑点漆黑时圆形，黑色和发亮。每个子座宽 1 mm，有时圆形，黑色，发亮。子囊壳宽 240~360 μm，高 280~380 μm，近圆形，埋生，单生至聚生，孔口圆盾状。孔口中央具缘丝。包被厚 8~16 μm。子囊 65~110×12~13 μm，圆桶形，具柄，单膜，8 个孢子。子囊孢子 16~20×7~9 μm，广椭圆形，无隔，无色，具小油点，单列至覆瓦状双列。

喀西木荷 *Schima sericans*（Haudmazz）Y.L.Ming.　云南：单龙河（HSFC 010049）。

红花荷（西南木荷）*Schima wallichii*（DC.）Choisy　云南：西双版纳热带保护区三岔河（HSFC 95566）。

木荷 *Schima superba* Gardn. & Champ.（山茶科 Theaceae）台湾：桃园，咯咯山（NCHUPP 2319）。

Chen 和 Hsieh（1996）发表的木荷黑痣菌 *P. Schimae* 西南林业大学的赵光材在云南也采到标本。他们均同意引用。

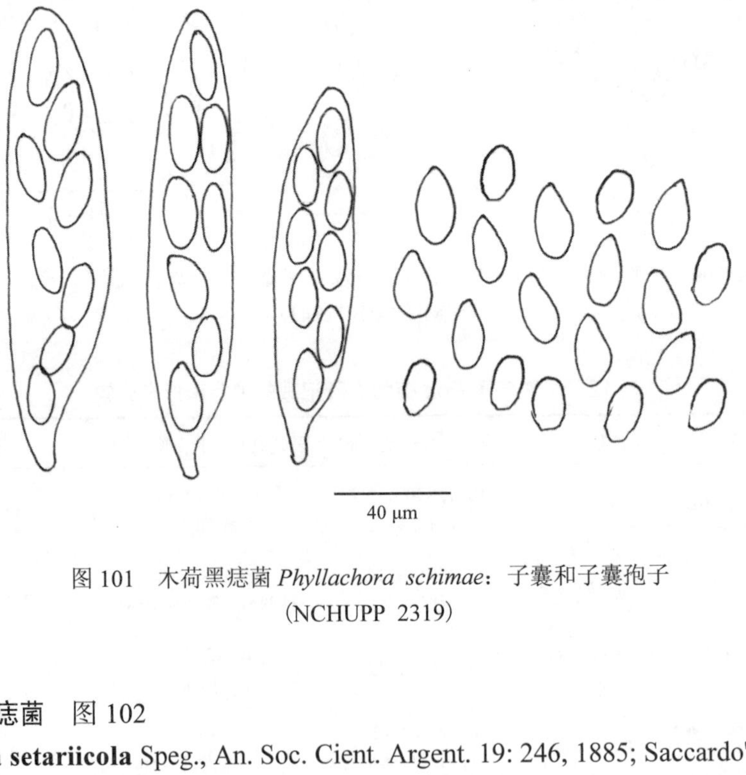

图 101　木荷黑痣菌 *Phyllachora schimae*：子囊和子囊孢子（NCHUPP 2319）

狗尾草生黑痣菌　图 102

Phyllachora setariicola Speg., An. Soc. Cient. Argent. 19: 246, 1885; Saccardo's Syll. Fung. Addit. vol. I-IV: 232, 1885; IX: 1026, 1891; XII: 549, 1897; Luo, Studies on Graminicolous Species and their Divisional Criteria of *Phyllachora* Nke. in Fuckel in China p. 40, 1984; Zhuang, Higher Fungi of Tropical China p.120, 2001; Zhang *et al*., J. Northwest Sci-Tech Univ. Agric. and For.（Nat. Sci. Ed.）Vol. 33（Suppl.）: 131, 2005; Li, Study of Taxonomy on *Phyllachora* in China p. 29, 2006; Gong *et al*., J. Yunnan Univ.

30(S1): 2, 2008; Gong, Diversity of Species of *Phyllachora* in China p. 24, 2008; Lu, Diversity of *Phyllachora* from China p. 85, 2009.

Phyllachora evansii Syd. & P. Syd., Annls. mycol. 10(1): 40, 1912; Tai, Sylloge Fungorum Sinicorum p. 271, 1979.

Phyllachora oplismeni-compositi Sawada, Rep. Govt. Res. Inst. Dep. Agric., Formosa 87: 18, 1944; Tai, Sylloge Fungorum Sinicorum p. 277, 1979; Tsai, List of Plant Diseases in Taiwan p. 294, 1991.

Phyllachora pazschkeana Syd. & P. Syd., Bull. Herb. Boissier, 2 sér. 1: 80, 1901; Tai, Sylloge Fungorum Sinicorum p. 278, 1979.

Phyllachora vanderystii Theiss. & Syd., Annls. Mycol. 13(3-4): 455, 1915; Tai, Sylloge Fungorum Sinicorum p. 289, 1979; Tsai, List of Plant Diseases in Taiwan p.395, 1991; Wang *et al*., List of the Fungi in Taiwan p.88, 1999; Zhang *et al*., In Peng YL(eds.) 2004 Annual Meeting Symposium of Chinese Society for Plant Pathology p. 48, 2004.

子座叶面散生，黑色，外具黄晕，直径 0.1~2 mm，叶背不明显。子囊壳球形，黑色，163~400×120~175(平均 227.8×145.4) μm。子囊圆柱形，囊状，细柄，8 个孢子，(40~) 70~90(~100)×(5~) 7.5~10(~15)(平均 71.7×10.0) μm。侧丝高于子囊，有隔膜，末端变细。子囊孢子椭圆形至卵形，少数近球形，双列至单列，直或斜生，单胞，无色，7.5~15(~19)×5~6(~7.5)(平均 11.7×5.9) μm。

须芒草 *Andropogon micranthus* Kunth 云南：石屏(HMAS 04326)。

球米草属 *Oplismenus* sp. 云南：昆明金殿(MHYAU 081759，081754)。

棕叶狗尾草 *Setaria palmifolia*(Koen.) Stapf(=*Panicum palmifolium* Koon) 贵州：贵阳市郊(HMUABO 50601)；福建：福州郊区(HMUABO 52206)；四川：峨眉山(HMUABO 12922)；云南：昆明大普吉(HMAS 12186)。

皱叶狗尾草 *Setaria plicata*(Lam.) T. Cook 云南：昆明金殿(MHYAU 081751，12244)，昆明黑龙潭(MHYAU 081745，081772)，昆明西山(HMUABO 10238)，昆明(MHYAU 13358)，大围山保护区(MHYAU 08517)；广东：广州华南农业大学(MHYAU 12904)。

金色狗尾草 *Setaria lutescens*(Weigel) F. T. Habb. =*Setaria glauca*(L.) Beauv. 黑龙江：虎林(HMAS 89202)。

狗尾草属 *Setaria* sp. 云南：曲靖(MHYAU 12884)，昆明黑龙潭(MHYAU 13317，13318，13756)。

细柄稷(黍糜) *Panicum palmifolium* Koen. 云南：昆明(HMAS 12186)。

禾本科 Gramineae 云南：昆明世界园艺博览园(MHYAU 081759)，昆明浑水塘(MHYAU 08464)。

本菌在中国的寄主与分布还有戴芳澜(1979)、蔡云鹏(1991)报道的，棕叶狗尾草 *Setaria palmifolia*(Koen.) Stapf：广东；竹叶草 *Oplismenus compositus*(L.) Beauv.：台湾；扇褶狗尾草 *Setaria plicata*(Lam.) P. Cooke：台湾。庄文颖(2001)报道的，棕叶狗尾草 *Setaria palmifolia*(Koen.) Stapf：香港。

世界分布：中国，日本，巴西，巴拉圭，印度尼西亚，刚果，阿根廷，菲律宾，英国，哥斯达黎加，美国，新南威尔士，澳大利亚。

Spegazzini(1885)描述本种：病斑较不明显，淡白色或淡红色；子座叶面生，椭圆形，伸长，分散，几乎不凸起，黑色，无光泽，内部白色，长 0.5~2 mm，宽 0.2~0.3 mm。子囊腔密集在一起，球形，120~150 μm。子囊圆柱形至棍棒形，顶端钝圆，加厚，下端有细柄，90~95×10~12 μm。侧丝少围壁生，8 个孢子。子囊孢子椭圆形，两端尖锐，13~15×6~6.5 μm，双列，很少近单列，无色，内部具有颗粒状物质，1 个油滴。通过异名中报道寄主范围，而确定我们观察标本与本种相似，视为同种。

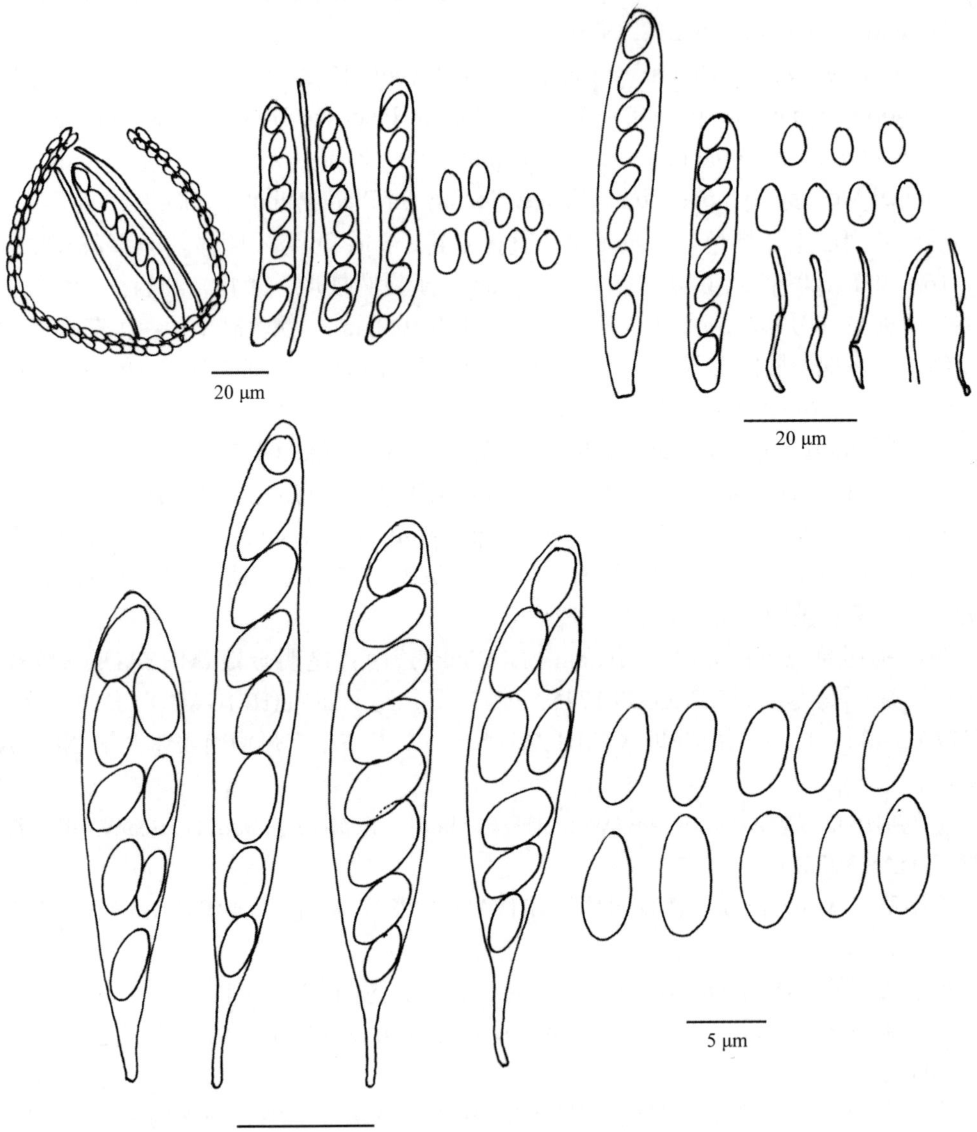

图 102　狗尾草生黑痣菌 *Phyllachora setariicola*：子囊壳、子囊、侧丝、子囊孢子、性孢子梗和性孢子(从上至下 HMUABO 50601，MHYAU 081754，081751，081745)

狗尾草生黑痣菌棒囊变种 新变种 图 103 图版 **II**-4

Phyllachora setariicola Speg. var. **sacco-clavata** Y. Zhang, G.Y. Sun & H.R. Luo, **var. nov.** Fig. 103, Pl. II-4

Ascis octosporis, clavatis vel cylindraceis, apice rotundatis, (61~) 71 (~86) ×10~11 μm, breviter stipitatis, stipitibus (12~) 19.5 (~34) μm longis. Ascosporis monostichis vel distichis, ellipsoideis, pauce ovatis, 8.5~13.5×5~6 (~7) μm; Spermatiophoris brevibus, apice malleatis vel non inflatis, 5~10 μm longis; spermatiis filiformibus, hyalinis, 14.5~22×0.5~1 μm.

Typus: Hab. in foliis vivis *Setariae excurrentis* T.Cooke: Hebing, Guiyang, Guizhou Provincia, Sina, leg. Li Jian-yi & T. Y. Zhang, Sep. 19, 1982. Herbarium Mycologicum Universitatis Agriculturae Boreali-Occidentalis, Yangling, Shaaxi, Sina (HWUABO), 50585

八孢子子囊棍棒形或圆柱形，端部钝圆，(61~) 71 (~86) ×10~11 μm；子囊具短柄，柄长 (12~) 19.5 (~34) μm。子囊孢子单列或双列，多为椭圆形，罕卵形，8.5~13.5×5~6 (~7) μm。性孢子梗短，端部膨大呈鼓槌状或否，5~10 μm。性孢子丝状，无色，14.5~22×0.5~1 μm。

皱叶狗尾草 *Setaria excurrens* T. Cooke 贵州：贵阳市河滨公园，海拔 1070 m，19，IX，1982，李建义和张天宇采 (HMUABO 50585 模式)。

皱叶狗尾草 *Setaria plicata* (Lam.) T. Cooke 云南：昆明，10，V，1990，张中义采 (MHYAU 13360)。

世界分布：中国。

本变种与 *P. setariicola* Syd. var. *setariicola* 的区别在于产生典型棍棒形子囊。

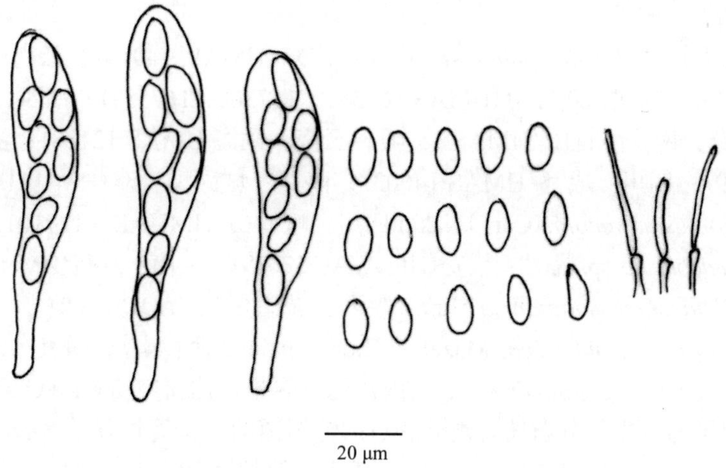

图 103 狗尾草生黑痣菌棒囊变种 *Phyllachora setariicola* var. *sacco-clavata*：子囊、子囊孢子、性孢子梗和性孢子 (HMUABO 50585)

白井黑痣菌 图 104

Phyllachora shiraiana P. Syd., Hedwigia 37: 208, 1898; Saccardo's Syll. Fung. XVI: 622, 1902; Parbery, Aust. J. Bot. 15: 341, 1967; Tai, Sylloge Fungorum Sinicorum p. 279, 1979; Tsai, List of Plant Diseases in Taiwan p. 47, 235, 1991; Wang *et al*., List of the Fungi in Taiwan p.

88, 1999; Luo, Studies on Graminicolous Species and their Divisional Criteria of *Phyllachora* Nke. in Fuckel in China p. 42, 1984; Zhuang, Higher Fungi of Tropical China p.120, 2001; Zhang *et al*., In Peng YL (eds.) 2004 Annual Meeeting Symposium of Chinese Society for Plant Pathology p. 48, 2004; Zhang *et al*., Edible Fungi of China 24 Suppl.: 53, 2005; Li, Study of Taxonomy on *Phyllachora* in China p. 41, 2006; Liu, Taxonomy of *Phyllachora* in China p. 56, 2007; Lu, Diversity of *Phyllachora* from China p. 88, 2009.

Phyllachora arundinariae Orton, Mycologia 36: 48, 1944.

病斑叶生，黄色、灰褐色。子座叶两面生，圆形至椭圆形，散生，黑色，有光泽，直径 0.2~1 mm。子囊壳扁球形，100~300×75~125（平均 213×99）μm。子囊圆柱形，具短柄，顶端圆，内含 8 个孢子，64~118×10~13（平均 91×9.8）μm。侧丝丝状，有隔膜，高于子囊。子囊孢子斜单列至不规则双列，椭圆形至纺锤形，两端略尖，或卵形，近纺锤形、矩圆形，单胞，无色，10.3~22.5×5.1~7.5（平均 17.2×5.7）μm。

日本青篱竹 *Arundinaria japonica* Sieb. & Zucc. 山东：青岛（HMAS 34386）。

簕竹属 *Bambusa* sp. 福建：南平（HMAS 04765）；云南：大理中和峰（HMAS 06970），大理苍山中和峰（HMAS 013939）；广东：广州龙洞水库（MHYAU 12898）。

竹亚科 Bambusoideae 重庆市：晋云山（MHYAU 08461）。

竹叶 Bambusoideae（Bamboo）江西：南康（HMAS 4769）；江苏：宝华山 HMAS 2573）；江苏：南京（HMAS 2574）；湖南：衡山（HMAS 2610）；云南：西双版纳植物园（MHYAU 13274）。

箬叶竹 *Indocalamus longiauritus* Hand.-Mazz. 浙江：天目山（HMUABO 44474）。

狭穗簕竹 *Bambusa stenostachya* Hackel（=*Ischurochloa stenostachya* Hackel Nak.）台湾（HMAS 05369，95337）。

刚竹属，毛竹属 *Phyllostachys* sp. 广州：广东（HMAS 14014）；云南：保山市腾冲（HMAS 143635）；福建：武夷山（HMAS 167357，167360，167553）；江西：庐山（HMAS 171882）；江苏：南京牛首山（HMAS 2574）；云南：勐海 HMAS 12188）；浙江：莫干山（HMAS 14429）；四川：成都（HMAS 14003）；陕西：城固汉口滩（HMUABO 1317）。

川竹 *Pleioblastus simonii*（Carr.）Nakai 四川：峨眉山（HMUABO 127101，12864）。

苦竹属 *Pleioblastus* sp. 福建：崇安（HFNWAC 52619）；云南：勐腊（HMUABO 10630）。

巢刚竹 *Phyllostachys nidularia* Munro 陕西：城固（HMUABO 2360）。

毛竹 *Phyllostachys pubescens* Mazel ex H.de Lehaie 江西：南昌（HMUABO 44688）。

龙竹 *Sinobambusa giganteus* Keng 云南：河口热带作物研究所（HSFC 911284）。

本菌在中国的寄主与分布还有戴芳澜（1979）报道的，青篱竹属 *Arundinaria* sp.：浙江；刺芒野古草 *Arundinella setosa* Trin.：云南；簕竹属 *Bambusa* spp.：贵州；刚竹属 *Phyllostachys* spp.：广东，四川。蔡云鹏（1991）报道的，光广竹 *Bambusa dolichomeri* Thalla：台湾；金丝光广竹 *Bambusa dolichomeri* cv. green *stripestem* Lin：台湾；银丝光广竹 *Bambusa dolichomeri* cv. *silverstripe* Lin：台湾；簕竹 *Bambusa stenostachya* Hackel：台湾；刺竹叶 Bamboos：台湾。王瑞灿等（1988）报道的，淡竹 *Phyllostachys glauca* McClire：江苏南京；青皮竹 *Bambusa textilis* McClur：广东大深圳；佛肚竹 *Bambusa ventricosa* McClure：广东大深圳；苦竹 *Pleioblastus amarus*（Keng）Keng. f.：江苏南京。黄天章等（1992）

报道的，*Sasa japonica*：海南，江苏。庄文颖(2001)报道的，簕竹属 *Bambusa* sp.：香港；刚竹属，毛竹属 *Phyllostachys* sp.：广东：广州，海南。

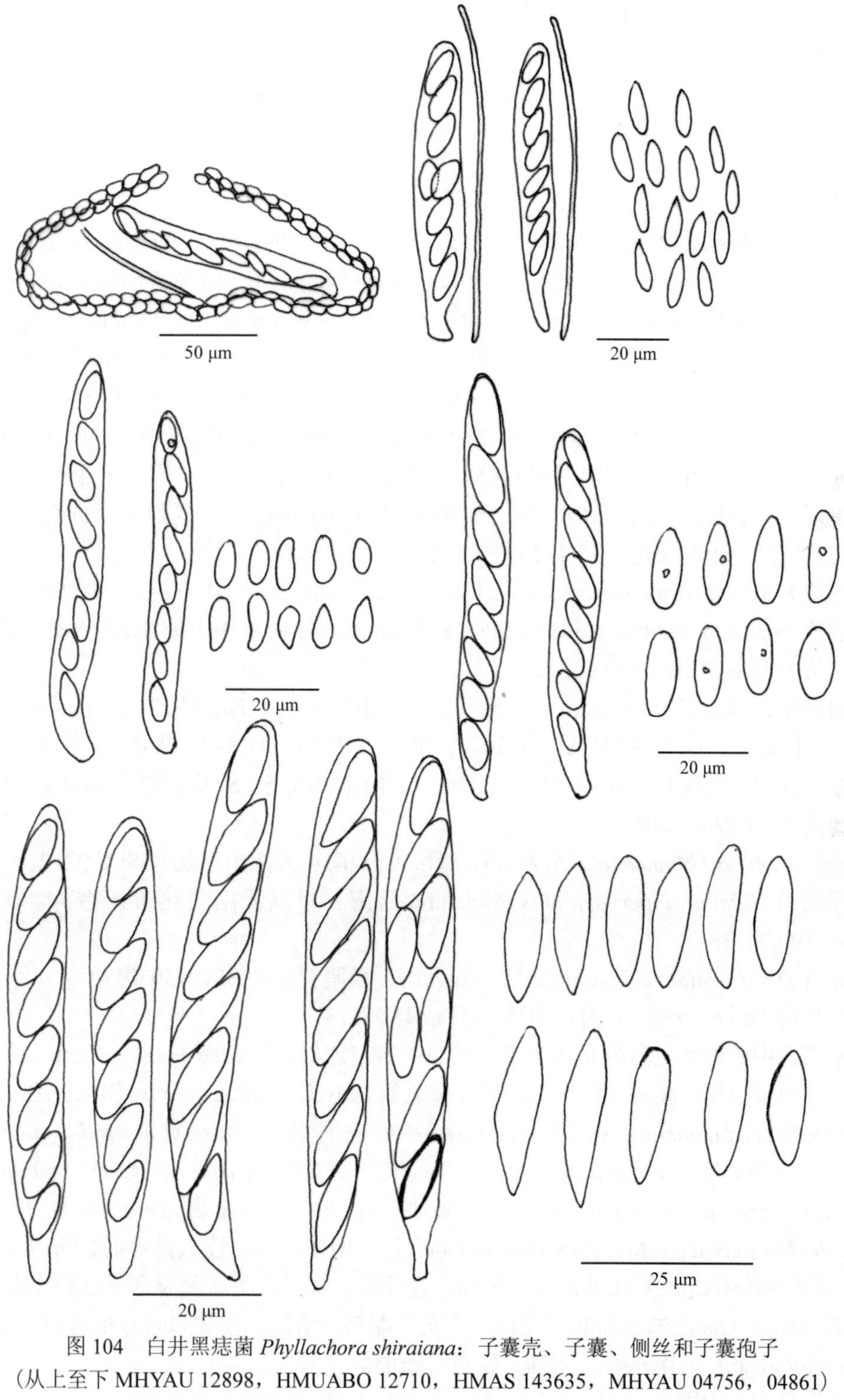

图 104 白井黑痣菌 *Phyllachora shiraiana*：子囊壳、子囊、侧丝和子囊孢子
(从上至下 MHYAU 12898，HMUABO 12710，HMAS 143635，MHYAU 04756，04861)

世界分布：中国，日本，印度，阿根廷，菲律宾，委内瑞拉，美国。

Parbery (1967) 根据文献描述，把 *Phyllachora arundinariae* 作为本种的异名。Sydow (1898) 描述本种：子座叶面生，矩圆形、不规则形，1~2 mm，稍稍凸起，黑色。子囊圆柱状，具短柄，90×8 μm，顶端圆，侧丝多，线形，8 个孢子。子囊孢子斜单行排列，椭圆形至纺锤形，18~20×7~8 μm，两端尖锐，无色。性孢子器较小。性孢子线形、弓形，100~130×1 μm，无色。寄生于青篱竹 *Arundinaria japonica*，我们的标本与其相符，命名为此种。

中国黑痣菌　图 105

Phyllachora sinensis Sacc., Philipp. J. Sci. C, Bot. 18: 600, 1921; Saccardo's Syll. Fung. XXIV: 576, 1926; Tai, Sylloge Fungorum Sinicorum p. 279, 1979; Zhang *et al*., in Peng YL (eds.) 2004 Annual Meeting Symposium of Chinese Society for Plant Pathology p. 47, 2004; Li, Study of Taxonomy of *Phyllachora* in China p. 49, 2006; Liu, Taxonomy of *Phyllachora* in China p. 59, 2007; Lu, Diversity of *Phyllachora* from China p. 90, 2009.

子座叶两面，散生，黑色，近圆形、长条形，隆起，外围具有黄色晕圈，直径 0.2~2 mm。子囊壳球形，生于叶肉组织内，337~459×153 (平均 398×153) μm。子囊 8 个孢子，圆柱形，单列，具有短柄，77~116×7.7~12.9 (平均 96.1×10.8) μm。子囊孢子近纺锤形、椭圆形，两端钝圆，单胞无色，15.4~23.1×5.1~10.3 (平均 16.6×7.4) μm。

毛竹 *Phyllostachys pubescens* Mazel. & Lehaie 江西：庐山 (HMUABO 41708)。

桂竹 *Phyllostachys bambusoides* Sieb. & Zucc. 江苏：南京中山陵 (HMUABO 42516)；安徽：黄山温泉 (HMUABO 42238)。

刚竹属，毛竹属 *Phyllostachys* sp. 江苏：南康牛首山 (HMAS 2574)；云南：佛海 (HMAS 12188)，昆明 (MHYAU 08507)；浙江：莫干山 (HMAS 14429)，桐庐 (HMAS 02572)；江西：南康 (HMAS 4769)；江苏：宝华山 (HMAS 2573)；南京 (HMAS 2574)；湖南：衡山 (HMAS 2610)。

簕竹 *Bambusa blumeana* J. A. & J. H. Schult. 云南：大围山牛场 (HSFC 97101)。

撑篙竹 *Bambusa pervariabilis* MoClure 云南：景洪云南省热带作物科学研究所 (HMUABO 00336)。

龙竹 *Dendrocalamus giganteus* Munro 云南：勐腊补丰 (HSFC 950301)。

箣竹属 *Bambusa* sp. 云南：曲靖 (MHYAU 08513)。

本菌在中国的寄主与分布还有戴芳澜 (1979) 报道的，箣竹属 *Bambusa* spp.：江苏，浙江，江西，福建，湖南，广东，四川；多刺箣竹 *Ischurochloa spinosa* (Roxb.) Buse：广东；孝顺竹 *Leleba pachinensis* (Hayata) Nakai：台湾；刚竹 *Phyllostachys bambusoides* Sieb. et Zucc.：四川；慈竹 *Sinocalamus affinis* (Rendle) McClure：四川；吊丝球竹 *Sinocalamus beecheyana* (Munro) McClure：广东。王瑞灿，孙企农，张能唐 (1988) 报道的，毛竹 *Phyllostachys pubescens* Mazel ex H.de Lehaie.：江苏南京、苏州、连云港；刚竹 *Phyllostachys viridis* (Young) McClure：江苏南京、苏州、连云港，安徽合肥。黄天章等 (1992) 报道的，簕竹 *Bambusa blumeana* Schult.：安徽，广东，湖南，浙江。任玮 (1993) 报道的，毛竹属 *Phyllostachys* sp.：云南永善、大理、蒙自、石屏。

世界分布：中国。

Pyhllachora sinensis 是 Saccardo 首次报道分布在中国的。Saccardo（1921）报道本种子座小，近圆形，叶两面生，埋生。子囊壳叶面生；子囊圆柱形，很长，190×9~11 μm。子囊孢子单列，纺锤形，两端钝圆，无色，28×9 μm。我们观察的腊叶标本与之近似，仅体积稍小。

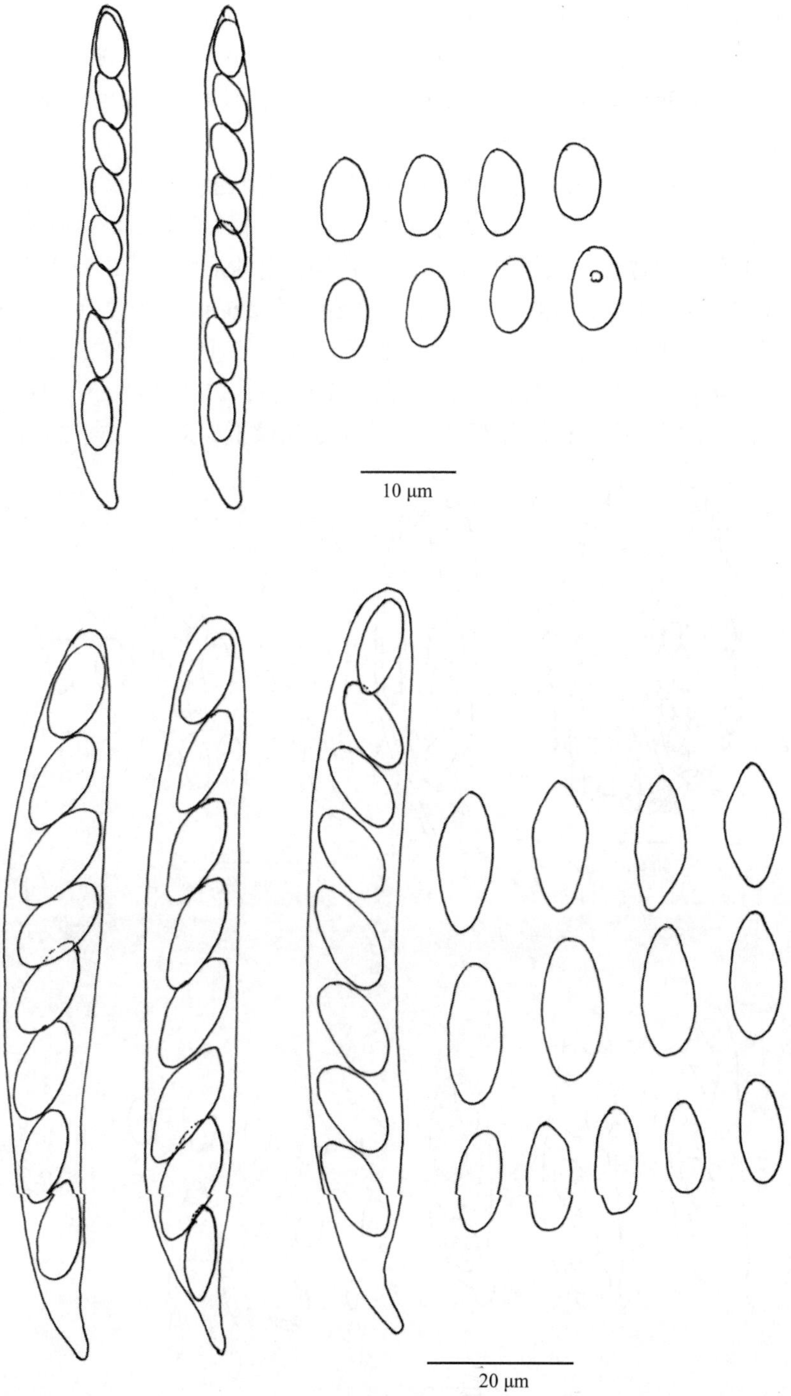

图 105　中国黑痣菌 *Phyllachora sinensis*：子囊和子囊孢子
（HMAS 02574，02572）

窄孢黑痣菌　图 106

Phyllachora stenospora (Berk. & Broome) Sacc., Saccardo's Syll. Fung. II: 602, 1883; XII: 550, 1897; XX: 375, 1911; Parbery, Aust. J. Bot. p. 345, 1967; Luo, Studies on Graminicolous Species and their Divisional Criteria of *Phyllachora* Nke. in Fuckel in China p. 44, 1984; Lu, Diversity of *Phyllachora* from China p. 91, 2009.

Dothidea stenospora Berk. & Broome, J. Linn. Soc., Bot. 14 (2) : 134, 1875; Saccardo's Syll. Fung. II: 602, 1883; XV: 132, 1901.

盾片叶两面生，散生，偶聚生，盾片周围寄主组织多褪绿变黄色，近球形，黑色，凸起，0.1~0.5×0.1~0.5 mm。子囊壳埋生，球形，有孔口，122.4~244.8×91.8~142.8 μm。子囊椭圆形或囊状、棍棒形，具极短柄，7.7×2.6 μm，呈球形膨大，8 个孢子，含子囊部分，47.5~63.0×11.6~14.1 μm。侧丝丝状，长于子囊，宽 2.6 μm。子囊孢子单列或不规则双列，椭圆形或近纺锤形，稀一端或两端渐弯曲，使孢子呈“S”形，偶卵圆形，11~12 (~14.5) ×4~6 μm。性孢子梗圆柱形，端部略尖，12~15×0.5~1 μm。性孢子丝状，7~12 μm。分生孢子梗圆柱形，端部渐尖。分生孢子纺锤形，双胞，21~25×1~2.5 μm。

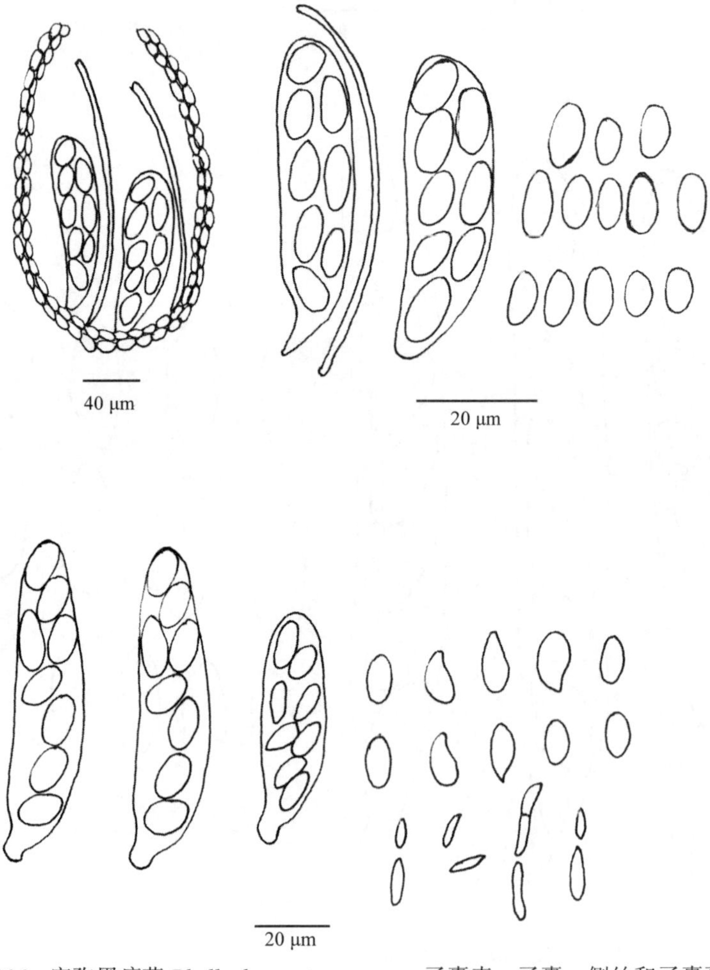

图 106　窄孢黑痣菌 *Phyllachora stenospora*：子囊壳、子囊、侧丝和子囊孢子

（HMUABO 5838，54920）

弓果黍 *Cyrtococcum patens*(L.) A. Camus 海南：单东(HMUABO 54920，54682)。

丛生隐子草 *Kengia caespitosa*(Keny.) Packer 陕西：周至楼观台(HMUABO 5755)，华阴县(HMUABO 5835)，宁陕县火地塘(HMUABO 40358)。

世界分布：中国，菲律宾，斯里兰卡。

本菌鉴别特征，子囊椭圆形或囊状，子囊孢子椭圆形或近纺锤形，稀一端或两端渐弯曲，使孢子呈"S"形。

Saccardo(1883)报道本菌，子囊孢子椭圆形，偶卵圆形，9~12×7~8 μm。Parbery(1967)描述该种的子囊为圆柱形，52~68×8~10 μm。子囊孢子单列，椭圆形，常呈"S"形弯曲。我们鉴定标本子囊为非典型圆柱形，且较宽，子囊孢子除单列外，有双列，但基本形态相似，仍分属为 *P. stenospora*。性孢子时期和无性态为首次描述，*P. stenospora* 是中国新记录。

野生黑痣菌 图 107

Phyllachora sylvatica Sacc. & Speg., Michelia 1(no. 4): 410, 1878; Saccardo's Syll. Fung. II: 603, 1883; XII: 550, 1897; XX: 375, 1910; Parbery Aust. J. Bot. 15: 346, 1967; Lou, Studies on Graminicolous Species and Their Divisional Criteria of *Phyllachora* Nke. in Fuckel in China p. 45, 1984; Gabel, Mycotaxon 70: 485, 1999; Li, Study of Taxonomy on *Phyllachora* Nitschke ex Fuckel in China p.22, 2006; Liu, Taxonomy of *Phyllachora* in China p. 58, 2007; Lu, Diversity of *Phyllachora* from China p. 92, 2009.

子座叶两面生，散生，黑色，梭形至长条形，稍有光泽，0.5~1 mm。子囊壳扁球形、球形、不规则形，75~245×100~92.5(平均 116.1×104.2) μm。8 孢子子囊圆柱形，70~100×7.5~8.8(~11)(平均 83.5×9.0) μm，具短柄。子囊孢子卵形、椭圆形、腊肠形或肾形，或半椭圆形，罕球形，斜单行排列，10~15×5~7.5(平均 12.2×6.9) μm。侧丝丝状，无隔，顶端细，或有隔，高于子囊。性孢子器球形、不规则形。性孢子梗瓶梗形，二歧分枝或否，(7.7~) 12~13(~15.4)×1~2.5 μm。性孢子丝状，15.5~24×0.6 ~1.3 μm。

赖草 *Aneurolepidium dasystachys*(Trin.) Nevski 甘肃：兰州(MHYAU 013970)。

白健秆 *Eulalia pallens*(Hack.) Kuntze 陕西：华山(HMUABO 5841)。

黄金茅属 *Eulalia* sp. 陕西：华阴县(HMUABO 5839-1)；贵州：贵阳黔灵公园(MHYAU 12955)。

羊茅 *Festuca fascinate* Keng 云南：丽江玉峰寺(HMAS 172262)。

黄针茅属 *Stipa* sp. 陕西：华阴(HMUABO 5839，5841-1)。

世界分布：中国，澳大利亚；欧洲，美洲。

本菌鉴别特征，子囊孢子卵形、椭圆形、肾形或半椭圆形，性孢子梗瓶梗状，分枝或否。针茅(*Stipa*)是世界上首次报道的本菌寄主属，但因未采到花穗，无法将寄主鉴定到种。以前仅在鼠尾粟属(*Sporobolus*)上发现本菌的性孢子时期，在 *Stipa* sp. 上发现性孢子时期为首次报道，且性孢子时期的形态特征与原始描述完全一致(表 13)。

Saccardo 和 Spegazzin(1878)描述本菌，子囊圆柱形至棍棒形，短柄，8 个孢子，90~95×15 μm；子囊孢子长卵形，近双行排列，17~18×8 μm；侧丝丝状，围壁生。我们观察的标本与其符合，命名为此种。

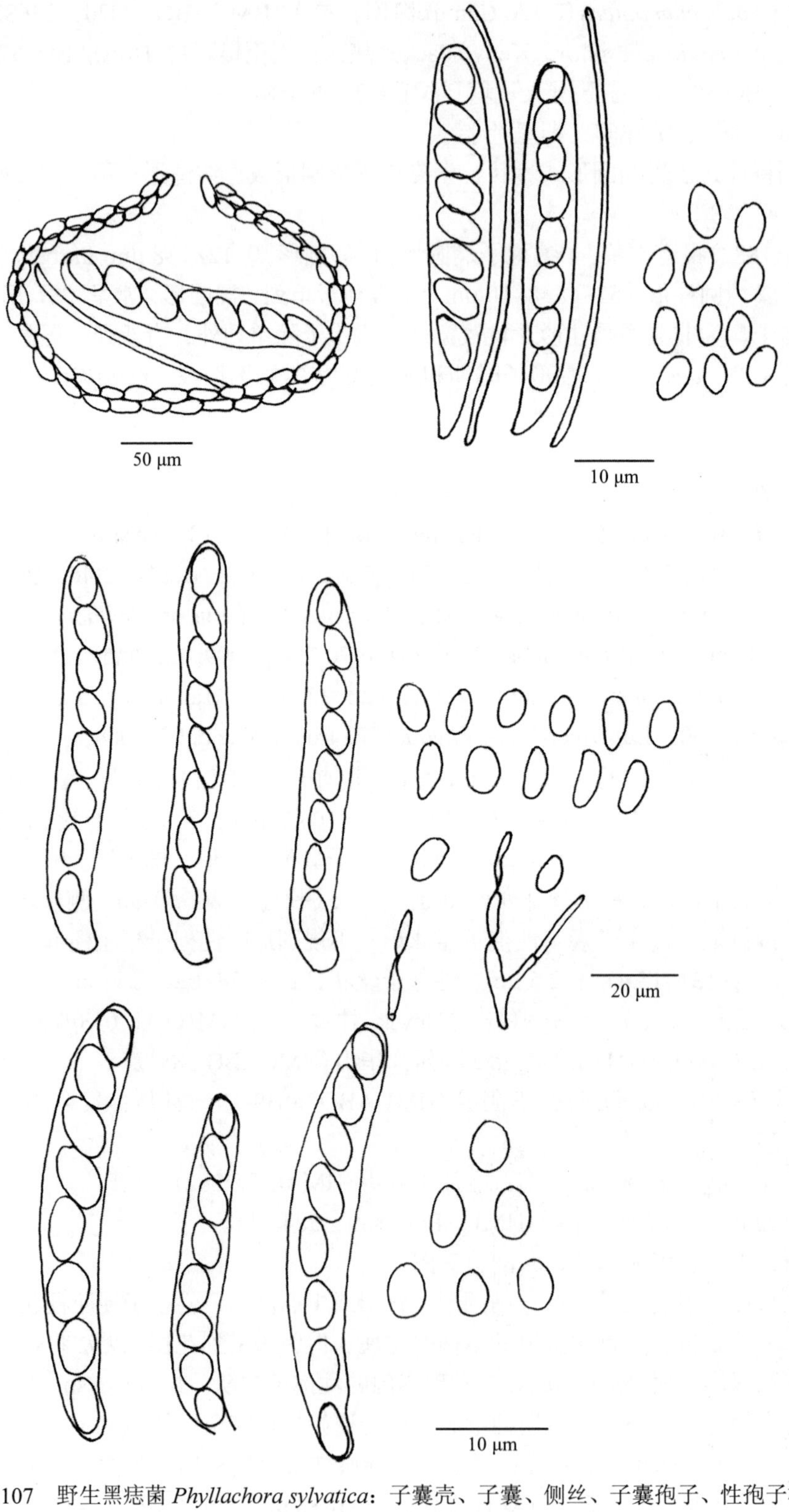

图 107　野生黑痣菌 *Phyllachora sylvatica*：子囊壳、子囊、侧丝、子囊孢子、性孢子梗和性孢子（HMUABO 8541，HMAS 172262）

表 13 羊茅属 *Festuca* 植物上所记载的黑痣菌形态比较

黑痣菌种名	寄主	子囊大小及形状(μm)	子囊孢子大小及形状(μm)	参考文献
P. dactylidis Delacr. (1892)	*Festuca* sp.	60~70×12~13 椭圆形至袋状	12~18×7~9 宽卵圆形，有些卵形、菱形或不规则形	Parbery (1967)
P. graminis Fuckel var. *graminis* (1870)	*Festuca* sp.	118~80×7~18 圆柱形	8~12×4~15 卵形	Fuckel (1870)
P. sylvatica f. *sylvatica* Sacc. & Speg. (1878)	*Festuca duriuscula*	75~100×10~15 圆柱形至窄椭圆形	12~22×4.5~5.8 窄卵形、卵圆形或椭圆形，偶半椭圆形	Parbery (1967)
P. teneriffae Petr. (1948)	*Festuca agustini*	5~85×10~12 圆柱形至棍棒形	12~20×7.5~11 卵圆形或椭圆形	Parbery (1967)

马唐黑痣菌 新种 图 108

Phyllachora syntherismatis Sawada ex S.S. Tzean & T. Zhang, **nov. sp.** Fig. 108

Phyllachora syntherismatis Sawada, Rep. Govt. Res. Inst. Dep. Agric., Taiwan (Formosa) 87: 20, 1944, nom. inval. (sine descriptione latina); Tai, Sylloge Fungorum Sinicorum p.280, 1979; Tsai, List of Plant Diseases in Taiwan p.416, 1991; Wang *et al*., List of the Fungi in Taiwan p.88, 1999 (as "syntherismae").

Stromatibus epiphyllis, raro hypophyllis, sparsis, atris, rarius nitentibus, ellipsoideis, sphaericis, 0.2~0.8 mm longis. Peritheciis epidermalibus, ad apicem atris, basi pallide coloratis vel leniter atris. Ascis cylindraceis vel obclavato-cylindraceis, basi breviter pedicellatis, apice rotundatis, hyalinis, 65~81×11~17 μm, octosporis. Ascosporis monostichis vel subdistichis, elongato-ellipsoideis vel ellipsoideis, hyalinis, continuis, levibus, 14~16×6~8 μm.

Typus: Hab. in foliis vivis *Digitariae sanguinalis* (L.) Scop. var. *ciliaris* (Retz.) Parl. (Gramineae): Miaogong, Taidong, Taiwan, leg. K. Sawada, May 2, 1909, Universitas Taiwanica-Planta Pathologia & Entomologia, Taibei, Sina (NTU–PPE).

子座叶面生，较少叶背生，散生，黑色，稍有光泽，椭圆形、圆形，长 0.2~0.8 mm。子囊壳表皮下生，上半部分黑色，下半部分淡色或稍带黑色。子囊圆柱形或倒棍棒至圆柱形，基部有短柄，顶端圆，无色，65~81×11~17 μm，内含 8 个孢子。子囊孢子单行或近双行排列，长椭圆形或椭圆形，无色，单胞。平滑，14~16×6~8 μm。

毛马唐 *Digitaria sanguinalis* (L.) Scop. var. *ciliaris* (Retz.) Parl. (Gramineae 禾本科) 台湾：台东猫公，1909 年(明治四十二年)5 月 2 日，K. Sawadsa 采(NTU–PPE Typua)。

世界分布：中国。

Sawada (1944) 报道的马唐黑痣菌 *Phyllachora syntherismae*，因无拉丁文描述，据此应为无效名(nom. inval.)。我们在 2002 年重新观察了台湾大学的腊叶标本(NTU–PPE, Typus)，并照相摄影，现提供拉丁文描述和附图，认可本种属实。

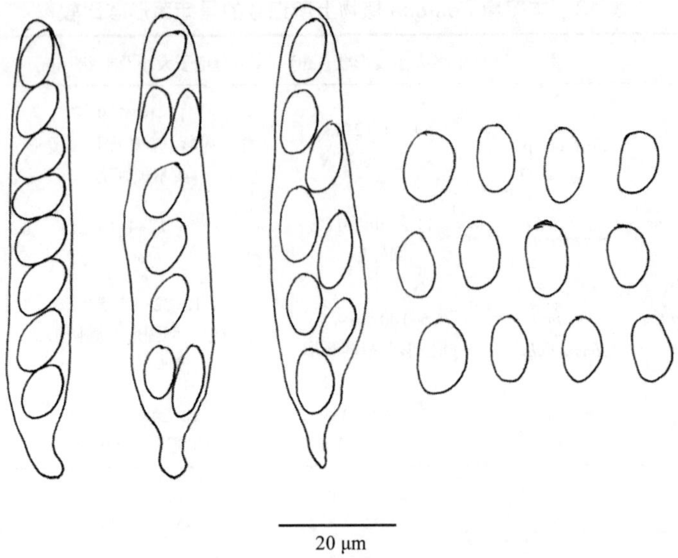

图 108 马唐黑痣菌 *Phyllachora syntherismatis*：子囊和子囊孢子（NTU-PPE）

腾冲黑痣菌 图 109 图版 **VI**，1-2

Phyllachora tengchongensis N. Liu & L. Guo，Mycotaxon 100：251，2007.

无病斑。子座在叶两面散生，近圆形或椭圆形，0.3~1.7×0.3~0.8 mm，黑色，有光泽，1~2 个腔，小孔不明显。子囊壳 135~740×100~260 μm，叶上表皮层发育，椭圆形至不规则形，子囊着生于子囊壳底部和侧壁，壳壁由薄壁细胞组成，上壁最厚处达 68 μm，下壁最厚处达 43 μm，侧壁最厚处达 43 μm。子囊 93~159×15~23 μm，内含 8 个孢子，棍棒形，单囊壁，具短柄。侧丝直径 3 μm，壁薄，顶端尖，有隔，不分枝。子囊孢子单列至不规则双列，15~26×5~10 μm，窄椭圆形，长方形的孢子一端尖，尖卵形，单胞，无色，壁薄，有油滴，有黏性鞘，成熟时孢子变黄色。

无性型：分生孢子梗聚生，圆柱形，顶端变尖，14~20×1.4~1.8 μm。分生孢子 16~25×0.2 μm，线状，弯曲，薄壁，单胞，无色。

五节芒 *Miscanthus floridulus* Ward. ex K. Schum. & Lauterb.（Poaceae）云南：腾冲（HMAS 169551，主模式）；湖南：常德，太阳山（HMAS 169552，副模式）。

芒属 *Miscanthus* sp. 福建：南平（HMAS 4690）。

世界分布：中国。

芒属 *Miscanthus* 上以前承认寄生 2 种黑痣菌：芒黑痣菌 *Phyllachora miscanthi* Syd. & P. Syd.（Sydow & Sydow 1917；Parbery 1967，1971）和鸭嘴草黑痣菌 *Phyllachora ischaemi* Syd. & P. Syd.（Parbery 1967）。峨眉山黑痣菌 *Phyllachora emeishaniana* J. Y. Li & H. R. Luo 在本书中发表。本种不同于芒黑痣菌 *Phyllachora miscanthi* 在于其窄的子囊孢子，而后者子囊孢子为宽椭圆形，18~24×12~14 μm。本种区别于鸭嘴草黑痣菌 *Phyllachora ischaemi* 在于其子囊孢子形状不同，即子囊孢子长圆形，具有一极尖末端或卵形渐尖。

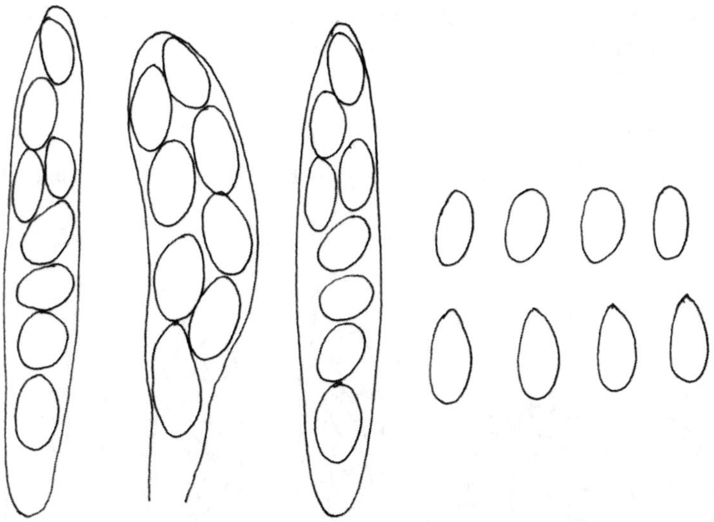

10 μm

图 109　腾冲黑痣菌 *Phyllachora tengchongensis*：子囊和子囊孢子
（HMAS 169551）

菅生黑痣菌　新种　图 110　图版 **III**，5-6

Phyllachora themediicola F.Y. Gong & Y. Cui, **sp. nov.** Fig. 110 Pl. III, 5−6

Maculis nullis. Stromatibus amphigensis, sparsis, suborbicularibus, ellipsoideis vel fusoideis, pulvinatis, atris, nitidis, texturis hospitis flavovirentibus cinctis. Peritheciis in mesophyllis subsphaericis, 180~200×150~175 μm. Ascis cylindratis, brevibus stipitibus, octosporis, 70~108×8~10 μm, paraphysibus filiformibus, septatis, ascis longioribus. Ascosporis irregulariter monostichis, fusiformibus, rectis, unicellularibus, hyalinis, 9~13×4~7 (med. 11.4×5.0) μm.

Anamorpha ignota Typus: Hab. in foliis vivis *Themedae* sp. (Gramineae): Wugongshan Jiang-xi, Sina leg. Han Shu-jin, 1954. HMAS 04664.

In foliis *Themedae triandrae* Forssk.: Xiangshan Beijing, Sina leg. Liu T. N., Oct. 3, 1934, HMAS 01558.

无病斑。子座叶两面生，散生，近圆形至椭圆形或纺锤形，隆起，黑色，有光泽，外具黄色晕圈。子囊壳扁，生于叶薄壁组织内，近球形，黑色，180~200×150~175 μm。子囊圆柱形，无色，具短柄，内含 8 个孢子，70~108×8~10 μm。侧丝丝状，有隔，高于子囊。子囊孢子不规则单行排列，纺锤形，单胞，无色，9~13×4~7（平均 11.4×5.0）μm。无性型：未见。

小菅草（西南菅草）*Themeda hookeri*（Griseb.）A. Camus 云南：大理苍山，鲁海菊，2008.10.2（MHYAU 12933 模式）。

菅属 *Themeda* sp. 江西：蜈蚣山，1954. 韩树金采（HMAS 04664）。

阿拉伯黄背草 *Themeda triandra* Forssk. 北京：香山，3，X，1934，T.N. Liu 采（HMAS 01558）；云南：丽江黑龙潭（MHYAU 13292，13291）。

世界分布：中国。

菅属植物上已知的 5 种黑痣菌（表 14），*P. Anthistiriae*、*P. Graminicola*、*P. Ischaemi*、*P. platyelliptica* 和 *P. themedae*，它们的子囊孢子均非纺锤形，与本种区别明显，据此立为新种。

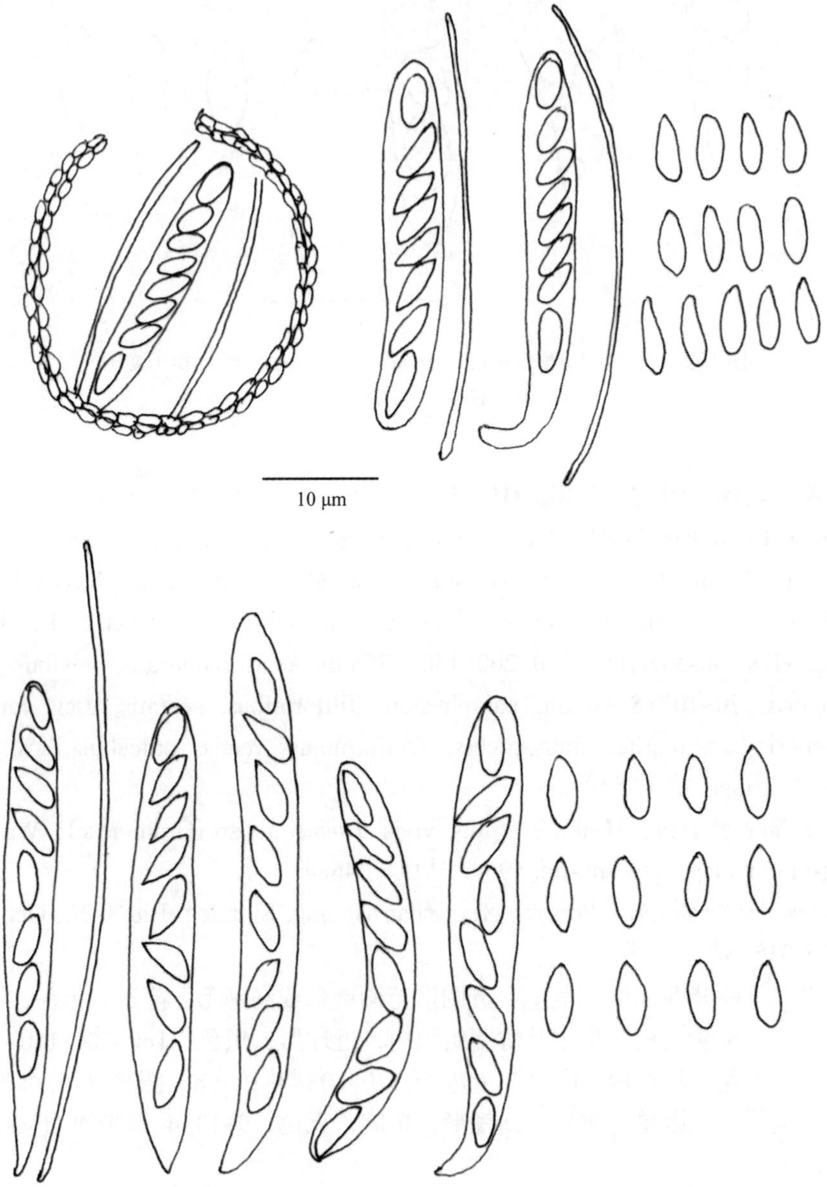

图 110　菅生黑痣菌 *Phyllachora themediicola*：子囊壳、子囊、侧丝和子囊孢子（MHYAU12933，HMAS 04664）

表 14　菅属植物上的黑痣菌

黑痣菌种名	子囊大小及形状(μm)	子囊孢子大小及形状(μm)	寄主植物
P. themedae Ananthan(1964)	圆柱形或棍棒形近无柄或短柄 150~172×15~19	卵椭圆形至卵圆形，单列 21.5~25.8×13~15	*Themeda tremula*
P. ischaemi Syd. & P.Syd. (1915)	棍棒圆筒形，短柄 45~60×12~18	椭圆卵形，两端钝不规则双列 12~15×5~6.5	*Themeda* sp.
P. platyelliptica Parbery (1967)	圆筒形，短柄 82~120×10~16	窄椭圆形，近卵形斜单列或不完全双列 14~21×5~7	*Themeda australis*
P. anthistiriae Racib. ex Theiss. & Syd.(1915)	圆筒形，短柄 70~80×10~14	长卵圆形，单列 11~14×4~5	*Themeda* sp.
P. graminicola Saw. ex X. L. Li *et al.*	圆筒形，顶端圆，短柄 50~90×7.5~10	椭圆形，两端圆 斜单列 7.5~12.5×5.0~6.3	*Themeda* sp.
P. themediicola	圆筒形，短柄 70~108×8~10	纺锤形，不规则单列 9~13×4~7	*Themeda* sp.、*T. triandra*

提扬黑痣菌　图 111

Phyllachora tjangkorreh Racib., Parasit. Alg. Pilze Java's(Jakarta) 3: 25, 1900; Saccardo's Syll. Fung. XVI: 621, 1902; Gong *et al.*, J. Yunnan Univ. 30(S1): 4, 2008; Gong, Diversity of species of *Phyllachora* in China p. 28, 2008; Lu, Diversity of *Phyllachora* from China p. 94, 2009.

Phyllachora maculans(P. Karst.) Theiss. & Syd., Annls. Mycol. 13(5/6): 442, 1915; Tai, Sylloge Fungorum Sinicorum p. 276, 1979; Luo, Studies on Graminicolous Species and their Divisional Criteria of *Phyllachora* Nke. in Fuckel in China p. 34, 1984.

子座叶两面生，黑色，有光泽，圆形、椭圆形，宽 1~2 mm，扁凸，单生，外围淡红黄色至黄色晕圈。子囊壳球形凹陷，153~306×102~112 μm。侧丝丝状。子囊圆柱形或囊状圆柱形，端部钝圆，具短柄，柄基部略膨大，8 个孢子，132~168×14.5~16 μm。子囊孢子斜单列或双行排列，长卵圆形，端尖的长卵形，内含 2 个油滴，单胞，无色，21~28×6~8 μm。

青篱竹 *Arundinaria japonica* Sieb.et Zucc. 山东：青岛(HMAS 34386)。

方竹 *Chimonobambusa quadrangularis*(Fenzi) Makino 云南：勐腊(HMUABO 10643)。

桂竹 *Phyllostachys bambuseides* Sieb. & Zucc. 福建：福州(HMUABO 53639)；安徽：黄山(HMUABO 42254)。

篌竹，花竹 *Phyllostachys nidularia* Munro 陕西：周至县(HMUABO 5858，5886，5887)，勉县(HMUABO 2634)。

刚竹属 *Phyllostachys* sp. 福建：闽侯(HMAS 12184)。

本菌在中国的寄主与分布还有戴芳澜(1979)报道的：箣竹 *Bambusa stenostachya* Hack.：广东。

世界分布：中国，日本，印度尼西亚，菲律宾，越南。

Raciborski(1900)报道，本种子囊长圆柱形，8 个孢子，190×20 μm。侧丝丝状。子囊孢子长卵圆形至矩圆形，两面逐渐变厚，24~35×5.5~8 μm。我们观察的标本与之相符。原标本 HMAS 12184 定名为 *Phyllachora orbicula* Rehm 有误，据此订正。

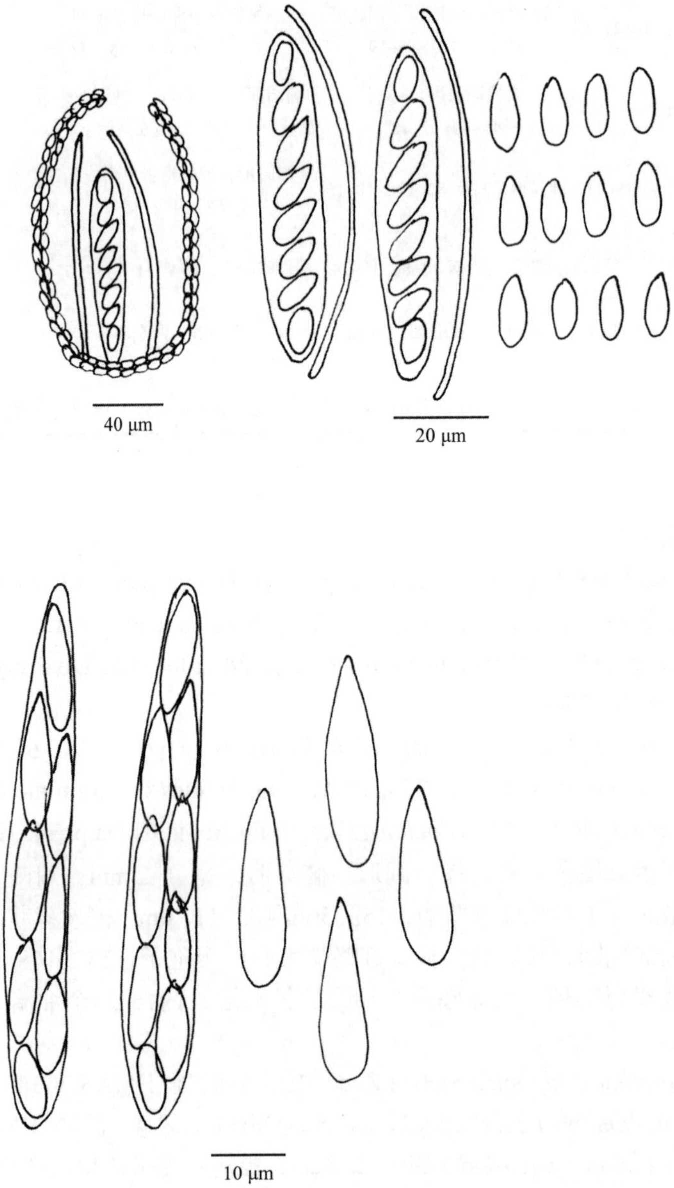

图 111　提扬黑痣菌 *Phyllachora tjangkorreh*：子囊壳、子囊、侧丝和子囊孢
（HMUABO 42254，HMAS 12184）

印支黑痣菌　图 112

Phyllachora tonkinensis Sacc.，Saccardo's Syll. Fung. XIV：669, 1899；XXIV：575, 1926；Luo，Studies on Graminicolous Species and Their Divisional Criteria of *Phyllachora* Nke. in Fuckel in China p. 46，1984.

子座叶面生，小型，顶端破裂，由此密而聚生，圆形至角状，凸起，黑色，直径 0.5~1 mm。子囊壳少，孔口不明显。子囊圆柱形，75×9 μm，至棍棒圆柱形，50×18 μm，内含 8 个孢子，具短柄。8 孢子子囊圆柱形，端部钝圆，具短柄，73~100×8.5~10 μm。侧丝多，高出子囊，不分枝。子囊孢子单列，卵形，罕近似椭圆形或卵圆形，(11~)13.5(~17)×5~6 μm。

大箭竹 *Sinarundinaria chungii*(Keng) Keng f. 四川：峨眉山(HMUABO 12625)。

桂竹(刚竹)*Phyllostachys bambusoides* Sieb. & Zucc. 福建：电白县(HMUABO 5899)。

簕竹属 *Bambusa* sp. 云南：景洪大勐龙(HMUABO 19932-b)。

世界分布：中国，日本(东京湾)。

鉴别特征，子囊孢子卵形，罕近似椭圆形或卵圆形。Parbery(1967)把这个种名列为 *P. bambusina* 的异名。但 Farr(1968)认为，被认作 *P. bambusina* 的标本是 *Kiehlia bambusina*(Spge) Farr var. *bambusina*，所以本种被认可的正名是 *P. tonkinensis* Sacc.。以前(Parbery 1967)被认作 *P. bambusina* 的异名的另一个名称 *P. caespiticia* Theiss. & Syd.，现已认为是 *P. malabarensis* 的异名(Parbery 1971)。

P. tonkinensis 与 *P. shiraiana* 有些相似，但它无两端钝圆而近似舟形的孢子，而有卵圆形孢子。Saccardo(1899)描述前者：子囊孢子椭圆形，单列至双列，常常横生，有颗粒状内含物，无色，12~15×9 μm。侧丝不明显。寄生于枯萎至死亡的未知植物叶上，东京湾。*P. tonkiensis* 是中国新记录，鉴定的寄主均为世界新寄主。

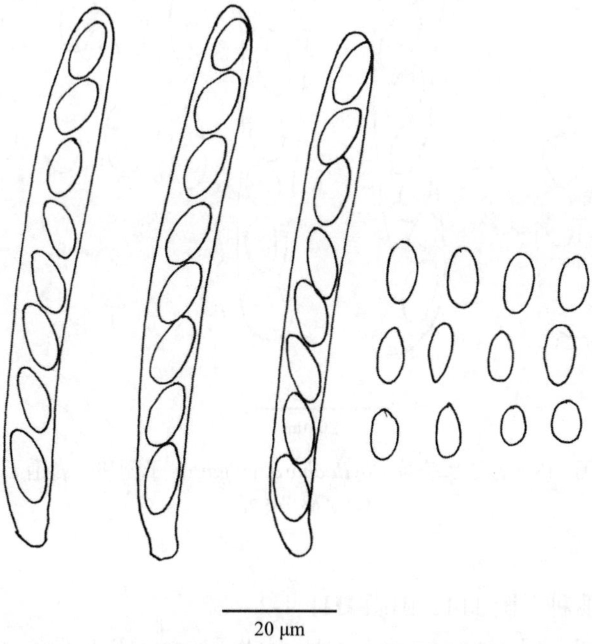

图 112　印支黑痣菌 *Phyllachora tonkinensis*：子囊和子囊孢子
(HMUABO 12625，5899)

普通黑痣菌　图 113

Phyllachora vulgata Theiss. & Syd., Annls. Mycol. 13(5/6): 450, 1915; Parbery, Aust. J. Bot. 15: 352, 1967; Gabel, Mycotaxon 70: 485, 1999; Liu, Taxonomy of *Phyllachora* in China p. 60, 2007.

黑斑子座散生于叶面，长椭圆形，0.3~1.5×0.2~0.8 mm，黑斑微突出于叶面，多腔。子囊壳生于叶肉组织中，亚球形，150~300×80~205 μm，锥形颈穿透叶子的表层，子囊着生在子囊壳的底部和侧壁。上壁最厚处达 50 μm，下壁最厚处达 40 μm，侧壁最厚处达 20 μm。子囊圆柱形，58~96×5~10 μm，8 个孢子，无顶环结构，薄壁，短柄。子囊孢子单行排列，6~13×5~6.5 μm，椭圆形或卵形，单胞，薄壁，透明，光滑，无黏性鞘。

总状花序乱子草 *Muhlenbergia racemosa*(Michx.) B. S. P. 江苏：南京(HMAS 6828)。

世界分布：中国，美国。

本菌为中国新记录。馆藏的 HMAS 6828 原定名为 *P. graminis*(Pers.) Fuckel，但从观察标本的特征来看，该标本应该定名为 *P. vulgata* Theiss. & Syd.。

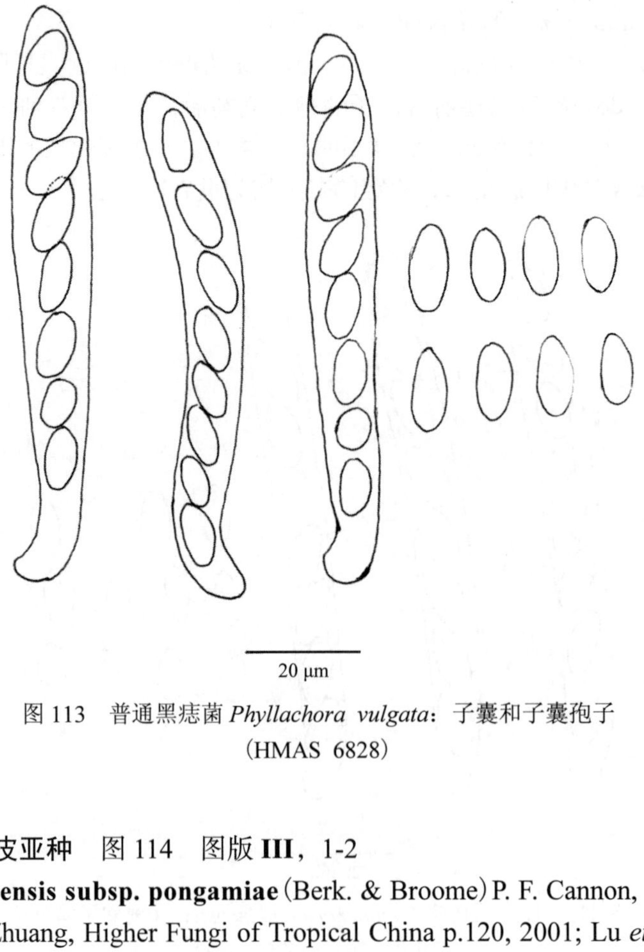

图 113　普通黑痣菌 *Phyllachora vulgata*：子囊和子囊孢子 (HMAS 6828)

雅浦黑痣菌水黄皮亚种　图 114　图版 **III**，1-2

Phyllachora yapensis subsp. pongamiae(Berk. & Broome) P. F. Cannon, Mycol. Pap. 163: 194, 1991; Zhuang, Higher Fungi of Tropical China p.120, 2001; Lu *et al*., Checklist of Hong Kong Fungi p. 46, 2001; Li, Study of Taxonomy of *Phyllachora* in China p.52, 2006; Liu, Taxonomy of *Phyllachora* in China p.19, 2007; Zhao *et al*., Edible Fungi of

China 27 Suppl.: 53, 2008; Gong, Diversity of Species of *Phyllachora* in China p. 20, 2008; Lu, Diversity of *Phyllachora* from China p.102, 2009.

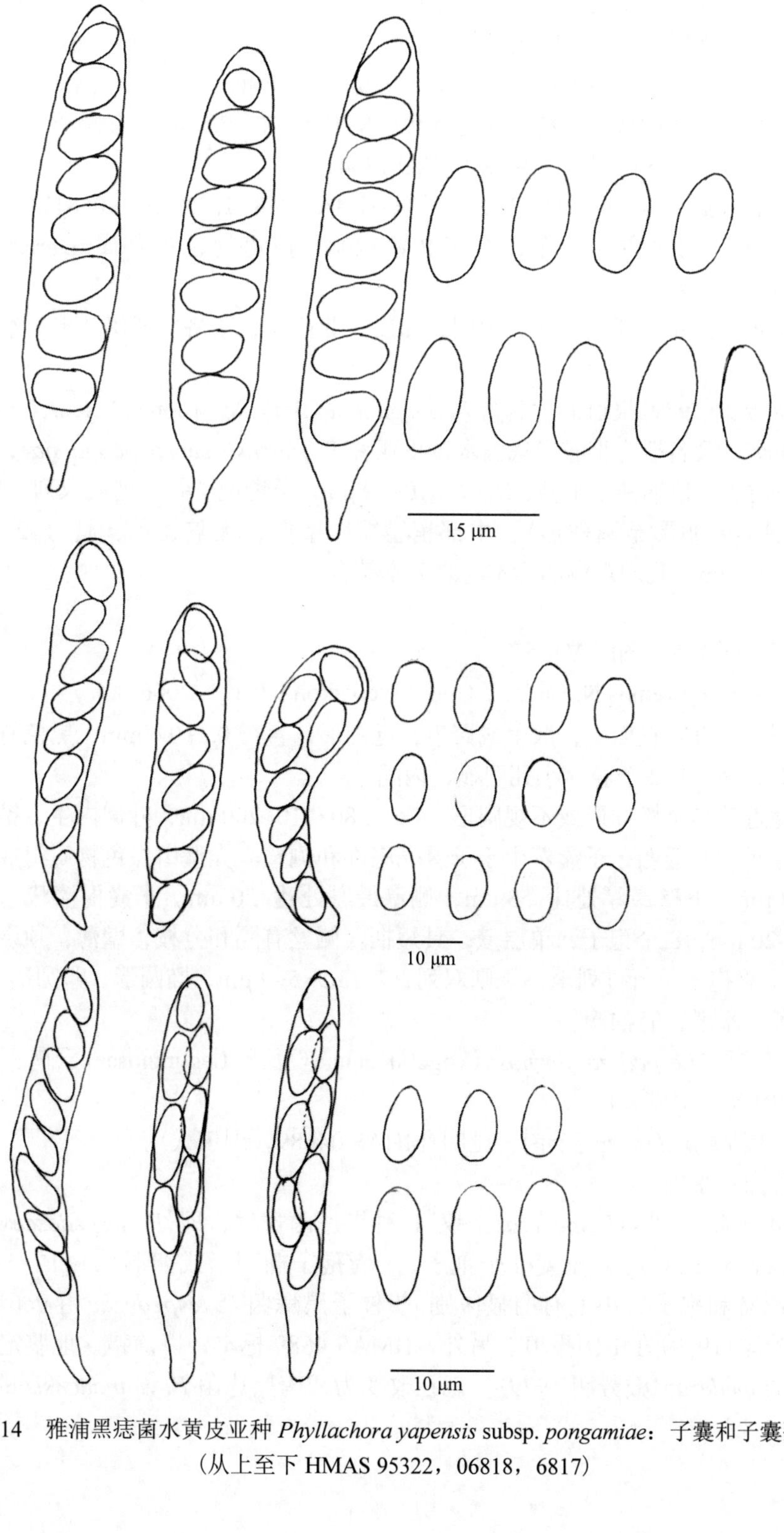

图 114　雅浦黑痣菌水黄皮亚种 *Phyllachora yapensis* subsp. *pongamiae*：子囊和子囊孢子（从上至下 HMAS 95322，06818，6817）

Phyllachora pongamiae (Berk. & Br.) Petch, Annls. R. Bot. Gdns Peradeniya 5 (4) : 291, 1912; Tai, Sylloge Fungorum Sinicorum p. 279, 1979.

子座叶两面生，不规则形，凸起，黑色，聚生，有光泽，外围有黄色晕圈，5×5 mm。子囊壳球形、不规则形，生于叶表组织，173~377×82~275 (平均 250×156) μm。子囊圆柱形，8 个孢子，46~64×7.7~10.3 (平均 57.2×9.6) μm。子囊孢子单列，长圆形、椭圆形，两端钝圆，一些孢子弯曲或不对称，单胞无色，8~12.5×4.5~7.5 μm。有侧丝。

豆科 Leguminosae 四川：宝兴 (MHYAU 13341)。

水黄皮 *Pongamia pinnata* (L.) Merr. 广东 (HMAS 06818，95322，06817)。

本菌在中国的寄主与分布还有庄文颖 (2001) 报道的，鱼藤属 *Derris* sp. (豆科 Leguminosae)：香港。

世界分布：巴布亚新几内亚，中国，印度，菲律宾，斐济，斯里兰卡，缅甸，澳大利亚。

本菌戴芳澜 (1979) 报道的学名为 *P. pongamiae* (Berk. & Broome) Petch., Cannon (1991) 将其转入正名，汉名拟为雅浦黑痣菌水黄皮亚种 *P. yapensis* subsp. *pongamiae*，其子囊圆柱形至棒圆柱形，顶端钝至平截，59~96×10~19 μm。子囊孢子斜单列或双列，圆柱形 (圆柱形至椭圆形或卵形至圆柱形)，中部稍缢缩，壁厚，无隔无色，具 1~2 个油滴，11.5~17×5~9.5 μm。我们观察的标本与之基本符合。

云南黑痣菌　图 115　图版 V，5-6

Phyllachora yunnanensis N. Liu & L.Guo, Mycotaxon 97: 111, 2006.

无病斑。子座叶正面生，散生或聚生，近圆形，直径 0.2~0.6 mm，黑色有光泽，突出于叶的上表面，1~2 个腔，小孔明显，内陷。

子囊壳近球形至椭球形或不规则形，180~380×110~200 μm，叶肉内生，锥形颈穿透叶表层，缘丝丰富透明，子囊着生于子囊壳底部和侧壁。壳壁由黑色物质组成，上壁最厚处达 48 μm，下壁最厚处达 53 μm，侧壁最厚处达 20 μm。子囊棍棒状，顶端圆，50~88×10~20 μm，8 个孢子，单层壁，具短柄。侧丝有隔和分枝，壁薄，顶端尖，直径约 3 μm。子囊孢子单行排列至不规则双列，7~13.5×5~9 μm，椭圆形、卵圆形至近球形，单胞，无色，平滑，有油滴。

美丽胡枝子 *Lespedeza formosa* (Vogel) Koehne (豆科 Leguninosae) 云南：丽江海北 (HMAS 140198，主模式)。

胡枝子属 *Lespedeza* sp. 云南：昆明 (MHAS 04689，副模式)。

世界分布：中国。

以前报道胡枝子属 (*Lespedeza*) 上仅 1 种黑痣菌寄生，即 *P. lespedezae* (Schwein.) Sacc. (Saccardo, 1883)，其子囊 4 个孢子，子囊孢子椭圆形或卵形，11~17×5~ 8.5 μm。与本菌在形态和孢子大小上有明显区别。胡枝子黑痣菌 *P. lespedezae* 由 Petrak (1947) 报道和戴芳澜 (1979) 在中国报道。另外，HMAS 4689 标本，以前错误地鉴定为胡枝子黑痣菌 *P. lespedezae* (戴芳澜 1979)，现在改变为云南黑痣菌 *P. yunnanensis* 的副模式。

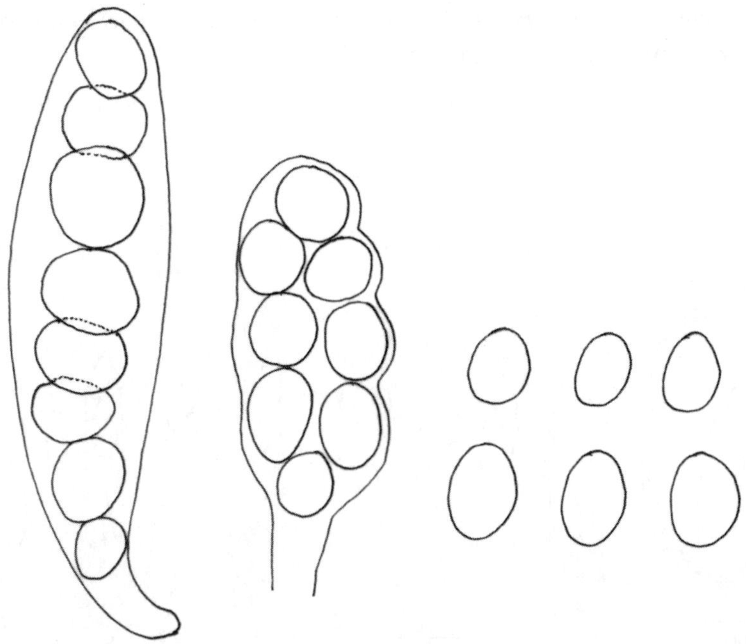

图 115　云南黑痣菌 *Phyllachora yunnanensis*：子囊和子囊孢子
（HMAS 140198）

玉山竹黑痣菌　图 116

Phyllachora yushaniae J. Q. Lan, T. Zhang & X. L. Li, in Li *et al*., J. Southwest Univ. Vol. 32（Suppl.）: 87, 2010.

Phyllachora indocalami Sawada, Rep. Govt. Res. Inst. Dep. Agric., Taiwan（Formosa）8: 25, 1943, nom. Inval.（sine descriptione Latina）; Tai, Sylloge Fungorum Sinicorum p. 274–275, 1979; Tsai, List of Plant Disease in Taiwan p. 443, 1991; Luo, Studies on Graminicolous Species and Their Divisional Criteria of *Phyllachora* Nke. In Fuckel in China p. 29, 1984; Wang *et al*., List of the Fungi in Taiwan p. 87, 1999; Li, Study of Taxonomy of *Phyllachora* Nitschke in Fuckel in China p. 42, 2006.

子座圆形、椭圆形、长椭圆形，大多叶面生，较少叶背生，黑色，稍隆起，稍有光泽，外具黄色晕圈，单腔，直径 0.1~1 mm。子囊壳 275~600×150~200（平均 421×175）μm。子囊 8 个孢子，圆柱形，无色，68~145×6.3~7.8（平均 98.7×7.7）μm。子囊基部柄长 10~15（~20）μm。侧丝线形与子囊平行。子囊孢子卵形一端尖头，长椭圆形、矩圆形，少数近球形，单行排列，多斜生，单胞无色，8.8~20.0×6.3~7.5（平均 15.5×6.5）μm。

小玉山竹 *Yushania auctiaurita* Yi 云南：昆明世界园艺博览园，2004.11.13，李晓玲采（MHYAU 081761 模式，081767）。

唐竹 *Sinobambusa tootsik*（Sieb.）Makino 广东：广州华南农业大学，21，XI，2007，鲁海菊采（MHYAU 12892）。

玉山竹 *Yushania niitakayamensis*(Hayata) Keng f. =*Indocalamus niitakayamensis* Nak. 台湾：花莲，6，VIII，1928，Sawada(NTU–PPE)。

箬竹 *Indocalamus niitakayamensis* Nak. 台湾：花莲，6，VIII，1927，Sawada 采(NTU–PPE)。

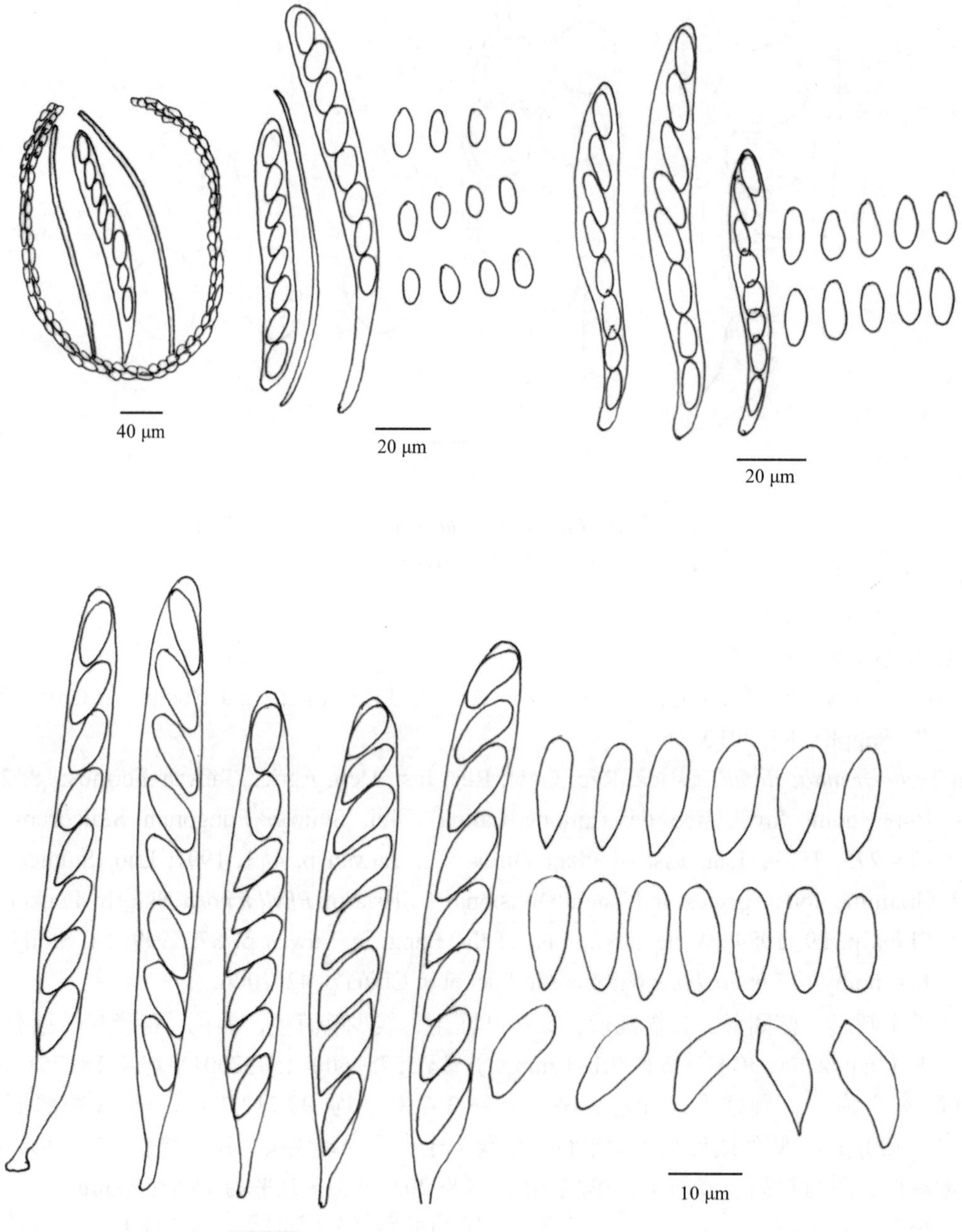

图 116 玉山竹黑痣菌 *Phyllachora yushaniae* 子囊壳、子囊、侧丝和子囊孢子
(从上至下 MHYAU 12902，HMUABO 2657，MHYAU 081767)

毛金竹 *Phyllostachys nigra* var. *henonis*(Mitf.)Stapf ex Rendl. 云南：屏边大凹腰(HSFC 910957)。

龙竹 *Dendrocalamus giganteus* Munro 云南：西双版纳热带作物研究所(HSFC 950298)。

野龙竹 *Dendrocalamus semiscandens* Hsueh & D. Z. Li 云南：勐腊补丰保护区(HSFC 95004)。

片马箭竹 *Fargesia albo-cerea* Hsueh & Yi 云南：高丽贡山保护区片马丫口(HSFC 990034)。

腾冲箭竹 *Fargesia solida* Yi 云南：高丽贡山保护区大坝后山(HSFC 200127)。

本菌在中国的寄主与分布还有谢焕如等(2002)报道的，玉山矢竹 *Yushania niitakayamensis*(Hayata)Keng：台湾。张能唐和张建如(1988)报道的，箬竹 *Indocalamus tessellatus*(Munro)Keng f.：浙江杭州。

世界分布：中国。

Sawada(1943a)报道禾本科(Gramineae)箬竹 *Indocalamus niitakayamensis* Nak.上的箬竹黑痣菌 *Phyllachora indocalami*：子囊圆柱形，基部长 10~20 μm，基部为狭细的长柄，无色，78~132×8~10.5 μm，内含 8 个孢子。子囊孢子单行排列，长椭圆形，两端圆，无色单胞，平滑，有颗粒状内含物，16~20×6~8 μm，侧丝线形。因为日文描述，无拉丁文描述，应为无效名称(nom.inval.)。我们重新观察原始标本和云南等地的标本，提供拉丁文描述和附图，命名为新种。

四、黑痣菌属 Phyllachora 的附录(未见标本，国内有报道的 28 种)

须芒草黑痣菌

Phyllachora andropogonis P. Karst. & Har., Revue Mycol., Toulouse 12: 172, 1890; Saccardo's Syll. Fung. 1X: 1029, 1891; Tai, Sylloge Fungorum Sinicorum p. 268, 1979.

子座叶片薄壁组织生，散生，稀少愈合，不发光；聚生变硬，埋生，卵圆形、长椭圆形至近圆形，不相等，略具纵向皱纹，达 1 mm。子囊壳的子囊腔不明晰，具孔口。子囊长椭圆形，近无柄，无色，大约 100×20 μm。子囊孢子 8 个，长圆形至椭圆形，无色，16~20×6~8 μm(Karst. & Har. 1890)。

须芒草属 *Andropogon* spp. 广东。

世界分布：中国，帝汶(大洋洲)。

无标本仅作附录。与近似种 *P. andropogonicola* Speg.(=*P. sacchari*)的主要区别是：子囊圆柱形，中下部渐尖，具短柄，100~120×15~18 μm。子囊孢子斜单列，椭圆形至纺锤形，两端尖，具 1 个油球，无色，20×8 μm。

竹节草黑痣菌

Phyllachora andropogonis-aciculatis Sawada, Descriptive Catalogue of Taiwan Fungi. Part XI. Spec. Publ. No.8: 55, Pl. XI, figs.7-8, 1959; Tai, Sylloge Fungorum Sinicorum p. 268, 1979; Tsai, List of Plant Diseases in Taiwan p.95, 1991; Wang *et al*., List of the Fungi in Taiwan p. 86, 1999.

子座叶面生，较少叶背生，散生，广椭圆形或椭圆形，黑色，有光泽，扁形，0.3~0.7×0.2~0.5 mm，单腔。子囊壳 365~400×130~135 μm，壁厚约 40 μm，黑色。子囊圆柱形，端钝圆，有很短的柄，73~90×13~14 μm，内含 8 个孢子。孢子椭圆形，两端钝圆，单胞，无色，平滑，14~16×7~8 μm。侧丝无色，粗 1.3~2.5 μm。分生孢子圆柱形，单胞，无色，4×1 μm。

竹节草(金丝茅) *Chryspogon aciculatus* (Retz.) Trin. (Gramineae) 台湾 (HMAS 05088)。

世界分布：中国。

Parbery (1967) 根据文献描述将 K. Sawada 报道的本菌 *P. andropogon-aciculatis* 作为 *P. ischaemi* 的异名。Cannon (2000) 将本菌处理为详细记录 (record detail) 的种。我们根据文献比较异同，同意复活本菌并附录；因 Sawada (1959) 报道的本菌缺拉丁文描述，应为无效名称 (nom. inval.)，待观察标本后，另文报道。

当归黑痣菌

Phyllachora angelicae (Fr.) Fuckel, Jb. nassau. Ver. Naturk. 23-24: 219, 1870; Saccardo's Syll. Fung. II: 615, 1883; Tai, Sylloge Fungorum Sinicorum p. 269, 1979.

Dothidea angelicae Fr., Syst. Mycol. (Lundae) 2 (2): 561, 1823.

子座聚生斑点形，双凸状，有孔口，80~90 μm，散生。精子小长圆形，无色，4~5×1 μm。(Saccardo 1883)。

伞形科 Umbelliferae 内蒙古。

世界分布：中国，英国，意大利，蒙古，德国，亚洲西伯利亚。

Kalchbrenner 和 Thümen (1881) 首次报道采自中国内蒙古伞形科 Umbelliferae 上的当归黑痣菌 *Phyllachora angelicae* (Fr.) Fuck.；无标本仅作附录。

冬青黑痣菌

Phyllachora aquifotia T. Z. Huang & W. S. Guo, J. Fujian College of Forestry 13 (4): 371, 1992. nom. inval. (sine descriptione latina).

子实体叶面生，散生，近圆形，突出成盾形，黑色，有光泽，直径 0.2~0.45×0.2~ 0.3 cm。子座 0.8~2 mm，一个子座内有 1~3 个子囊壳。子囊壳椭圆形、不规则形，220~446×70~118 μm。子囊棍棒形、圆筒形，单囊壁，有柄，内含 8 个孢子，66~180×12 μm，侧丝线形，无色。子囊孢子不规则双列，圆形或椭圆形，6~18×6~7 μm，单胞无色，具油球 (黄天章等 1992)。

广东冬青 *Ilex kwangtungensis* Merr. (冬青科 Aquifoliaceae) 福建：梅花山保护区 (FFC 3311 模式)，上杭古田 (FFC 1085)，丘山 (FFC 2323)。

落叶冬青 *Ilex serrata* Thu. var. *sieboldi* (Miq.) Rehd. 福建：南平 (FFC 90-2383)。

世界分布：中国。

黄天章等 (1992) 在福建林学院学报发表的新种，未借到标本仅作附录。

班纳黑痣菌

Phyllachora banahaensis Petr., Annls. Mycol. 27 (5/6): 386, 1929; Zhuang, Higher Fungi of

Tropical China p.119, 2001.

Trabutia elmeri Theiss. & Syd., Annls. Mycol. 13(3/4): 353, 1915; Saccardo's Syll. Fung. XXIV: 555, 1926.

垂叶榕 *Ficus benjamina* L.(桑科 Moraceae)云南：蒙自。

榕属 *Ficus* sp. 海南：海口。

世界分布：中国，菲律宾。

讨论：庄文颖(2001)主编的《中国热带高等真菌》中为 HMAS 馆藏标本，我们未查到标本，此仅作附录。

羊蹄甲黑痣菌原变种

Phyllachora bauhiniae(G. Winter) Theiss. & Syd., Sber. Akad. Wiss. Wien, Math.-Naturw. Kl., Abt. 1 121: 393, 1912. var. **bauhiniae**

Trabutia bauhiniae G. Winter, Hedwigia 24: 27, 1885; Saccardo's Syll. Fung. Addit. vol. I-IV: 67, 1885; IX: 601, 1891; XII: 786, 1897; XXIV: 767, 1926.

Phyllachora bauhiniae Sawada, Rep. Govt. Res. Inst. Dep. Agric., Formosa 86: 6, 1943; Tai, Sylloge Fungorum Sinicorum p. 269, 1979; Tsai, List of Plant Diseases in Taiwan p.49, 1991.

子座叶面生，散生，圆形或不规则形状，黑色，有光泽，表皮下生，扁半球形，长 0.3~3 mm，起初在子座部分、后来在子座周围形成圆形的枯死性病斑，周围暗褐色，中央褐色，直径 3~17 mm。子囊倒棍棒形，基部稍狭，无色，83~104×13 μm。侧丝线形，很多，无色，大致与子囊等长，直径 3~4.5 μm(Tai 1979)。

龙须藤(菊花木) *Bauhinia championii* (Benth.) Benth.(豆科)台湾。

世界分布：中国，印度。

广州黑痣菌

Phyllachora cantonensis Syd. & P. Syd., Annls. Mycol. 17(2/6): 141, 1919; Saccardo's Syll. Fung. XXIV: 587, 1926; Tai, Sylloge Fungorum Sinicorum p. 270, 1979.

病斑叶两面生，一般宽 1 cm，黄色或赭黄色，不定形。子座 3~10 个不规则地聚生在病斑上，在叶两面都能见到，直径 0.1~1 mm，有 1 至少数子囊壳。子囊壳宽 500~700 μm，高 350~500 μm，盾片宽 25~40 μm。子囊长棍棒形，65~85×10~16 μm，内含 8 个孢子。子囊孢子窄椭圆形至矩圆形，两端钝圆，单胞无色，12~14×5~7 μm。侧丝很多(戴芳澜 1979)。

潺槁树 *Litsea glutinosa* (Lour.) C. B. Bod.(樟科 Lauraceae)广州。

世界分布：中国。

无标本仅作附录。这个种与 *P. lepida* Syd. 在孢子方面完全不同，与 *P. laurinearum* Racib. 和 *P. litseae* Koord. 在习性上更是不同。

群丛黑痣菌

Phyllachora catervaria (Berk.) Sacc., Saccardo's Syll. Fung. II: 598, 1883; XII: 546, 1897;

Zhuang, Higher Fungi of Tropical China p.119, 2001.

Dothidea repens var. *catervaria* Berk., Hooker's J. Bot. Kew Gard. Misc. 6: 231, 1854; Saccardo's Syll. Fung. II: 598, 1883; XV: 131, 1901.

子囊圆柱形，短柄，基部变细，8 个孢子，70×12 μm。子囊孢子单列，近圆形至椭圆形，无色，10~11×10 μm(Saccardo 1883)。

对叶榕 *Ficus hispida* L. f.(桑科 Moraceae)香港。

世界分布：中国，印度尼西亚，斯里兰卡。

庄文颖(2001)主编的《中国热带高等真菌》中系引用香港真菌名录，为此仅作附录。

柘黑痣菌

Phyllachora cudraniae P. Henn., Fung. Monsunemses p. 26, 1899; Tai, Sylloge Fungorum Sinicorum p. 270, 1979; Tsai, List of Plant Diseases in Taiwan p.130, 1991; Wang *et al*., List of the Fungi in Taiwan p.87, 1999.

子座叶面生，圆形至凸起，有时愈合，黑色，有光泽，直径 1~1.5 mm。子囊圆柱形至棒状形，钝圆，内含 8 个孢子，长 45~65 μm。子囊孢子矩圆形，单胞无色，具油球，9~11×7~8 μm。分生孢子矩圆形，单胞，无色，3~4×1.5~2 μm(Hennings 1899)。

拓属 *Cudrania* sp.(桑科 Moraceae)台湾，冲绳。

世界分布：中国，印度。

扁豆黑痣菌菜豆亚种

Phyllachora dolichogena subsp. phaseolina(Syd.) P. F. Cannon, Mycol. Pap. 163: 108, 1991.

Phyllachora phaseolina Sydow, in H.Sydow & Sydow, Philippine Jour. Sci. sect. C.Botany 8: 494, 1913; Tai, Sylloge Fungorum Sinicorum p. 278, 1979; Wang *et al*., List of the Fungi in Taiwan p.88, 1999; Saccardo's Syll. fung. XXIV: 594; Sawada, Descriptive Catalogue of Formosan Fungi 9: 7, 1943; Tsai, List of Plant Diseases in Taiwan p. 435, 1991.

子座叶面生，稀少叶背生，散生或聚生，圆形、椭圆形、不定形，略突起，黑色，有光泽，直径 0.4~1 mm。黄豇豆上病斑 3~5 mm，中心灰白色，圆形子座周围褐色。山绿豆上子座周围具黄绿色晕环。子囊壳球形至扁球形，1~3 个，黑色，直径 245~293 μm。子囊孢子球形至广椭圆形，单胞，无色，7~8×6~8 μm(Sawada1943)。

子座叶面生，散生，逐渐突起，在叶背生的，无至不明显，不规则形，斑点直径 0.4~1 mm，黑色，不亮，其内子囊壳少。子囊圆柱形至棍棒状，40~50×10~14 μm，内含 8 个孢子。子囊孢子近球形至后期椭圆形，单胞无色，8~10×5~7 μm(Sydow and Sydow 1913b)。

山绿豆 *Phaseolus minimus* Roxb.(豆科 Leguminosae)台湾。

黄豇豆，长叶豇豆 *Vigna luteola* Benth. 台湾。

小叶山菜豆 *Vigna minium*(Roxb.) Ohwi & Ohashi 台湾。

世界分布：中国，印度，菲律宾。

柃黑痣菌

Phyllachora euryae(Racib.) Arx & E. Müll., Beitr. Kryptfl. Schweiz 11(1): 223, 1954; Li &

Hsieh, Trans. Mycol. Soc. Taiwan 6(1): 60, 1991; Wang *et al.*, List of the Fungi in Taiwan p.67, 1999.

Muyocopron euryae Racib., Bull. int. Acad. Sci. Lett. Cracovie, Cl. Sci. Math. Nat. Sér. B, Sci. Nat.: 377, 1909; Saccardo's Syll. Fung. XXII: 514, 1913.

病斑 0.5~1 mm。子囊柱棍棒状或纺锤形，8 个孢子，短柄，50~70×10~11 μm。子囊孢子双列，长圆形，无色，单胞，20~22×5~7 μm。(Arx and Müller 1954)。

尾尖叶柃 *Eurya acuminata* DC.(山茶科 Theaceae)台湾：阿里山(NCHUPP–2057)。

世界分布：中国，印度，印度尼西亚。

李黎珠和谢文瑞(1991)在中国真菌会刊 6(1)：60 页，以名录发表。为此仅作附录。

超群黑痣菌

Phyllachora eximia Syd. & P. Syd., Annls. Mycol. 2: 163, 1904; Saccardo's Syll. Fung. XVII: 838, 1905; Zhuang, Higher Fungi of Tropical China p.119, 2001.

子囊圆柱形，顶端圆形，短柄，8 个孢子，125~200×18~25 μm。子囊孢子斜单列或近双列，椭圆形至纺锤形，单胞，无色，黄色，25~28×8~12 μm。

青篱竹属 *Arundinaria* sp. 香港。

世界分布：中国；非洲。

庄文颖(2001)主编的《中国热带高等真菌》中引用香港真菌名录，为此仅作附录。

雀榕黑痣菌

Phyllachora fici-wightianae Sawada, Spec. Bull. Govt. For. Exp. Station Taihoku, Formosa 19: 191, 1917; Sawada, Descriptive Catalogue of Formosan Fungi 1: 291, 1919; Tsai, List of Plant Diseases in Taiwan p.181, 1991; Wang *et al.*, List of the Fungi in Taiwan p.87, 1999.

叶面病斑黄绿色，叶脉所限呈多角形，直径 3~5 mm。子座叶正面生，稀少叶背生，漆黑色，隆起，有光泽，不定形，2~15×410 μm。子囊壳埋生子座内，多数球形至扁球形，孔口极小，微突起，直径 340~360 μm。子囊圆柱形，顶端圆，无色，128~148×8~13 μm，8 个孢子。侧丝棍棒状，顶端渐细，钝头，无色，5 个隔膜，108~124×8~9 μm。子囊孢子单列，长椭圆形，单胞，无色，平滑，17~15×6~7 μm(Sawada 1919)。

雀榕 *Ficus wightiana* Wall. ex Benth.(桑科 Moraceae)台湾：台北(NUT–PPE)(HMAS 05373)。

世界分布：中国。

HMAS 05373 标本太少，无法观察，为此仅作附录。

飘拂草黑痣菌

Phyllachora fimbristylidis (Berk. & Broome) Sacc., Saccardo's Syll. Fung. IX: 1025, 1891; XII: 547, 1897; XX: 373, 1911.

Dothidea fimbristylidis Berk. & Broome, Transactions of the Linnean Society of London, Botany, Series 2 2: 222, 1886; Saccardo's Syll. Fung. IX: 1025, 1881; XV: 128, 1887.

Phyllachora fimbristylidis Sawada, Rep. Govt. Res. Inst. Dep. Agric., Formosa 86: 6, 1943; Tai, Sylloge Fungorum Sinicorum p. 272, 1979; Tsai, List of Plant Diseases in Taiwan p.183, 1991; Wang *et al*., List of the Fungi in Taiwan p.87, 1999.

子座生在茎的表面、叶面或苞叶上面，散生，近圆形、椭圆形至不规则形状，黑色，有光泽，0.4~1.4 mm。子囊壳表皮下生，暗褐色，圆形、椭圆形，直径 277~293 μm。子囊圆柱形，顶端钝圆，基部有短柄，无色，65~96×7~10 μm，内含 8 个孢子。子囊孢子长椭圆形，两端钝圆，无色，单胞，14~16×5 μm。侧丝无色，单生，125~130×2.5~3 μm（戴芳澜 1979）。

两歧飘拂草 *Fimbristylis dichotoma*（L.）Vah 台湾（NTU–PPE）。

世界分布：中国，澳大利亚。

山小橘黑痣菌

Phyllachora glycosmidis Petch, Ann. R. bot. Gdns. Peradeniya 6: 227, 1917; Saccardo's Syll. Fung. XXIV: 603, 1926; Li & Hsieh, Trans. Mycol. Soc. Taiwan 6（1）: 60, 1991.

子座圆形，直径 2 mm，许多子囊壳，其直径 0.3 mm，孔口不明显。子囊圆柱形，100×6 μm。子囊孢子长卵圆形，钝，无隔，无色，8~12×4~5 μm（Petch 1917）。

山小橘 *Glycosmis citrifolia*（Willd.）Lindl.（芸香科 Rutaceae）台湾：台中屯帽山（NCHUPP-2078）。

世界分布：中国，斯里兰卡。

李黎珠和谢文瑞（1991）在中国真菌会刊 6（1）：60 页，以名录发表；为此仅作附录。

金黄绒毛草黑痣菌

Phyllachora holci-fulvi Sawada, Rep.Govt. Inst. Dep. Agric. Formosa 87: 16, 1944; nom. inval.（sine descriptione latina）; Tai, Sylloge Fungorum Sinicorum p. 274, 1979; Tsai, List of Plant Diseases in Taiwan p. 406, 1991; Wang *et al*., List of the Fungi in Taiwan p. 87, 1999.

子座叶的两面生，散生或聚生，黑色，有光泽，圆形、椭圆形或不规则形状，长 0.5~3 μm。子囊壳黑色，分为 3~4 个腔。子囊圆柱形或纺锤形，顶端圆，基部有短柄，无色，70~100×12~20 μm，内含 8 个孢子。子囊孢子单行或近双行排列，椭圆形，两端圆，无色，单胞，有颗粒状内含物，12~20×6~8 μm。侧丝线形，无色，直径 2~2.5 μm。（戴芳澜 1979）。

金黄绒毛草 *Holcus fulvus* R. Br.（禾本科 Gramineae）台湾。

野黍茅 *Sorghum nitidum* var. *dichroanthum*（Steudel）Ohwi 台湾。

柳叶箬黑痣菌

Phyllachora isachnes Sawada, Spec. Publ., Coll. Agric. Nat. Taiwan Univ., 8: 50, 1959; Tsai, List of Plant Diseases in Taiwan p. 222, 1991; Wang *et al*., List of the Fungi in Taiwan p. 87. 1999, nom. inval.（sine descriptione latina）.

病斑叶面生，散生，或沿叶脉形成，圆形或椭圆形，黑色，稍膨大，有时有光泽，外围具宽的淡黄褐色晕环，0.2~0.5 mm。子囊腔近表皮生，黑色，1~2 个，壁厚 32 μm，高 140~235 μm，宽 165~330 μm。子囊长棍棒形，近急尖，含有 8 个孢子双列，73~78×5~6 μm。无侧丝；子囊孢子纺锤形，两端急尖，有时微弯，无色，单胞，14~17×3~4 μm(Sawada 1959)。

小柳叶箬 *Isachne debilis* Rendl.(禾本科 Gramineae)台湾：台北阳明山。

世界分布：中国。

日本黑痣菌

Phyllachora japonica Cooke & Massee, Grevillea 19(no. 89): 7, 1890; Saccardo's Syll. Fung. IX: 1017, 1891; XII: 548, 1897; Tai, Sylloge Fungorum Sinicorum p. 275, 1979.

黑痣破裂，矩圆形至愈合，直径 1~2 mm，灰色，凸起至扁平。子囊壳小，埋生，不突出。子囊圆柱形。子囊孢子单列，椭圆形，单胞，无色，7~8×4 μm(Cooke and Massee 1890)。

深红越橘 *Vaccinium japonicum* Miq.(杜鹃花科 Ericaceae)四川。

世界分布：中国，日本。

广东黑痣菌

Phyllachora kwantungensis Petr., Sydowia 9: 534, 1955; Tai, Sylloge Fungorum Sinicorum p. 275, 1979.

子座疏松、不规则散生，不形成病斑，单生，或常常两个至多个聚生，后期多少互相愈合，大多叶两面生，长 0.6~1.5 mm，较少长达 2 mm，宽 300~800 μm，互相愈合后会更大，近后期，黑色，稍为突起。子囊壳单行，较少不完整地双列排列，大多密集在一起，扁球形或广椭圆形，常不规则形状，长 200~400 μm，高 120~180 μm。上部的盾片大多宽 30~60 μm，暗黑褐色，拟薄壁组织，由圆形至多角形、直径 3~6 μm 的细胞组成。孔口扁平，完全埋在盾片内，不规则地圆形或椭圆形，宽约 30 μm。子囊很多，圆柱形，顶端广圆，向基部渐细而成一个短柄，75~85×10~13 μm；或略棍棒形，65~75×16~18 μm。子囊孢子单列或双列，球形或广椭圆形，无隔膜，无色，充满颗粒状内含物，10~12×9~10 μm，或直径 10 μm。假侧丝很多，纤丝状，壁薄，宽 1.5~2 μm，很快即消解和沾化(戴芳澜 1979)。

铺地黍 *Panicum repens* L.(禾本科 Gramineae)广东，14，VII，1919，leg. O. A. Reinking, Nr. 6882。

世界分布：中国。

无标本仅作附录；在寄生在禾本科上的 *Phyllachora* 属中具球形孢子的少数种里，与这个种最接近的是 *P. sphaerosperma* Wint. 但这个种与本种的区别主要在于其孢子直径超过 9 μm，子囊壳在盾状子座和叶肉之间，其盾状子座为拟薄壁组织或仅由稍致密的菌丝组成。

山黧豆黑痣菌

Phyllachora lathyri (Lév.) Theiss. & Syd., Annls. Mycol. 13(5/6): 501, 1915; Saccardo's

Syll. Fung. XXIV: 592, 1926; Tai, Selloge Fungorum Sinicorum p. 275, 1979.

Dothidea lathyri Lév., Voyage dans la Russie Meridionale et la Crimeé, par la Hongrie, la Valachie & la Moldavie 2: 106, 1842; Saccardo's Syll. Fung. Addit. vol. I-IV: 235, 1891; IX: 1030; XV: 129, 1901.

叶面生。子囊壳散生，半球形，稍隆起，充满白色物。子座典型的不规则埋生。子囊长圆形、圆柱形，具侧丝，70~80×8~10 μm。子囊孢子卵形，在内有 2 个核，12×8 μm，椭圆形至卵形，13~17×6~8 μm（Theissen and Sydow 1915）。

马河山黄芪 *Astragalus mahoschanicus* Hand.–Mazz.（豆科 Leguminosae）四川。

世界分布：中国；欧洲。

Petrak（1947）报道了河北、四川、山西等地采集的黑痣菌。其中有山黧豆黑痣菌 *P. lathyri*，无标本仅作附录。

月桂黑痣菌

Phyllachora laurinearum Racib., Parasit. Alg. Pilze Java's（Jakarta）3: 25, 1900; Saccardo's Syll. Fung. XVI: 620, 1902; Li & Hsieh, Trans. Mycol. Soc. Taiwan 6（1）: 60, 1991.

病斑 5~8 mm。子囊无侧丝，窄圆柱形，顶端圆锥形，8 个孢子，140×12 μm。子囊孢子卵形，光滑，无色，单列，两端圆形，16×8 μm（Raciborski 1900）。

木姜子 *Litsea acuminata*（Blume）Kurata（樟科 Lauraceae）台湾：台中（NCHUPP 2034）。

世界分布：中国，印度尼西亚。

李黎珠和谢文瑞（1991）在中国真菌会刊 6（1）：60 页，以名录发表。

扁圆黑痣菌

Phyllachora melanoplaca（Desm.）Sacc., Saccardo’s Syll.Fung. II: 607, 1883; XI: 548, 1895; XXII: 422, 1913; Tai, Sylloge Fungorum Sinicorum p.279, 1979.

叶两面生，病斑大，无限，黑色，不透明。子囊壳多，合生，小，初白色最后黑色；子囊多长 50 μm。子囊孢子卵圆形，无色，近橄榄绿色（Saccardo 1883）。

铃兰属 *Convallaria* sp.（百合科 Liliaceae）陕西。

世界分布：中国，意大利。

Baccarini（1905）发表 Giraldi 在秦岭所采的一部分真菌，其中报道了陕西铃兰属 *Convallaria* sp.（百合科）上的扁圆黑痣菌 *Phyllachora melanoplaca*（Desm.）Sacc.，无标本仅作附录。

极小黑痣菌

Phyllachora minutissima（Welw. & Curr.）A. L. Smith, J. Bot. London, London 36: 179, 1898; Saccardo’s Syll. Fung. XIV: 623, 1899.

Phyllachora bonariensis Speg., An. Soc. Cient. Argent. 9: 184, 1880; Saccardo’s Syll. Fung. II: 605, 1883; XII: 546, 1897; Tsai, List of Plant Diseases in Taiwan p. 294, 1991.

子座小，直径 220~300 μm，叶面近圆形生，少叶背生，黑色，有光泽，有时单生，有时群生，斑点初淡白色，以后深褐紫色。子囊腔（子囊壳）球形，小，直径 100~120 μm，

2~5 个单独分开，核白色，充满胶质物。子囊圆柱形至棒状形，向上圆形膜稍厚，向下短柄稍厚，65~70×12~18 μm，侧丝极长。子囊孢子长椭圆形不相等，1 个大油点，双列稀少单列，无色，15~20×7~9 μm。子座组织为膜质薄壁组织，黑橄榄绿色(Spegazzini 1880)。

竹叶草 *Oplismenus compositus*(L.) Beauv.(禾本科 Gramineae)台湾。

世界分布：中国，阿根廷。

桑生黑痣菌

Phyllachora moricola(P. Henn.) Sawada, Tai, Sylloge Fungorum Sinicorum p. 277, 1979.

鸡桑 *Morus australis* Poir. =*Morus acidosa* Griff.(桑科 Moraceae)台湾(HMAS 05381)。

Sawada 的新组合，标本极少，无法观察。同时未查到 P. Hennings 描述的原学名。

箣柊黑痣菌

Phyllachora scolopiae T. S. Ramakr. & Sundaram, Indian Phytopath. 6: 29, 1953.

Phyllachora scolopiae Sawada, Rep. Govt. Res. Inst. Dep. Agric., Formosa 86: 8, 1943; Sawad, Descriptive Catalogue of Formosan Fungi 9: 8, 1943; Tai, Sylloge Fungorum Sinicorum p. 279, 1979; Tsai, List of Plant Diseases in Taiwan p. 95, 390, 1991.

病斑侵害叶、叶柄及茎，在叶面上起初赤褐色到褐色，圆形，散生，直径 0.2~1 mm，在叶背上赤褐色，起初少，后来中央枯死部分有褐色边缘，中央黄白色，外部周围的赤褐色逐渐消失，0.5~2 mm，逐渐变橘色、暗灰色、黑色，有光泽，此时病斑变多角形或长形，一般 5~15 mm，侵害叶脉时长形，长 25 mm，在叶背上稍膨大，在叶面上凹陷，有光泽，在叶柄上稍膨大，在茎上 7~17 mm，稍膨大，有光泽。子座黑色，有光泽，表面上有小凹凸。子囊壳 1~2 层，外面黑色或暗褐色，扁球形或球形，有一个孔口，210~325×195~260 μm。子囊无色，纺锤形，向两端渐狭，末端圆，68~91×13~15 μm，内含 8 个孢子。子囊孢子单行或近双行排列，椭圆形，较少长椭圆形，单胞，平滑，无色，14~20×7~10 μm。侧丝少，线形(戴芳澜 1979)。

台湾箣柊 *Scolopia oldhamii* Hance(大风子科 Flacourtiaceae)台湾：台北。

世界分布：中国，印度。

四孢黑痣菌

Phyllachora tetraspora Chard., J. Dept. Agric. Porto Rico 16: 178, 1932.

Phyllachora tetrasperma Sawada, Bull. Govt. Forest. Exp. Stn. Meguro 53: 161, 1952; Wang *et al*., List of the Fungi in Taiwan p. 88, 1999.

子囊圆柱形，基本短柄，顶端圆形，81~100×12~15 μm，4 个孢子。子囊孢子单列，椭圆形至长圆形，部分圆形，27~37×10~13 μm(Chardón 1932)。

赤竹属 *Sasa* sp.(禾本科 Gramineae)台湾。

世界分布：中国，日本。

巫微黑痣菌

Phyllachora urvilleana Speg., Anal. Mus. Nac. B. Aires, Ser. 3 19(3): 584, 1909;

Saccardo's Syll. Fung. XXII: 424, 1913; Sawada, Descritive Catalogue of Formisan Fungi 11: 56, 1959; Tsai, List of Plant Diseases in Taiwan p.222, 1991.

子座叶背生,暗棕色多数近线形愈合。子囊壳直径120~150 μm,孔口晚期直径20 μm。子囊倒棍棒形，基部逐渐稍厚，60~70×7~8 μm，含8个孢子，侧丝稀少。子囊孢子近纺锤形，两端尖锐，18~20×4 μm，斜双列，小油点，无色(Spegazzini 1909)。

小柳叶箬 *Isachne debilis* Rendl.(禾本科 Gramineae)台湾。

世界分布：中国，阿根廷，美国，澳大利亚。

冠果忍冬黑痣菌

Phyllachora xylostei (Fr.) Fuckel, Jb. Nassau. Ver. Naturk. 23-24: 219, 1870; Saccardo's Syll. Fung. II: 612, 1883; XII: 550, 1897; Tai, Sylloge Fungorum Sinicorum p. 280, 1979.

叶背生，纤细，不透明，黑色，斑点的细胞角状至不整齐愈合，4.2~8.4 mm，叶脉生的为圆形(Fuckel 1870)。

冠果忍冬 *Lonicera stephanocarpa* Franch.(忍冬科 Caprifoliaceae)陕西。

世界分布：中国，德国。

Baccarini(1905)发表Giraldi在秦岭所采的一部分真菌，其中报道了寄生于陕西冠果忍冬 *Lonicera stephanocarpa* Franch上的冠果忍冬黑痣菌 *P. xylostei*(Fr.)Fuckel，无标本仅作附录。

参 考 文 献

蔡云鹏(Tsai YP). 1991. 台湾植物病害名录. 台湾: 中华植物保护学会, 中华植物保护学会刊印: 1-604

戴芳澜(Dai FL). 1979. 中国真菌总汇. 北京: 科学出版社: 1-1526

邓叔群(Deng SQ). 1963. 中国的真菌. 北京: 科学出版社: 1-808

葛起新(Ge QX). 1942. 贵州湄潭附近竹类病害之调查及鉴定. 病虫知识, 1(4): 86-92; 2(1): 15-19

宫飞燕(Gong FY). 2008. 我国黑痣菌属(*Phyllachora*)物种多样性研究. 昆明: 云南农业大学硕士学位论文, 1-74

宫飞燕, 张陶, 曾显雄, 罗赫荣, 刘云龙, 张中义, 赵雁(Gong FY, Zhang T, Tzean SS, Luo HR, Liu YL, Zhang ZY, Zhao Y). 2008. 我国黑痣菌属物种多样性研究 I. 云南大学学报, 30(S1): 1-4

广西僮族自治区农业厅, 广西僮族自治区农业科学院, 广西农学院. 1964. 广西农作物病虫害名录. 南宁: 广西僮族自治区人民出版社: 1-330

郭英, 张陶, 李晓玲, 曾显雄, 康振生, 张中义, 兰建强(Guo Y, Zhang T, Li XL, Zeng XX, Kang ZS, Zhang ZY, Lan JQ). 2010. 中国黑痣属 *Phyllachora* 分类研究 VII. 西南大学学报, 32(增刊): 107-108

侯宽昭(Hou KS). 1982. 中国种子植物科属词典. 北京: 科学出版社: 1-527

华中农学院植物病理教研室. 1981. 湖北省植物病害名录. 华中农学院学报, 增刊(2): 1-48

黄天章, 郭文颖, 黄奕冲(Huang TZ, Guo WY, Huang YC). 1992. 黑痣菌属的研究. 福建林学院学报, 12(4): 371-375

康振生, 黄丽丽, 李金玉(Kang ZS, Huang LL, Li JY). 1995. 植物病原真菌超微形态. 北京: 科学技术出版社: 1-95

李娇娇, 张陶, 李晓玲, 康振生, 张中义, 郭英, 兰建强(Li JJ, Zhang T, Li XL, Kang ZS, Zhang ZY, Guo Y, Lan JQ). 2010. 中国黑痣菌属 *Phyllachora* 分类研究 III. 西南大学学报, 32(增刊): 87-89

李晓玲(Li XL). 2006. 中国黑痣菌属(*Phyllachora* Nitschke ex Fuckel)部分种的分类研究. 昆明: 云南农业大学硕士论文, 1-93

李晓玲, 范静华, 张中义, 曾显雄, 张陶, 何永宏(Li XL, Fan JH, Zhang ZY, Tzean SS, Zhang T, He YH). 2005. 黑痣菌属 *Phyllachora* Nitschke ex Fuckel 分类研究进展. 中国食用菌, 24(增刊): 113-117

李晓玲, 宫飞燕, 刘栓成, 范静华, 张陶, 张中义(Li XL, Gong FY, Liu SC, Fan JH, Zhang T, Zhang ZY). 2006. 中国黑痣菌属 *Phyllachora* 分类研究 XI. 中国食用菌(增刊), 第 25 卷: 156-158

李晓玲, 曾显雄, 张陶, 罗赫荣, 崔瑛, 范静华, 张中义, 赵雁(Li XL, Tzean SS, Zhang T, Luo HR, Cui Y, Fan JH, Zhang ZY, Zhao Y). 2008. 中国黑痣菌 *Phyllachora* 研究进展 II. 云南大学学报, 30(S1): 5-8

李宜霞, 曾显雄(Li YX, Tzean SS). 2002. 台湾森林常见病害彩色图鉴(二). 台北: 经济工业局编印: 91

林亮东, 黎毓干(Lin LD, Li YG). 1949. 滇湘桂粤之农作物病害. 农声, 232: 20-43

凌立(Ling L). 1948. Aecial hosts of Puccinia graminis in China. *Phytopathology*, 35: 417-420

凌立(Ling L). 1948. Host index of the parasitic fungi of Szechwan, China. *Pl. Disease Rep.* (*U. S. Dept. Agri.*), *Suppl.* 173: 1-38

刘波(Liu B). 1965. 华北华东及东北、中南部分地区真菌记录(1949-1965). 1-35(未发表)

刘经芬, 方中达(Liu JF, Fang ZD). 1956. 南京牧草试栽中病害的观察. 南京农学院学报, 1: 9-15

刘娜(Liu N). 2007. 中国黑痣菌属(*Phyllachora*)的分类研究. 北京: 中国科学院微生物研究所博士论文, 1-145

鲁海菊(Lu HJ). 2009. 中国黑痣菌属 *Phyllachora* 物种多多样性研究——中国真菌志 •黑痣菌属部分编研. 昆明: 云南农业大学博士学位论文, 1-196

鲁海菊, 陈海如, 张中义(Lu HJ, Chen HR, Zhang ZY). 2008. 黑痣菌属研究进展. 中国食用菌, (增刊)第 27 卷: 87-89

罗赫荣(Luo HR). 1984. 中国黑痣菌属禾草生种和种的划分标准研究. 杨凌: 西北农学院硕士论文, 1-112

罗琼, 马艳, 和春英, 张陶(Luo Q, Ma Y, He CY, Zhang T). 2010. 我国黑痣菌属(Phyllachora)4 个新记录种. 西南大学学报, 32(增刊): 6-8

戚佩坤(Qi PK). 1994. 广东省栽培药用植物病害志. 广州: 广东科技出版社: 1-275

戚佩坤，白金铠，朱桂香(Qi PK, Bai JK, Zhu GX). 1966. 吉林省栽培植物真菌病害志. 北京：科学出版社: 1-479
秦芸，李晓玲，张宏，何永宏，张中义(Qin Y, Li XL, Zhang H, He YH, Zhang ZY). 2005. 中国黑痣菌属 *Phyllachora* 分类研究 VI. 中国食用菌(增刊): 24, 91-93
秦芸，鲁海菊，崔瑛，黄云，李晓玲，陈海如，范静华，张中义(Qin Y, Lu HJ, Cui Y, Huang Y, Li XL, Chen HR, Fan JH, Zhang ZY). 2008. 西藏和四川禾草黑痣菌研究初报. 中国食用菌，第 27 卷 增刊: 42-43
裘维蕃(Qiu WF). 1941. 福建经济植物病害志(一), (二), (三). 新农季刊, 1: 70-75, 161-166, 209-229
任玮(Ren W). 1993. 云南森林病害. 昆明：云南科学技术出版社: 1-600
邵力平，沈瑞祥，张素轩，等(Shao LP, Shen RX, Zhang SX, *et al*). 1984. 真菌分类学. 北京：中国林业出版社: 99-100
孙树权，贺运春，王建明(Sun SQ, He YC, Wang JM). 1991. 山西经济植物真菌病害志. 太原：山西科学教育出版社: 1-203
王鸣歧(Wang MQ). 1950. 河南植物病害名录. 华北农业科学研究所研究专刊，第 2 号: 1-23
王启虞(Wang QY). 1935. 民国纪年后浙江省植物病虫害发生之记载. 浙江省昆虫局年刊，第 4 号: 204-225
王清和(Wang QH). 1940-1947. 福建栽培植物病害名录(未发表)
王瑞灿，孙企农，张能唐(Wang RC, Sun QN, Zhang NT).1988.中国园林植物病害名录.上海：上海园林科研所, 1-332
王也珍，吴声华，周文能，等(Wang YZ, Wu SH, Zhou WN, *et al*). 1999. 台湾真菌名录. 台湾：行政院农业委员会林业试验所印: 1-498
王兆泰(Wang ZT). 1934. 民国二十三年四月杭州重要植物发病记载. 昆虫与植病, 2: 531-536
魏景超(Wei JC). 1979. 真菌鉴定手册. 上海：科学技术出版社: 1-780
魏景超，黄淑伟(Wei JC, Huang SW). 1941. A check-list of fungi deposited in the mycological herbarium of the university of Nanking I. (1924-1937). *Nanking J.*, 9: 329-372
谢焕儒，曾显雄，付春旭，等(Xie HR, Tzeng XX, Fu CX, *et al*). 2002. 台湾森林常见病害彩色图鉴(二). 台北：农业委员会: 1-137
许志刚(Xu ZG). 2007. 拉汉–汉拉植物病原生物名称. 北京：中国农业出版社: 1-829
张翰文，吴治身，贾中和，赵震宇，陈耀，贾菊生，余俊杰(Zhang HW, Wu ZS, Jia ZH, Zhao ZY, Chen Y, Jia JS, Yu JJ). 1960. 新疆经济植物病害名录. 八一农学院科研办公室, 1-40
张能唐，张健如(Zhang NT, Zhang JR). 1988. 中国园林植物病害名录. 上海市园林科研所, 1-322
张天宇(Zhang TY). 2003. 中国真菌志链格孢属. 北京：科学出版社: 1-283
张中义(Zhang ZY). 1992. 观赏植物真菌病害. 成都：四川科技出版社: 1-498
张中义，范静华，李晓玲，曾显雄，秦芸，张陶(Zhang ZY, Fan JH, Li XL, Tzean SS, Qin Y, Zhang T). 2005b. 中国黑痣菌属 *Phyllachora* 分类研究 V. 中国食用菌, 24(增刊): 52-54
张中义，范静华，李晓玲，曾显雄，张宏(Zhang ZY, Fan JH, Li XL, Tzean SS, Zhang H). 2005a. 中国黑痣菌属 *Phyllachora* 分类研究. 西北农林科技大学学报, 33(增刊): 129-131
张中义，范静华，郑静，李晓玲(Zhang ZY, Fan JH, Zheng J, Li XL). 2004. 中国黑痣菌属 *Phyllachora* 的分类研究 I. 中国植物病理学会 2004 年学术年会论文集. 北京：中国农业科学技术出版社: 45-49
张中义，李晓玲，张宏，范静华，何永宏，曾显雄，张陶(Zhang ZY, Li XL, Zhang H, Fan JH, He YH, Zhang T). 2006. 中国黑痣菌属 *Phyllachora* 分类研究 X. 中国食用菌，第 25 卷增刊: 152-155
赵雁，宫飞燕，何永宏，刘云龙，张中义(Zho Y, Gong FY, He YH, Liu YL, Zhang ZY). 2008. 中国黑痣菌属(*Phyllachora*)分类研究 XII. 中国食用菌，第 27 卷增刊: 52-54
中国科学院植物研究所. 1996. 新编拉汉英植物名称. 北京：航空工业出版社: 1-1166
周宗璜(Zhou ZH). 1935. Notes on some fungi from Kweichow. *Bull. Fan. Mem. Inst. Biol.* (*Bot.*), 7: 91-94
朱凤美(Zhu FM). 1927. 中国植物病菌所见. 中国农学会报, 54: 23-43
朱家柟，等(Zhu JZ, *et al.*). 2001. 拉汉英种子植物名称. 2 版. 北京：科学出版社: 1-1393
朱健人(Zhu JR). 1941. 西康植病所见. 中华自然科学社西康科学考察团报告书，五. 农林组报告, 93-115
邹钟琳(Zou ZL). 1922. 南京植物病菌名录. 科学, 7: 184-195
Ainsworth G C. 1968. An International Mycological Congress. *Bulletin of the British Mycological Society*, 2: 7-8
Anahosur K H. 1969. Studies in Indian Phyllachoraceae XI. *Sydowia*, 22 (1-4): 166-169

Ananthanarayanan S. 1964a. Studies in India Phyllachoraceae III. *Sydowia*, 17: 126-131

Ananthanarayanan S. 1964b. Studies in India Phyllachoraceae VI. *Mycopathologia*, 23: 346-357

Arx J A von, Müller E. 1954. Die Gattungen der amerosporen Pyrenomyceten. *Beitr. Zur Kryptog. Schw*., 11: 1-434

Arx J A von. 1987. Plant Pathogenic Fungi. *Cramer, Berlin*: *Stuttgart*: 1-288

Awati J B, Kulkarni U K. 1972. A new species of *Phyllachora* Nke. India. *Curr. Sci*., 41: 31-32

Baccarini P. 1905. Funghi dello Schensi septentrionale raccolti dal Padre Giuseppe Giraldi. App. al. Nuovo Giom. *Bot. Ital*., 22 (Nuova Serie) : 689-698

Barr M E. 1983. The ascomycete connection. *Mycologia*, 75: 1-13

Bentes J L S, Barreto R W, Cannon P F. 2003. *Phyllachora xanthii*: redescription and designation of a new type. *Fung. Div*., 12: 1-5

Berbee M L, Taylor J W. 1992. Detecting morphological convergence in true fungi using 18S rRNA gene sequence data. *Biosystems*, 28: 117-125

Cannon P F, Evans H C. 1999. Biotrophic species of Phyllachoraceae associated with the angiosperm family Erythoxylaceae. *Mycol. Res*., 103 (5) : 577-590

Cannon P F. 1988. Proposal to merge the *Phyllachorales* with the *Diaporthales* with a revised family structure. *Syst. Asc*., 7: 23-43

Cannon P F. 1991. A revision of *Phyllachora* and some similar genera on the host family Leguminosae. *Mycological Papers*, 163: 1-302

Cannon P F. 1996. Systematics and diversity of the Phyllachoraceae associated with Rosaceae, with a monograph of *Polystigma. Mycol. Res*., 100 (12) : 1409-1427

Cannon P F. 1997. Diversity of Phyllachoraceae with special reference to the tropics. *In*: Hyde K D. Biodiversity of Tropical Microfungi. *Hong Kong*: *Hong Kong University Press*: 255-278

Chardón C E, Miller J H, Müller A S. 1940. Ascomycetes from the state of Minas Geraes. Brazil. *Mycologia*, 32: 172-204

Chardón C E, Toro R A. 1934. Mycological explorations of venezuela. *Mon. Univ. Puerto Rico, Series*, B: 1-351

Chardón C E. 1921. A Contribution to our knowledge of the Pyrenonycetes of Porto Rico. *Mycologia*, 13: 279-300

Chardón C E. 1932. New or interesting tropical American Dothideales-III. *J. Dept. Agric. Porto Rico*, 16: 167-192

Chardón C E. 1939. Adiciones a la flora micologica de Venezuela. *Bol. Soc. Ven. Cienc*., 5: 325-368

Chardón C E. 1946. Fungi Domingenses novi vel Minua Cogniti. I. *Farlowia*, 2 (4) : 455-473

Chardón C E. 1932. New or interesting tropical Dothideales–III. Journal of the Department of Agriculture of Porto Rico, 16: 167-192

Chen C Y, Hsieh W H. 1996. Two new species and some new records of ascomycetes from Taiwan. *Bot. Bull. Acad. Sin*., 37: 219-227

Cooke M C. 1885. Synopsis Pyrenomycetum. *Grevillea*, 13 (no. 67) : 61 -72

Cooke M C. 1890. Some Asiatic fungi. *Grevillea*,19(89): 7-7

Crouan P L, Crouan H M.1867. Florule de Finistère, Contenant des Descriptions de 360 Espèces Nouvelles de Sporogames, des Nombreuses Observations. Paris & Brest, 1-262

Cui Y, Gong F Y, Liu Y L, Zhang Z Y. 2008. Notes on some Chinese species of *Phyllachora. Edible Fungi of China*, 27 (suppl.) : 74-76

Doidge E M. 1942. Revised description of South African species of *Phyllachora* and related. *Bothalia*, 4: 421-463

Durrell L W, Shield L M. 1960. Fungi isolated IN culture from soils of the Nevada site. *Mycologia*, 52: 636-641

Farr M L. 1968. The nomenclatural status and synonomy of *Phyllachora* bambusina, Lateropeltis bambusarum, and their conidial states.*Mycologia*,60(4): 924-931

Fischer G W, Shaw C G. 1953. A proposed species concept in the smut fungi, with application to North American species. *Phytopathology*, 43: 181-188

Fuckel von L. 1870. Symbolae mycologicae. Beitrage zur kenntniss Der Rheinischen Pilze. *Jb. Nassau. Ver. Naturk*., 23-24: 1-459

Gabel A C, Gabel M L, Cabral. 1999. New records of *Phyllachora* on Poaceae from Argentina. *Mycotaxon*, LXX: 477-488

González F R. 1914. Trabajos del Museos Nacional de Ciencias Naturales, *Seria Botanica*, 7: 23-35

Hansford C G. 1958. Tropical Fungi VIII. *Sydowia*, 11: 67-68

Hara K, Patouillard N T. 1911. Bulletin du Muséum National d'Histoire naturelle. *Paris*: 17: 62-68

Hara K. 1913. The hypocrealean fungi (Ascomycetes, Hypocreales). *Jstor. Bot. Mag. Tokyo*, 27 (317): 248

Hariot P A, Patouillard N T.1911. Collections recueillies par M.A. Chevalier au Congo français. Les champignons de la région Chari-Tschad. *Bulletin du Muséum d'Histoire Naturelle Paris*,17(5): 364-370

Hawksworth D L, David J C. 1989. Family names index of fungi supplement. *Kew*: *UK CAB International Mycological Institute*, 75: 1-13

Hawksworth D L, Kirk P M, Sutton B C, Pegler D N. 1995. Ainsworth & Bisby's Dictionary of the Fungi 8th ed. *UK*: *International Mycological Institute*: 1-616

Hawksworth D L, Sutton B C, Ainsworth G C. 1983. Ainsworth & Bisby's Dictionary of the Fungi 7th ed. *Kew*, *Surrey*: *Commonwealth Mycological Institute*: 1-445

Hennings P. 1894. Fungi novo-guineenses II. *Botanische Jahrbücher für Systematik Pflanzengeschichte und Pflanzengeographie*, 18 (Beibl. 44): 22-40

Hennings P. 1895. Fungi goyazenses. *Hedwigia*, 34: 108-110

Hennings P. 1895. Neue und interessante Pilze. Aus dem Koenigl. Botanischen Museum in Berlin. III. *Sydowia*, 34: 10-12

Hennings P. 1897. Die Mikrogonidien und die von Darbishire in Hyphenzellen gefundenen grünen Körperchen Eine Entgegnung. *Hedwigia*, 36: 224-225

Hennings P. 1900. Fungi monsunense.*Monsunia*,1: 1-38

Hennings P. 1902. Funge neuc Pilz aus Costaria und Paraguay. *Hedwigia*, 41: 103-149

Hennings P. 1902. Fungi javanici VI. *Hedwigia*, 41: 140-143

Hennings P. 1902. Fungi S. Paulenses I. *Hedwigia*, 41: 104-111

Hennings P. 1904. Einige neue Pilze cues Janan. *Hedwigia*, 43: 140-146

Hennings P. 1907. Fungi. Annales du Musée du Congo, Serie 52: 85-106

Hennings P. 1908. Fungi parsenses III. *Hedwigia*, 48: 101-106

Hennings P. 1908. Fungi S. Paulenses IV. *Hedwigia*, 47: 255-270

Hennings. 1899. *Phyllachora cudraniae* Henn.,Warburg, Monsunia 1: 26.

Hino I, Katumoto K. 1955. Illustrationes fungorum bambusicolorum.III. Bulletin: *Bulletin of the Faculty of Agriculture Yamaguchi University*: 6: 29-68

Hosagoudar V B, Manian S, Pandurangan A G. 1993. New and hitherto unrecorded *Phyllachora* species from southern India. *J. Econ. Tax. Bot.*, 17: 441-444

Hosagoudar V B. 1989. The genus *Phyllachora* Nke. in Fckl. in Kerala State. *J. Econ. Tax. Bot.*, 13: 121-124

Hyde K D, Pearce C A. 1993. *Phyllachora barringtoniicola* comb. nov. and *Phyllachora naqsii* sp. nov. causing leaf spots on *Barringtonia* spp. *Mycol. Res.*, 97 (11): 1324-1327

Kalchbrenner K, Thümen F. 1881. Fungorum in itinere Mongolico a cl. G. N. Potanin et in China boreali a cl. Bretschneider lectorum enumeratio et descriptio. *Bull. Acad. Imper. Sci. St. Petersburg*, 27: 135-142

Kamat M N, Seshadri V S, Pande A A. 1978. A monographic study on Indian species of *Phyllachora*. *Univ. Agri. Sci. Hebbal, Bangalore.*, 1-100

Kar A K, Gupta S K. 1980. Records of *Phyllachora* species from west Bengal. *Indian Phytopath.*, 33 (2): 262-264

Karsten P, Hara K. 1890. *Revuemycol.*, *Toulouse*, 12: 172

Keissler K, Lohwag H. 1937. Fungi in Handel-Mazzetti Symobolae. *Sinicae*, 2: 1-83

Kirk P M, Cannon P F, David J C, Stalper J A. 2001. Ainsworth & Bisby's Dictionary of the Fungi 9th ed. *Prepared CABI Bioscince*: 1-655

Kirk P M, Cannon P F, Minter D W, Stalpers J A. 2008. Ainsworth & Bisby's Dictionary of the Fungi 10th ed. *UK*: *Prepared CABI Europe*: 1-771

Li T L, Hsieh W H. 1991. Two new species and some new records of ascomycetes from Taiwan. *Trans. Mycol. Soc. Roc.*, 6 (1):

57-71

Li X L, Lu H J, Zeng X X, Zhang T, Chen H R, Zhang Z Y. 2007. Notes on species of the genus *Phyllachora* from China. *In*: Li Y, Sun D Y. Proceedings of the Eighth China-Korea Joint Symposium for Mycology. *Yangling*: *The Mycological Society of China*(*MSC*): 26-29

Liu N, Gou L. 2006. Three new Chinese records of *Phyllachora*(Phyllachorales). *Mycotaxon*, 97: 321-326

Liu N, Gou L. 2007. *Phyllachora tengchongensis* sp. nov. and a new record of *Phyllachora*(Phyllachorales) from China. *Mycotaxon*, 100: 251-254

Liu N, Guo L. 2006. A new species of *Phyllachora*(Phyllachorales) on Leguminosae from China. *Mycotaxon*, 97: 111-114

López-Rosa J H, Sherwood R T. 1966. Symptoms and host-parasite relations in the tar spot disease of *Lespedeza* caused by *Phyllachora lespedezae*. *Phytopathology*, 56: 1136-1142

Lu H J, Zhang T, Sun G Y, Chen H R, Zhang Z Y. 2009. Taxonomy of *Phyllachora* in China IX. Three new records on Gramineae. *Mycosystema*, 28(1): 138-140

Lu H J, Zhang T, Zhang R, Chen H R, Zhang Z Y. 2009. A new species of *Phyllachora* on Cyperaceae. *Mycotaxon*, 107: 263-265

Marasas W F O. 1966. Hawaiian Forest Fungi VI. A New species of Brasiliomyces on Sapindus oahuensis. *Bothalia*, 9: 201-295

Miura M(三浦道哉). 1930. 满蒙植物志. 第 3 辑. 隐花植物. 菌类. 南满铁道株式会社: 1-549

Miyake I. 1912. Studies in Chinese fungi. *Bot. Mag. Tokyo*, 26: 51-66

Müller V E. 1962. Über einige Ascomyceten aur Sudfrankreich. *Sydowia*, 15: 84-85

Niessl G V. 1876. Phyllachoraceae on Rosaceae. *Verhandl. naturforsch Vereines Brünn.*, 14: 219

Niessl G V. 1881. Einige neue Pyrenomyceten. *Hedwigia*, 20: 97-100

Nitschke ex Fuckel. 1867. Fungi rhenani 6:no.2056 (Fuckel von L., 1870)

Orton C R. 1918. Graminicolous species of *Phyllachora* in North America. *Journal Department Agricultural Porto Rico*, 2: 117-153

Orton C R. 1944a. Graminicolous species of Phyllachora in North America. *Mycologia*, 36: 18-53

Orton C R. 1944b. Studies on *Phyllachora* Species. *Mycologia*, 36: 26-39

Orton C R. 1944c. A new species of *Phyllachora*. *Mycologia*, 38: 18-53

Parbery D G, Langdon R N. 1964. Studies on Graminicolous species of *Phyllachora* Fckl. IV. Evaluation of the Critera of species. *Aust. J. Bot.*, 12: 265-281

Parbery D G. 1963a. Studies on Graminicolous species of *Phyllachora* Fckl. I. Ascospores-Their liberation and germination. *Aust. J. Bot.*, 11: 117-130

Parbery D G. 1963b. Studies on Graminicolous species of *Phyllachora* Fckl. II. Invasion of the host and development of the fungus. *Aust. J. Bot.*, 11: 131-140

Parbery D G. 1967. Studies on Graminicolous species of *Phyllachora* Nke. In Fuck. V. a taxonomic monograph. *Aust. J. Bot.*, 15: 271-375

Parbery D G. 1971. Studies on Graminicolous species of *Phyllachora* Nke. In Fuck. VI. Additions and corrections to Part V. *Aust. J. Bot.*, 19: 207-235

Parbery D G. 1973. Studies on Graminicolous species of *Phyllachora* Nke. (part V). *Aust. J. Bot.*, 15: 271-375

Parbery D G. 1996. Trophism and the ecology of fungi associated with plants. *Biological Reviews of the Cambridge Philosophical Society*, 71(3): 473-527

Parlevliet L E. 1986. Coevolution of host resistance and pathogen virulence: possible implications for taxonomy. *In:* Stone A R, Hawsworth D L (eds.). Coevolution and Systematiss. *Systematics association Special Volume no.*, 32: 19-34

Patouillard N. 1887. Contributions a I, elude des chamiguons extra-europeens, *Bull. Soc. Mycol. Fr.*, 3: 119-126

Patouillard N. 1914. Specific descriptor: megastroma. *Bull. Soc. Mycol Fr.*, 30: 345-349

Pearce C A, Hyde K D, Shivas R G. 1995. Phyllachora from Australia. *Phyllachora sageretiae* sp. nov. from *Sageretia hamosa*. *Mycol. Res.*, 97(12): 1437-1440

Pearce C A, Hyde K D. 1993. The genus *Phyllachora* from Australia: *P. queenslandica* and notes on *P. apiculata*. *Mycol. Res.*, 97(11): 1328-1332

Pearce C A, Hyde K D. 1994a. The genus *Phyllachora* from Australia: Observations of *Phyllachora* specis from Callistemon. *Mycol. Res.*, 98: 1393-1401

Pearce C A, Hyde K D. 1994b. The genus *Phyllachora* from Australia: two new taxa, *P. velatispora* var. *velatispora* and *P. velatispora* var. *hillianae*, on *Grevillea*. and notes on *P. grevilleae*. *Mycol. Res.*, 98 (12) : 1402-1408

Pearce C A, Hyde K D. 1995a. *Phyllachora* from Australia: Observation on *P. pesudostromatic*, *P. melaleuca* and a new species, *P. shivasii* from the host *Melaleuca*. *Mycological Reseach*, 99: 1253-1260

Pearce C A, Hyde K D. 1995b. *Phyllachora* from Australia: Observation on *P. grevillea* and two new species: *P. victoriensis* and *P. hakeicola* from Hakea. *Mycological Research*, 98: 1261-1267

Pearce C A, Hyde K D. 1996. Proposal to reject the name *Dothidea grevilleae* Lév. in order to maintain *Phyllachora hakea* Henn. (Fungi) . *Taxon*, 45: 127-129

Pearce C A, Hyde K D. 2006. Phyllachoraceae of Australia. *Fung. Div. Res. Series*, 18: 1-308

Pearce C A, Reddell P, Hyde K D. 1999. A revision of *Phyllachora* (Ascomycotina) on hosts in the angiosperm family Asclepiadaceae, including *P. gloriana* sp. nov. on *Tylophora benthamii* from Australia. *Fungal Diversity*, 3: 123-139

Pearce C A, Reddell P, Hyde K D. 2001. Revision of the Phyllachoraceae (Ascomycota) on hosts in the angiosperm family, Proteaceae. *Australian Systematic Botany*, 14: 283-328

Petch T. 1917. Additions to Ceylon fungi. Annals of the Royal Botanic Gardens Peradeniya,6(3): 195-256

Petrak F. 1923. Mykologische Notizen V. no. 301. über der Pseudosphaeriaceen *V*. H. undihre Bedeutung für die Systematik der Pyrenomyzeton. *Annls. Mycol.*, 21: 30-69

Petrak F. 1924. Mykologische Notizen no. 326. über *Dothidea haydeii* B. & C. *Annls. Mycol.*, 22: 43-50

Petrak F. 1929. Mykologische Notizen. *Annls. Mycol.*, 27: 324-412

Petrak F. 1947. Beiträge zur Pilzflora von Australien und Polynesien. *Sydowia*, 1: 264-276

Petrak F. 1947. Kleine Beiträge zur Pilzflora von Tirol. *Sydowia*, 1: 313-327

Petrak F. 1947. Plantae sinensis A Dre. H. Smith Annis 1921-1922, 1924 et 1934 lectae XLIV micromycetes. *Meddel. Goteb. Bot. Tradg.*, 17: 113-164

Petrak F. 1947. Sudamerikanische Mikromyzeten. *Sydowia*, 1: 289-308

Petrak F. 1955. Beiträge zur Pilzflora von Sud-und Ostasien. *Sydowia*, 9: 530-538

Petrak F. 1955. Fungi beltsvillensis. *Sydowia*, 9: 552-554

Raciborski M.1900. Parasitische Algen und Pilze Java's. *Botanisches Institut, Buitenzorg*,3:1-49

Ramakrishnan T S, Sundaram N V. 1954. Additions to fungi of Madras-XVI. *Proc. Indian Aca. Sci., sect. b*, 40: 17-23

Rehm H. 1900. Beitrage zur Pilzflora von Sudamerika. VIII. Discomucetes (Nachtrag) . *Hedwigia*, 39: 209-234

Rehm H. 1914. Ascomycetes philippinenses–V. *Leaflets of Philippine of Botany*, 6: 2191-2237

Reinking O A. 1919. Diseases of economic plants in Southern China. *Philip. Agriculturist*, 8: 105-135

Saccardo P A. 1876. Conspectus generum pyrenomycetum. *Nuovo Gionle Botanico Italiano*, 8: 11-15

Saccardo P A. 1878. Fungi Veneti novi vel critici vel mycologiae Venetae addendi. Series IX. *Michelia*,1(4): 361-445

Saccardo P A. 1882. Sylloge Fungorum. omnium Hucusque cognitorum (Vol. 1) . *Pavis Italy: Patavii*: 1-768

Saccardo P A. 1883. Sylloge Fungorum. omnium Hucusque cognitorum Vol. 2. *Pavis Italy: Patavii*: 1-959

Saccardo P A. 1885. Sylloge Fungorum. Addit. omnium Hucusque cognitorum Vol. I-IV *Pavis Italy: Patavii*: 1-299

Saccardo P A. 1891. Sylloge Fungorum. omnium Hucusque cognitorum Vol. 9. *Pavis Italy: Patavii*: 1-1141

Saccardo P A. 1895. Sylloge Fungorum. omnium Hucusque cognitorum Vol. 11. *Pavis Italy: Patavii*: 1-753

Saccardo P A. 1899. Sylloge Fungorum. omnium Hucusque cognitorum Vol. 14. *Pavis Italy: Patavii*: 1-1316

Saccardo P A. 1905. Sylloge Fungorum. omnium Hucusque cognitorum Vol. 17. *Pavis Italy: Patavii*: 1-991

Saccardo P A. 1913. Sylloge Fungorum. omnium Hucusque cognitorum Vol. 22. *Pavis Italy: Patavii*: 1-612

Saccardo P A. 1921. Fungi sinensis Aliquotacl. Prof. Otto. A. Reinking collectiet communicati. *Philip. J. Sci.*, 18: 595-607

Saccardo P A. 1926. Sylloge Fungorum. omnium Hucusque cognitorum Vol. 24. *Pavis Italy: Patavii*: 1-703

Saccardo P A. 1972. Sylloge Fungorum. Vol. 26. *New York: Johnson Reprint Corporation*: 1-1563

Saccardo P A, Spegazzin. 1878. Fungi veneti novi vel critici.Ser. II. Michelia, 1 (no.4) : 410

Sawada K. 1919. Descriptive Catalogue of the Formosan Fungi I. *Spec Bull Agr Expt Sta Formosa* no., 19: 1-695

Sawada K. 1928. Descriptive Catalogue of the Formosan Fungi IV. *Rept Dept Agr Gov't Res Inst Formosa* no., 35: 1-123

Sawada K. 1931. Descriptive Catalogue of the Formosan Fungi V. *Rept Gov't Agr Res Inst Formosa* no., 51: 1-131

Sawada K. 1942. Descriptive Catalogue of the Formosan Fungi VII. *Rept Gov't Agr Res Inst Formosa* no., 83: 1-159

Sawada K. 1943a. Descriptive Catalogue of the Formosan Fungi VIII. *Rept Gov't Agr Res Inst Formosa* no., 83: , 1-131

Sawada K. 1943b. Descriptive Catalogue of the Formosan Fungi IX. *Rept Gov't Agr Res Inst Formosa* no., 86: 1-178

Sawada K. 1944. Descriptive Catalogue of the Formosan Fungi X. *Dept Gov't Agr Res Inst Formosa* no., 87: 1-93

Sawada K. 1952. Phyllachora tetraspera Sawada. *Bull. Govt Forest Exp. Stn Meguro*, 53: 135-194

Sawada K. 1959. Descriptive Catalogue of Taiwan (Formosan) Fungi XI. Edited by R. Imazeki, N. Hiratsuka and H. Asuyama. Special Publication no. 8. Taiwan: *College of Agriculture*, *Nat. Taiwan Univ*: 1-268

Seaver E L. 1928. Studies in tropical Ascomycetes V. species of *Phyllachora*. *Mycologia*, 20: 214-225

Seshadri V S. 1966. Studies in Indian Phyllachoreceae VIII. Some new species. *Sydowia*, 19: 123-134

Seshadri V S. 1968. Studies in Indian Phyllachoraceae IX. Some species of Phyllachora affecting the host genus Ficus. *Mycopath. Mycol. Appl.*, 34: 318-322

Seshadri V S. 1969. Studies in Indian Phyllachoraceae X. *Sydowia*, 22 (1-4) : 284-285

Silva-Wanderlei D, Neto E R, Hanlin R. 2003. Molecular systematis of the Phyllachorales (ascomycota fungi) based on 185 ribosomal DNA sequences. *Brailian Archives of Biology and Technology*, 46 (3) : 315-322

Smith A L. 1898. Contributions from the Alabama Biological Survey. *J. Bot., London*, 36: 179; *In*: Parbery D G. 1967. Studies on Graminicolous species of *Phyllachora* Nke. *In*: Fuck V. A taxonomic monograph. *Aust. J. Bot.*, 15: 271-325

Spegazzini C L. 1885. *Phyllachora setariaecola* Speg., *Fungi Guar. Pug. I, n. 279.* in Saccardo's Syll. fung. addit. vol. I-IV: 232; IX: 1026; XII: 549

Spegazzini C L. 1909. Mycetes Argentinenses 4. *An. Mus. Nac. Hist. B. Aires.*, 19 (3) : 257-458

Spegazzini C L. 1924. Relacion de un paseo hasta el Cabo de Hoom. *Boln. R. Acad. Cordoba.*, 27 (4) : 321-404

Spegazzini C. 1891. Fungi guaranitici nonnulli novi vel critici. *Revista Argentina de Historia Natural*, 1(6):398-432

Spegazzini C.1902. Mycetes argentinenses (Series II). *Anales del Museo Nacional de Historia Natural Buenos Aires*,8:49-89

Spegazzini C.1922. Fungi Paraguayenses. *Anales del Museo Nacional de Historia Natural Buenos Aires*,31:355-450

Starbäck K. 1895. Bemerkungen über einige Arten der Gattung Stigonema Ag. *Hedwigia*, 34: 154-172

Starbäck K. 1899. Ascomyceten der ersten Regnell'schen Expedition. I. *Bihang till Kungliga svenska Vetenskaps Akademiens Handlingar*,25(1):1-68

Sydow H, Sydow P, Butler E J. 1911. Fungi Indiae oritntalis. *Ann. Mycol.*, 9 (4) : 372-421

Sydow H, Sydow P. 1911. Flora of the Philippines. *Leafl. of Philipp. Bot.*, 4: 1157

Sydow H, Sydow P. 1913. Novae fungorum species-IX. *Philipp. J. Sci. C Bot.*, 8 (4) : 277-279

Sydow H, Sydow P. 1915. Nova fungorum species-XIII. *Annls. Mycol.*, 13 (1) : 35-43

Sydow H, Sydow P. 1917. Beitrag zur Kenntnis der Pilzflora der Philippinen-Inseln. *Annls. Mycol.*, 15: 165-268

Sydow H, Sydow P. 1919. Aufzahlung einiger in den Provinzen Kwangtung und Kwangsi (Sud-China) gesammelter Pilze. *Annls. Mycol.*, 17: 140-143

Sydow H. 1922. Uber einige weitere im Südlichen China (Kwangtung-provinz) gesammelte Pilze. *Annls. Mycol.*, 20: 61-65

Sydow H. 1939. Novae fungorum species-XXVII. *Annls. Mycol.*, 37: 191-253

Sydow P, Sydow H. 1917. Beitrag zur Kenntnis der Pilzflora der Philippinen-Inseln. *Annls. Mycol.*, 15 (3-4) : 226-228

Sydow P. 1898. Contributio ad floram Japoniae mycologicum.*Hedwigia*, 37: 206-209

Tai F L (戴芳澜). 1936-1937. A list of fungi hitherto known from China. *Sci. Rept. Nat. Tsing Hua Univ. Ser. B*, 2: 137-165, 191-639

Tehon L R. 1919. Studies of some Porto Rican fungi. *Botanical Gazette Crawfordsville*,67(6):501-511

Theissen F. Sydow H. 1915. Die Dothideales. Kritisch-systematische Originaluntersuchungen. *Annales Mycologici*, 13(3-4):

147-746

TuZ(涂治). 1932. Notes on disease of economic plants in south China. *Lingnan Sci. J.*, 11: 489-504

Ullasa B A. 1969. Studies in India Phyllachoraceae XII. *Indian Phytopath.*, 22: 74-78

Yates H S. 1917. Fungi collected by E. D. Merrill in South China. *Phil. J. Sci.*, 12: 313-316

Zhang Z Y, Gong F Y, Zhang T, Sun G Y, Lan J Q, Liu Y L. 2007. Notes on some Chinese of Phyllachora. Proceeding on the Eighth China-Korea Joint symposium for mycology. *In*: Li Y, Sun G Y, *The Mycological Society of China*(*MSC*), 5-11

Zhuang W Y, Sun S X. 2001. Ascomycetes excluding discomycetes and lichens. *In*: Zhuang W Y. Higher Fungi of Tropical China, *New York*: *Mycotaxon Ltd. Ithaca*: 64-130

Zhuang W Y. 2001. Higher Fungi of Tropical China. *New York*, *Beijing*: *Mycotaxon Ltd. Ithaca*: 1-485

Zhuang W Y. 2005. Fungi Northwestern China. *New York*: *Mycotaxon Ltd. Ithaca*: 1-430

附　录

本书寄主植物各科属种上的黑痣菌属的菌物目录

Aquifoliaceae 冬青科

Ilex kwangtungensis Merr.

(*Phyllachora aquifotia* T.Z. Huang & W.S.Guo)

Ilex serrata Thunb. var. ***sieboldi*** (Miq.) Rehd.

(*Phyllachora aquifotia* T.Z. Huang & W.S. Guo)

Caprifoliaceae 忍冬科

Lonicera stephanocarpa Franch.

[*Phyllachora xylostei* (Fr.) Puckel]

Cyperaceae 莎草科

Carex baldensis L.

(*Phyllachora baldensis* Petr.)

Carex firma Host

(*Phyllachora tirolensis* Petr.)

Carex jaluensis Kom

Phyllachora caricis-jaluensis H.J. Lu, T. Zhang & H.R. Chen

Carex sp.

(*Phyllachora sphaerospora* Pat.)

Carex panacea

(*Phyllachora lapponica* Petr.)

Cyperus sp.

Phyllachora cyperina Henn.

Mariscus sieberianus Nees

Phyllachora marisci-sieberiani Sawada ex Z.Y. Zhang & S.S. Tzean

Mariscus umbellatus Vahl

Phyllachora marisci-sieberiani Sawada ex Z.Y.Zhang & S.S.Tzean

Ericaceae 杜鹃花科

Vaccinium japonicum Miq.

(*Phyllachora japonica* Cooke & Massee)

Flacourtiacaea 大风子科

Scolopia oldhamii Hance

(*Phyllachora scolopiae* T. S. Ramakr. & Sundaram)

Gramineae 禾本科

Agropyron ciliare (Trin.) Franch. = ***Roegeneria canina*** (L.) Nevski

Phyllachora graminis (Pers.) Fuckel var. *Graminis*

Phyllachora graminicola Sawada ex X.L. Li, S.S. Tzean & Z.Y. Zhang

Agropyron cristatum (L.) Gaertn.

Phyllachora graminis var. *elliptica* X. L. Li, H. R. Luo & Z. Y. Zhang

[*Phyllachora graminis* (Pers.) Fuckel var. *graminis*]

Agropyron mayebaranum Honda

Phyllachora graminicola Sawada ex X. L. Li, S. S. Tzean & Z. Y. Zhang

Phyllachora graminis (Pers.) Fuckel var. *graminis*

Agropyron pauciflorum (Schwein) Hitchc.

Phyllachora graminis (Pers.) Fuckel var. *graminis*

Agropyron repens (L) Beauv.

(*Leptostromella graminis* Grove)

(*Linochora graminis* Petral)

Agropyron semicostum Nees

Phyllachora graminis (Pers.) Fuckel var. *graminis*

Agropyron sibiricum (Willd.) Beauv.

Phyllachora graminis (Pers.) Fuckel var. *graminis*

Agropyron sp.

Phyllachora graminicola Sawada ex X.L. Li, S.S. Tzean & Z.Y. Zhang.

Phyllachora graminis (Pers.) Fuckel var. *graminis*

Agrostis sp.

Phyllachora anthistiriae Racib. ex Theiss. & Syd.

[*Phyllachora graminis* (Pers.) Fuckel var. *graminis*]

Andropogon soparius Michx.

[*Phyllachora luteomaculata* (Schwein.) Orton]

Andropogon micranthus Kunth

Phyllachora setariicola Speg.

Phyllachora graminis (Pers.) Fuckel var. *graminis*

Andropogon separius

[*Phyllachora luteomaculata* (Schwein.) Orton]

Andropogon sp.

Phyllachora graminis (Pers.) Fuckel var. *graminis*

(*Phyllachora americana* Parbery)

Phyllachora andropogonis P. Karst. & Har.

(*Phyllachora fallax* Sacc.)

(*Phyllachora fusispora* Chardón)

Phyllachora luteomaculata (Schwein.) Orton

(*Phyllachora rostellispora* Parbery)

(*Phyllachora setariicola* Speg.)

Andropogon spp.

(*Phyllachora andropogonis* P. Karst. & Har.)

Andropogon assimillis

(*Phyllachora ischaemi* Syd.& P. Syd.)

Aneurolepidium chinense (Trin.) Kitag.

Phyllachora graminis (Pers.) Fuckel var. *graminis*

Aneurolepidium dasystachys (Trin.) Nevski

Phyllachora graminis (Pers.) Fuckel var. *graminis*

Phyllachora sylvatica Sacc. & Speg.

Anthephora hermaphrodita Nurery & Landscapi

(*Phyllachora anthephorae* Syd.& P. Syd.)

Anthoxanthum hookeri (Griseb.) Rendle

Phyllachora graminis var. *elliptica* X.L. Li, H.R. Luo & Z.Y. Zhang

Anthoxanthum sp.

Phyllachora graminiscola Sawada ex X.L. Li, S.S. Tzean & Z.Y. Zhang

Apocopis paleacea (Trin.) Hochr.

Phyllachora graminis (Pers.) Fuckel var. *graminis*

Arthraxon hispidus (Thunb.) Makino

Phyllachora ehrhartae Marasas

Phyllachora arthraxonis Henn.

Arthraxon ciliarie P. Beauv.

[*Phyllachora arthraxonis* Henn.]

Arthraxon hispidus Mak.var. ***typica*** Honda

Phyllachora arthraxonis Henn.

Arthraxon lanceolatus (Rexb.) Hochst.

Phyllachora arthraxonis P. Henn. var. *constricta* Y. Ma, Q. Luo & T. Zhang

Arthraxon lancifolius (Trini.) Hochst.

Phyllachora arthraxonis Henn.

Arthraxon prionodes (Stend.) J. E. Dandy

= ***Arthraxon lanceolatus*** (Roxb.) Hochst.

Phyllachora arthraxonis Henn.

Phyllachora ischaemi Syd. & P. Syd.

Arthraxon sp.

Phyllachora arthraxonis Henn.

Arundinaria japonica Sieb. et Zucc.

Phyllachora orbicula Rehm

Phyllachora shiraiana P. Syd.

Phyllachora tjangkorreh Racib.

Arundinaria sp.

(*Phyllachora shiraiana* P. Syd.)

Arundinella anomala Steud.

Phyllachora oryzopsidis Theiss. & Syd.

Arundinella bengalensis (Spreng.) Druce

Phyllachora oryzopsidis Theiss. & Syd.

Arundinella decempedalis (Kuntze) Janow.

Phyllachora graminicola Sawada ex X.L. Li, S.S.Tzean & Z.Y. Zhang

Arundinella decempedalis (Kuntze) Janow.

Phyllachora oryzopsidis Theiss. & Syd.

Arundinella hirta (Thunb.) Tanaka

Phyllachora graminicola Sawada ex X.L. Li, S.S.Tzean & Z.Y. Zhang

Phyllachora graminis (Pers.) Fuckel var. *graminis*

Phyllachora acutispora Speg.

Phyllachora oryzopsidis Theiss. & Syd.

Arundinella hirta (Thunb.) Tanaka var. ***ciliata*** Koidz.

Phyllachora graminis (Pers.) Fuckel var. *graminis*

Arundinella setosa Trin.

Phyllachora oryzopsidis Theiss.& Syd.

Arundinella setosa Trin. var. ***setosa***

Phyllachora acutispora Speg.

(*Phyllachora shiraiana* P. Syd.)

Arundinella sp.

Phyllachora oryzopsidis Theiss. & Syd.

(*Phyllachora eximia* Syd. & P. Syd.)

Phyllachora graminicola Sawada ex X.L.Li, S.S.Tzean & Z.Y.Zhang

(*Phyllachora shiraiana* P. Syd.)

Arundo formosana Hack.

Phyllachora arundinis Sawada

Phyllachora arundinis Sawada ex S.S.Tean & Z.Y. Zhang

Avena sativa L.

[*Phyllachora graminis* (Pers.) Fuckel var. *graminis*]

Phyllachora graminicola Sawada ex X.L. Li, S.S.Tean & Z.Y. Zhang

Avena sp.

[*Phyllachora graminis* (Pers.) Fuckel var. *graminis*]

Bambusa blumeana J.A. & J.H. Schult.

Phyllachora orbicular Rehn & E.J. Butler

[*Phyllachora megastroma* Pat.]

Phyllachora sinensis Sacc.

Bambusa ventricosa McClure

(*Phyllachora shiraiana* P. Syd.)

Bambusa vulgaris Schrad.

Phyllachora orbicular Rehn

Bambusa dolichomeri Hayata

(*Phyllachora shiraiana* P. Syd.)

Bambusa dolichomeri Hayata

(*Phyllachora shiraiana* P. Syd.)

Bambusa dolichomeri Hayata cv. Green ***stripestem*** Lin

(*Phyllachora shiraiana* P. Syd.)

Bambusa dolichomeri Hayata cv. ***silverstripe*** Lin

(*Phyllachora shiraiana* P. Syd.)

Bambusa lexitis Mcclure

Phyllachora malabarensis Syd., P. Syd. & E. J. Butler

Bambusa multiplex (Lour.) Raeusch.

(*Phyllachora orbicula* Rehm)

Bambusa pachinensis Hayata

Phyllachora pachinensis Sawada ex J.Q. Lan & T. Zhang

Bambusa pervariabilis McClure

Phyllacora nanningensis J.Y. Li & H.R. Luo

Phyllachora sinensis Sacc.

Bambusa rigida Keng & Keng. f.

Phyllacora nanningensis J.Y. Li & H.R. Luo

Bambusa sp.

Phyllachora bambusae (Rabenh.) Cooke

Phyllachora bambusina Speg.

Phyllachora graminis f. *bambusae* Har. & Pat.

Phyllachora maculans (Schwein.) Sacc.

Phyllachora malabarensis Syd.

(*Phyllachora orbicula* Rehm)

Phyllachora pachinensis Sawada ex J.Q. Lan & T. Zhang

Phyllachora shiraiana P. Syd.

Phyllachora sinensis Sacc.

Phyllachora tonkinensis Sacc.

***Bambusa* spp.**

Phyllachora shiraiana P. Syd.

Phyllachora sinensis Sacc.

Bambusa pachinensis* var. *pachinensis Hayata

Phyllachora lelebae Sawada ex Y. Zhao, N. Liu & Y. Qing

Bambusa pervariabilis McClure

Phyllachora nanningensis J.Y. Li & H.R. Luo

Phyllachora sinensis Sacc.

Bambusa sternostachya Hackel

(*Phyllachora tjangkorreh* Racib.)

(*Phyllachora shiraiana* P.Syd.)

Bambusa vulgaris Schrad.

(*Phyllachora orbicula* Rehm)

Bambusa texilis McClure

(*Phyllachora shiraiana* P. Syd.)

Bambusa vulgaris Schrad.

(*Phyllachora orbicula* Rehm)

Bambusoideae

Phyllachora bambusina Speg.

Phyllachora dendrocalami Awati & Kulk. Awati & U.K. Kulk.

Phyllachora graminis f. *bambusae* Har. & Pat.

Phyllachora malabarensis Syd., P.Syd. & E.J.Butler

Phyllachora megatroma Pat.

Phyllachora orbicula Rehm

Phyllachora pachinensis Sawada ex J.Q. Lan & T. Zhang

Phyllachora phyllostachydis Hara

Phyllachora shiraiana P. Syd.

Bothriochloa ischaemum (L.) Keng

Phyllachora maydis Maubl.

Brachypodium pretense Keng ex Keng f.

Phyllachora graminis (Pers.) Fuckel var. *graminis*

Brachypodium sp.

Phyllachora graminis var. *elliptica* X. L. Li, H. R. Luo & Z. Y. Zhang

Phyllachora graminicola Sawada ex X.L. Li, S.S. Tean & Z.Y. Zhang

Bromus asper Murray

[*Phyllachora graminis* (Pers.) Fuckel var. *graminis*]

Bromus remotiflorus (Steud.) Ohwi

Phyllachora graminis var. *elliptica* X. L. Li, H. R. Luo & Z. Y. Zhang

Bromus sp.

Phyllachora bromi Fuckel var. *bromi*

(*Phyllachora dactylidis* Delacr.)

Phyllachora graminicola Sawada ex X.L. Li, S.S. Tean & Z.Y. Zhang

Phyllachora graminis (Pers.) Fuckel var. *graminis*

Calamagrostis henryi (Rendle) Keng f.

Phyllachora ellipsoidea J.Y. Li & H.R. Luo

Calamagrostis arundinacea Roth.

Phyllachora graminis (Pers.) Fuckel var. *graminis*

Calamagrostis arundinacea (=***Deyeuxia sylvatica***) var. ***laxiflora*** (Rendle) Keng f.

Phyllachora ellipsoidea J.Y. Li & H.R. Luo

Calamagrostis epigejos (L.) Roth

Phyllachora ellipsoidea J.Y. Li & H.R. Luo

Phyllachora graminis var. *elliptita* X. L. Li, H.R. Luo & Z.Y. Zhang

Calamagrostis gigantea (Roshv.) Roshv.

Phyllachora ammophilae Orton

Calamagrostis henryi (Rendle) Keng f.

Phyllachora ellipsoidea J.Y. Li & H.R. Luo

Calamagrostis hupehensis (Rendle) Keng f.

Phyllachora ellipsoidea J.Y. Li & H.R. Luo

Calamagrostis pseudophragmites (Hall. f.) Koeler

Phyllachora ellipsoidea J.Y. Li & H.R. Luo

Calamagrostis sp.

Phyllachora graminis (Pers.) Fuckel var. *graminis*

Phyllachora ellipsoidea J.Y. Li & H.R. Luo

Calamagrostis sinelatior (Keng) Keng f.

Phyllachora ellipsoidea J.Y. Li & H.R. Luo

Phyllachora ammophilae Orton

Campylotropis polyantha (Franch.) Schindl.

Phyllachora lespedezae (Schwein.) Sacc.

Campylotropis sargentiana Schindl.

Phyllachora lespedezae (Schwein.) Sacc.

Capillipedium assimile (Steud.) A. Camus

Phyllachora americana Parbery

Phyllachora capillipediicola H. J. Lu, H. R. Chen & Z.Y. Zhang

Phyllachora ischaemi Syd. & P. Syd.

Phyllachora maydis Maubl.

Capillipedium glaucopsis (Stend.) Stapf.

Phyllachora ischaemi Syd. & P. Syd.

Phyllachora graminis (Pers.) Fuckel var. *graminis*

Capillipedium parviflorum (R. Br.) Stapf

Phyllachora americana Parbery

Phyllachora andropogonis-micranthi Sawada.

Phyllachora graminis (Pers.) Fuckel var. *graminis*

Phyllachora ischaemi Syd. & P. Syd.

Capillipedium sp.

Phyllachora ischaemi Syd. & P. Syd.

Centotheca lappacea (L.) Desv

Phyllachora centothecae Syd. & P. Syd.

Chinonobambusa armata (Gamble) Hsueh et Yi

Phyllachora ischaemi Syd. & P. Syd.

Chimonobambusa quadrangularis (Fenzi) Makino

Phyllachora tjangkorreh Racib.

Phyllachora chimonobambusae I. Hino & Katum.

Chimonobambusa yunnanensis Hsueh & W.F. Zhang

Phyllachora chimonobambusae I.Hino & Katum.

Chloris virgata Swartz.

Phyllachora chloridis-virgatae J.Y. Li & H.R. Luo

Phyllachora cynodontis (Sacc.) Niessl

Phyllachora graminis (Pers.) Fuckel. var. *graminis*

Phyllachora luteomaculata (Schwein.) Orton

Chloris sp.

(*Phyllachora oblongospora* Parbery)

Chrysopogon aciculatus (Retz.) Trin.

Phyllachora fallax Sacc.

Phyllachora ischaemi Syd. & P. Syd.

(*Phyllachora andropogonis-aciculati* Sawada)

Cleistogenes sp.

Phyllachora graminis (Pers.) Fuckel var. *graminis*

Clinelymus dahuricus (Trucz.) Nevski var. ***cylindricus*** (Turcz.) Franch.

Phyllachora graminis (Pers.) Fuckel var. *graminis*

Clinelymus dahuricus (Turcz.) Nevski

Phyllachora graminis (Pers.) Fuckel var. *graminis*

Clinelymus dahuricus (Thucz.) Nevski var. ***cylindricus*** (Tuecz.) Franch.

Phyllachora graminis (Pers.) Fuckel var. *graminis*

Clinelymus sibiricus (L.) Nevski

Phyllachora graminis (Pers.) Fuckel var. *graminis*

Coix agrestis Lour.

Phyllachora coicis Henn.

Coix aguatica Roxburgh

Phyllachora coorgiana Seahadri

Coix lachryma-jobi L.

Phyllachora coicicola H.J. Lu, Y. Qin.& H.R. Chen

Phyllachora coicis Henn.

Phyllachora coorgiana Seshadri

Coix lachryma-jobi L. var. ***susutama*** Honda

(*Phyllachora coicis* Henn.)

Cymbopogon goeringii (Steud.) A. Camus

[*Phyllachora graminis* (Pers.) Fuckel var. *graminis*]

Cymbopogon sp.

Phyllachora americana Parbery

Cymbopogon tortilis (Prel.) A. Canus

Phyllachora ischaemi Syd. & P. Syd.

Cynodon dactylon (L.) Pers.

Phyllachora cynodontis (Sacc.) Niessl

Phyllachora graminis var. *cynodonticola* Speg.

Phyllachora luteomaculata (Schwein.) Orton

Cynodon sp.

Phyllachora cynodontis (Sacc.) Niessl

Cyrtococcum patens (L.) A. Camus

Phyllachora stenospora (Berk. & Broome) Sacc.

Cyrtococcum sp.

(*Phyllachora lacrimiformis* Ullaso)

Dactylis glomerata L.

Phyllachora graminis (Pers.) Fuckel var. *graminis*

Dendrocalamus giganteus Munro

Phyllachora sinensis Sacc.

Phyllachora yushaniae J. Q. Lan, T. Zhang et X. L. Li

Phyllachora dendrocalami Awati & Kulk.

Dendrocalamus semiscandens Hsueh & D.Z. Li

Phyllachora yushaniae J. Q. Lan, T. Zhang & X. L. Li

Deyeuxia arundinacea (L.) Beauv.

Phyllachora ammophilae Orton

Deyeuxia stenophylla Jansen

Phyllachora graminis (Pers.) Fuckel var. *graminis*

Deyeuxia sinelatior Keng ex P.C.Kuo

Phyllachora ammophilae Orton

Deyeuxia sylvatica (Schrad.) Kunth

[*Phyllachora sylvatica* (Pers.) Fuckel var. *graminis*]

Deyeuxia sp.

Phyllachora ammophilae Orton

Phyllachora graminis var. *elliptica* X. L. Li, H. R.Luo & Z. Y. Zhang

Deyeuxia sylvatica (Schrad.) Kunth

Phyllachora graminis (Pers.) Fuckel var. *graminis*

Dichanthium annulatum (Forsk.) Stapf

Phyllachora ischaemi Syd. & P.Syd.

Digitaria ciliaris (Retz.) Koel.

Phyllachora paspalicola Henn.

Digitaria razzar

(*Phyllachora digitaiicola* Doidge)

Digitaria sanguinalis (L.) Scop. var. ***ciliaris*** (Retz.) Parl.

Phyllachora syntherismatis Sawada ex S.S.Tzean & H.R. Chen

Digitaria sanguinalis (L.) Scop.

Phyllachora digitariicola Doidge

(*Phyllachora pennisetina* Syd.)

Digitaria smutsii J. Z. Wei

(*Phyllachora paspalicola* Henn.)

Digitaria sp.

Phyllachora digitariicola Doidge

Dimeria stipaeformis Mig.

Phyllachora dimeriae Theiss. & Syd.

Dimeria sp.

(*Phyllachora dimeriae* Theiss. & Syd.)

(*Phyllachora elyonuri* Doidge)

Diplachne fusca (L.) Beauv.

Phyllachora eleusines Speg.

Echinochloa sp.

(*Phyllachora quadrospora* Tehon)

Ehrharta erecta Lam.

(*Phyllachora ehrhartae* Marasas)

Eleusine indica (L.) Gaertn.

Phyllachora eragrostidis Chard.

Phyllachora eleusines Speg.

Eleusine sp.

Phyllachora eleusines Speg.

Elymus dahuricus Turcz.

Phyllachora graminis (Pers.) Fuckel var. *graminis*

Elymus eusopaeus L.

[*Phyllachora graminis* (Pers.) Fuckel var. *graminis*]

Elymus glaucus Buckley

Phyllachora graminicola Sawada ex X.L. Li, S.S. Tzean & Z.Y. Zhang

Elymus multicaulis (Kor. et Kir.) Nevski.

[*Phyllachora graminis* (Pers.) Fuckel var. *graminis*]

Elymus pseudoagropyron Trin.

[*Phyllachora graminis* (Pers.) Fuckel var. *graminis*]

Elymus sibiricus L.

Phyllachora graminis (Pers.) Fuckel var. *graminis*

Elymus sp.

Phyllachora graminicola Sawada ex X.L. Li, S.S. Tzean & Z.Y. Zhang

Enteropogon dolichostachyus (Lagasca) Keng

Phyllachora enteropogonis Q. Lou, Y. Ma & C.Y. He

Phyllachora luteomaculata (Schwein.) Orton

Eragrostis atrovirens Trin. =***Eragrostis bulbillifera*** Steud.

Phyllachora eleusines Speg.

Eragrostis ferruginea (Thunb.) Beauv.

Phyllachora eleusines Speg.

Eragrostis bulbillifera Steud.

(*Phyllachora eleusines* Speg.)

Eragrostis ferruginea var. ***yunnanensis*** Keng

Phyllachora eleusines Speg.

Eragrostis pilosa (L.) Beauv.

Phyllachora eleusines Speg.

Eragrostis nigra Nees ex Steud.

Phyllachora eleusines Speg.

Eragrostis sp.

Phyllachora eleusines Speg.

Phyllachora eriochloae Speg. var. *eriochloae*

Eremochloa ophiuroidea (Munro) Hack.

Phyllachora quadrospora Tehon

Eremochloa zeylanica Hack.

Phyllachora quadrospora Tehon

Eremopogon delavayi (Hack.) A. Camus

Phyllachora africana Parbery

Phyllachora graminicola Sawada ex X.L. Li, S.S. Tzean & Z.Y. Zhang

Eremopogon sp.

Phyllachora graminicola Sawada ex X.L. Li, S.S. Tzean & Z.Y. Zhang

Phyllachora fallax Sacc.

Erianthus pollinioides Rendl.

Phyllachora erianthi Sawada ex Na Liu, H. Zhang & S.S. Tzean

Erianthus sp.

Phyllachora dimeriae Theiss. & Syd.

Eriochloa annulata Kunth

(*Phyllachora eriochloae* var. *colombiensis* Theiss. & Syd.)

Eriochloa procera (Retz.) C.E. Hubbard

(*Phyllachora eriochloae* Speg. var. *eriochloae*)

(*Phyllachora eriochloae* Speg.)

Eulalia pallens (Hack.) Kuntze

Phyllachora sylvatica Sacc. & Speg.

Eulalia sp.

Phyllachora graminicola Sawada ex X.L. Li, S.S. Tzean & Z.Y. Zhang

Phyllachora graminis (Pers.) Fuckel var. *graminis*

Phyllachora sylvatica Sacc. & Speg.

Festuca arundinacea Schrieb.

Phyllachora graminis (Pers.) Fuckel var. *graminis*

Festuca fascinate Keng

Phyllachora sylvatica Sacc. & Speg.

Festuca agustini (Nees) Asch. & Graebn.

(*Phyllachora sylvatica* Sacc. & Speg.)

Festuca duriscula L.

(*Phyllachora sylvatica* Sacc. & Speg.)

Festuca sp.

(*Phyllachora dactylidis* Delacr.)

[*Phyllachora graminis* (Pers.) Fuckel var. *graminis*]

Fargesia albo-cerea Hsueh et Yi

Phyllachora yushaniae J. Q. Lan, T. Zhang et X. L. Li

Fargesia mairei (Hack. ex Hand.-Mazz) Yi

Phyllachora orbicula Rehm

Fargesia solida Yi

Phyllachora yushaniae J. Q. Lan, T. Zhang et X. L. Li

Fimbristylis dichotoma (L.) Vahl.

Phyllachora fimbristylidicola Speg.

[*Phyllachora fimbristylidis* (Berk. & Broome) Sacc.]

Fraragesia mairei (Hack.) Yi

Phyllachora orbicula Rehn

Gramineae

Phyllachora americana Parbery

[*Phyllachora cynodontis* (Sacc.) Niessl]

Phyllachora ehrhartae Marasas

Phyllachora eleusines Speg.

Phyllachora ellipsoidea J.Y. Li & H.R. Luo

Phyllachora eriochloae var. *colombiensis* Theiss. & Syd.

Phyllachora graminicola Sawada ex X.L. Li, S.S. Tzean & Z.Y. Zhang

Phyllachora graminis var. *elliptica* X.L.Li, H.R.Luo & Z.Y.Zhang

Phyllachora graminis (Pers.) Fuckel var. *graminis*

Phyllachora ischaemi Syd. & P. Syd.

Phyllachora luteomaculata (Schwein.) Orton

Phyllachora sacchari Henn.

Phyllachora setariicola Speg.

Helictotrichon delavayi (Hack.) Henr.

[*Phyllachora graminis* (Pers.) Fuckel var. *graminis*]

Hemarthria compressa (L.f.) R. Br.

Phyllachora graminis (Pers.) Fuckel var. *graminis*

Phyllachora graminis var. *elliptica* X.L. Li, H.R. Luo & Z.Y. Zhang

Heteropogon contortus (L.) Beauv. var. ***hispossimus*** Hinda

Phyllachora heteropogonis Sawada

(*Phyllachora ischaemi* Syd. & P. Syd.)

Heteropogon contortus (L.) Beauv. ex Roem. et Schult.

Phyllachora ischaemi Syd. & P. Syd.

Heteropogon contortus (L.) Beauv. var. ***hispossimus*** Hinda

(*Phyllachora ischaemi* Syd. & P. Syd.)

Holcus fulvus R. Br.

Phyllachora holci-fulvi Sawada

Hordeum sp.

Phyllachora graminicola Sawada ex X.L. Li, S.S. Tzean & Z.Y. Zhang

Hordeum vulgare L.

Phyllachora panici (Schwein.) Sacc.

Imperata cylindraca (L.) Beauv. var. ***koenigii*** (Retz.) Durand et Schinz

Phyllachora imperaticola Sawada ex R. Zhang, Na Liu & S.S. Tzean

Imperata cylindrica (L.) Beauv.

Phyllachora graminicola Sawada ex X.L. Li, S.S. Tzean & Z.Y. Zhang

Phyllachora imperaticola Sawada ex R.Zhang, Na Liu & S.S. Tzean

Phyllachora oxyspora Starbäck

Imperata sp.

Phyllachora oxyspora Starbäck

(*Phyllachora imperatae* Syd. & P. Syd.)

Indocalamus longiauritus Hand.-Mazz.

Phyllachora shiraiana P. Syd.

Indocalamus sp.

(*Phyllachora indocalami* Sawada)

Indocalamus niitakayamensis Nak.

Phyllachora yushaniae J.Q. Lan, T. Zhang et X.L. Li

Indocalamus tessellatus (Munro) Keng f.

Phyllachora hekouensis J.Y. Li & H.R. Luo

(*Phyllachora yushaniae* J. Q. Lan, T. Zhang & X. L. Li)

Isachne debilis Rendl.

(*Phyllachora isachnes* Sawada)

(*Phyllachora urvileana* Speg.)

Isachne tenuis Keng ex Feng f.

Phyllachora paspalicola Henn.

Ischaemum aristatum L.

(*Phyllachora ischaemi* Syd. & P. Syd.)

Ischaemum ciliare Retz.

(*Phyllachora ischaemi* Syd. & P. Syd.)

Ischaemum indicum (Hoult.) Merr.

Phyllachora ischaemi Syd. & P. Syd.

Ischaemum sp.

Phyllachora luteomaculata (Schwein.) Orton

Ischurochloa spinosa (Roxb.) Buse

(*Phyllachora orbicula* Rehm)

(*Phyllachora sinensis* Sacc.)

Ischurochloa stenostachya Hachel Nak.

= ***Bambusa stenostachya*** Hackel

Phyllachora shiraiana P. Syd..

Kengia caespitosa (Keny.) Packer

Phyllachora stenospora (Berk. & Broome) Sacc.

Koeleria sp.

Phyllachora graminis (Pers.) Fuckel var. *graminis*

Kummerowia stipulacea (Maxim.) Makino

Phyllachora lespedezae (Schwein.) Sacc.

Leguminosae

Phyllachora yapensis subsp. *pongamiae* (Berk. &

Broome) P.F. Cannon

Leleba beisitiku Odashima

Phyllachora lelebae Sawada ex Y. Zhao, N. Liu & Y. Qing

Leleba pachinensis (Hayata) Nakai

(*Phyllachora sinensis* Sacc.)

Leptochloa chinensis (L.) Nees

Phyllachora leptochloicola R. Zhang, H.J. Lu & H.R. Chen

Leptochloa sp.

(*Phyllachora leptochlora* Chardo)

Lespedeza sp.

Phyllachora yunnanensis N. Liu & L. Guo

Phyllachora yapensis subsp. *ponganiae* (Berk. & Broome) P.F. Cannon

Leymus secalinus (Georgi) Tzvel.

Phyllachora graminis (Pers.) Fuckel var. *graminis*

Leymus sp.

Phyllachora anthistiriae Racib. ex Theiss. & Syd.

Lingnaria chungii (McClure) McClure

Phyllacora nanningensis J.Y. Li & H.R. Luo

Lolium sp.

Phyllachora graminicola Sawada ex X.L. Li, S.S. Tzean & Z.Y. Zhang

Lophantherum gracile Brongn

Phyllachora centothecae Syd. & P. Syd.

Melica onoei Franch. et Sav.

Phyllachora graminis var. *elliptica* X.L. Li, H.R. Luo & Z.Y. Zhang

Phyllachora graminis (Pers.) Fuckel var. *graminis*

Microstegium ciliatum var. ***wallichiana*** Hack.

(*Phyllachora ischaemi* Syd. & P. Syd.)

Microstegium ciliatum (Trin.) A. Camus var. ***wallichiana*** Hack.

(*Phyllachora ischaemi* Syd. & P. Syd.)

Microstegium nudum (Trin.) A.Camus

Phyllachora ischaemi var. *microstegii* H.J. Lu, H.R. Lou & H. Zhang

Microstegium sp.

Phyllachora ischaemi var. *microstegii* H.J. Lu, H.R. Lou & H. Zhang

Phyllachora leptotheca Theiss. & Syd.

Microstegium vagans (Nees ex Stand.) Hand.-Mazz.

Phyllachora graminis (Pers.) Fuckel var. *graminis*

Phyllachora leptotheca Theiss. & Syd.

Microstegium vimineum (Trin.) A. Camus

Phyllachora ischaemi var. *microstegii* H.J. Lu, H.R. Lou & H. Zhang

Phyllachora ischaemi Syd. & P. Syd.

Miscanthus floridulus (Lahill.) Marb.

Phyllachora miscanthi Syd. & P. Syd.

Miscanthus floridulus Ward. ex K. Schum. & Lauterb.

Phyllachora tengchogensis Na Liu & L. Guo

Miscanthus nepalensis (Trin.) Hack

Phyllachora emeishaniana J.Y. Li & H.R. Luo

Miscanthus sacchariflorus (Maxim.) Berth.et Hook.f.

Phyllachora graminicola Sawada ex X.L.Li, S.S.Tzean &Z.Y. Zhang

Phyllachora ischaemi Syd. & P. Syd.

Phyllachora miscanthi Syd. & P. Syd.

Miscanthus sinensis var. ***purpurascens*** (Anderss.) Matsum.

Phyllachora ischaemi Syd. & P. Syd.

Miscanthus sinensis Anderss.

Phyllachora emeishaniana J.Y. Li & H.R. Luo

Phyllachora graminicola Sawada ex X.L. Li, S.S. Tzean & Z.Y. Zhang

[*Phyllachora graminis* (Pers.) Fuckel var. *graminis*]

Phyllachora ischaemi Syd. & P. Syd.

Phyllachora miscanthi Syd. & P. Syd.

Miscanthus sacchariflorus (Maximi.) Berth. et Hook

Phyllachora miscanthi Syd. & P. Syd.

Miscanthus sinensis Hndei.

Phyllachora miscanthi Syd. & P. Syd.

Miscanthus sp.

Phyllachora emeishaniana J.Y. Li & H.R. Luo (*Phyllachora ischaemi* Syd. & P. Syd.)

Phyllachora graminicola Sawada ex X.L. Li, S.S. Tzean & Z.Y. Zhang

Phyllachora graminis (Pers.) Fuckel. var. *graminis*

Phyllachora ischaemi Syd. & P. Syd.

Phyllachora miscanthi Syd. & P. Syd.

Phyllachora miscanthicola Y. Zhao, H.J. Lu & Z.Y. Zhang

(*Phyllachora miscanthidii Doidge*)

Phyllachora oblongospora Parbery

Phyllachora sacchari-spontanei Syd.

Phyllachora tengchongensis N. Liu & L. Guo

Microstegium ciliatum (Trin.) A. Camus var. ***wallichiana*** Hack

(*Phyllachora ischaemi* Syd. & P. Syd.)

Microstrgium vagans (Nees ex Stand.) Hand.-Mazz.

Phyllachora graminis (Pers.) Fuckel var.*graminis*

Muhlenbergia racemosa (Michx.) B.S.P.

Phyllachora vulgata Theiss. & Syd.

Oplismenus compositus (L.) Beauv.

(*Phyllachora setariicola* Speg.)

[*Phyllachora minutissima* (Welw. & Curr.) A.L. Smith]

Oplismenus sp.

Phyllachora bonariensis Speg.

Phyllachora setariicola Speg.

Ottochloa nodosa (Kunth) Dandy

Phyllachora digitariicola Doidge

Ottochloa nodosa (Kunth) Dandy var. ***micrantha*** (Balansa) Keng f.

Phyllachora digitariicola Doidge

Phyllachora graminicola Sawada ex X.L. Li, S.S. Tzean & Z.Y. Zhang

Panicum divaricata L.

(*Phyllachora lasiacis* Syd.)

Panicum khasianum Munro ex Hook.f.

Phyllachora graminis var. *panicicola* Henn.

Panicum laxum S.W. Biotropica

[*Phyllachora panici* (Schwein.) Sacc.]

Panicum palmifolium Koen.

Phyllachora panici-proliferae Sawada ex Z.Y. Zhang et S.S.Tzean

Phyllachora setariicola Speg.

Phyllachora bonariensis Speg.

Panicum proliferum Lank.

Phyllachora panici-prolifeae Sawada ex Z.Y. Zhang & S.S.Tzean

Panicum repens L.

[*Phyllachora graminis* (Pers.) Fuckel var. *graminis*]

Panicum urvilleanum Kunth

(*Phyllachora urvilleana* Speg.)

Panicum sp.

(*Phyllachora paspalicola* Henn.)

(*Phyllachora setariicola* Speg.)

Phyllachora bonariensis Speg.

Phyllachora graminis var. *graminicola* Henn.

Phyllachora graminis (Pers.) Fuckel var. *graminis*

(*Phyllachora graminis* var. *panicicola* Henn.)

Phyllachora puncta (Schwein.) Orten ex J.A. Stev.

[*Phyllachora minutissima* (Welw. & Curr.) A.L. Sm.]

Panicium sciurotis

(*Phyllachora microsperma* Parbery)

Paspalum scrobiculatum L.

[*Phyllachora graminis* (Pers.) Fuckel var. *graminis*]

Paspalum orbiculare Foest.

Phyllachora paspalicola Henn.

Paspalum thunbergii Kunth ex Steud.

Phyllachora paspalicola Henn.

Pennisetum alopecuroides (L.) Spreng.

Phyllachora graminis var. *elliptica* X.L. Li, H.R. Luo & Z.Y. Zhang

Phyllachora graminis (Pers.) Fuckel var. *graminis*

Phyllachora graminicola Sawada ex X.L.Li, S.S, Tzean & Z.Y.Zhang

Phyllachora pennisetina Syd.

Pennisetum centrasiaticum Tzvel.

Phyllachora graminis (Pers.) Fuckel var. *graminis*

Pennisetum flaccidum Griseb.

Phyllachora graminicola Sawada ex X.L. Li, S.S. Tzean & Z.Y. Zhang

Phyllachora graminis var. *elliptica* X.L. Li, H.R. Luo & Z.Y. Zhang

Phyllachora graminis (Pers.) Fuckel var. *graminis*

Pennisetum flacidum Tzvel.

Phyllachora graminicola Sawada ex X.L. Li, S.S. Tzean & Z.Y. Zhang

Phyllachora graminis var. *elliptica* X. L. Li, H. R. Luo & Z. Y. Zhang

Phyllachora graminis (Pers.) Fuckel var. *graminis*

Pennisetum sp.

Phyllachora graminicola Sawada ex X.L. Li, S.S. Tzean & Z.Y. Zhang

Phyllachora graminis (Pers.) Fuckel var. *graminis*

[*Phyllachora minutissima* (Welw. & Curr.) A.L. Sm.]

Phyllachora pennisetina Syd.

Phyllachora graminis var. *elliptica* X.L. Li, H.R. Luo & Z.Y. Zhang

Perotis sp.

(*Phyllachora perotidis*)

Phragmites communis Trin.

(*Phyllachora arundinis* Sawada)

Phyllachora bromi var. *lloydii* (P. Crouan & H. Crouan) Gonz. Frag.

Phragmites karka (Retz.) Trin.

(*Phyllachora arundinis* Sawada)

Phyllachora arundinis Sawada ex S.S. Tzean & Z.Y. Zhang

Phyllachora phragmitis-karkae Sawada

Phyllostachys bambusoides forma Zitchika

Phyllachora phyllostachydis Hara

Phyllostachys bambusoides Sieb. et Zucc.

Phyllachora graminis f. *bambusae* Har. & Pat.

Phyllachora orbicula Rehm

Phyllachora phyllostachydis Hara

Phyllachora sinensis Sacc.

Phyllachora tjangkorreh Racib.

Phyllachora tonkinensis Sacc.

Phyllostachys bambusoides var. ***castilloni*** (Latour-Mariliac) H. de Lehaie

Phyllachora phyllostachydis Hara

Phyllostachys glauca McClire

(*Phyllachora shiraiana* P. Syd.)

Phyllostachys heterovlada Oliv.

(*Phyllachora graminis* f. *bambusar* Har. & Pat.)

Phyllostachys lithophia Hayata

(*Phyllachora phyllostachydis* Hara)

Phyllostachys makinoi Hayata

(*Phyllachora phyllostachydis* Hara)

Phyllostachys nidularia Munro

Phyllachora tjangkorreh Racib.

Phyllachora shiraiana P. Syd.

Phyllostachys nigra var. ***henonis*** (Miff.) Stapf ex Rendl.

(*Phyllachora phyllostachydis* Hara)

Phyllachora yushaniae J.Q. Lan, T. Zhang & X.L. Li

Phyllostachys nigra (Loddiges) Munro

Phyllachora phyllostachydis Hara

Phyllostachys nuda McClure

(*Phyllachora phyllostachydis* Hara)

Phyllostachys pubescens Mazel. & Lehaie

Phyllachora lushanensis J.Y. Li & H.R. Luo

Phyllachora orbicula Rehm

Phyllachora phyllostachydis Hara

Phyllachora shiraiana P. Syd.

Phyllachora sinensis Sacc.

Phyllostachys purpurata Mcclure

Phyllachora phyllostachydis Hara

Phyllostachys sp.

Phyllachora phyllostachydis Hara

(*Phyllachora shiraiana* P. Syd.)

Phyllachora sinensis Sacc.

Phyllachora tjangkorreh Racib.

Phyllostachys spp.

(*Phyllachora orbicula* Rehm)

Phyllachora shiraiana P. Syd.

Phyllostachys viridis (Young) McClure

(*Phyllachora sinensis* Sacc.)

(*Phyllachora graminis* f. *bambusae* Har. & Pat.)

Pleioblastus simonii (Carr.) Nakai

Phyllachora shiraiana P. Syd.

Pleioblastus sp.

Phyllachora shiraiana P. Syd.

Pleioblastus amarus (Keng) Keng.f.

(*Phyllachora shiraiana* P. Syd.)

Poa anceps Gaud

[*Phyllachora fuscescens* (Speg.) Sacc.]

Poaceae

(*Phyllachora ammophilae* Orton)

Poa flabellata Hook.f.

(*Phyllachora antarctica* Speg.)

Poa nemoralis L. var. ***vulgaris*** L.

(*Phyllachora bromi* var. *peae-nemoralis* Gonz. Frag.)

Poa sp.

Phyllachora ehrhartae Marasas

Phyllachora graminis (Pers.) Fuckel var. *graminis*

(*Phyllachora scanica* Starbäck)

(*Phyllachora sylvatica* f. *sylvatica* Sadd. & Speg.)

Poa sphondylodes Trin. ex Bunge

Phyllachora scanica Starbäck

Pogonatherum crinitum (Thunb.) Kunth

Phyllachora pogonatheri Syd. & P. Syd.

Pogonatherum paniceum (Lam.) Hack.

Phyllachora pogonatheri Syd. & P. Syd.

Pogonatherum saccharoideum

(*Phyllachora pogonotheri* Syd.)

Pseudosasa japonica (Sieb.et Zucc.) Makino

(*Phyllachora orbicula* Rehm)

Roegneria semicosta (Nees) Kitag.

Phyllachora graminis (Pers.) Fuckel var. *graminis*

Roegneria sp.

Phyllachora graminis (Pers.) Fuckel var. *graminis*

Roegneria canina (L.) Nevski

[*Phyllachora graminis* (Pers.) Fuckel var. *graminis*]

Roegneria ciliaris (Trin.) Nevski

Phyllachora graminicola Sawada ex X.L. Li, S.S. Tzean & Z.Y. Zhang

Phyllachora graminis (Pers.) Fuckel var. *graminis*

Roegneria kamoji Ohwi

Phyllachora graminicola Sawada ex X.L. Li, S.S. Tzean & Z.Y. Zhang

Phyllachora graminis (Pers.) Fuckel var. *graminis*

Roegneria mayebarana (Honda) Ohwi

=***Agropyron mayebaranum*** Horda

Phyllachora graminicola Sawada ex X.L. Li, S.S. Tzean & Z.Y. Zhang

[*Phyllachora graminis* (Pers.) Fuckel var. *graminis*]

Roegneria semicostata (Nees) Kitag.

Phyllachora graminicola Sawada ex X.L. Li, S.S. Tzean & Z.Y. Zhang

[*Phyllachora graminis* (Pers.) Fuckel var. *graminis*]

Roegneria sp.

Phyllachora anthistririae Raxib. ex Theiss. & Syd.

Phyllachora graminicola Sawada ex X.L. Li, S.S. Tzean & Z.Y. Zhang

[*Phyllachora graminis* (Pers.) Fuckel var. *graminis*]

Roegneria multiculmis Kitag.

Phyllachora graminis (Pers.) Fuckel var. *graminis*

Saccharum arundinaceum Retz.

Phyllachora sacchari Henn.

Saccharum arundinaceum var. ***junaifolium***

Phyllachora sacchari Henn.

Saccharum officinarum L.

(*Phyllachora sacchari-spontanei* Syd.)

Saccharum sp.

(*Phyllachora sacchari* Henn.)

(*Phyllachora sacchari-aegptiaci* Briosi & Cavara)

Phyllachora sacchari-spontanei Syd.

Saccharum spontaneum L.

Phyllachora sacchari Henn.

(*Phyllachora sacchari-spontanei* Syd.)

Salvia sp.

Phyllachora graminis var. *elliptica* X.L. Li, H.R.Luo & Z.Y. Zhang

Sasa sp.

(*Phyllachora tetraspora* Chard.)

Sasa japonica (Siebold & Zucc. ex Steud.) Makino

(*Phyllachora shiraiana* P. Syd.)

Schizachyrium brevifolium (Sw.) Nees ex Büse

Phyllachora ischaemi Syd. & P. Syd.

Secale cereale L.

Phyllachora graminicola Sawada ex X.L. Li, S.S. Tzean & Z.Y. Zhang

Phyllachora graminis var. *elliptica* X.L. Li, H.R. Luo & Z.Y. Zhang

Phyllachora graminis (Pers.) Fuckel var. *graminis*

Phyllachora panici (Schwein.) Sacc.

Setaria excurrens T.Cooke

Phyllachora setaricola Speg. var. *saccos-clavata* Y. Zhang, G.Y. Sun & H.R. Luo

Setaria glauca (L.) Beauv.

Phyllachora graminis (Pers.) Fuckel var. *graminis*

Phyllachora setariicola Speg.

Setaria italica (L.) Beaur

[*Phyllachora graminis* (Pers.) Fuckel var. *graminis*]

Setaria lutescens (Weigel) F.T. Habb.

= ***Setaria glauca*** (L.) Beauv.

[*Phyllachora graminis* (Pers.) Fuckel var. *graminis*]

Phyllachora setariicola Speg.

Setaria palmifolia (Koen.) Stapf

(*Phyllachora setariicola* Speg.)

Setaria plicata (Lam.) T. Cook

(*Phyllachora setariicola* Speg.)

Phyllachora setariicola Speg. var. *sacco-clavata* Y. Zhang, G.Y. Sy & H.R. Luo

Setaria sp.

Phyllachora setariicola Speg.

Sinarundinaria chungii (Keng) Keng f.

Phyllachora tonkinensis Sacc.

Sinarundinaria fangiana (A. Camus) Kengef.

Phyllachora malabarensis Syd., P. Syd. & E.J. Eutler

Sinobambusa tootsik (Sieb.) Makino

Phyllachora yushaniae J.Q. Lan, T. Zhang et X.L. Li

Sinobambusa giganteus Keng

Phyllachora shiraiana P. Syd.

Sinocalamus affinis (Rendle) McClure

(*Phyllachora sinensis* Sacc.)

Sinocalamus beecheyana (Munro) McClure

(*Phyllachora sinensis* Sacc.)

Sorghum vulgare Pers.

Phyllachora sacchari Henn.

Sorghum nitidum var. ***dichroanthum*** (Steudel) Ohwi

(*Phyllachora holci-fulvi* Sawada)

Spodiopogon cotulifera (Thunb.) Hack

Phyllachora graminis var. *elliptica* X.L. Li, H.R. Luo & Z.Y. Zhang

Phyllachora ischaemi Syd. & P. Syd.

Spodiopogon sibiricus Trin.

Phyllachora acutispora Speg.

Phyllachora graminis var. *elliptica* X.L. Li, H.R. Luo & Z.Y. Zhang

Phyllachora graminis (Pers.) Fuckel var. *graminis*

Spodiopogon sp.

Phyllachora graminicola Sawada ex X.L.Li, S.S.Tzean & Z.T. Zhang

Phyllachora graminis var. *elliptica* X.L. Li, H.R. Luo & Z.Y. Zhang

[*Phyllachora graminis* (Pers.) Fuckel var. *graminis*]

Sporobolus elongatus R. Br.

Phyllachora graminis var. *graminis* (Pers.) Fuckel

Sporobolus sp.

(*Phyllachora sylvatica* Sacc. & Speg.)

Stipa sp.

Phyllachora graminis (Pers.) Fuckel var. *graminis*

Phyllachora sylvatica Sacc. & Speg.

Themeda australis (R.Br.) Stapf.

(*Phyllachora platyelliptica* Parbery)

Themeda caudata (Nees) A. Camus

Phyllachora ischaemi Syd. & P. Syd.

Themeda hookeri (Griseb.) A. Camus

Phyllachora themediicola F. Y. Gong & Y. Cui

Themeda sp.

(*Phyllachora anthistiriae* Racib.ex Theiss.)

Phyllachora graminicola Sawada ex X.L. Li, S.S. Tzean & Z.Y. Zhang

Phyllachora graminis (Pers.) Fuckel var. *graminis*

(*Phyllachora ischaemi* Syd. & P. Syd.)

Phyllachora themediicola F.Y. Gong & Y. Cui

Themeda spp.

Phyllachora graminis (Pers.) Fuckel (var. *graminis*)

Themeda triandra Forssk.

Phyllachora graminis (Pers.) Fuckel var. *graminis*

Phyllachora platyelliptica Parbery

Phyllachora themediicola F.Y. Gong & Y. Cui

Phyllachora graminicola Sawada ex X.L. Li, S.S. Tzean & Z.Y. Zhang

Themeda japonica (Willd.) Tanaka

Phyllachora graminis var. *elliptica* X.L. Li, H.R. Luo & Z.Y. Zhang

[*Phyllachora graminis* (Pers.) Fuckel var. *graminis*]

Themeda tremula (Nees ex Steud.) Hack.

(*Phyllachora themdae* Ananthan.)

Tripogon filiformis Nees ex Steud.

Phyllachora eleusines Speg.

Phyllachora graminis (Pers.) Fuckel var. *graminis*

Triticum aestivum L.

Phyllachora panici (Schwein.) Sacc.

Yushania auctiaurita Hsuen Yi

Phyllachora yushaniae J.Q. Lan, T. Zhang & X.L. Li

Yushania niitakayamensis (Hayata) Keng f.

= ***Indocalamus niitakayamensis*** Nak.

Phyllachora yushaniae J.Q. Lan, T. Zhang & X.L. Li

Lauraceae 樟科

Cinnamomum sp.

Phyllachora cinnamomi Hansf.

Litsea acuminata (Blume) Kurata

(*Phyllachora laurinearum* Racib.)

Litsea glutinosa (Lour.) C.B. Bod.

(*Phyllachora cantonensis* Syd. & P. Syd.)

Leguminosae 豆科

Leguminosae

Phyllachora yapensis subsp. *pongamiae* (Berk. & Broome) P. F. Cannon

Leleba beisitiku Odashima

Phyllachora lelebae Sawada ex Y. Zhao, N. Liu & Y. Qing

Papilionaceae 蝶形花科
(Papilionoideae 蝶形花亚科)

Astragalus mahoschanicus Hand.–Mazz.

[*Phyllachora lathyri* (Lév.) Theiss. & Syd.]

Bauhinia championii (Benth.) Benth.

[*Phyllachora bauhiniae* (G. Winter) Theiss. & Syd. var. *bauhiniae*]

Campylotropis polyantha (Franch.) Shindl.

Phyllachora lespedezae (Schwein.) Sacc.

Campylotropis sargentiana Schindl.

[*Phyllachora lespedezae* (Schwein.) Sacc.]

Campylotropis sp.

[*Phyllachora lespedezae* (Schwein.) Sacc.]

Dalbergia balansae Prain

[*Phyllachora punta* subsp. *dalbergiicola* (Henn.) P.F.Cannon]

Dalbergia acanthop hyllae

(*Phyllachora dalbergiicola* var.*perforans* Rehm)

Dalbergia armata E.May. =***D. hainansis*** Merr. & Chun

[*Phyllachora puncta* (Cooke) Cooke subsp. *puncta*]

Dalbergia balansae Prain

Phyllachora puncta subsp. *dalbergiicola* (Henn.) P. F. Cannon

[*Phyllachora puncta* subsp. *dalbergiicola* (Henn.) P.F.Cannon]

Dalbergia ferruginea Grah. ex Benth.

(*Phyllachora puncta* subsp. *clemensiana* P.F.

Cannon)

[*Phyllachora viventis* (Cooke) Sacc.]

Dalbergia fusca Pierre

Phyllachora puncta subsp. *dalbergiiola* (Henn.) P.F. Cannon

Dalbergia hupeana Hance

[*Phyllachora puncta* subsp. *dalbergiicola* (Henn.) P.F.Cannon]

Dalbergia lactea Pall.

[*Phyllachora lactea* (Henn.) Theiss. & Syd.]

Dalbergia sissoo

(*Phyllachora spissa* Syd. & P. Syd.)

Dalbergia sp.

(*Phyllachora dalbergiicola* Henn.var. *dalbergiicola*)

[*Phyllachora puncta* sub sp. *dalbergiicola* (Henn.) P.F. Cannon]

Dalbergia odorifera T. Chen

Phyllachora puncta subsp. *dalbergiicola* (Henn.) P. F. Cannon

Derris sp.

[*Phyllachora yopensis* subsp. *pongamiae* (Berk. & Broome) P.F. Cannon]

Kummerowia stipulacea (Maxim.) Makino

Phyllachora lespedezae (Schwein.) Sacc.

Kummerowia striata Schindler

[*Phyllachora lespedezae* (Schwein.) Sacc.]

Lespedeza formosa (Vogel) Koehne

Phyllachora yunnanensis Na Liu & L. Guo

Lespedeza stipulacea Maxim.

[*Phyllachora lespedezae* (Schwein.) Sacc.]

Lespedeza sp.

Phyllachora lespedezae (Schwein.) Sacc.

Phyllachora yunnanensis Na Liu & L. Guo

Phaseolus minimus Roxb.

[*Phyllachora dolichogena* subsp. *phaseolina* (Syd.) P.F. Cannon]

Pongamia pinnata (L.) Merr.

Phyllachora yapensis subsp. *pongamiae* (Berk. & Broome) P.F. Cannon

Millettia sp.

Phyllachora contigua Syd.

Vigna luteola Benth.

[*Phyllachora dolichogena* subsp. *phaseolina* (Syd.) P.F.Cannon]

Vigna minium (Roxb.) Ohwi et Ohashi

[*Phyllachora dolichogena* subsp. *phaseolina* (Syd.) P.F. Cannon]

Liliaceae 百合科

Convallaria sp.

[*Phyllachora melanoplaca* (Desm.) Sacc.]

Malvaceae 锦葵科

Hibiscus tiliaceus L.

Phyllachora minuta P. Henn.

Melastomataceae 野牡丹科

Melastoma candidum D.Don

Phyllachora melastomatis-candidi Sawada ex T. Zhang & S.S. Tzean

Melastoma candidum D. Don var. ***nobotan*** Mak

Phyllachora melastomatis-candidi Sawada ex T. Zhang & S.S. Tzean

Moraceae 桑科

Cudrania sp.

(*Phyllachora cudraniae* P. Henn.)

Ficus beecheyana Hook. et Arn.

Phyllachora fici-beecheyanae Sawada ex H.J. Lu, Na. Liu & S.S. Tzean

Ficus benjamina L.

(*Phyllachora banahaensis* Petr.)

Ficus gibbosa Blume

Phyllachora aspidea (Berk.) Sacc.

Ficus hispida L. f.

[*Phyllachora catervaria* (Berk.) Sacc.]

Ficus pumila L.

Phyllachora fici-pumilae Sawada ex Y.L. Liu & S.S. Tzean

Ficus religiosa L.

Phyllachora kaernbachii Henn.

Phyllachora repens (Corda) Sacc.

Ficus septica Burm. f.

Phyllachora fici-septicae Sawada ex Y. Cui & S.S. Tzean

Ficus sp.

(*Phyllachora banahaensis* Petr.)

Phyllachora butleri (Theiss. & Syd.) Petr.

Phyllachora ficuum Niessl

Phyllachora fici-variolosae Petr.

Phyllachora kamalii Seshadri

Ficus variolosa Lindl.

Phyllachora fici-variolosae Petr.

Ficus wightiana Wall. ex Bebth.

(*Phyllachora fici-wightianae* Sawada)

Morus australis Poir. = ***Morus acidosa*** Griff.

[*Phyllachora moricola* (P Henn.) Sawada]

Panicum repens L.

(*Phyllachora kwantungensis* Petr.)

Rutaceae 芸香科

Glycosmis citrifolia (Willd.) Lindl.

(*Phyllachora glycosmidis* Petch)

Theaceae 山茶科

Eurya acuminata DC.

[*Phyllachora euryae* (Racib.) Arx & E. Müll.]

Schima sericans (Haudmazz) Y.L. Ming.

Phyllachora schimae C.Y. Chen & W. H. Hsieh

Schima superba Gardn. et Champ.

Phyllachora schimae C.Y. Chen & W.H. Hsieh

Schima wallichii (DC.) Choisy

Phyllachora schimae C.Y. Chen & W. H. Hsieh

Umbelliferae 伞形科

Umbelliferae

[*Phyllachora angelicae* (Fr.) Fuckel]

索　引

寄主植物汉名索引

E

F

G

H

J

K

L

M

N

P

Q

R

S

T

W

X

Y

Z

菌物汉名索引

Z

寄主植物学名索引

T

U

V

Y

菌物学名索引

R

S

T

图　　版

图版I

图1　相邻黑痣菌*Phyllachora contigua*：寄主　崖豆滕属*Millettia* sp. (HMUABO 6502)

图2　斑点黑痣菌黄檀生亚种*Phyllachora puncta* subsp. *dalbergiicola*：寄主　花梨木*Dalbergia odorifera* (MHYAU 12934)

图3　无花果黑痣菌*Phyllachora ficuum*：寄主　无花果*Ficus* sp. (HMAS 35227)

图4　变叶榕黑痣菌*Phyllachora fici-variolosae*：寄主　变叶榕*Ficus variolos*a (HMAS 82774)

图5　禾黑痣菌原变种*Phyllachora graminis* var. *graminis*：寄主　披碱草*Elymus dahuricus* (HMAS 08456)

图6　虎尾草黑痣菌*Phyllachora chloridis-virgatae*：寄主　虎尾草*Chloris virgata* (MHYAU 013948)

图版II

图1　肠须草黑痣菌*Phyllachora enteropogonis*：寄主　肠须草*Enteropogon dolichostachyus* (MHYAU 13270)

图2　椭圆孢黑痣菌*Phyllachora ellipsoidea*：寄主　野青茅*Calamagrostis hupeheusis* (HMUABO 42020)

图3　米筛竹黑痣菌*Phyllachora pachinensis*：寄主　簕竹属*Bambusa* sp.(MHYAU 89358)

图4　狗尾草生黑痣菌棒囊变种*Phyllachora setariicola* var.*sacco-clavata*：寄主　皱叶狗尾草*Setaria plicata* (MHYAU 13360)

图5　薏苡生黑痣菌*Phyllachora coicicola*：寄主　薏苡*Coix lachryma-jobi* (HMA S 02510)

图6　禾黑痣菌椭圆孢变种*Phyllachora graminis* var.*elliptica*：寄主　狼尾草属*Pennisetum* sp.(MHYAU 13246)

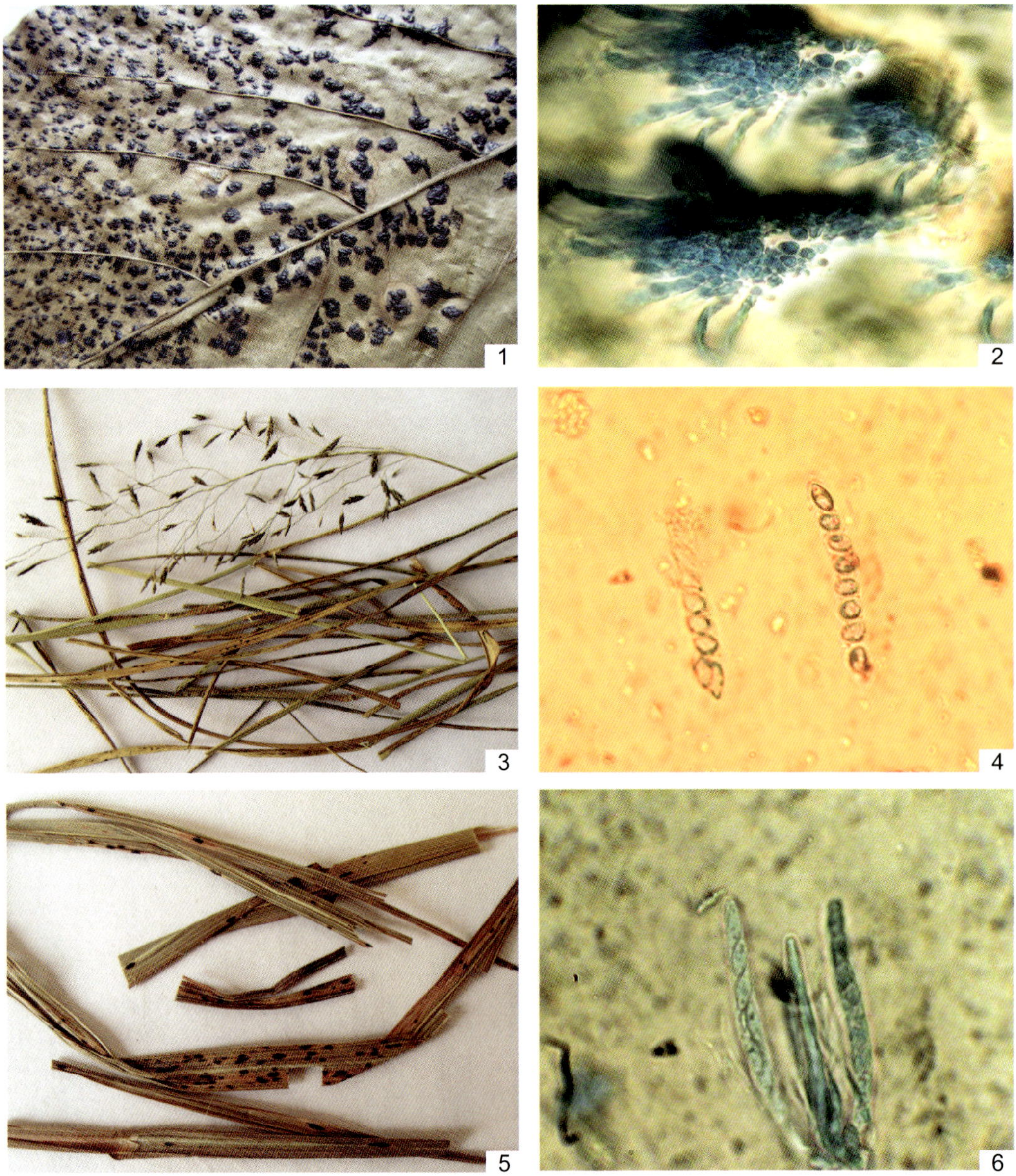

图1-2　雅浦黑痣菌水黄皮亚种*Phyllachora yapensis* subsp.*pongamiae*：病状，子囊和子囊孢子；寄主　水黄皮*Pongamia pinnata* (HMAS 95322)

图3-4　野黍黑痣菌原变种*Phyllachora eriochloae*：病状，子囊和子囊孢子；寄主　画眉草属*Eragrostis* sp. (HMAS 13220)

图5-6　菅生黑痣菌原变种*Phyllachora themediicola*：病状，子囊和子囊孢子；寄主　菅属*Themeda* sp. (HMAS 04664)

图版IV

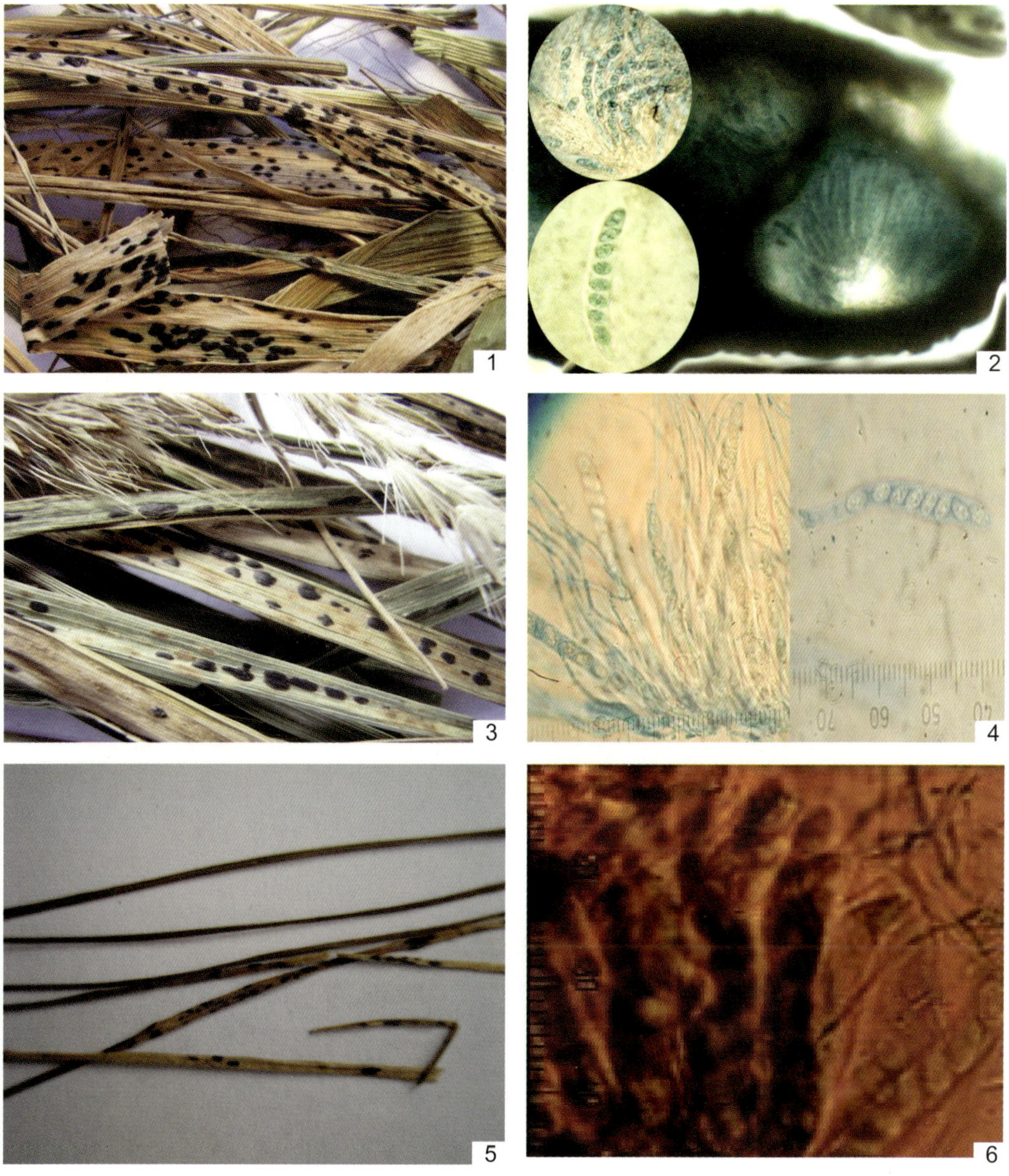

图1-2 禾生黑痣菌*Phyllachora graminicola*：病状，子囊壳、子囊和子囊孢子；寄主 鹅冠草属*Roegneria* sp. (HMAS 04664)
图3-4 禾黑痣菌椭圆孢变种*Phyllachora graminis* var. *elliptica*：病状，子囊和子囊孢子；寄主 野青茅属*Deyeuxia* sp. (MHYAU 08462)
图5-6 鸭绿薹黑痣菌*Phyllachora caricis-jaluensis*：病状，子囊和子囊孢子；寄主 鸭绿薹*Carex jaluensis*，(HMUABO 44544)

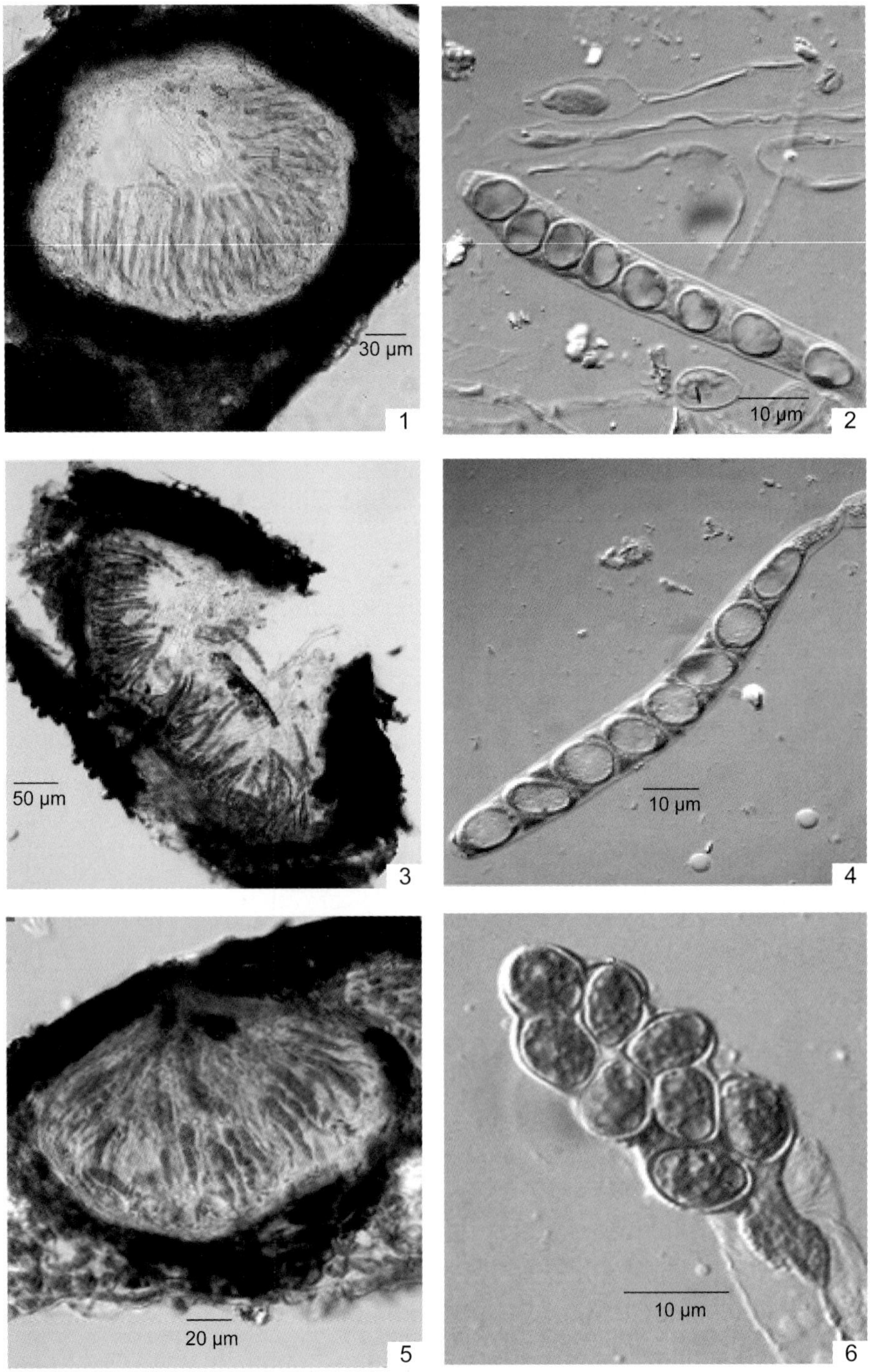

图1-2　沙地牧草黑痣菌*Phyllachora ehrhartae*：子囊壳、子囊和子囊孢子(HMAS 143656)
图3-4　雀稗生黑痣菌*Phyllachora paspalicola*：子囊壳、子囊和子囊孢子(HMAS 143934)
图5-6　云南黑痣菌*Phyllachora yunnanensis*：子囊壳、子囊和子囊孢子(HMAS 140198)

图版VI

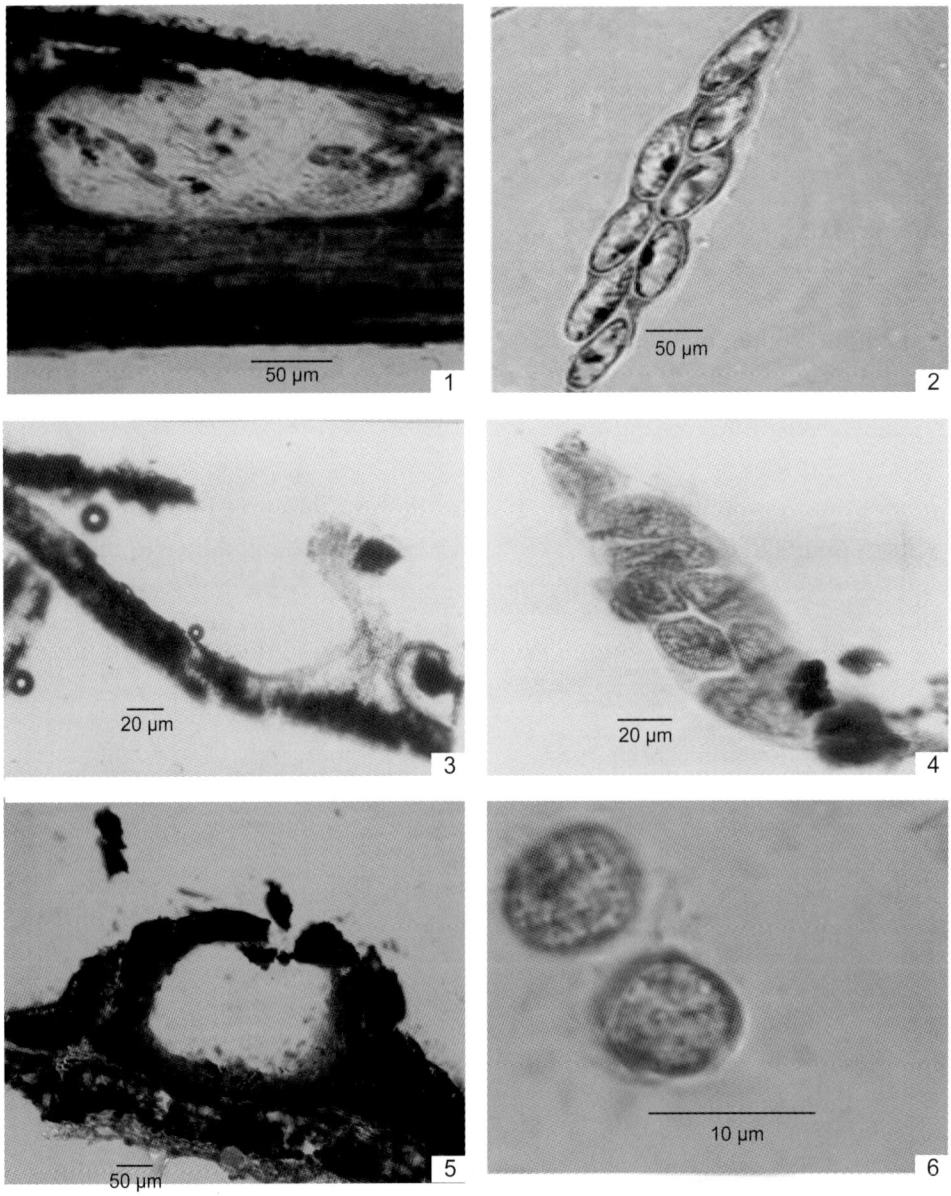

图1-2　腾冲黑痣菌*Phyllachora tengchongensis*：子囊壳和子囊孢子(HMAS 169551)
图3-4　蔗茅黑痣菌*Phyllachora erianthi*：子囊壳、子囊和子囊孢子(HMAS 05375)
图5-6　天仙果黑痣菌*Phyllachora fici-beechyanae*：子囊壳和子囊孢子(HMAS 05374)

Q-3388.01

ISBN 978-7-03-042067-1

9 787030 420671 >